U0158382

高职高专系列教材

机械基础

主　编　隋明阳

副主编　孙贵鑫　汪京晶　叶如燕

参　编　陈继荣　蒋鸣雷　金　英　梁小丽

刘永平　钱　卫　王娟娟　王明清

隋　南　张怀莲

主　审　吴联兴

机械工业出版社

本书共安排了13个学习项目，主要包括机器及其组成、机械工程常用材料、机械设计与制造的基本原则和一般程序、机械使用与维修常识、公差配合、工程力学和常用机械传动（含机构）、联接、支承零部件的工作原理、结构、特点、应用、选择、设计、使用、维护，液压与气动等方面的内容。

在本书中，几乎每个项目都设置了【实例】、【学习目标】、【学习建议】、【分析与探究】、【学习小结】等环节；本书还配套有学习评价册，（书号为23853）以方便教师和学生使用。

本书可作为高职高专工科各专业的通用教材。

本书配有电子课件，凡使用本书作教材的教师可登录机械工业出版社教育服务网（http://www.cmpedu.com）下载，或发送电子邮件至cmpgaozhi@sina.com索取。咨询电话：010-88379375。

图书在版编目（CIP）数据

机械基础/隋明阳主编. —北京：机械工业出版社，2008.4（2024.1重印）
高职高专系列教材
ISBN 978-7-111-23852-2

Ⅰ. 机…　Ⅱ. 隋…　Ⅲ. 机械学　Ⅳ. TH11

中国版本图书馆CIP数据核字（2008）第046496号

机械工业出版社（北京市百万庄大街22号　邮政编码100037）
策划编辑：王海峰　责任编辑：王英杰　张双国　版式设计：霍永明
责任校对：张晓蓉　封面设计：陈　沛　责任印制：单爱军
保定市中画美凯印刷有限公司印刷
2024年1月第1版第29次印刷
184mm×260mm · 18.5印张 · 452千字
标准书号：ISBN 978-7-111-23852-2
定价：49.80元

电话服务　网络服务
客服电话：010-88361066　机　工　官　网：www.cmpbook.com
010-88379833　机　工　官　博：weibo.com/cmp1952
010-68326294　金　书　网：www.golden-book.com
封底无防伪标均为盗版　机工教育服务网：www.cmpedu.com

前　言

我国的职业教育正处在历史的最好时期，教育教学改革正在不断深入。为了更好地为我国社会发展和教育事业发展服务，高职教育应该突出以学生为主体、以能力为本位，多采用问题教学模式和探究学习方式。本书是在课程改革和总结教师多年教学经验的基础上编写的，适应教学模式和教学方法改革的需要，课程内容综合化、模块化、工程化，学习与评价相结合，并注重过程考核和学生参与考核，尽量采用彩色实物图、立体简图和机构简图对应的编排方式，便于学生理解。

本书紧紧围绕着一线高级职业技术人员的工作需要，兼顾社会需求与学生发展，按照教学规律对教学内容进行了删减、重组和精炼，在尽量采用最新的国家标准和有关规范的同时，也考虑了目前我国第一线工作的现状，进行了较宽泛的处理，以适应培养对现场实际问题的分析能力、解决能力和复合型人才的需要。

本书配套有学习评价册，以方便学生和老师使用。

本书共安排了13个学习项目，主要包括机器及其组成、机械工程常用材料、机械设计与制造的基本原则和一般程序、机械使用与维修常识、公差配合、工程力学和常用机械传动（含机构）、联接、支承零部件的工作原理、结构、特点、应用、选择、设计、使用、维护，液压与气动等方面的内容。

在本书中，几乎每个项目都设置了【实例】、【学习目标】、【学习建议】、【分析与探究】、【学习小结】等环节；在配套的学习评价册中安排了【自我测试】、【综合测试】、【学习纪实】、【综合评价】等栏目，有利于学习与评价。

本书由隋明阳任主编，孙贵鑫、汪京晶、叶如燕任副主编。各项目的编写分工为：隋明阳编写项目1、隋南编写项目2、孙贵鑫编写项目3、梁小丽编写项目4、金英编写项目5、王娟娟编写项目6、钱卫编写项目7、汪京晶和陈继荣编写项目8、刘永平编写项目9、叶如燕编写项目10、王明清编写项目11、蒋鸣雷编写项目12、张怀莲编写项目13。

吴联兴担任了本书的主审并提出了许多宝贵意见，姜占峰、王霄、肖山、诸刚、禹治斌、杨娟等人参加了本书的图形和文字处理，在此一并表示真诚的感谢。

由于编者的能力和水平有限，书中难免存在不妥及错误之处，欢迎广大读者批评指正。

编　者

目　录

导　　言

为了满足生活和生产的需要，人类创造并发展了机械。当今世界，人们已经越来越离不开机械。学习机械知识，掌握一定的机械设计、制造、运用、维护与修理方面的理论、方法和技能是十分必要的。

【实例】内燃机（图 0-1）

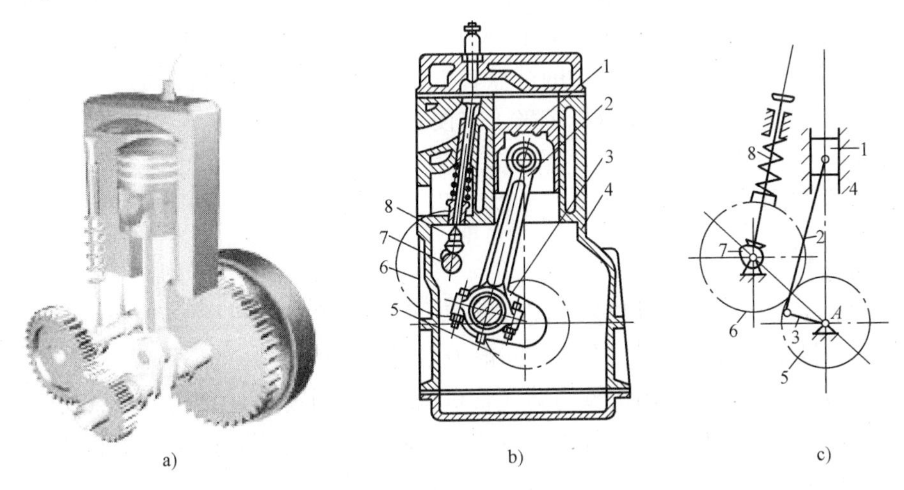

图 0-1　内燃机

1—活塞　2—连杆　3—曲轴　4—机体　5、6—齿轮　7—凸轮　8—气门杆

【分析与探究】

机器是我们的研究对象。图 0-1 所示的单缸内燃机是典型的机器。图 0-1a 为立体简图，图 0-1b 为结构简图，图 0-1c 为机构简图。轻便摩托车和燃油助力自行车的发动机多为单缸内燃机。汽车发动机则可以看成是多个单缸内燃机的组合。为了便于研究，先介绍几个概念。

1. 机器

机器是执行机械运动的装置，用来变换或传递能量、物料与信息。汽车、自行车、缝纫机、通风机、食品加工机、打印机、电动机、机床、机器人等都是机器。

2. 零件和部件

从制造的角度看，机器是由若干个零件装配而成的。零件是机器中不可拆卸的制造单元。按其是否具有通用性可以将零件分为两大类：一类是通用零件，它的应用很广泛，几乎在任何一部机器中都能找到它，例如齿轮、轴、螺母、销钉等；另一类是专用零件，它仅用于某些机器中，常可表征该机器的特点，如内燃机的活塞、起重机的吊钩等。

有时为了装配方便，先将一组组协同工作的零件分别装配或制造成一个个相对独立的组合体，然后再装配成整机，这种组合体常称之为部件（或组件），例如内燃机的连杆，车床的主轴箱、尾座，滚动轴承以及自行车的脚蹬子等。将机器看成是由零部件组成的，不仅有利于装配，也有利于机器的设计、运输、安装和维修等。按零部件的主要功用可以将它们分为连接与紧固件，传动件、支承件等。在机器中，零件都不是孤立存在的，它们是通过连接、传动、支承等形式按一定的原理和结构联系在一起的，这样才能发挥出机器的整体功能。

3. 构件和机构

从运动的角度看，机器是由若干个运动的单元所组成的，这种运动单元称为构件。构件可以是一个零件（如图0-1 中的气门杆8），也可以是若干个零件的刚性组合体（如图0-1 中的连杆2 是由连杆体、连杆头和螺栓、螺母等多个零件组合而成的一个构件）。各构件之间也是有联系的，是靠运动副联接起来的。构件与构件直接接触所形成的可动联接称之为运动副。用运动副将若干个构件联接起来以传递运动和力的系统称为机构。常用机构有齿轮机构、连杆机构、凸轮机构等。用运动的观点看机器，可以认为一部机器是一个机构或若干个机构的组合，这就为机器的运动分析带来了方便。

4. 机械

机构与机器统称为机械。

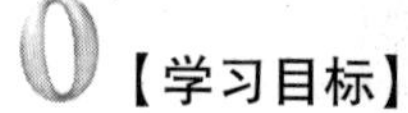

【学习目标】

1）了解机械工程常用材料和公差配合知识，初步学会选用机械工程材料。

2）了解机械工程力学知识，会进行一般力学问题分析。

3）熟悉通用零部件和常用机械传动（含机构）的工作原理、结构、特点及应用。

4）初步具有与本课程有关的解题、运算、绘图、执行国家标准、收集和使用技术信息与资料的技能。

5）初步具有测绘、装拆、调整、检测一般机械装置的技能。

6）初步具有运用和维护机械传动装置的能力。

7）理解通用零部件和常用机械传动（含机构）的选用和基本设计方法，初步具有设计简单机械传动装置的能力。

8）初步具有分析和处理机械中一般问题的能力。

9）了解液压与气动知识，能看懂简单的回路图，会进行一般调试和维护。

【学习建议】

1）参看教学课件中的有关内容。

2）通过实验、实习、实训等加深理解，提高能力。

3）参阅其他《机械基础》、《机械设计基础》教材或金属工艺学、工程力学、公差与配合、液压与气动等教材中的有关内容。

4）登录互联网，通过搜索引擎查找到相关文件或网络课程，参看有关内容。

项目1　概　　况

作为机器的制造者或使用者，了解机器的制造、使用和维修知识是十分必要的。为此，必须先概括了解与此相关的机械设计、材料性能、钢的常用热处理方法和摩擦方面的常识。

【实例1】　齿轮齿面塑性变形（图1-1）

【实例2】　箱体的铸造缺陷（图1-2）

如何表达和评价用来制造零件的材料的“好坏”？

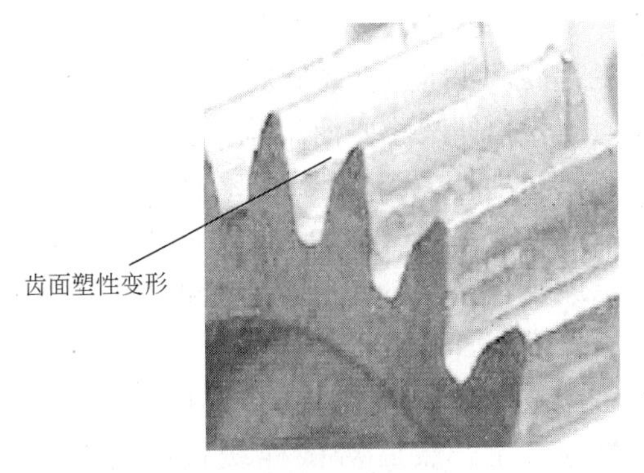

图1-1　齿轮齿面塑性变形

【学习目标】

1）理解表达金属材料力学性能的名词术语及其判据。

2）能通过金属材料的力学性能判据比较材料的优劣。

3）理解表达金属材料加工工艺性能的名词术语。

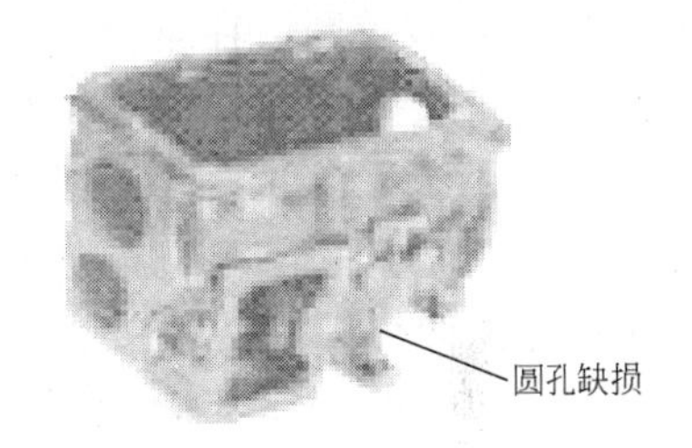

图1-2　箱体的铸造缺陷

【学习建议】

1）参看有关书籍，如《机械基础》、《金属工艺学》等。

2）在教师指导下作“金属材料性能”实验或观看实验录像。

3）观看金属材料加工方法录像。

【分析与探究】

1.1　金属材料的性能

常用的机械工程材料可以分为两大类：金属材料和非金属材料。目前，机械工程中使用最广泛的还是金属材料，这是研究的重点。

为了正确、合理地使用金属材料，必须了解其性能。

金属材料的性能包括使用性能和加工工艺性能两个方面。

使用性能是指材料在使用过程中所表现出来的性能。加工工艺性能是指材料是否易于加工的性能。对于金属材料而言，使用性能包括力学性能、物理性能（如熔点、热膨胀性、导热性、导电性、磁性、密度等）和化学性能（如耐蚀性、耐氧化性等）；加工工艺性能主要包括焊接性能、切削性能、压力加工性能、铸造性能和热处理性能等。

因影响金属材料使用性能的主要方面是其力学性能，金属的物理性能和化学性能在有关课程中也已介绍过，故本书分析金属材料的使用性能时主要分析其力学性能。

1.1.1　金属材料的力学性能

金属材料的力学性能是指金属材料在外力的作用下显示出来的特性，原称之为机械性能。

1. 强度

金属材料抵抗塑性变形（永久变形）和断裂的能力称之为强度。抵抗能力越大，则强度越高。测定强度高低的方法通常采用试验法，其中拉伸试验应用最普遍。

做拉伸试验要使用拉伸试验机（图 1-3）和试样。GB/T 228—2002 对试样做出了规定。最常用的试样如图 1-4 所示，其中 d_0 表示原始直径，L_0 表示原始标距长度，S_0 表示原始横截面积。

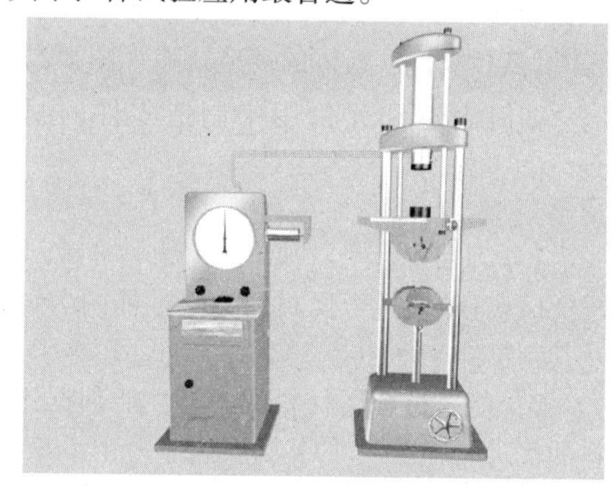

图 1-3　拉伸试验机

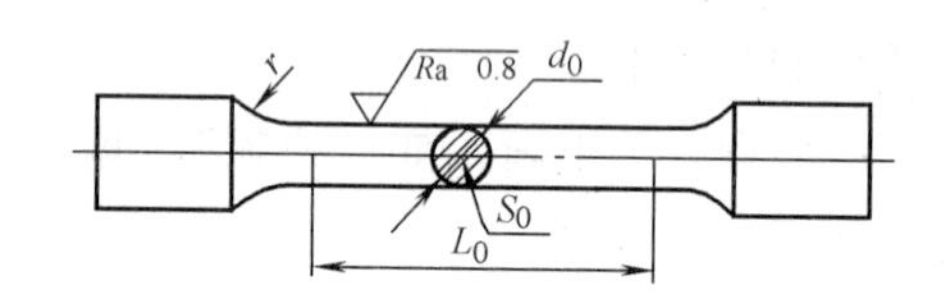

图 1-4　拉伸试样

做拉伸试验时，先将试样按要求装夹在试验机上，然后对试样缓慢施加轴向拉力（又称为拉伸力），试样会随着拉伸力的增加而逐渐变长最后被拉断。在整个试验中，可以通过自动记录装置将拉伸力与试样伸长量之间的关系记录下来，并据此分析金属材料的强度。如果以纵坐标表示拉伸力 F，以横坐标表示试样的伸长量 ΔL，按试验全过程绘制出的曲线称为力—伸长曲线或拉伸曲线。图 1-5 所示为某金属材料的力—伸长曲线图。

在图 1-5 中所示的曲线上，OA 段表示试样在拉伸力作用下均匀伸长，伸长量与拉伸力的大小成正比。在此阶段的任何时刻，如果撤去外力（拉伸力），试样仍能完全恢复到原来的形状和尺寸。在这一阶段中，试样的变形为弹性变形。当拉伸力继续增大超过 B 点所对应的值以后，试样除了产生弹性变形外，还开始出现微量的塑性变形，此时如果撤去外力（拉伸力），试样就不能完全复原了，会有一小部分永久变形。拉伸力达到 F_{sU} 和 F_{sL} 时，图上出现近似水平的直线段或小锯齿形线段，这表明在此阶段当外力（拉伸力）保持基本不变时，试样的变形（伸长）仍在继续，这种现象称之为屈服。过了此阶段后，

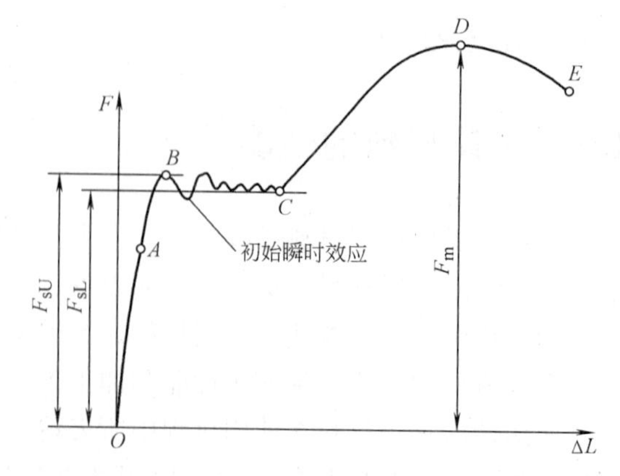

图 1-5　某金属材料的力—伸长曲线

如果继续增加外力（拉伸力），则试样的伸长量又会增加，到达 D 点后，试样开始在某处出现缩颈（即直径变小）、抗拉能力下降，到 E 点时，试样在颈缩处被拉断。

为了便于比较，强度判据（即表征和判定强度所用的指标和依据）采用应力来度量。应力是单位面积上的内力。内力则是指材料受到外力作用后，其内部产生的相互作用力。做拉伸试验时，试样没有断裂前处于平衡状态，可以认为内力与外力（即拉伸力）相等，则应力 = 拉伸力/截面积。

应力常用符号 σ 表示[㊀]，其单位为 Pa（帕）或 MPa（兆帕）。$1Pa = 1N/m^2$，$1MPa = 10^6Pa = 1N/mm^2$。

常用的强度判据有两个：抗拉强度 σ_b 和屈服强度（屈服点）σ_s。抗拉强度是对应最大力的应力：$\sigma_b = F_m/S_0$（S_0 为试样的原始截面积）；上屈服强度是试样发生屈服时的应力：$\sigma_s = F_s/S_0$；一般计算 F_s 取 F_{sU} 或 F_{sL} 均可（F_{sU} 为上屈服力，F_{sL} 为下屈服力）。

对于某些没有明显屈服现象的金属材料（如黄铜、铸铁、高碳钢等），其 F_{sL} 很难确定（图1-6a），工程技术上规定将试样产生永久变形为0.2%时的应力作为一种条件屈服强度，用 $\sigma_{r0.2}$ 表示（图1-6b）。实践证明，这是可行的。

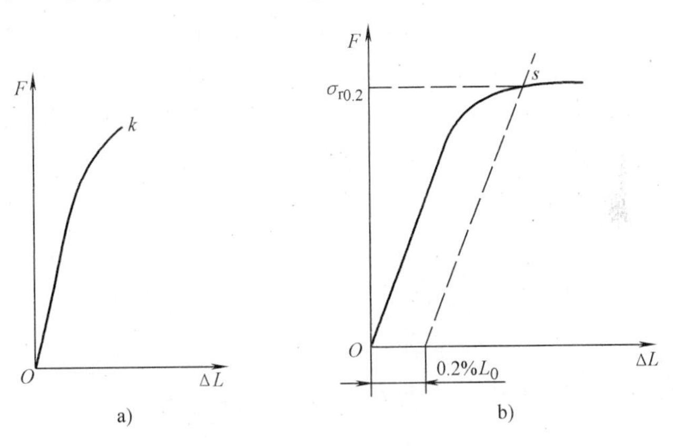

图1-6　没有明显屈服现象的力—伸长曲线

2. 塑性

塑性是指金属材料断裂前发生不可逆永久变形的能力。塑性好的金属材料便于进行压力加工成形。判断金属材料塑性好坏的主要判据有断后伸长率 δ 和断面收缩率 ψ。它们也可以通过前面提到的拉伸试验进行分析。

断后伸长率是试样被拉断后标距的伸长量同原始标距的百分比，用 δ 表示（δ_5 表示短试样，δ_{10} 表示长试样），即：

$$\delta = \frac{L_k - L_0}{L_0} \times 100\%$$

式中　L_k——试样被拉断后的长度，单位为 mm；

L_0——试样的原始标距长度，单位为 mm。

断面收缩率是试样被拉断后颈缩处横截面积的最大缩减量与原始横截面积的百分比，用 ψ 表示，即：

$$\psi = \frac{S_0 - S_k}{S_0} \times 100\%$$

㊀ 在新标准 GB/T 228—2002《金属材料 室温拉伸试验方法》中，应力符号为 R。考虑到在我国的大多数现行标准和图书资料中，应力符号用 σ 表示，本书暂采用后者。为了便于学习和过渡，给出新标准与旧标准中部分内容的对照（表1-1）。

式中 S_0——试样的原始横截面积，单位为 mm^2；

S_k——试样被拉断后颈缩处的最小横截面积，单位为 mm^2。

一般情况下，δ 和 ψ 的数值越大表示金属材料的塑性越好。

3. 硬度

硬度是指金属材料抵抗局部变形，特别是局部塑性变形、压痕或划痕的能力，是衡量材料软硬的判据，也可以从一定程度上反映材料的综合力学性能。材料的硬度可通过硬度试验来测定。常用的硬度试验方法有布氏测试法、洛氏测试法、维氏测试法和里氏测试法，其中前两种方法应用最广泛。

1）布氏硬度。用布氏测试法测定的硬度称为布氏硬度。布氏硬度试验机如图 1-7a 所示。

布氏测试法的原理如图 1-8 所示。试验时，按照一定的规范，用直径为 D 的硬质合金球作为压头，在规定的试验力 F 的作用下，压入试样表面并保持一段时间，然后撤去试验力 F、测量压痕直径 d，以压痕单位面积上的压力表示材料的布氏硬度值，用符号 HBW（硬质合金球）表示。需要指出，在 GB/T 231.1—2002《金属布氏硬度 第 1 部分：试验方法》中，已取消了钢球压头，但目前在某些现行标准和技术文件以及一线工作中，HBS 仍有应用，请按 HBW 对待。

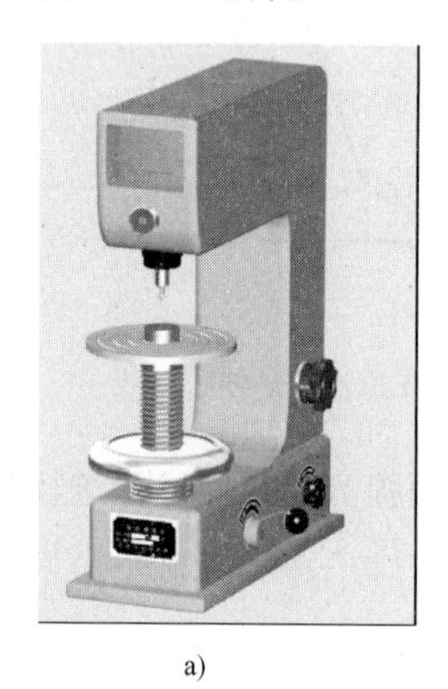

a)

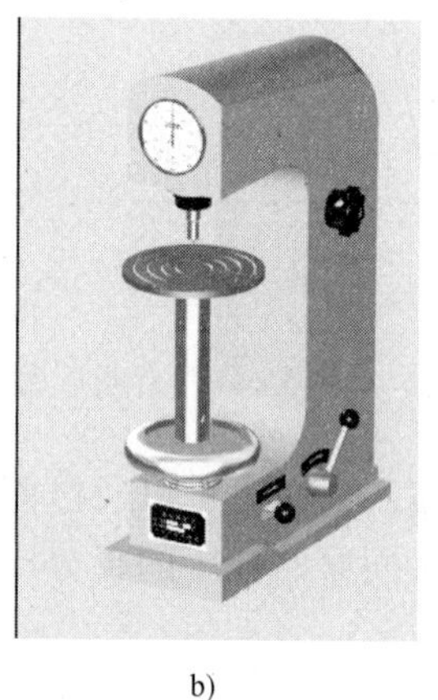

b)

图 1-7 布氏硬度试验机和洛氏硬度试验机

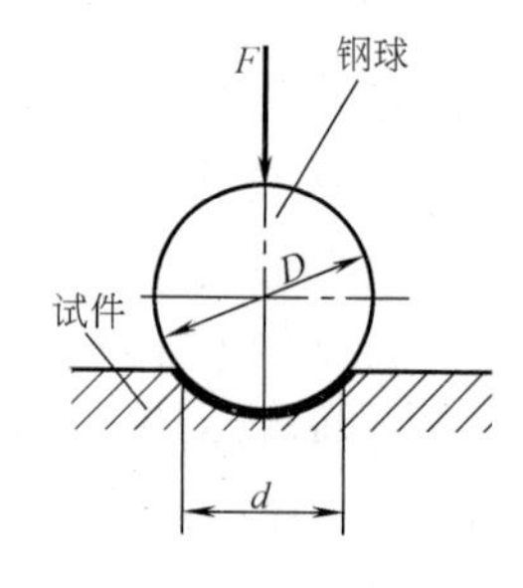

图 1-8 布氏硬度测试法原理

在实际应用时，布氏硬度值既不用计算，又不用标注单位，只需测出压痕直径 d 后再查压痕直径与布氏硬度对照表即可。其表示方法的书写顺序为：

硬度值 + 压头符号 + 压头直径/试验力/保持时间（10 ~ 15s 可不标注）

例如：350HBW5/750 表示用直径为 5mm 的硬质合金球在 350kgf（7.355kN）试验力的作用下保持 10 ~ 15s 测得的布氏硬度值为 350。

2）洛氏硬度。用洛氏测试法测出的硬度值称为洛氏硬度。洛氏硬度试验机如图 1-7b 所示。

洛氏测试法是用顶角为 120°的金刚石锥体或直径为 1.588mm 的淬火钢球作压头，在一定的试验力作用下压入试样表面，然后根据压痕的深度确定试样的硬度值。在实际工作中，洛氏硬度值既不用计算，又不用查表，可方便地在洛氏硬度测试仪上直接读出。根据试验时采用的压头和试验力的不同，洛氏硬度常采用三种标尺：HRA、HRB 和 HRC，其中 HRC 应用最多。

洛氏硬度的表示方法为：硬度值 + 符号，如 58HRC、85HRA 等。

除了以上两种常用硬度外，还有维氏硬度（HV）和里氏硬度（HL）。

由于各种硬度的测试条件不同，不能直接换算，但它们之间仍有一定的对应关系，需要时可查阅硬度对照表。

4. 韧性

韧性是指金属材料在断裂前吸收变形能量的能力。韧性主要反映了金属抵抗冲击力而不断裂的能力。韧性好的金属抗冲击的能力强。韧性的判据是通过冲击试验确定的。最常用的冲击试验是摆锤式一次性冲击试验，其工作原理如图 1-9 所示。

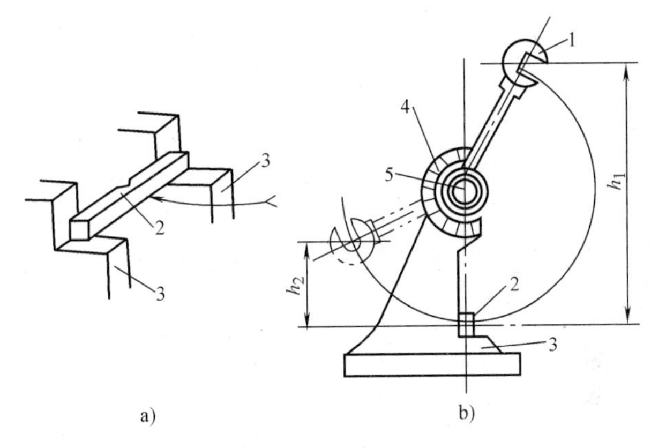

图 1-9　摆锤式一次性冲击试验

1—摆锤　2—试样　3—机架　4—指针　5—刻度盘

试验时，先将带有缺口的试样 2 放在由摆锤 1、机架 3、指针 4 和刻度盘 5 组成的试验机上，再将摆锤 1 抬到一定的高度 h_1，然后让其自由摆下冲断试样，记录下摆锤的最后高度 h_2。在此，摆锤冲断试样所消耗的能量等于试样在冲击试验力一次作用下折断时所吸收的功，简称为冲击吸收功，用 A_K 表示。

$$A_K = mgh_1 - mgh_2 = mg\ (h_1 - h_2)$$

实际试验时，A_K 值可在试验机上直接获得，不用计算。

国家标准规定将冲击吸收功 A_K 作为材料韧性的判据。A_K 值越大，表明材料的韧性越好。

因试样的形状、尺寸和表面质量等因素会影响 A_K 值的大小，故试样的加工要求应统一。按 GB/T 229 的规定，被测材料应制成标准试样，其缺口有 V 型和 U 型之分，其 A_K 值分别记作 A_{KV} 或 A_{KU}。U 型标准试样如图 1-10 所示。

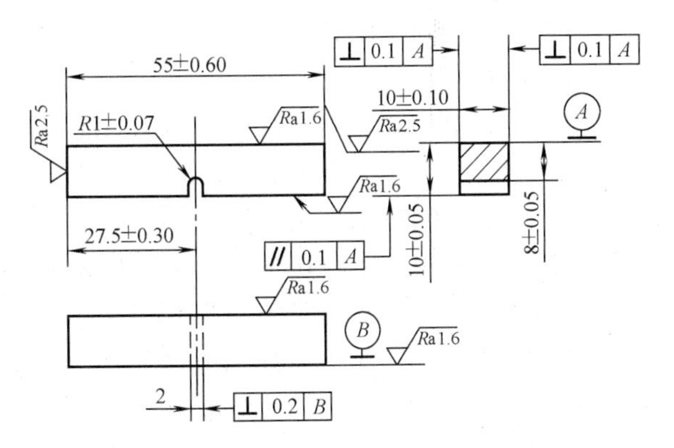

图 1-10　冲击试验标准试样

在做此试验时，要注意试样的缺口一定要背对摆锤的冲击方向。

工程实际中，有时也将试样缺口底部单位横截面积上的冲击吸收功（$\alpha_K = A_K/S$ 式中，S 为试样缺口底部的横截面积，单位为 cm^2）作为材料韧性的判据，称为冲击韧度。

5. 疲劳强度

许多零件工作时其内部都存在着变应力（即随时间变化的应力）。如果这种变应力作周期性变化则称之为循环应力或交变应力。

零件在交变应力下工作时，尽管有时交变应力值远远低于抗拉强度，但经过一定的应力循环次数后也会在一处或几处产生局部永久性积累损伤，导致零件产生裂纹或突然发生断裂。这个过程称为金属疲劳（疲劳破坏）。据统计，大部分零件的损坏都是由金属疲劳造成的。

交变应力与应力循环次数的关系可以通过做疲劳试验来分析。经过对试验数据的整理，可画出材料的疲劳曲线。某金属材料的疲劳曲线如图 1-11 所示。

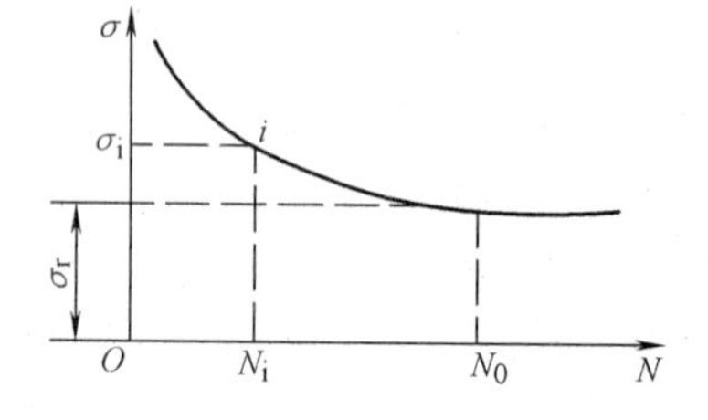

图 1-11 疲劳曲线

在该图中，纵坐标代表交变应力值 σ，横坐标代表应力循环次数 N，交变应力值随应力循环次数的变化大致分为两种情况：当 $N<N_0$ 时，σ 随着 N 的增加而降低；当 $N \geqslant N_0$ 时，无论 N 增加为多少次，σ 均为一定值 σ_r，即当 $\sigma \leqslant \sigma_r$ 时（或 $N \geqslant N_0$ 时），零件都不会发生疲劳破坏。工程上将 N_0 称为应力循环基数，其对应的应力值 σ_r 称为疲劳强度（疲劳极限），即材料经过无数次循环应力作用而不断裂的最大应力。钢铁材料的应力循环基数为 $N_0=10^7$，非铁金属材料的应力循环基数 $N_0=10^8$。工作时，如果零件上存在着脉动循环交变应力，则 σ_r 写成 σ_0；如果存在着对称循环交变应力，则 σ_r 写成 σ_{-1}。

零件的表面有微裂纹、划痕或应力集中，内部有缺陷（如气孔、缩松、夹杂物等）时，极易出现疲劳破坏。减小零件的表面粗糙度、对其进行表面强化处理（如表面淬火、滚压加工、喷丸处理等）均可提高零件的疲劳强度。

1.1.2 金属材料的加工工艺性能简介

金属材料的加工工艺性能反映了加工的难易程度，通常从以下几个方面来考虑。

1. 焊接性能

在一定的焊接条件下，被焊金属是否易于获得焊接接头的能力称为焊接性能（原称为可焊性）。焊接性能好的材料（如低碳钢）对焊接条件的工艺要求不高，便于施工，焊后不易产生焊接缺陷（如夹渣、气孔、裂纹等），焊接接头的力学性能较好。

2. 切削性能

金属材料是否易于被刀具切削加工的能力称为切削性能（又称可加工性）。切削性能好的材料（如中碳钢）在被切削加工时，其表面质量较好、切屑容易折断且刀刃不易磨损。

3. 压力加工性能

金属材料在外力的作用下产生塑性变形或分离并无切屑地成为零件或毛坯的加工方法称为压力加工。压力加工按是否加热工件分为冷压力加工和热压力加工两种类型。压力加工性能是指材料是否易于用压力加工方法制成零件的性能。塑性好的材料（如低碳钢、铝等）一般其压力加工性能较好，对加工工艺要求不高，加工后工件不易出现裂纹、褶皱等缺陷，容易达到质量要求。

4. 铸造性能

金属是否易于用铸造方法制成铸件或零件的性能称为铸造性能（原称为可铸性）。铸造性能好的金属材料（如灰铸铁），其液态时的流动性好，冷凝时的收缩性小，凝固后的偏析小（即凝固后各处化学成分的不均匀性小），铸件的质量较高。

5. 热处理性能

金属是否易于通过加热、保温、冷却等过程来改变其性能的性能称为热处理性能。热处理性能好的金属材料工艺简单、生产率高、质量稳定。

【学习小结】

金属材料的力学性能包括强度、塑性、硬度、韧性和疲劳强度等5项。

1）强度是指材料抵抗塑性变形（永久变形）和断裂的能力，用应力来表示。应力符号是σ，其单位为Pa（帕）或MPa（兆帕），其最常用判据有抗拉强度σ_b和屈服点σ_s。一般情况下，材料的应力值越大越不容易使其发生永久变形或断裂。

2）塑性是指材料断裂前发生不可逆永久变形的能力，用断后伸长率δ或断面收缩率ψ来表示。一般情况下，材料的δ或ψ值越大越便于压力加工。

3）硬度是指材料抵抗局部变形，特别是局部塑性变形、压痕或划痕的能力，常用布氏硬度或洛氏硬度来表示，其值越大材料越“硬”。

4）韧性是指金属材料在断裂前吸收变形能量的能力，主要反映了金属抵抗冲击力而不断裂的能力，用冲击吸收功A_K或冲击韧度α_K来表示（推荐用A_K），其值大表示抗冲击的能力强。

5）疲劳强度可以理解为材料在交变应力作用下抵抗塑性变形（永久变形）和断裂的能力，用疲劳极限σ_r来表示（在脉动循环交变应力情况下，σ_r写成σ_0；在对称循环交变应力情况下，σ_r写成σ_{-1}）。

应用较多的金属材料的加工工艺性能包括焊接性能、切削性能、压力加工性能、铸造性能、热处理性能等5项。

金属材料的力学性能指标名称、符号的部分内容对照见表1-1。

表1-1 金属材料的力学性能指标名称、符号的部分内容对照

（摘自GB/T 228—2002《金属材料室温拉伸试验方法》）

新标准		旧标准	
性能名称	符号	性能名称	符号
屈服强度	—	屈服点	σ_s
上屈服强度	R_{eH}	上屈服点	σ_{sU}
下屈服强度	R_{eL}	下屈服点	σ_{sL}
抗拉强度	R_m	抗拉强度	σ_b
规定残余延伸强度	R_r（例$R_{r0.2}$）	规定残余伸长应力	σ_r（例$\sigma_{r0.2}$）
断后伸长率	A，$A_{11.3}$	断后伸长率	δ_5，δ_{10}
断面收缩率	Z	断面收缩率	ψ

1.2 钢的常用热处理方法

【实际问题】

1）材料和形状完全相同的两把斧头用同样的力砍在木材中的同一个钉子上，为什么一

把斧刃坏了而另一把没坏（图1-12）？

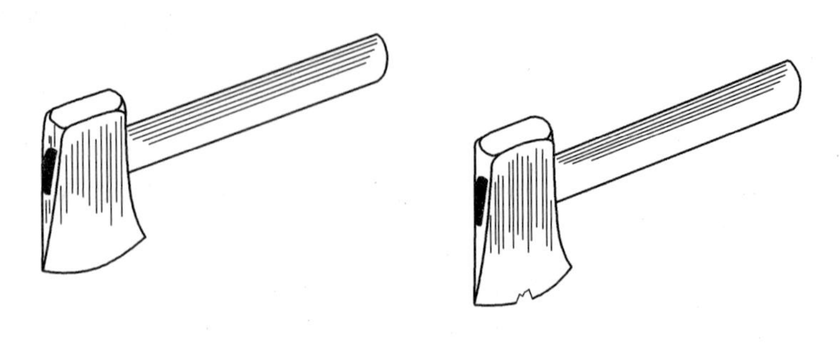

图1-12　斧头对比

2）材料和形状完全相同的两个弹簧受到同样的压力，去掉压力之后为什么一个还有弹性而另一个却没有了（图1-13）？

a)

b)

图1-13　弹簧对比

【学习目标】

1）懂得金属材料热处理的含义。

2）了解钢的常用热处理方法及其目的。

【学习建议】

观看钢的热处理电教片。

【分析与探究】

热处理是指对固态金属或合金进行适当方式的加热、保温和冷却，使其获得所需要的内部组织和性能的加工工艺方法。金属材料是否经过热处理对其性能影响很大。在机械制造中，绝大多数零件都需要进行热处理。

因目前钢在机械制造中所用的比例最大，其热处理方法又最具有代表性，故在此主要分析钢的常用热处理方法及目的。

1. 退火（焖火）

退火是指将钢件加热至临界温度（具体数值可查阅有关书籍或资料，如《热处理手册》。下同）以上30~50°C，保温一段时间后再缓慢冷却（常随炉冷却）的工艺。退火多用来消除铸件、锻件、焊接件的内应力，降低其硬度以易于切削加工，细化晶粒、改善内部组织，增加零件的韧性。

2. 正火（正常化）

正火是指将钢件加热到临界温度以上，保温一段时间后放入空气中冷却的工艺。正火多用来处理低碳钢、中碳钢和表面渗碳零件，使其组织细化，增加强度和韧性，减少内应力，改善其切削性能。

3. 淬火（习称蘸火）

淬火是指将钢件加热至临界温度以上，保温一段时间后放入淬火介质（又称淬火剂）中急剧冷却的工艺。淬火用来提高钢的硬度和强度以及疲劳强度。常用的淬火剂有水、盐水、机油等。要注意，淬火时工件内部会产生较大的内应力，工件会变脆，故淬火后必须回火。

4. 回火、调质

回火的目的是消除工件淬火后的脆性和内应力，提高钢的塑性和韧性。回火是指将淬硬的工件加热至临界点（可查有关资料）以下某一温度，保温一段时间后让工件在空气中或油中冷却的工艺，分为低温回火、中温回火和高温回火三种情况。

通常将淬火后又高温回火的热处理工艺称为调质，其目的是提高工件的综合力学性能。重要零件一般都需要进行调质处理。

5. 表面淬火

为了使某些零件（如齿轮）满足既耐磨又耐冲击的工作要求，应使其工作面表层有较高的硬度、强度和耐磨性而心部仍保持原有的强度和韧性，可采用某些加热方式使工件的表面迅速达到淬火温度而心部温度还很低时对其进行淬火，这种工艺称为表面淬火。

6. 渗碳

为了增加零件表层的含碳量和一定的碳浓度梯度，将工件在渗碳介质中加热并保温使碳原子渗入工件表层的化学热处理工艺称为渗碳。

渗碳可以使得零件表面的硬度高、强度高、耐磨性好而保持心部原有的韧性和强度，多用于受冲击载荷的低碳钢、低碳合金钢或中碳钢零件。

7. 渗氮

渗氮也是一种化学热处理工艺，其工艺方法与渗碳类似。由于氮的特殊作用，使得工件表面的硬度更高，耐磨性与耐蚀性好。渗氮多用于耐磨性零件（钢件或铸铁件），特别是在潮湿、碱水或燃烧气体介质中工作的零件。

8. 时效

时效是指先将钢件加热至不大于120~130℃，长时间保温后再让其随炉冷却或在空气中冷却并长期放置的工艺。时效用来消除或减小工件的内应力，防止其变形和开裂，稳定工件的形状和尺寸。

以上只是概括性地介绍了钢的常用热处理工艺及目的。后续课程中对钢及其他金属材料的热处理还有更详细的分析。要想尽早了解有关知识，也可参见热处理工艺手册或有关书籍。

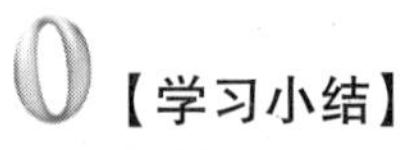

【学习小结】

热处理对钢的性能影响非常大。钢的常用热处理方法有退火、正火、淬火、回火、调质、表面淬火、渗碳、渗氮、时效等。

1.3 摩擦、磨损与润滑

【实例1】

传动零件工作一段时间后会有磨损。磨损到一定程度后零件就会失去工作能力（即失效）。图1-14所示为齿轮齿的表面磨损后的样子。

图1-14 齿面磨损

【学习目标】

1）了解摩擦、磨损和润滑的含义。

2）了解摩擦和润滑状态的4种类型。

3）了解磨损过程、类型和减磨措施。

【学习建议】

借助教材和有关课件中的动画学习。

【分析与探究】

摩擦是一种普遍存在的自然现象。凡是两个物体直接接触，在外力作用下产生相对运动或有相对运动趋势，就会有摩擦。上述的第一种情况称为动摩擦，第二种情况称为静摩擦，两个物体的接触面称为摩擦面。在机械中也存在着大量的摩擦，摩擦一方面可以利用（如自行车行驶、螺纹自锁、人走路都要依靠摩擦），另一方面也会带来严重危害：一是产生热量，造成能量损失（此热量很难再利用）；二是使组成运动副的两个零件产生磨损，磨损达到一定程度后使零件失效。据估计，世界上由于各种摩擦而消耗的能量占总能量的1/3～1/2；约有80%的零件是因为磨损严重而报废的。磨损不仅是零件失效的一种形式，有时也是引起其他失效的初始原因之一。

为了防止因磨损而产生零件失效，可在两摩擦面之间加入能减少摩擦、减轻磨损的物质，这就是润滑，这些物质就是润滑剂。摩擦与润滑在多数情况下密不可分。

1.3.1 摩擦与润滑

对于动摩擦可按状态不同分为4类。

1. 干摩擦

不加任何润滑剂（如果认为空气不是润滑剂的话）的摩擦状态为干摩擦状态，简称干摩擦。干摩擦时，由于两个零件的摩擦面存在微观不平度，虽然宏观上看是全面接触了，但从微观上看是面积很小的凸峰接触（图1-15a）。

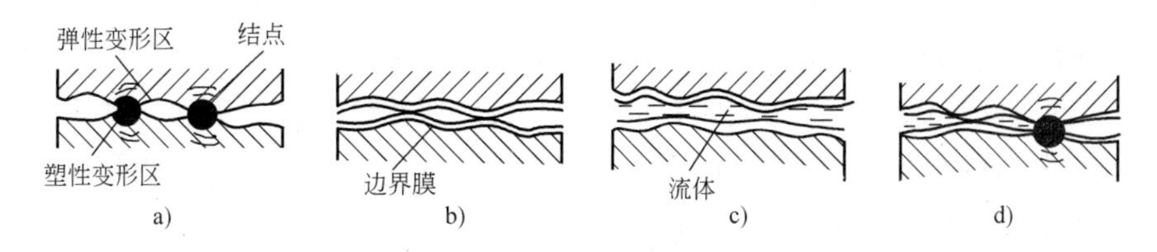

图1-15　摩擦（润滑）状态

a）干摩擦　b）边界摩擦（润滑）　c）流体摩擦（润滑）　d）混合摩擦（润滑）

当工作载荷和零件自重作用在这些凸峰上时，就会有很大的压强，使其产生塑性变形并粘着，形成节点。只有切断这些节点，两个零件才能相对运动，这就是有很大的摩擦阻力的原因。零件在干摩擦下工作时，会产生严重磨损，很快失去原有精度而失效；同时也会产生大量的热，有时还会烧坏零件的摩擦表面。因此，在机械中不允许有干摩擦（靠摩擦力工作的情况可除外）。

2. 边界摩擦（润滑）

在两摩擦面间加入润滑剂后，金属表面会吸附一层极薄的能起润滑作用的保护膜（称为边界膜），这种状态称为边界摩擦（润滑）状态（图1-15b）。边界膜的厚度在0.1μm以下，一般比零件微观表面上的凸峰小，故两摩擦面仍有凸峰接触。虽然此时表现出来的摩擦因数（约为0.08～0.15）比干摩擦小，但磨损仍然存在。

3. 流体摩擦（润滑）

两摩擦表面被流体（液体或气体）完全分开的摩擦（润滑）状态称为流体摩擦（润滑）状态（图1-15c）。由于此时只要克服液体内部的层间粘滞阻力即可运动，故表现出来的摩擦因数很小（约为0.001～0.01），零件的摩擦面也不会发生磨损。

流体润滑又分为流体静压润滑和流体动压润滑两种情况。流体静压润滑是用泵将流体输送到两摩擦面之间，靠流体静压力承受外载荷。流体动压润滑是在具有一定形状的两个摩擦面之间加入具有一定粘度的流体，并使两个摩擦面作相对运动，靠由此而产生的流体动压力承受外载荷。这种润滑状态在滑动轴承中的应用称为液体动压轴承（图1-16）。

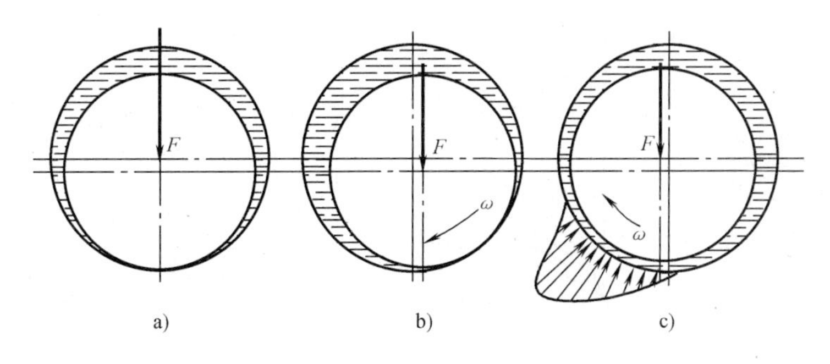

图1-16　液体动压轴承工作原理

轴静止时，在外载荷 F 的作用下其外表面与轴承的内表面接触（图1-16a）；当轴顺时针转动时，由于摩擦阻力的作用，使轴的外表面沿着轴承的内表面滚爬，同时靠润滑油的粘性和吸附性带动楔形油层也顺时针流动，并开始在轴的右侧产生动压力（图 1-16b）；当轴的转速达到某值以后，液体动压力的合力与外载荷 F 相平衡，润滑油将轴的外表面与轴承的内表面完全隔开形成流体润滑（图 1-16c）。经分析可知，形成流体动压润滑的条件是：①两摩擦面之间有楔形流体层；②流体有足够的粘性和吸附性，足以吸附在摩擦面上；③两摩擦面要以足够的速度相对运动，且保证流体从楔形的大口流向小口；④两摩擦表面的最小流体膜厚度要大于微观不平高度之和的若干倍。

4. 混合摩擦（润滑）

边界摩擦（润滑）与局部流体摩擦（润滑）同时存在的摩擦（润滑）状态称为混合摩擦（润滑）状态（图 1-15d）。此时仍有零件微观表面上的凸峰接触和磨损，只不过表现出来的摩擦因数比干摩擦的小得多。

1.3.2 磨损

1. 磨损过程

零件摩擦面上的表面材料不断损失的现象称为磨损。零件的磨损过程可分为三个阶段，它们依次是：跑合磨损阶段、稳定磨损阶段和剧烈磨损阶段。

工作时间 t 与磨损量 q 之间的关系可用磨损曲线来表示（图 1-17）。

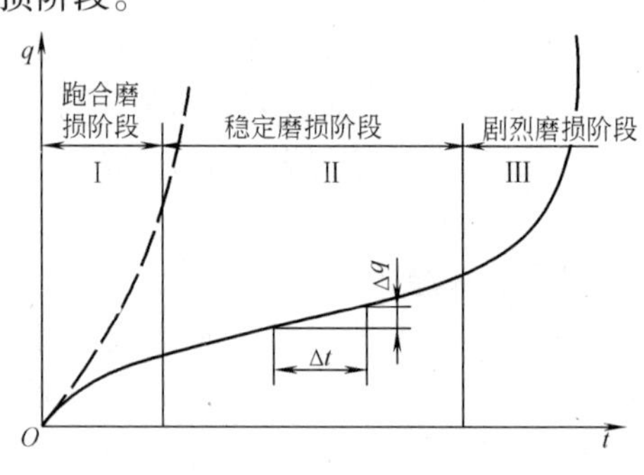

图 1-17 磨损曲线

跑合又称为磨合，是指所装配或大修后的机器按一定的规范进行试运转，使各运动副的摩擦表面互相适应、贴合良好的一种方法。机器只有经过跑合后才能正常工作并达到预期寿命。对于不同的机器有不同的跑合规定，但总的要求都是：①逐步加载、加速；②跑合后更换润滑油。如果设计或使用不当（如使用初期承载过大、速度过高、润滑不良），就会造成非正常磨损（图 1-17 中虚线所示），则零件出现早期过度磨损，很快就会失效。影响磨损量的主要工作变量有载荷、材料、润滑状况和工作温度，它们与磨损量的关系如图 1-18 所示。

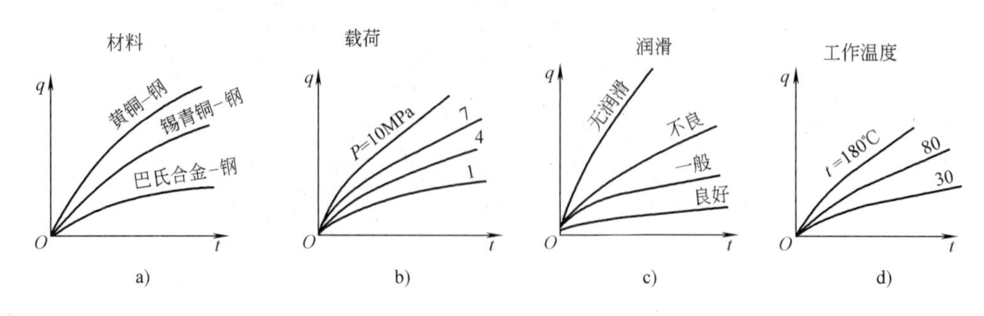

图 1-18 影响磨损量的因素

2. 磨损类型与减磨措施

磨损主要分为三种类型：

1）粘着磨损。在边界摩擦和混合摩擦状态下，两摩擦表面上的微观凸峰相互接触焊合成结点，相互运动时会发生材料转移（在两者材料相同时更容易发生），称为粘着磨损。特别是在高速或重载的情况下，这种磨损尤为严重。按粘着磨损的程度不同依次分为轻微粘着、涂抹、划伤、撕脱和咬焊，后三种又统称为胶合。可以采用合理选择材料组合（如钢与铜、钢与铸铁），限制摩擦面的温度和压强，改变润滑油的油性或在润滑油中加入极压添加剂等措施减轻粘着磨损。

2）磨粒磨损。由于金属微粒或其他硬质微粒（统称为磨粒）进入两摩擦面之间造成的磨损称为磨粒磨损。可采取封闭式转动并经常更换清洁的润滑油，采取合理的密封方式并经常更换新的密封件，提高零件的表面硬度等措施改善磨粒磨损。

3）疲劳磨损（点蚀）。两个摩擦表面由于存在较高的接触应力，会产生微小裂纹，在摩擦力、润滑油进入微小裂纹后的挤压力和接触应力的共同反复作用下，裂纹逐步扩展，到一定程度后就发生了小的金属剥落，在摩擦表面形成小麻点或凹坑，这就是疲劳磨损，又称点蚀（图1-19）。

点蚀在润滑良好的条件下也会发生。可采取提高表面硬度，减小表面粗糙度，改善两摩擦面的几何形状以及减小接触应力等措施来提高接触疲劳强度，防止过早出现点蚀。

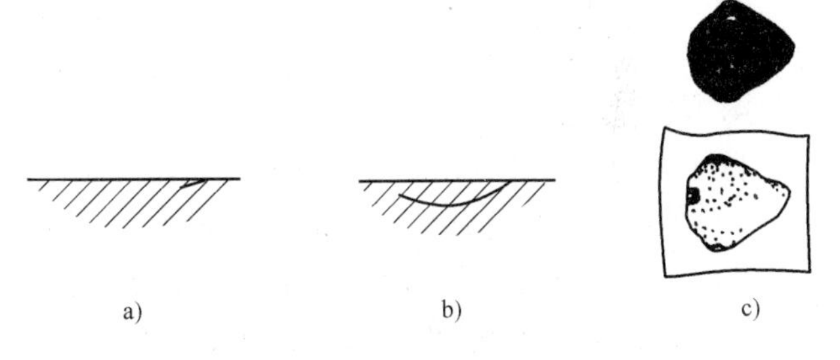

图1-19　疲劳磨损（点蚀）
a）初始裂纹　b）裂纹扩展　c）金属剥落

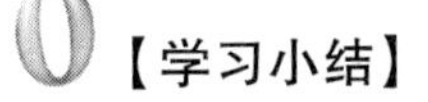【学习小结】

摩擦状态分4种：干摩擦、边界摩擦、流体摩擦、混合摩擦。其中流体摩擦的摩擦因数最小，磨损程度最少；干摩擦不是正常工作状态，不应出现。

磨损分3种主要类型：粘着磨损、磨粒磨损、疲劳磨损。疲劳磨损又称为点蚀。采取适当措施可以减轻磨损。

1.4　机械设计与制造

机械设计与制造是人们从生产和生活的实际需要出发，运用设计理论、方法和技能，经过构思、计算、绘图、零件加工、装配等过程，形成新机械的活动。

【学习目标】

1）了解机械设计与制造应满足的基本要求。

2）了解机械设计与制造应遵循的基本原则。

3）了解机械设计与制造的一般程序。

4）了解机械制造中的主要加工工艺方法。

【学习建议】

1）借助教材和电教片学习。

2）到机工实习车间或机械制造企业参观。

【分析与探究】

1.4.1 机械设计与制造应满足的基本要求

机械设计与制造可以是开发新产品，也可以是改造现有的机械；既可以生产出功能不同的机械，又可以生产出结构不同的机械……，但应满足的基本要求大致相同。

1. 使用性要求

使用性要求是指使机械在规定的工作期限内能实现预定的功能，并且操作方便，安全可靠，维护简单。

2. 工艺性要求

工艺性要求是指在保证工作性能的前提下，尽量使机械的结构简单，易加工，好装配，维修方便。

3. 经济性要求

经济性要求是指在设计、制造方面周期短、成本低；在使用方面效率高、能耗少、生产率高、维护与管理的费用少。

4. 其他要求

除了要使机械达到以上要求以外，还要考虑：

1）外观造型和色彩符合工业美学原则，具有时代感。

2）产品新颖独特，符合人们求新、求异、求变化的心理特征。

3）尽量减少对环境的污染，特别是降低噪声。

4）某些特殊要求，如食品机械要考虑干净、卫生、易于清洗，设计飞机要考虑重量轻、可靠性高等等。

1.4.2 机械设计与制造应遵循的基本原则

为了满足上述要求，机械设计与制造应注意遵循以下原则。

1. 以市场需求为导向的原则

机械设计与制造作为一种生产活动，与市场是紧密联系在一起的。从确定设计项目、使用要求、技术指标、设计与制造工期到拿出总体方案、进行可行性论证、综合效用分析（着眼于实际使用效果的综合分析）、盈亏分析直至具体设计、试制、鉴定、批量生产、产品投放市场后的信息反馈等都是紧紧围绕市场需求来运作的。设计与制造人员要时刻想着如何设计与制造才能使产品具有竞争力，能够占领市场、受到用户青睐。

2. 创造性原则

创造是人类的本质。人类如果不发挥自己的创造性，生产就不能发展，科技就不会进步。设计与制造只有作为创造性活动才具有强大的生命力，因循守旧，不敢创新，只能永远落在别人后面。特别是在当今世界科技飞速发展的情况下，在机械设计与制造中贯彻创造性原则尤为重要。

3. 标准化、系列化、通用化原则

标准化、系列化、通用化简称为“三化”。“三化”是我国现行的一项很重要的技术政策，在机械设计与制造中要认真贯彻执行。

标准化是指将产品（特别是零部件）的质量、规格、性能、结构等方面的技术指标加以统一规定并作为标准来执行。我国的标准已经形成了一个庞大的体系，主要有国家标准、部颁标准、专业标准等。为了与国际接轨，我国的某些标准正在迅速向国际标准靠拢。常见的标准代号有 GB、JB、ISO 等，它们分别代表中华人民共和国国家标准、机械工业标准、国际标准化组织标准。

系列化是指对同一产品、在同一基本结构或基本条件下，规定出若干不同的尺寸系列。

通用化是指在不同种类的产品或不同规格的同类产品中，尽量采用同一结构和尺寸的零部件。

贯彻“三化”的好处主要是：减轻了设计工作量，有利于提高设计质量并缩短生产周期；减少了刀具和量具的规格，便于设计与制造，从而降低其成本；便于组织标准件的规模化、专门化生产，易于保证产品质量、节约材料、降低成本；提高了互换性，便于维修；便于国家的宏观管理与调控以及内、外贸易；便于评价产品质量，解决经济纠纷。

4. 整体优化原则

设计与制造要贯彻“系统论”和优化的思想，要明确：性能最好的机器其内部零件不一定是最好的；性能最好的机器也不一定是效益最好的机器；只要是有利于整体优化，机械部件也可以考虑用电子或其他元器件代替。总之，设计与制造人员要将方案放在大系统中去考察，寻求最优，要从经济、技术、社会效益等各个方面去分析、计算，权衡利弊，尽量使设计与制造效果达到最佳。

5. 联系实际原则

所有的设计与制造都不要脱离实际。设计与制造人员特别要考虑当前的原材料供应情况、企业的生产条件、用户的使用条件等。

6. 人机工程原则

机器是为人服务的，但也是需要人去操作使用的。如何使机器和操作部件适应操作者的要求，人机合一后，投入产出比最高、整体效果最好，这是摆在设计与制造人员面前的一个问题。好的机器或部件一定要符合人机工程学和美学原理。

1.4.3 机械设计与制造的一般程序

机械的种类繁多，用途各异，但其设计与制造的程序却相差不多。机械设计与制造一般可分为 9 个阶段。

1. 明确任务与设计准备阶段

本阶段应根据市场信息（含预测）或用户要求确定设计任务。要在反复调查研究，分析、收集、整理信息资料的基础上进行论证，明确机械的功能要求、使用条件等，做出决策。本阶段的成果表现为设计任务书。

2. 方案设计（或称总体方案设计）

明确了设计的任务后，还需要进一步确定机械的具体参数（性能指标、总体尺寸、重量、适用范围等），并进行总体方案设计。本阶段要解决的主要问题有：机械依靠什么原理完成任务，工作装置、动力装置、传动装置各采用什么方案，这 3 大装置如何联接、怎样布置，操纵控制它们的装置采用什么方案。总体设计方案的优劣对最后的设计结果影响最大，要反复推敲、科学论证、全面评价、寻求最优。如果经过筛选之后还剩下两个方案难分伯仲，条件允许时可以齐头并进。本阶段的主要成果表现在机械示意图、工作原理图、机构运动简图、传动系统图和对它们的说明中。

3. 技术设计阶段

本阶段就是要将总体方案具体化，主要包括机械的运动设计、动力计算、零部件的材料选择、结构设计和主要零部件的工作能力（主要是强度）计算，绘制各种图样等。此阶段的技术成果有总体设计草图、部件装配草图、零件工作图、部件装配图、总装配图、标准件明细表和有关的设计计算草稿等。在此阶段，由于影响设计的因素太多，它们之间又存在相互联系、互相制约的关系，造成设计工作出现反复、绘图与计算交叉进行的现象是不足为怪的。

4. 整理技术文档阶段

此阶段要编写设计计算说明书、使用说明书，还要整理图样，将全部图样装订成册、编写图样目录。必要时可以将全部技术文档存入计算机硬盘、复制软盘、制成光盘或进行微缩处理。

5. 试制阶段

新产品投入批量生产之前，最好先制造出样机，以便进行性能检验、市场试探、成本核算等。

6. 生产准备阶段

此阶段的工作很多，主要有编制工艺文件、添置生产设备、设计制造工艺装备（工具、量具、夹具等）、采购原材料和外购件（标准件、成品部件、塑料件、电子元器件等）等。

7. 毛坯制造阶段

许多零件需要先制成毛坯再加工成符合图样要求的成品。铸造、锻造、冲压是常用的毛坯制造方法。

8. 零件加工阶段

零件加工阶段是制造的关键阶段。保质保量地将毛坯加工成符合图样要求的零件对整个生产影响很大，对降低成本也是至关重要的。

9. 装配试机阶段

严格按装配工艺将自制件和外购件组装成整机并调试合格是保证产品性能的最后一关。工艺水平的高低和检测手段先进与否将起到决定性作用。

在整个设计与制造的过程中要注意充分利用计算机的强大功能（如上网查寻、学习与咨询、辅助设计与制造、资料的存储与修改、生产管理、信息传递等），从而提高设计与制造的质量和工作效率，取得最好的效益。

以上程序也不是一成不变的，在工作中，应根据实际情况进行灵活处理。

1.4.4 机械制造中的主要加工工艺方法

制造机械零件最常用的两大类材料是金属和塑料。

1. 金属加工工艺方法

金属加工工艺的主要方法分为3大类：压力加工、热加工和冷加工。

1）压力加工。压力加工分为热压力加工和冷压力加工两种类型。锻造和热轧属于热压力加工；冷轧、冷拉拔、冷挤压、冷墩和冲压等属于冷压力加工。压力加工具有可以改善金属材料的内部组织、节省材料、生产效率较高等优点，但也存在着只能加工塑性材料和不适宜加工形状复杂（特别是内腔复杂）的零件或毛坯的局限性。

2）热加工。热加工是指那些在加工过程中有加热状态的加工方法，包括铸造、焊接、热处理等。铸造是把液态金属浇注到与零件形状、尺寸相适应的铸型型腔中，待其冷却凝固后获得铸件的加工方法。铸造多用在制造形状复杂（特别是内腔复杂）的零件或毛坯中，适用于批量生产。焊接是采用加热或加压或既加热又加压的手段，使互相分离的两部分材料局部熔融后借助于原子间的结合而连接起来的加工方法。焊接加工具有操作简便、节省材料、成本低，连接件的重量轻、密封性好，单件和批量生产均可，会产生热变形等特点。

3）冷加工。冷加工又称为切削加工或机械加工，是利用切削工具从工件上切除多余材料的加工方法，包括车削、铣削、刨削、磨削、钻削、錾削、锉削、研磨等。冷加工具有加工精度高、适应面广的特点。冷加工经常与热处理联合使用。

除了上述的加工方法以外，还有一些其他方法，如表面加工有发蓝、发黑、电镀、喷涂、刷镀等；特种加工有电火花加工、线切割加工、电解加工、电子束加工、激光加工等。

2. 塑料加工工艺方法

塑料加工的工艺方法也可以分为3大类：成形加工、表面加工和切削加工。

1）塑料成型加工。塑料成型加工是指对塑料加压加热（一般不超过400℃）使其熔融，通过注射（注塑）、压塑、挤塑、铸塑、吹塑、挤出等成型方法制成工件或型材的加工方法。其中，挤出成型主要用来生产型材，吹塑成型主要用来生产中空制品或薄膜。注射成型由于具有生产率高、对塑料品种的适应性好、一次成型就可以制得形状复杂和精度高或带有金属嵌件的制品等优点，得到了广泛的应用。注射成型加工所使用的卧式注射机如图1-20所示。

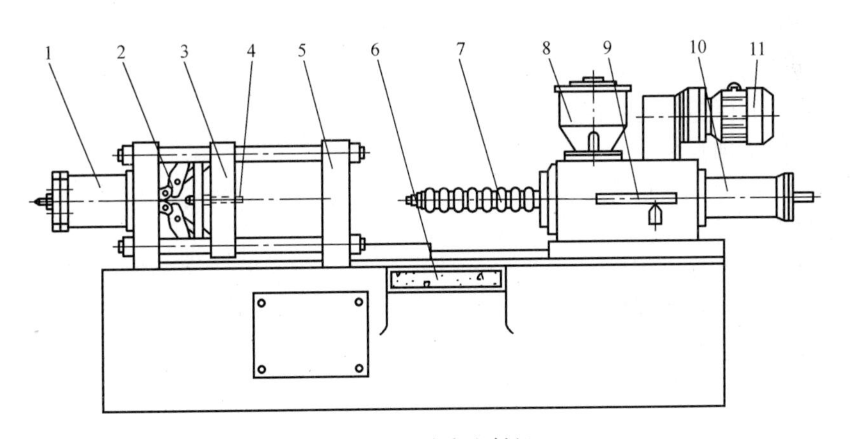

图1-20　卧式注射机

1—锁模油缸　2—锁模机构　3—移动模板　4—顶杆　5—固定模具　6—控制面板　7—料筒及其外面的加热器　8—料斗　9—定量供料装置　10—注射油缸　11—电动机

2）塑料表面加工。塑料表面加工是指通过喷涂、浸渍、粘结或等离子喷涂等方法将塑料覆盖在金属或非金属基体上的加工，也可以指在塑料表面镀覆金属。

3）塑料切削加工。塑料切削加工与金属切削加工相类似，一般用于二次加工。

【学习小结】

1）机械设计与制造应满足的基本要求有：使用性要求、工艺性要求、经济性要求和其他要求（如人机工程、美学、环保等）。

2）机械设计与制造应遵循的原则有：以市场需求为导向的原则、创造性原则、“三化”原则、整体优化原则、联系实际原则和人机工程原则。

3）机械设计与制造的一般程序为：明确任务与设计准备、方案设计、技术设计、整理技术文档、试制、生产准备、毛坯制造、零件加工、装配试机。

4）金属加工的主要方法有：压力加工、铸造、焊接、热处理和切削加工等。

5）塑料加工的主要方法是成型法，也可以采用表面加工和切削加工。

1.5 机械的使用与维修

时代发展到今天，人们的生活和工作都离不开机械。汽车本身就是一种机器，电子计算机中也有机械装置。不论是机器的操作者还是修理者甚至营销与技术服务人员，都应该对机器的使用与维修有不同程度的了解。

设备维修要从3个方面考虑：技术方面、经济方面和经营方面。在此主要考虑技术方面。

由于机械的种类繁多、结构各异，性能要求也不尽相同，每一种机械都有自己的一些特殊要求，但从整体上看，机械设备的使用、维护与修理都有许多共同之处，故在此只分析共性问题。对于某种机械的特殊问题，可参阅产品使用说明书或在专门的课程中加以学习。

【学习目标】

1）了解机械的合理使用要求。

2）懂得机械的保养和常见故障的排除。

3）了解机械修理常识。

【学习建议】

1）观看有关电教片。

2）查看机械产品的使用说明书。

3）利用互联网学习。

4）去现场学习。

【分析与探究】

1.5.1 机械的合理使用与一般故障排除

为了保证机械长期正常运转、减少维修次数、保持良好的性能，就要合理地使用机械。对于操作者还要求能够排除一般故障。

1）操作者要做到“四会”、“三好”（表1-2、表1-3）。

表 1-2 对机械设备操作者的“四会”要求

“四会”	具体要求
会使用	1）熟悉设备各组成部分、设备性能、传动原理和规格，不超范围使用 2）工具、工件、附件放置整齐、合理 3）熟练操作，能恰当选用转速 4）不使用带“病”的设备工作 5）严格遵守操作规程，安装、更换传动带、交换齿轮等传动零件时必须停机 6）设备使用后要使各部件恢复到使用前的位置 7）对于新设备要按照规定进行磨合，磨合结束后要更换润滑油
会保养	1）经常保持设备内外清洁，做到班前润滑，班中、班后及时清扫 2）按设备润滑图表规定加油，做到四定（定质、定量、定时、定点） 3）保证润滑装置齐全好用、油标清晰、油路畅通 4）保持设备的各滑动面和各传动零件之间无油垢，无碰伤，无锈蚀 5）保持设备不漏油、不漏水、不漏电
会检查	1）严格执行交接班制度，做好记录 2）接班时，应询问、检查上一班是否造成了设备事故和部件故障，如果发现要立即报告设备员和班组长做出鉴定，修好后才能开动 3）设备开动前，应检查设备各操纵机构、挡铁、限位器等是否灵敏可靠，各转动、滑动部位润滑是否良好，确认一切正常后再开动 4）开动设备时，应随时观察各部位的运转情况，注意检查设备是否有声响变化和振动加剧的现象发生。如有异常现象发生，应立即停机，待查明原因排除故障后，才能继续使用 5）各种安全防护装置齐全可靠，控制系统正常，电器接地良好，无事故隐患 6）配套装置齐全，各种线路、管道完整；设备零部件无损缺 7）对于有自检装置的设备，能够根据提示检查出故障所在
会排除一般故障	1）发现故障，立即停机检查 2）发现电器断路时（如熔断器熔体烧断、线路接触不良等），应配合电工排除 3）发现油路、气路系统出现故障时，应会排除 4）发现易松动部位（如销钉、斜镶条、离合器、传动带和各部位的紧固螺钉等）有松动时，应能解决 5）发现其他一般故障（如异物缠绕、卡别，加工件非设备原因超差等），应会排除 6）对于有自检装置的设备，能够根据自检装置的提示排除故障 7）对于自己不能处理或职责以外的问题要及时上报

表 1-3 对机械设备操作者的“三好”要求

“三好”	具体要求
管好	1）操作者应对设备负保管责任，不经领导同意，不准别人乱动 2）设备及附件、仪器、仪表、冷却、安全防护装置等应保持完整无损 3）设备开动后，不准擅离工作岗位，有事必须停车并切断电源 4）设备发生事故后，要立即停车，切断电源，保持现场，不隐瞒事故情节，及时报告设备员和班组长
用好	1）严格执行操作规程，禁止超压、超负荷使用设备。特殊情况时，必须经主管领导和主管部门同意，方可使用 2）不准脚踏床面、操纵把手和电器开关 3）设备的导轨面上不准放工具、工件等物品 4）应使设备的外观和操作手柄及传动部分经常保持新安装时或大修后的良好状态

（续）

“三好”	具体要求
修好	1）应经常保持设备性能良好，使其处于正常工作状态。发现故障隐患时，及时予以排除或者报告机修人员 2）应保持设备没有较大缺陷，仪器、仪表和润滑、冷却系统灵敏、可靠 3）按计划、保养内容和具体要求完成一级保养任务 4）按计划和要求参加二级保养并完成规定内容

2）管理者要做到：对操作者和设备都要加强管理；建立必要的规章制度（如交接班制度、岗位责任制度、设备管理制度等）和设备操作规程；为设备的正常使用提供条件；坚持定人定机、持证上岗，经常培训员工，对达不到要求者不能让其勉强上岗。

1.5.2 机械的维护保养

按机械的各个部分分类，维护保养可分为润滑系统保养、导轨保养、丝杆保养等。

按时间分类，维护保养可分为日常维护、一级保养和二级保养。

1. 日常维护

日常维护由操作者进行，主要包括以下内容：

1）开动设备前，对设备进行清洁、润滑。

2）使用设备时，要严格按照操作规程进行。要经常检查设备的运行情况，发现故障及时排除。

3）使用设备后，要将各滑动面擦净、注油，定期清洗各润滑系统及设备表面。

2. 一级保养

一级保养主要由操作者在维修人员指导下完成。

一级保养的周期：金属切削设备运转1200～1500h或两班制连续生产的设备运转4～5个月进行1次；锻压、起重设备运转900～1200h或两班制连续生产的设备运转3～4个月进行1次。

一级保养的内容包括：

1）清扫、检查、调节电器部分。

2）全面清洗设备外表，检查、调节各传动、操作机构。

3）清洗、疏通润滑系统，检查冷却系统。

4）检查并且排除一般故障及故障隐患。

5）检查并且调节安全防护措施、限位块及有关仪器、仪表等。

3. 二级保养

二级保养应以维修人员为主，在操作者参与下进行。

二级保养的周期：金属切削设备运转3600～4500h或两班制连续生产的设备运转12～15个月进行1次；锻压、起重设备运转2700～3600h或两班制连续生产的设备运转9～12个月进行1次。

二级保养的主要内容包括：

1）清扫、检查、调节电器部分。

2）全面清洗润滑系统并且更换润滑油。

3）全面清洗冷却系统。

4）检查设备的技术状况及安全设施，全面调整各处间隙，排除故障，清除隐患。

5）修复和更换必要的磨损零件，或者刮研必要的磨损部位。

6）全面清除设备的漏油、漏气、漏水现象。

7）使设备达到安全可靠、运行正常的要求，符合设备完好标准。

目前，在维修中经常使用松动剂。使用松动剂除可使零件松动外，还可超除锈、润滑、保洁作用，效果很好。许多机械设备都有自己的保养手册或规程，用户要根据具体内容和要求进行维护保养。

1.5.3　机械的修理

1. 机械设备维护修理的发展阶段

机械设备维护修理是随着科学技术的发展、设计制造水平的提高和维修管理水平与工艺水平的改善与丰富而变化的，大体经历了事后修理、预防维修、可靠性管理引入维修和预知维修4个阶段。事后修理的特征是出了故障后再修理。预防维修的特征是靠经验定期检查、维护和修理。可靠性管理引入维修的特征是利用以概率统计方法为基础的可靠性理论分析维修问题，通过对一批相同的零部件进行可靠度计算来确定维修计划。预知维修的特征是采用设备系统检测技术与诊断技术，在准确掌握每台设备的状态后，再实施恰当的维修。

2. 常用的机械设备修理工艺

现代的制造提倡“无维修设计”和服务到底理念。在一般情况下，用户只需要能够根据“维修指南”或“故障手册”或通过服务热线咨询对设备进行日常维护或故障排除。对于不好解决或解决不了的问题，则由制造企业或专业化、社会化的维修企业来完成。但由于我国的经济水平和技术水平发展很不平衡，又考虑要到建设节约型社会，还需要采用一些常用的修理工艺，特别是对于那些大型零件、贵重零件、特殊零件、稀少零件和非正常损坏零件，进行修理是非常值得的。有时考虑到修理时间的长短对整个生产或工作以及效益和信誉的影响，还需要进行抢修。好的维修需要良好的服务态度、先进的诊断和检测设备、丰富的知识和经验、灵活的头脑、最合适的修理工艺。

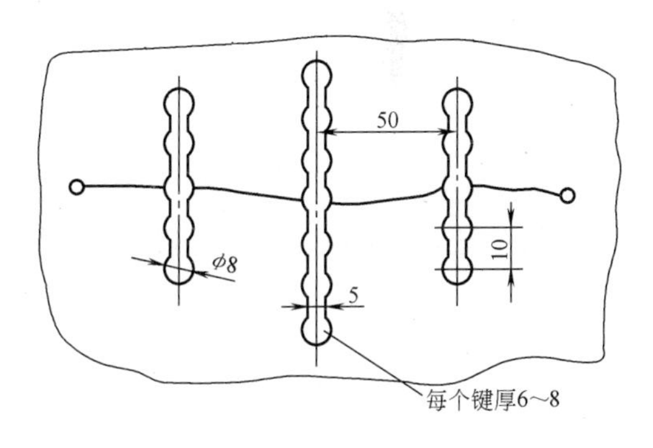

图1-21　金属扣合

零件的损坏形式多表现为磨损，其次是断裂。常用的机械修理工艺有镀、涂、焊、墩、粘、机钳加工、金属扣合（图1-21）等。在此以表格的形式列出常用的机械修理工艺及其修补层合理厚度和对材质的适应性（表1-4），维修者可结合实际情况参考选用。

表1-4　常用的机械修理工艺及其修补层合理厚度和对材质的适应性

序号	修理工艺及其修补层合理厚度	低碳钢	中碳钢	高碳钢	合金结构钢	不锈钢	灰铸铁	铜合金	铝合金
1	镀铬（0.1~0.3mm）	●	●	●	●	●	○		

（续）

序号	修理工艺及其修补层合理厚度	低碳钢	中碳钢	高碳钢	合金结构钢	不锈钢	灰铸铁	铜合金	铝合金
2	镀铁 (0.1～5.0mm)	●	●	●	●	●	○		
3	金属喷涂 (0.1～10mm)	●	●	●	●	●	●	●	●
4	手工电弧堆焊 （不限）	●	●	○	●	●	○		
5	振动电弧堆焊 (0.3～3.0mm)	●	●	○	●	○	○		
6	氧—乙炔焊 （不限）	●	●		●		○		
7	氧—乙炔焰喷焊 (0.05～2.5mm)	●	●	○	●	○	○		
8	等离子堆焊 (0.25～6.0mm)	●	●	○	●	○	○		
9	钎焊 （不限）	●	●	●	●	●	○	●	○
10	粘接 （无）	●	●	●	●	●	●	●	●
11	压力加工修复 （无）	●	●					●	●
12	机钳加工修复 （无）	●	●	●	●	●	●	●	●
13	金属扣合 （无）	●	●	●	●	●	●	●	●

注：表中●表示修理效果好；○表示能修理，但需要采取措施。

【学习小结】

操作者在使用机械时要做到“四会”、“三好”，按有关规范对设备进行日常维护、一级保养并参与二级保养。

常用的机械修理工艺有镀、涂、焊、墩、粘、机钳加工和金属扣合。它们的修补层合理厚度和对材质的适应性不完全相同，维修者应结合实际情况选择采用。

项目 2　常用机械工程材料

【实际问题】

某种型号的复印机中的某个塑料齿轮经常损坏，是什么原因呢？是材料不好还是别的原因呢？

常用机械工程材料分为两大类：金属材料和非金属材料。

金属材料又可分为两大类：钢铁材料（黑色金属）和非铁金属材料（有色金属及其合金）。

本书从简明和实用的角度对机械工程常用材料做出如下分类：

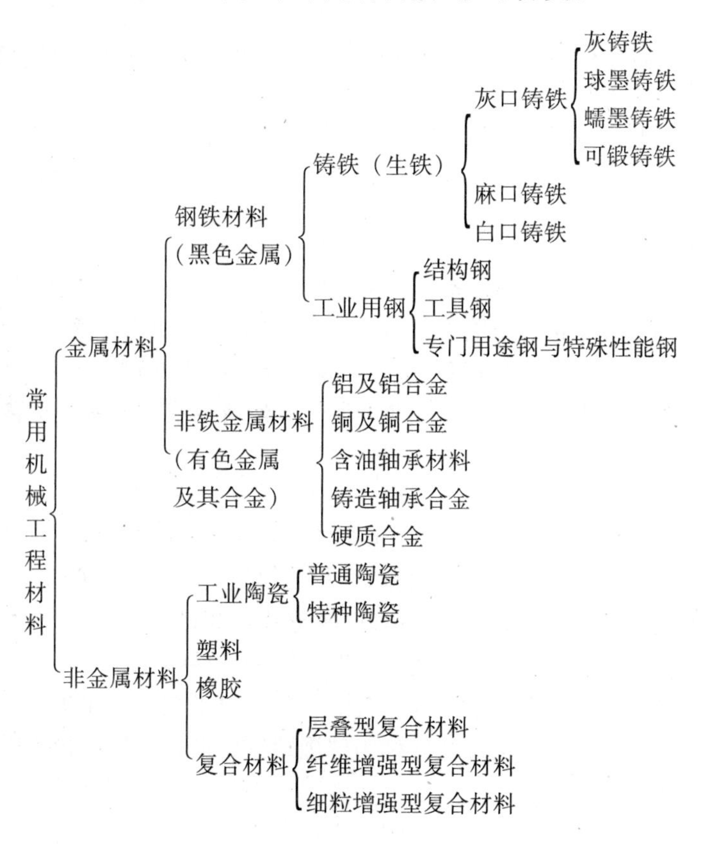

【学习目标】

1）了解常用机械工程材料的种类、牌号、性能和应用。

2）初步学会选择合适的材料解决实际问题。

【学习建议】

1）将本项目分为钢铁材料（黑色金属）、非铁金属材料（有色金属及其合金）、非金属材料 3 个子项目分别进行研究。

2）参阅其他《机械基础》或《机械设计基础》教材中的有关内容。

3）登录互联网，通过搜索网站查找到“机械设计基础网络课程”后参看有关内容。

4）参看有关教学课件中的有关内容。

2.1 钢铁材料（黑色金属）

【学习目标】

1）初步了解铸铁的种类、牌号、性能及其应用。

2）了解工业用钢的种类、牌号、性能及其应用。

3）比较工业用钢与铸铁的异同点。

【学习建议】

1）铸铁的牌号是以汉语拼音字母来标记的；通过分析铸铁中碳的存在形式的不同及特点，识记各类铸铁的特点及用途。

2）工业用钢的牌号、用途与其含碳量及合金元素有关，注意总结加以区别。

3）用比较法学习。

【分析与探究】

钢铁材料是指以铁(Fe)为主要元素、碳(C)的质量分数（w_C，一般称为含碳量）一般在4%以下且含有一些其他元素的铁碳合金。其中w_C在2%以下的称为钢，w_C为2%～4%的称为生铁。生铁可以用来炼钢，也可以用来铸造，形成铸铁件（如车床床身、叉架类零件等）。

合金是由一种金属元素跟其他金属或非金属元素熔合而成的、具有金属特性的物质。

2.1.1 铸铁

铸铁是一系列主要由铁、碳、硅（Si）组成的合金。根据碳的存在形式不同，常将铸铁分为白口铸铁、灰口铸铁和麻口铸铁三大类。

白口铸铁中的碳主要是以碳化铁（Fe_3C）的形式出现的，其断口呈亮白色。白口铸铁的硬度高、脆性大、难加工，多用来炼钢或制造可锻铸铁件的毛坯。

灰口铸铁中的碳主要是以石墨的形式出现的，其断口呈灰色。在灰口铸铁中，石墨大部分为层片状的称为灰铸铁，形状为球状的称为球墨铸铁，形状为蠕虫状的称为蠕墨铸铁，形状为团絮状的称为可锻铸铁。

麻口铸铁介于白口铸铁和灰口铸铁之间，工业上应用很少。

灰铸铁的铸造性能好、可加工性好，减振性好，减摩性好，价格低廉，但也存在着塑性差，韧性差，抗拉强度低，焊接性能较差等缺点，多用来制造固定设备的床身、形状特别复杂或承受较大摩擦力的批量生产的零件。灰铸铁的牌号、不同壁厚铸件的力学性能和应用见表2-1。牌号中的字母“HT”表示“灰铁”，后面的数字表示Φ30mm试棒的最小抗拉强度。

球墨铸铁与灰铸铁相比具有强度高（与钢差不多）、工艺要求高的特点，适宜做重要零件。球墨铸铁的牌号用“QT”（表示“球铁”）和其后的两组数字组成。两组数字分别表示最低抗拉强度和最低伸长率。如QT600—3表示$\sigma_b \geqslant 600$MPa、$\delta \geqslant 2\%$的球墨铸铁。

表 2-1　灰铸铁牌号、不同壁厚铸件的力学性能和应用

牌号	铸件壁厚/mm	力学性能		应用举例
		σ_b/MPa（不小于）	HBW	
HT100	2.5 ~ 10 10 ~ 20 20 ~ 30 30 ~ 50	130 100 90 80	110 ~ 166 93 ~ 140 87 ~ 131 82 ~ 122	多用于承受载荷小、对摩擦和磨损无特殊要求的不重要零件，如防护罩、盖、油盘、手轮、支架、底板、重锤、小手柄等
HT150	…	…	…	…
HT200	2.5 ~ 10 10 ~ 20 20 ~ 30 30 ~ 50	220 195 170 160	157 ~ 236 148 ~ 222 134 ~ 200 129 ~ 192	多用于制造承受较大载荷和有一定的气密性或耐蚀性要求的较重要零件，如齿轮、机座、飞轮、床身、气缸体、气缸盖、气缸套、活塞、齿轮箱体、制动毂、联轴器盘、中等压力阀体等，也可用于受力不太大的蜗轮、链轮等
HT250	…	…	…	
HT300	…	…	…	多用于制造承受高载荷、耐磨或有高气密性要求的重要零件
HT350	…	…	…	

蠕墨铸铁兼有灰铸铁和球墨铸铁的性能，其牌号用“RuT”加一组数字组成，如RuT300、RuT420等，其中数字表示最低抗拉强度。

可锻铸铁（习称玛钢、马铁或马口铁）是因对铸铁件进行了可锻化退火（将白口铸件加热至900 ~ 980℃后长时间保温并分阶段石墨化，使其内部石墨变成团絮状）而得名的，并不能锻造。可锻铸铁的强度和韧性都比灰铸铁好，但由于退火时间长，生产过程复杂，生产效率低，成本高，现已很少使用。

2.1.2　工业用钢

因铸铁的力学性能较差且只能用铸造方法成形，故其应用受到一定限制。将生铁进一步冶炼，适当降低其含碳量、减少杂质元素（指冶炼后残留在金属中、不是有意加入或保留的元素，简称杂质）或加入某些合金元素（Me，指为了改善钢的性能而人为加入的元素），即可炼成工业用钢。

为了便于分析，可以对钢进行如下分类：

1）按用途分为结构钢、工具钢、专门用途钢和特殊性能钢。

2）按含碳量的多少分为低碳钢（$w_C \leqslant 0.25\%$）、中碳钢（$w_C = 0.25\% \sim 0.60\%$）和高碳钢（$w_C = 0.60\% \sim 2.11\%$）。

3）按有害杂质元素（硫、磷）含量的多少分为普通质量钢、优质钢和高级优质钢。

4）按合金元素含量的多少分为非合金钢、低合金钢和合金钢，其界限值见表 2-2。

表 2-2　非合金钢、低合金钢和合金钢中合金元素规定含量界限值

合金元素	合金元素规定含量界限值（%）			合金元素	合金元素规定含量界限值（%）		
	非合金钢（小于）	低合金钢	合金钢（不小于）		非合金钢（小于）	低合金钢	合金钢（不小于）
铝（Al）	0.10	—	0.10	硒（Se）	0.10	—	0.10
硼（B）	0.0005	—	0.005	硅（Si）	0.50	0.50 ~ 0.90	0.90
铋（Bi）	0.10	—	0.10	碲（Te）	0.10	—	0.10

（续）

合金元素	合金元素规定含量界限值（%）			合金元素	合金元素规定含量界限值（%）		
	非合金钢（小于）	低合金钢	合金钢（不小于）		非合金钢（小于）	低合金钢	合金钢（不小于）
铬（Cr）	0.30	0.30～0.50	0.50	钛（Ti）	0.05	0.05～0.13	0.13
钴（Co）	0.10	—	0.10	钨（W）	0.10	—	0.10
铜（Cu）	0.10	0.10～0.50	0.50	钒（V）	0.04	0.04～0.12	0.12
锰（Mn）	1.00	1.00～1.40	1.40	锆（Zr）	0.05	0.05～0.12	0.12
钼（Mo）	0.50	0.50～0.10	0.10	混合稀土（RE）	0.02	0.02～0.05	0.05
镍（Ni）	0.30	0.30～0.50	0.50	其他元素（S、P、C、N除外）	0.05	—	0.05
铌（Nb）	0.02	0.02～0.06	0.06				
铅（Pb）	0.40	—	0.04				

在保证有害杂质不超标和采用合适的热处理工艺的情况下，影响钢性能的主要因素是含碳量与合金元素含量。

为了便于学习，在此先分析《钢铁及合金牌号统一数字代号体系》（GB/T 17616—1998）和各种钢产品牌号的编号方法。

《钢铁及合金牌号统一数字代号体系》规定统一数字代号由一个大写的拉丁字母接5位阿拉伯数字组成，并规定每一个数字代号只适用于一个产品牌号（反之亦然），还规定凡列入国家标准和行业标准的钢铁及合金产品应同时列入产品牌号和统一数字代号并相互对照，两种表示方法均有效。如：20Cr、40钢的统一代号分别为A20202、U20402。

1）非合金钢（碳素钢）产品牌号的编号方法见表2-3。

表2-3　非合金钢（碳素钢）的产品牌号的编号方法（摘自GB/T 699—1999）

分类	编号方法	
	举　例	说　明
碳素结构钢	Q235A·F	“Q”为“屈”字的汉语拼音字首，后面的数字为屈服点值（MPa）；A、B、C、D表示质量等级，从左到右，质量依次提高；F、b、Z、TZ依次表示脱氧程度，即沸腾钢、半镇静钢、镇静钢、特殊镇静钢。Q235A·F表示屈服点为235MPa、质量为A级的沸腾钢
优质碳素结构钢	45（$w_C=0.45\%$、$w_{Mn}=0.25\%\sim0.5\%$）40Mn（$w_C=0.4\%$，$w_{Mn}=0.7\%\sim1.0\%$）	两位数字表示钢的平均碳的质量分数，以万分之几来计。该钢分为两种：一种是普通含锰量的优质碳素结构钢，如65、40等；另一种是较高含锰量的优质碳素结构钢，如65Mn、40Mn等。在GB17616—1998统一数字代号体系中，代号均为Uxxxxx
碳素工具钢	T8（$w_C=0.8\%$） T12A（$w_C=1.2\%$）	用“碳”的汉语拼音字母大写的字头表示碳素工具钢，一位数字表示该钢的平均碳的质量分数，以千分之几来计，钢号后加“A”表示高级优质碳素工具钢
铸造碳钢	ZG200－400（$\sigma_s=200MPa$ $\sigma_b=400MPa$）	“ZG”代表铸钢，其后面第一组数字表示屈服点，第二组数字表示抗拉强度。如ZG200—400表示屈服点为200MPa、抗拉强度为400MPa的铸造碳钢，统一数字代号为：Cxxxxx

2）低合金钢产品牌号的编号方法是用字母“Q”（表示“屈服强度”）起头，接排屈服强度值及质量等级（从低到高用A、B、C、D、E表示）。如Q345C、Q420A等。

3）合金钢产品牌号的编号方法见表2-4。

表2-4　合金钢产品牌号的编号方法（摘自GB/T 3077—1999）

分类	编号方法（原则：数字+化学元素+数字）	
	举　例	说　明
合金结构钢	60Si2Mn或60硅2锰（$w_C=0.60\%$，$w_{Si}=2\%$，$w_{Mn}<1.5\%$）	前面两位数字表示钢的平均碳的质量分数，以万分之几来计；化学元素用汉字或化学元素符号表示；后面的数字表示该元素的平均质量分数，以百分之几来计。当该元素的平均质量分数小于1.5%时，编号中只标明元素，一般不标明含量，当质量分数大于1.5%、2.5%、3.5%…，则相应以2、3、4…表示，统一数字代号为Axxxxx
合金工具钢	9Mn2V（$w_C=0.90\%$）W18Cr4V（$w_C=0.7\%\sim0.8\%$）	与合金结构钢编号方法的区别在于：用一位数字表示钢的平均碳的质量分数，以千分之几来计；当平均碳的质量分数大于或等于1%时，钢号前无数字；但高速钢例外，它的平均碳的质量分数小于1%时也不标出。统一数字代号均为Txxxxx。合金元素质量分数的表示方法与合金结构钢的相同
特殊性能钢	0Cr18Ni9（$w_C\leqslant0.08\%$）00Cr18Ni9（$w_C=0.1\%$）	与工具钢的编号方法相同，但特殊性能钢的平均碳的质量分数较低。当其平均碳的质量分数小于或等于0.08%时，在钢号的前面分别冠上“0”、“00”。如0Cr18Ni9表示平均碳的质量分数为0.03%铬的质量分数为18%、镍的质量分数为9%的耐热钢。合金元素质量分数的表示方法与合金结构钢的相同

工业用钢的牌号、性能和应用分述如下。

1．结构钢

结构钢主要用来制造金属结构物（如井架、汽车外壳等）或机械零件（如轴、齿轮、螺栓等），包括碳素结构钢、低合金高强度结构钢、优质碳素结构钢与合金结构钢等。

1）碳素结构钢。碳素结构钢为低碳钢或中碳钢，其力学性能一般，加工工艺性好，价格便宜，使用时不用进行热处理，多用来制造一般工程结构件和不重要的机械零件。

碳素结构钢的牌号、性能、特点及应用见表2-5。

表2-5　碳素结构钢的牌号、性能、特点及应用（数据摘自GB/T 700—2006）

牌号	统一代号	钢材厚度或直径/mm				σ_b/MPa	钢材厚度或直径/mm				特点及应用举例
		≤16	16~40	40~60	…		≤16	16~40	40~60	…	
		σ_s/MPa（不小于）					δ（%）（不小于）				
Q195	U11952	195	185	—	—	315~430	33	—	—	—	塑性好、韧性好、易于冷加工，多用来制造受力不大的垫圈、铆钉、螺栓、冲压件、焊接件等
Q215A	U12152	215	205	195	…	335~450	31	30	29	…	与Q195基本相同，但因强度较Q195高，故应用更广，还可用来制造薄钢板、钢丝、屋面板、小轴等
Q215B	U12155										

（续）

牌号	统一代号	钢材厚度或直径/mm				σ_b/MPa	钢材厚度或直径/mm				特点及应用举例
		≤16	16~40	40~60	…		≤16	16~40	40~60	…	
		σ_s/MPa（不小于）					δ（%）（不小于）				
Q235A	U12352	235	225	215	…	370~500	26	25	24	…	强度、塑性、韧性和焊接性均较好，应用广泛，用来制造钢板、钢筋、型材、不太重要的机械零件如螺母、轴、连杆等。C、D级用于重要焊接件
Q235B	U12355										
Q235C	U12358										
Q235D	U12359										
Q275A	U12752	275	265	255	…	410~540	22	21	20	…	强度较高、塑性和焊接性稍差，多用于制造工程结构件、农机零件、吊钩、工具及强度高一些的机械零件
Q275B	U12755										
Q275C	U12758										
Q275D	U12759										

2）低合金高强度结构钢。在低碳碳素结构钢中加入少量的锰、钒、钛、铌、铬、镍等合金元素（以锰为主）后，可以制成一个新钢种——低合金高强度结构钢。因该钢种与碳素结构钢相比具有较高的强度，较好的韧性、焊接性和耐蚀性，较高的性能价格比，故在桥梁、船舶、车辆、容器和建筑结构中得到了广泛的应用。

按GB/T1591规定，低合金高强度结构钢的牌号从Q295至Q460有多个，最常用的是Q345钢。因低合金高强度结构钢经过热轧后一般都进行了退火或正火处理，故使用时不再进行热处理。

3）优质碳素结构钢。优质碳素结构钢中的有害杂质含量较少，化学成分准确，力学性能可靠，常用来制造比较重要的机械零件。优质碳素结构钢一般都要进行热处理，以便充分发挥其良好的力学性能。常用优质碳素结构钢的牌号、性能、特点及应用见表2-6，其中最常用的是45钢。

4）合金结构钢。在优质碳素结构钢中加入一定量的不同的合金元素可得到性能更好的钢种——合金结构钢。使用合金结构钢可以减小零件的尺寸和重量，从而使整机小而轻。合金结构钢的品种很多，性能各有所长，但价格较高，可根据需要进行合理选用。

常用的合金结构钢有合金渗碳钢与合金调质钢，它们都是用来制造重要机械零件的。

合金渗碳钢属于低碳合金钢，要经过渗碳、淬火、低温回火后才能使用。它们的表面硬度高（可达58~64HRC），心部韧性好，切削加工性好，适合制造工作时受强烈冲击和摩擦的零件。

合金调质钢属于中碳合金钢，要经过调质处理后才能使用，调质后还可进行表面淬火或化学热处理。合金调质钢的综合力学性能好，淬透性好，切削加工性好，更适合制造工作时受力大、易出现严重磨损的重要零件。

常用合金渗碳钢的牌号、热处理、性能和应用见表2-7。

典型合金调质钢的牌号、热处理、性能和应用见表2-8。

表 2-6 常用优质碳素结构钢的牌号、性能、特点及应用（数据摘自 GB/T 3077 - 1999）

牌号	统一代号	力学性能（不小于）					热处理硬度					特点及应用举例
		σ_b /MPa	σ_S /MPa	δ_5 (%)	ψ (%)	A_{KU} /J	正火 HBW（不大于）	渗碳淬火 HRC	淬火 HRC	回火 HRC 150~400℃	回火 HRC 500~600℃	
08F	U20080	295	175	35	60		131	—				强度低、塑性好，用来制造冲压件、垫片、套筒等
15	U20152	375	225	27	55		143	56~62				强度不太高但冲压和焊接性能好，多用来做焊接容器、螺钉、杆件、吊钩等，经渗碳淬火后，表面硬、心部韧，可作摩擦片、轴等
20	U20202	410	245	25	55		156	56~62	…	…	…	
25	U20252	450	275	23	50	71	170	56~62	≥380 HBW	380~270HBW	235~200HBW	
35	U20352	530	315	20	45	55	187	—	≥50	49~35	26~20	为中碳钢，经热处理后综合力学性能好，广泛用于制造较重要的零件，如轴、齿轮、连杆、键和在高应力下工作的螺栓、螺母等，以及在严重磨损条件下工作的零件
40	U20402	570	335	19	45	47	207	—	≥55	55~42	34~23	
40Mn	U21402	590	355	17	45	47	229	—	53~59			
45	U20452	600	355	16	40	39	217	—	≥59	58~41	33~22	
50Mn	U21502	645	390	13	40	31	255	—	54~60			
65	U20652	695	410	10	30		255	—	≥63	63~45	37~28	经热处理后具有较高的弹性和耐磨性，多用来制造弹簧、钢瓶、车轮、钢丝绳及一些耐磨性零件
60Mn	U21602	695	410	11	35		269	—	57~64	61~47	39~29	
65Mn	U21652	735	430	9	30		269	—	57~64	61~47	39~29	

表 2-7 常用合金渗碳钢的牌号、热处理、性能和应用（数据摘自 GB/T3077—1999）

牌号	统一代号	热处理温度/℃			力学性能（不小于）					应用举例
		第一次淬火	第二次淬火	回火	σ_b /MPa	σ_s /MPa	δ_5 (%)	ψ (%)	A_{KU} /J	
20Cr	A20202	880 水，油	780~820 水，油	200 水，空气	835	540	10	40	47	截面在30mm以下、对心部强度要求较高、工作表面受磨损的零件，如机床及微型汽车齿轮、凸轮、活塞销、蜗杆等
20CrMnTi	A26202	880 油	870 油	200 水，空气	1080	850	10	45	55	截面在30mm以下，承受高速、中或重载荷及受冲击、摩擦的重要渗碳件，如一般汽车、拖拉机中的齿轮、轴、齿轮轴及蜗杆等
20Cr2Ni4	A43202	880 油	780 油	200 水，空气	1180	1080	10	45	63	大截面、重载荷、对缺口敏感性低的重要零件，如重型车辆、坦克的齿轮、轴等

表 2-8 典型合金调质钢的牌号、热处理、性能和应用（数据摘自 GB/T 3077—1999）

牌号	统一代号	热处理温度		力学性能（不小于）					应用举例
		淬火/℃	回火/℃	σ_b/MPa	σ_s/MPa	δ(%)	ψ(%)	A_{KU}/J	
40Cr	A20402	850 油	520 水，油	980	785	9	45	47	在中速中载下工作的零件，如汽车后半轴，机床上的齿轮、轴、花键轴、顶尖套等
35CrMo	A30352	850 油	550 水，油	980	835	12	45	63	受冲击、振动、弯曲、扭转载荷的零件，如主轴、大电动机轴、曲轴、锤杆等
40CrNiMoA	A50403	850 油	600 水，油	980	835	12	55	78	要求韧性好，强度高及大尺寸的重要调质件，如重型机械中受大载荷的轴类、直径大于 250mm 汽轮机轴、叶片、曲轴等

5）铸钢。许多形状复杂或尺寸很大的批量生产零件可以用铸钢来制造。铸钢的铸造性能比铸铁稍差，但力学性能和焊接性能却大大优于铸铁，故多用在工程机械和车辆中。目前应用较多的是铸造碳钢。在碳素钢钢液中加入某些合金元素同样可以改善其性能，可得到不锈钢铸件、耐热钢铸件等。

工程用典型铸造碳钢的牌号、成分、性能、特点及应用见表 2-9。

表 2-9 工程用典型铸造碳钢的牌号、成分、性能、特点及应用

牌号	主要化学成分（%）（不大于）					力学性能（不小于）					特点及应用举例
	C	Si	Mn	P	S	σ_S/MPa	σ_b/MPa	δ(%)	ψ(%)	A_{KU}/J	
ZG230—450	0.3	0.5	0.9	0.04		230	450	22	32	25	有一定的强度和较好的塑性、韧性，焊接性能良好、可加工性尚可，用于受力不大、要求韧性好的零件，如车挂钩、砧座、壳体、轴承盖、底板、阀体等
ZG270—500	0.4	0.5	0.9	0.04		270	500	18	25	22	有较高的强度和较好的塑性，铸造性能良好，焊接性尚好，可加工性好。应用广泛，如轧钢机机架、轴承座、连杆、箱体、曲轴、缸体等
ZG310—570	0.5	0.6	0.9	0.04		310	570	15	21	15	强度高、硬度高、耐磨性好、可加工性中等，焊接性较差，流动性好，裂纹敏感性较大。用来作齿轮、棘轮等

2. 工具钢

工具钢主要用来制造工具、模具、量具和刃具。通常将工具钢分为碳素工具钢、合金工具钢和高速工具钢。

1）碳素工具钢。碳素工具钢是一种高碳优质钢，有害杂质含量少，经淬火和低温回火后硬度高（不小于 62HRC）、耐磨性好。但因其热硬性（又称红硬性，即在高温下保持高硬度的性能）很差，当温度超过 250℃后，硬度会急剧下降，故多用来制作在常温下使用的低速工具、手动工具、模具和耐磨零件等。

碳素工具钢的牌号有 T7、T7A、T8、T8A、T8Mn、T8MnA、T9、T9A、T10、T10A、T11、T11A、T12、T12A、T13、T13A 等。随着含碳量的增加，碳素工具钢的硬度和耐磨性增加，但韧性和淬透性降低。

2）合金工具钢。为了满足工具、刃具、量具、模具对钢材的某些特殊要求，可以在碳素工具钢内增加某些合金元素，制成合金工具钢。合金工具钢主要包括量具刃具钢、冷作模具钢、热作模具钢、塑料模具钢等。常用的量具刃具钢的牌号有 9SiCr、Cr2、Cr06、9Cr2 等。其中 9SiCr 应用最广泛，多用来制造要求变形小的薄刃刀具、如板牙、丝锥、铣刀、铰刀等。各种合金工具钢的详细情况请参阅有关资料。

3）高速工具钢。高速工具钢简称高速钢，又被称为风钢、锋钢、白钢。高速工具钢从本质上讲也是一种合金工具钢，但因其发展较早、应用广泛，故在此单独列出。与量具刃具钢相比，高速钢除了具有更高的硬度、更好的耐磨性和韧性之外，最大的优点是热硬性好，既使在 600℃高温下工作，也能保证其硬度在 60HRC 以上，多用来制造各种中速切削刀具。

常用高速钢的牌号、成分、热处理及应用见表 2-10。

表 2-10　常用高速钢的牌号、成分、热处理及应用

牌号	主要化学成分（%）							热处理				应用举例
								淬火		回火		
	C	Mn（不大于）	Al	Cr	W	V	Mo	温度/℃	HRC（不小于）	温度℃	HRC	
W18Cr4V	0.70 ~ 0.80	0.40		3.8 ~ 4.4	17.5 ~ 19.0	1.00 ~ 1.40	≤0.3	1260 ~ 1280 油	63	550 ~ 570（三次）	63 ~ 66	多用来制作中速切削用车刀、刨刀、钻头、铣刀等
W6Mo5Cr4V2	0.80 ~ 0.90	0.35		3.8 ~ 4.4	5.50 ~ 6.75	1.75 ~ 2.20	4.5 ~ 5.5	1220 ~ 1240 油	63	540 ~ 560（三次）	63 ~ 66	多用来制作要求耐磨性和韧性均好的中速切削刀具，如钻头、滚刀等
W6Mo5Cr4V2Al	1.05 ~ 1.20	0.35	0.8 ~ 1.2	3.8 ~ 4.4	5.50 ~ 6.75	1.75 ~ 2.20	4.5 ~ 5.5	1220 ~ 1250 油	63	550 ~ 570（三次）	67 ~ 69	耐磨性好，多制成刀具，寿命是 W18Cr4V 的 2 倍，也可用来制造模具

3. 专门用途钢与特殊性能钢

为了满足某些专用零件或结构的工作要求，人们制造出了许多专门用途钢，如滚动轴承钢、弹簧钢、锅炉钢、桥梁钢等。

为了满足某些场合对钢的特殊性能要求，人们又制造出了许多特殊性能钢，如不锈钢、磁钢、无磁钢、耐热钢、易切削钢等。

要想了解专门用途钢与特殊性能钢的详细情况，请查阅有关信息、资料。

工业用钢在实际使用中往往以钢材的面貌出现。常见的钢材有型材（截面分别为“I、口、L、○、”等形状的钢材）、板材、管材、线材等，需要时请查阅有关手册。

2.2　非铁金属材料（有色金属及其合金）

机械工程上除了大量采用钢铁材料外，在某些场合还要使用非铁金属材料。常用的非铁金属材料有滑动轴承合金、含油轴承材料、硬质合金、铝及铝合金、铜及铜合金等。

【学习目标】

1）了解非铁金属材料的种类、牌号。

2）初步了解非铁金属材料的性能及应用。

【学习建议】

对非铁金属材料的性能与应用有初步的了解，更多的知识可查阅材料手册。

【分析与探究】

2.2.1 滑动轴承合金（铸造轴承合金）

对于在高速或重载条件下工作的滑动轴承，为了减轻摩擦，减少磨损，防止轴与轴套（瓦）咬焊、胶合、过量磨损等失效，往往要在轴套（瓦）的内表面浇注或镶铸一层硬度较低的合金，这层合金就是滑动轴承合金。

滑动轴承合金按基体材料的不同可分为锡基、铅基、铜基等。其中锡基和铅基轴承合金又叫做巴氏合金，应用较广。

常用锡基、铅基轴承合金牌号、性能、特点及应用见表2-11。

表2-11 常用锡基、铅基轴承合金牌号、性能、特点及应用

<table>
<tr><th rowspan="2"></th><th rowspan="2">牌号</th><th colspan="4">化学成分（%）</th><th rowspan="2">硬度HBW</th><th rowspan="2">特点与应用举例</th></tr>
<tr><th>Sn</th><th>Pb</th><th>Wi</th><th>Sb</th></tr>
<tr><td rowspan="3">锡基轴承合金</td><td>ZSnSb12Pb10Cu4</td><td rowspan="3">其余</td><td>9～11</td><td>2.5～5</td><td>11～13</td><td>29</td><td>性软而韧，耐压，硬度较高，热强性较低，浇注性能差。多用于一般中速中压发动机的主轴承</td></tr>
<tr><td>ZSnSb11Cu6</td><td>0.35</td><td>5.5～6.5</td><td>10.0～12.0</td><td>27</td><td>应用较广，含Pb很少，硬度适中，减摩性和抗磨性较好，膨胀系数比其他巴氏合金都小，导热性和耐蚀性好，疲劳强度低，不宜浇注很薄且振动载荷大的轴承。多用于重载、高速、工作温度小于110℃的重要轴承，如750kW以上电动机，890kW以上快速行程柴油机、高速机床主轴的轴承</td></tr>
<tr><td>ZSnSb4Cu4</td><td>0.35</td><td>4.0～5.0</td><td>4.0～5.0</td><td>20</td><td>韧性在巴氏合金中最高，与ZSnSb11Cu6相比强度、硬度较低。多用于韧性高，浇注层较薄的重载荷高速轴承，如蜗轮、内燃机高速轴承等</td></tr>
<tr><td rowspan="3">铅基轴承合金</td><td>ZPbSb16Sn16Cu2</td><td>15～17</td><td rowspan="3">其余</td><td>1.5～2.0</td><td>15.0～17.0</td><td>30</td><td>与ZSnSb11Cu6相比，摩擦因数较大，耐磨性和使用寿命不低，但冲击韧度差，不能承受冲击载荷，价格便宜。多用于工作温度小于120℃，无显著冲击载荷、重载高速轴承</td></tr>
<tr><td>ZPbSb15Sn10</td><td>9～11</td><td>0.7</td><td>14.0～16.0</td><td>24</td><td>冲击韧度比上一栏合金好，摩擦因数大，但磨合性好，经退火处理后，塑性、韧性、强度和减摩性均大大提高，但硬度有所下降。多用于承受中等冲击载荷、中速机械的轴承，如汽车、拖拉机的曲轴、连杆轴承</td></tr>
<tr><td>ZPbSb15Sn5</td><td>4.0～5.5</td><td>0.5～1.0</td><td>14.0～15.5</td><td>20</td><td>与ZSnSb11Cu6相比，耐压强度相当，塑性和导热性较差，在不大于100℃且冲击载荷较低的条件下，使用寿命相近，是一种性能较好的铅基低锡轴承合金。多用于低速、轻压力条件下的轴承，如矿山水泵、汽轮机、中等功率电动机、空压机的轴承</td></tr>
</table>

滑动轴承合金是一种铸造非铁合金（即用铸造方法成形的非铁合金），其牌号的表示方法从左至右，牌号中的第一个字母“Z”表示“铸造”，接下来是基体金属元素符号，其余的字母为主要元素符号，其后的数字为元素平均质量分数（%）（各种铸造有色金属及其合金均应符合此规定）。

2.2.2 含油轴承材料

用粉末冶金方法（即以几种金属粉末或金属与非金属粉末作原料，经过配料混合后压制成形，再经过1400℃高温烧结而成）可以制造出含油轴承材料。因为这种材料具有多孔性，成形后浸入润滑油中可吸附一定量的润滑油（含油率为12%～13%），故称其为含油轴承材料。用这种材料制造的轴承叫含油轴承。含油轴承是一种自润滑免维护轴承，工作时润滑油从轴承材料的孔隙中被抽出并到达工作表面以减摩、吸振，工作后润滑油又回到轴承材料的孔隙中储存备用。因含油轴承的含油率有限，在高速重载下工作时受到限制，故多用于中速、轻载的场合。目前，含油轴承广泛应用于家用电器（如洗衣机、电风扇）、电动机、纺织机械、食品机械中，在汽车、拖拉机和机床中也有大量应用。

2.2.3 硬质合金

硬质合金是用粉末冶金方法制成的，具有极高的硬度（可达86～93HRA，相当于69～81HRC）、很好的耐磨性和热硬性（800～1000℃时硬度仍可保持不变）。

硬质合金主要用来制造高速切削刀具的刀片，有时也可用来制造冷作模具或受冲击小、振动小的耐磨零件等。

典型硬质合金的牌号、成分和性能见表2-12。牌号中的前两位字母“YG”表示“硬、钴”；“YT”表示“硬、钛”；“YW”表示“硬、万”，后面的数字为特性元素（或化合物）含量的百分数。

对于用来制造刀片的硬质合金，其代号在1998年又有新的规定，请见GB/T 2075—1998。

表2-12 典型硬质合金的牌号、成分和性能

类别	牌号	主要化学成分（%）				物理、力学性能		
		WC	TiC	TaC	Co	密度 /g·cm^{-3}	硬度HRA	σ_b/MPa
							不小于	
钨钴类合金	YG3X	96.5	—	<0.5	3	15.0～15.3	91	1079
	YG6	94.0	—	—	6	14.6～15.0	89.5	1422
	YG8	92.0	—	—	8	14.5～14.9	89.0	1471
	YG15	85.0	—	—	15	13.0～14.2	87	2060
	YG4C	96.0	—	—	4	14.9～15.2	89.5	1422
钨钴钛类合金	YT5	85.0	5	—	10	12.5～13.2	89.5	1373
	YT14	78.0	14	—	8	11.2～12.0	90.5	1177
	YT30	66.0	30	—	4	9.3～9.7	92.5	883
通用合金（万能合金）	YW1	84～85	6	3～4	6	12.6～13.5	91.5	1177
	YW2	82～83	6	3～4	8	12.4～13.5	90.5	1324

注：牌号末尾字母的含义为：“X”表示细颗粒合金，“C”表示粗颗粒合金。

2.2.4 铝及铝合金

铝及铝合金是仅次于钢铁的常用金属材料，在工业和民用中都有大量应用。

1. 工业纯铝

工业纯铝的纯度一般在99%以上，其导电性好（仅次于铜、银、金），导热性好、塑性好、重量轻，但强度和硬度很低。纯铝与氧的亲合力大，在大气中表面会生成一层致密的二氧化三铝（Al_2O_3）薄膜，可阻止自身进一步氧化，有良好的抗蚀性，这也使得纯铝的表面着色层不易脱落，可长期保持其表面美观。

工业纯铝多用来配置合金或制造电线、电缆、受力不大的耐蚀零件等。

工业纯铝的牌号见表2-13。

表2-13 工业纯铝的牌号

牌号	1A99	1A97	1A95	1A93	1A90	1A85
旧牌号	LG5	LG4		LG3	LG2	LG1
w_{Al}（%）	99.99	99.97	99.95	99.93	99.9	99.85

2. 铝合金

在纯铝中加入某些合金元素形成铝合金后，不仅基本保持了其优点，还可明显提高其强度和硬度，使其应用领域显著扩大。目前，除了普通机械，在电气设备、航空航天器、运输车辆和装饰装修结构中也都大量使用了铝合金。

铝合金分为形变铝合金（变形铝合金，俗称熟铝）和铸造铝合金（俗称生铝）两类。形变铝合金又分为4种：防锈铝合金、硬铝合金、超硬铝合金与锻铝合金。它们的常用牌号（代号）、性能、特点及应用见表2-14。

表2-14 几种常用形变铝合金的牌号（代号）、性能、特点及应用

种类	原代号	新牌号	材料状态	力学性能			特点及应用举例
				σ_b/MPa	δ（%）	HBW	
防锈铝合金	LF5	5A05	0	280	20	70	塑性、焊接性好，耐腐蚀，但强度较低、可加工性较差，用来制作焊接油箱、油管、铆钉、焊条以及中载零件、制品等
	LF21	3A21	0	130	20	30	强度低，硬度低，用来制作焊接油箱、油管、铆钉、焊条以及轻载零件、制品等
硬铝合金	LY11	2A11	T4	420	18	100	可加工性较好，耐蚀性较差，多用来制作各种中等强度的零件或结构件，如空气螺旋桨叶片、骨架、支柱以及局部被镦粗的零件（如螺栓、铆钉等）
	LY12	2A12	T4	480	11	131	切削加工性较好，耐蚀性差，用量最大，用来制作各种高载荷、在150℃以下工作的零件（但不包括冲压件和锻件），如飞机上的骨架零件、蒙皮、翼梁、铆钉等
超硬铝合金	LC4	7A04	T6	600	12	150	强度高，硬度高，用作承力构件和高载荷零件，如飞机的大梁、桁架、加强框、蒙皮接头、翼肋、起落架零件等

（续）

种类	原代号	新牌号	材料状态	力学性能			特点及应用举例
				σ_b/MPa	δ（%）	HBW	
锻铝合金	LD5	2A50	T6	420	13	105	强度高、耐热性好，用来制作形状复杂、中等强度或耐高温的锻件、结构件，如内燃机活塞、压气机叶片等。LD7更耐热
	LD7	2A70	T6	440	13	120	

注：材料状态：0——退火；T4——固溶处理+自然时效；T6——固溶处理+人工时效。

在表2-14中，原代号的第一个字母“L”表示“铝”，后面的“F”表示“防”、“Y”表示“硬”、“C”表示“超”、“D”表示“锻”，再后面的数字表示顺序号；新牌号采用了4位字符体系：左起第一位表示组别（1表示纯铝、2~8依次分别表示以铜、锰、硅、镁、镁和硅、锌、其他元素为主要合金元素制造的铝合金），第二位表示改型情况（A表示原始合金或纯铝、B或其他字母表示已改型），最后两位数字表示同一组中纯度不同的铝合金。

铸造铝合金的牌号（代号）、性能、特点及应用见表2-15。

在表2-15中，原代号左起前两位字母“ZL”表示“铸铝”，后面的第一位数字表示合金系列（1、2、3、4分别表示铝硅合金、铝铜合金、铝镁合金、铝锌合金），最后的两位数字表示顺序号；新牌号各项的含义符合国家标准的规定（可参见本书的“滑动轴承合金”部分）。

表2-15　部分铸造铝合金的牌号（代号）、性能、特点及应用

种类	新牌号	原代号	力学性能					特点及应用举例
			铸造	热处理	σ_b/MPa	δ（%）	HBW	
铝硅合金	ZAlSi12	ZL102	金属型	0	145	3	50	铸造性能好，力学性能较差，用来铸造形状复杂的、在200℃以下工作的低载零件，如仪表、水泵壳体等
	ZAlSi5Cu1Mg	ZL105	金属型	T5	235	0.5	70	兼有良好的铸造性能和力学性能，可用来铸造在250℃以下工作、形状复杂、受力稍大的零件，如油泵壳体、风冷发动机的气缸盖、机匣等
			砂型		225	0.5	70	
铝铜合金	ZAlCu5Mn	ZL201	砂型	T4	295	8	70	耐热性好，铸造性及耐蚀性较差，用来铸造在300℃以下工作、受载中等、形状不太复杂的飞机零件，如支臂、挂架和内燃机气缸盖、活塞等
				T5	335	4	90	
铝镁合金	ZAlMg10	ZL301	砂型	T4	280	10	60	力学性能较好、耐蚀性好，用来铸造在大气或海水中工作以及承受大振动载荷、工作温度不超过150℃的零件，如舰船配件、氨用泵体等
铝锌合金	ZAlZn11Si7	ZL401	金属型	T1	245	1.5	90	力学性能较好，宜于压铸，可用来制造工作温度不超过200℃、形状复杂的汽车、飞机、仪器零件和日用品等

注：0——退火；T5——固溶处理+不完全人工时效；T4——固溶处理+自然时效；T1——人工时效。

2.2.5 铜及铜合金

铜及铜合金按化学成分可分为工业纯铜（紫铜）、黄铜、白铜、青铜等。

1. 工业纯铜（紫铜）

工业纯铜具有良好的导电性、导热性、耐蚀性和塑性，但强度较低，多用来制造电线、电缆、电刷、铜箔、铜管等或配制合金，不适合制造受力较大的结构或零件。

工业纯铜的代号有 T1、T2、T3，分别称之为 1 号铜、2 号铜、3 号铜。序号越大，纯度越低。

2. 黄铜

黄铜是铜-锌合金，即以铜为基体金属，以锌为主要添加元素的铜合金。黄铜按化学成分分为普通黄铜和特殊黄铜，按成形方法分为压力加工黄铜和铸造黄铜。

与纯铜相比，普通黄铜的强度较高，塑性和耐蚀性较好，价格较低，应用广泛。为了进一步改善性能，在普通黄铜中再加入一些其他合金元素就成为特殊黄铜，如锡黄铜、铅黄铜、锰黄铜、铝黄铜等。

常用黄铜的牌号、性能、特点及应用见表 2-16。

表 2-16 几种常用黄铜的牌号、性能、特点及应用

类别	牌号	主要成分（%）			加工状态	力学性能			特点及应用举例
		Cu	其他	Zn		σ_b /MPa	δ （%）	HBW	
						不小于			
压力加工普通黄铜	名称：70 黄铜 代号 H70	68.5 ~ 71.5		余量	软	320	53		强度较高、塑性较好，多用来制作弹壳、热交换器、造纸用管、机器和电器用零件
					硬	660	3	150	
	名称：68 黄铜 代号 H68	67.0 ~ 70.0		余量	软	320	55		适宜制作复杂的冷冲件、深冲件，散热器外壳，导管和波纹管等
					硬	660	3	150	
	名称：62 黄铜 代号 H62	60.5 ~ 63.5		余量	软	330	49	56	适宜制作销钉、铆钉、螺母、导管、夹线板、环形件、散热器等
					硬	600	3	164	
	名称：59 黄铜 代号 H59	57 ~ 60		余量	软	390	44		多用来制作机械、电器用零件，焊接件及热冲压件等
					硬	500	10	103	
压力加工特殊黄铜	62-1 锡黄铜 HSn62-1	61 ~ 63	Sn0.7 ~ 1.1	余量	硬	700	4	HRB 95	汽车、拖拉机弹性套管，船舶零件等
	59-1 铅黄铜 HPb59-1	57 ~ 60	Pb0.8 ~ 1.9	余量	硬	650	16	HRB 140	销子、螺钉等冲压或加工件
	58-2 锰黄铜 HMn58-2	57 ~ 60	Mn1.0 ~ 2.0	余量	硬	700	10	175	船舶零件及轴承等耐磨零件
铸造普通黄铜	ZCuZn38	60 ~ 63		余量	S	295	30	59	一般结构件和耐蚀零件，如端盖、阀座、支架、手柄等
					J	295	30	68	

（续）

类别	牌号	主要成分（%）			加工状态	力学性能			特点及应用举例
		Cu	其他	Zn		σ_b /MPa	δ（%）	HBW	
						不小于			
铸造特殊黄铜	ZCuZn40Pb2	58～63	Pb0.5～2.5、Al0.2～0.8	余量	S	220	15	78.5	一般用途的耐磨、耐蚀零件，如轴套、齿轮等
					J	280	20	88.5	
	ZCuZn40Mn3Fe1	53～58	Mn3.0～4.0、Fe0.5～1.5	余量	S	440	18	98.0	耐海水腐蚀的零件及300℃以下工作的管配件
					J	490	15	108.	

注：加工状态：软——600℃退火状态下；硬——变形度为50%时的硬化状态下；S——砂型铸造；J——金属型铸造。

压力加工黄铜牌号的左起第一个字母“H”表示“黄铜”；如果后面紧跟的是数字则表示普通黄铜中铜的平均质量分数（%），如果紧跟的是元素符号则表示特殊黄铜的主加元素，接下来的数字是铜的平均质量分数（%）；“-”号后面的数字是主加元素的平均质量分数（%）。

铸造黄铜牌号的表示方法符合国家标准的规定（可参见本书的“滑动轴承合金”部分）。

3. 青铜

青铜是除黄铜和白铜（铜-镍合金，应用较少）以外其他各种铜合金的统称。其中，含锡的称为锡青铜，不含锡的称为无锡青铜或特殊青铜。

锡青铜的耐磨性好，对大气和海水的抗蚀性比纯铜和黄铜好，但对酸类和氨水的抗蚀性差，无磁性，不冷脆，塑性较好，多用来制造冲压件、耐磨件、弹性零件、抗磁零件等。

无锡青铜按添加的元素不同又分为铝青铜、铍青铜、硅青铜、锰青铜、锆青铜、铬青铜等。它们各有自己的特性，用来制造某些重要零件。

几种常用青铜的牌号、成分、性能和应用见表2-17。

表2-17　几种常用青铜的牌号、成分、性能和应用

类别	牌　号	主要化学成分（%）			力学性能		应用举例
		Sn	其他	Cu	σ_b /MPa	δ（%）	
锡青铜	4—3锡青铜 代号 QSn4—3	3.5～4.5	Zn2.7～3.3	余量	350	40	适宜制作仪表游丝，一般压力轴承弹簧、耐磨零件，抗磁零件及滑动轴承衬套等
	6.5—0.1锡青铜 代号 QSn6.5—0.1	6.0～7.0	P0.1～0.25		400	65	适宜制作仪表弹性接触片、垫圈、垫片、小弹簧、振动片，精密仪器的耐磨零件及抗磁片等
无锡青铜	7铝青铜、QAl7	—	Al6.0～8.0	余量	637	5	重要的弹簧及弹性元件
	2铍青铜、QBe2	—	Be1.8～2.1 Ni0.2～0.5		500	35	重要仪表的弹簧、齿轮、轴承等
	铸造铅青铜 ZCuPb30	—	Pb27～33		—	—	高速双金属轴瓦、减摩零件等

在青铜的牌号中，从左至右，如果第一个字母是“Z”则表示“铸造”，其他各项的含义应符合国家标准；如果第一个字母是“Q”则表示“青铜”，接下来是主加元素符号及其平均质量分数（%），其余的数字（组）表示除了铜以外其他成分的含量。

2.3 非金属材料

非金属材料是指除了金属材料以外各种材料的统称。

随着材料科学和材料工业的不断发展，非金属材料也出现了品种不断增加、性能不断改善的局面，以适应各行各业的需要。特别是近几十年来，非金属材料发展很快，其应用也越来越广泛。目前，在机械工程中常用的非金属材料主要有高分子材料、工业陶瓷、复合材料等。

【学习目标】

了解非金属材料的种类、性能及应用。

【学习建议】

对非金属材料的性能与应用有初步认识，更多的知识要查阅相关手册。

【分析与探究】

2.3.1 高分子材料

高分子材料是以高分子化合物（一般指相对分子质量超过5000的化合物）为主要组分的材料。机械工程中常用的高分子材料主要有塑料和橡胶。

1. 塑料

塑料是以树脂（有天然和人工之分）为基体，加入某些添加剂（如增塑剂、稳定剂、填充剂、润滑剂、着色剂等）后，在一定压力和温度下塑制成形的一种非金属材料。

塑料具有质量轻（仅为钢的1/8～1/4）、绝缘性好、抗蚀性好、减摩性好（可自润滑）、吸振性好、无噪声、成形加工工艺性好等优点，但多数工程塑料的力学性能比金属材料差，耐热性较低，易老化。

塑料分为热塑性塑料和热固性塑料两大类。热塑性塑料是指加热时变软，冷却后变硬，再加热又可变软，反复成形后基本性能不变的塑料，其制品使用温度低于120℃。热固性塑料是指加热时软化，冷却后坚硬，固化后再加热，则不再软化或熔融的塑料，不能再成形。

常用塑料的名称、特点及应用见表2-18。

2. 橡胶

橡胶是一种以生胶为基础，加入适量配合剂而制成的高分子材料。

生胶包括天然生胶和合成生胶两类。天然生胶是将橡胶树流出的胶乳经过凝固、干燥、稳压后制成的片状固体。合成生胶是化学合成的方法制成的与天然生胶相似的高分子材料，包括氯丁胶、丁腈胶、丁苯胶、聚氨酯胶等。配合剂是指为改善和提高生胶性能而加入的物质，主要包括增塑剂、软化剂、填充剂、防老剂、着色剂等。

橡胶具有弹性大，摩擦因数大，吸振能力强，绝缘性好，有一定的强度和耐蚀性等特点。

表2-18 常用塑料的名称、特点及应用

种类	名称	特点	应用举例
热塑性塑料	聚乙烯（PE）	高压聚乙烯化学稳定性高，柔软性、绝缘性、透明性、耐冲击性好	宜吹塑成薄膜、软管、瓶等
		低压聚乙烯质地坚硬，耐磨性、耐蚀性、绝缘性好。无毒性	适宜制造化工用管道、槽，电线、电缆包皮，还可制作茶杯、奶瓶、食品袋等
	聚氯乙烯（PVC）	硬质聚氯乙烯强度较高，绝缘性和耐蚀性好，耐热性差	用于化工耐蚀性材料，如输油管、容器、阀门等；电工用绝缘管等。用途较广泛
		软质聚氯乙烯强度低于硬质的，伸长率大，绝缘性好	用于电线、电缆的绝缘包皮，农用薄膜，工业包装等。因有毒，不能包装食品
	聚丙烯（PP）	强度、硬度、刚性、耐热性均高于低压聚乙烯，可在小于120℃的环境长期工作。绝缘性好，且不受湿度影响，无毒无味。低温脆性大，不耐磨	用于制造一般机械零件，如齿轮、接头；耐蚀零件、管路等
	ABS塑料	综合力学性能好，尺寸稳定性、绝缘性、耐水和耐油性、耐磨性好。长期使用易起层	用于制造齿轮，叶轮，轴承，把手，管道，储槽内衬，仪盘表，轿车车身，汽车挡泥板，电话机，电视机、仪表的壳体等
	聚甲基丙烯酸甲酯（PMMA）	又称压克力。透光性、着色性、绝缘性、耐蚀性好，在自然条件下老化发展缓慢。不耐磨、脆性大、易溶于有机溶剂中，硬度不高，表面易擦伤	用于航空、仪器、仪表、汽车中的透明件和装饰件，如：飞机窗、灯罩、电视和雷达屏幕、油标、油杯、设备标牌等
	聚酰胺（PA）	又称尼龙。强度、韧性、耐磨性、耐蚀性、吸振性、自润滑性、成形性好，摩擦因数小，无毒无味，可在100℃以下的环境使用。蠕变值大，热导性差，吸水性高，成形收缩率大	用于制造耐磨、耐蚀的某些承载和传动零件，如轴承、机床导轨、齿轮、螺母及一些小型零件。也可用于制作高压耐油密封圈，或喷涂在金属表面作防腐、耐磨涂层，应用较广泛
	聚甲醛（POM）	耐磨性、尺寸性稳定，着色性，减摩性、绝缘性好，可在－40～100℃的环境长期使用。加热易分解成形收缩率大	用于制造减摩、耐磨件及传动件，如轴承、滚轮、齿轮、绝缘件、化工容器、仪表外壳、表盘等，可代替尼龙和有色金属
	聚四氟乙烯（F-4）	也称塑料王。具有极强的耐蚀性，可抗王水腐蚀。绝缘性、自润滑性好、不吸水，摩擦因数小，可在－195～250℃的环境使用，但价格高	用于耐蚀、减摩、耐磨件，密封件，绝缘件，如高频电缆，电容线圈架，化工用反应器、管道等
	聚碳酸酯（PC）	强度高，韧性、尺寸稳定性、透明性好，可在－60～120℃的环境长期使用。耐疲劳性不如尼龙和聚甲醛	用于制造齿轮、蜗轮、凸轮，电器仪表零件，大型灯罩，防护玻璃，飞机挡风罩，高级绝缘材料，用途很广
	聚砜（PSU）	强度、硬度、成形温度高，抗蠕变尺寸稳定性、绝缘性好，可在－100～150℃长期使用，不耐有机溶剂和紫外线	用于制造耐热件，绝缘件，减摩、耐磨件，高强度件，如凸轮、精密齿轮、真空泵叶片、仪表壳体和罩、电子器件等

（续）

种类	名　称	特　点	应用举例
热固性塑料	酚醛塑料（PF）	俗称电木。强度、硬度、绝缘性、耐蚀性、尺寸稳定性好。工作温度大于100℃，脆性大，耐光性差，只能模压成形，价格低	用于制造仪表外壳，灯头、灯座、插座、电器绝缘板，耐酸泵，制动片，电器开关，水润滑轴承等
	氨基塑料（UF）	俗称电玉。颜色鲜艳，半透明如玉，绝缘性好，长期使用温度小于80℃，耐水性差	用于制造饰件、绝缘件，如开关、插头、旋钮、把手、灯座、钟表外壳等
	环氧塑料（EP）	俗称万能胶。强度、韧性、绝缘性、化学稳定性好，能防水、防潮、防霉，可在 -80 ~155℃的环境长期使用。成形工艺简便，成形收缩率小，粘结力强	用于制造塑料模具，仪表、电子零件，灌注电器、电子元件及线圈，涂覆、包封和修复机件

不同的合成生胶加入不同的配合即可得到性能有一定差别的橡胶。

常用橡胶的名称、性能和应用见表2-19。

表2-19　常用橡胶的名称、性能和应用

名称（代号）	σ_b /MPa	$\delta \times 100$	使用温度 t/℃	回弹性	耐磨性	耐碱性	耐酸性	耐油性	耐老化	应用举例
天然橡胶（NR）	17 ~ 35	650 ~ 900	-70 ~ 110	好	中	好	差	差	差	轮胎、胶带、胶管
丁苯橡胶（SRB）	15 ~ 20	500 ~ 600	-50 ~ 140	中	好	中	差	差	好	轮胎、胶板、胶布、胶带、胶管
顺丁橡胶（BR）	18 ~ 25	450 ~ 800	-70 ~ 120	好	好	好	差	差	好	轮胎、V带、耐寒运输带、绝缘件
氯丁橡胶（CR）	25 ~ 27	800 ~ 1000	-35 ~ 130	中	中	好	中	好	好	电线（缆）包皮，耐燃胶带、胶管，汽车门窗嵌条，油罐衬里
丁腈橡胶（NBR）	15 ~ 30	300 ~ 800	-35 ~ 175	中	中	中	可	好	中	耐油密封圈、输油管、油槽衬里
聚氨酯橡胶（UR）	20 ~ 35	300 ~ 800	-30 ~ 80	中	好	差	差	好		耐磨件、实心轮胎、胶辊
氟橡胶（FPM）	20 ~ 22	100 ~ 500	-50 ~ 300	中	中	好	好	好	好	高级密封件、高耐蚀件、高真空橡胶件
硅橡胶	4 ~ 10	50 ~ 500	-100 ~ 300	差	差	好	中	差	好	耐高、低温制品和绝缘件

2.3.2　工业陶瓷

工业陶瓷是一种无机非金属材料，主要包括普通陶瓷（传统陶瓷）和特种陶瓷两类，有时也将玻璃、水泥、石灰、石膏等纳入此范畴。

1. 普通陶瓷（传统陶瓷）

普通陶瓷又称为传统陶瓷。它的成品是以天然硅酸盐矿物（如粘土、长石、石英等）为原料，经过粉末冶金方法制成的。普通陶瓷在电气、化工、建筑、纺织等行业中得到了广泛的应用。常用陶瓷的名称、特性和用途见表2-20。

2. 特种陶瓷

特种陶瓷主要指具有某些特殊物理、化学或力学性能的陶瓷。它的成品是以氧化物、硅化物、碳化物、氮化物、硼化物等人工合成材料为原料，经过粉末冶金方法制成的。机械工程中常用的特种陶瓷主要有氧化铝陶瓷、碳化硅陶瓷、氮化硅陶瓷、氮化硼陶瓷等。许多特种陶瓷的硬度和耐磨性都超过硬质合金，是很好的硬切削材料。常用特种陶瓷的名称、特性和用途见表 2-20。

表 2-20　常用陶瓷的名称、特性和用途

种　类	名　称	特　性	用途举例
普通陶瓷（传统陶瓷）	日用瓷、绝缘瓷、耐酸瓷	质地坚硬、耐腐蚀、不导电、能耐一定高温（1200℃）、加工成形性好，成本低，但强度较低	化工中耐酸、耐碱容器、反应塔、管道，电器工业中作为绝缘机械支持件（如绝缘子）以及日用品等
氧化铝陶瓷	刚玉瓷、刚玉—莫来石瓷、莫来石瓷	强度比普通陶瓷高 2～3 倍，硬度次于金刚石、氮化硼、立方氮化硼和碳化硅，能耐高温、可在 1500℃下工作，具有优良的电绝缘性和耐蚀性，但脆性大，抗急冷急热性差	用于制作高温容器或盛装熔融的铁、钴、镍等合金的坩埚，热电偶套管，内燃机火花塞，切削高硬材料的刀片等
碳化硅陶瓷		高温强度大，抗弯强度在 1400℃仍保持 500～600MPa，热传导能力强，有良好的热稳定性、耐磨性、耐蚀性和抗蠕变性	用于制作工作温度高于 1500℃的结构件，如火箭尾喷管的喷嘴，浇注金属的浇口，热电偶套管、炉管，气轮机叶片，高温轴承等
氮化硅陶瓷	反应烧结氮化硅瓷	化学稳定性好，除氢氟酸外，能耐各种无机酸（如盐酸、硼酸、硫酸、磷酸和王水等）；硬度高，耐磨性好；具有优异的电绝缘性和抗急冷急热性	用于耐磨、耐蚀、耐高温、绝缘的零件，如各种泵的密封件，高温轴承，输送铝液的电液泵管道、阀门、燃气轮机叶片等
氮化硼陶瓷	六方氮化硼陶瓷	具有良好的耐热性、抗急冷急热性，热导率与不锈钢相当，热稳定性好，具有良好的高温绝缘性和化学稳定性	因硬度较低，可进行切削加工，用作高温轴承、玻璃制品的成形模具等
	立方氮化硼陶瓷		用作磨料和刀具

2.3.3　复合材料

将两种或两种以上不同化学性质或不同组织结构的材料，以微观或宏观的形式组合在一起而形成的新材料称复合材料。钢筋混凝土、玻璃钢都是典型的复合材料。复合材料兼有两种或两种以上材料的优点，弥补了各自的不足，具有广阔的发展前景。

常用的复合材料有层叠型、纤维增强型和细粒增强型 3 种。

1. 层叠型复合材料

层叠型复合材料是将两种或两种以上的不同材料层叠结合在一起形成的材料，常用的有二层复合和三层复合材料。例如，在无端环形尼龙片的内表面覆一层橡胶可得到复合平带，将其用于带传动中时，因尼龙片可承受较大的拉力，而橡胶与带轮之间的摩擦因数较大，故复合平带的承载能力比普通平带的大得多。又如，在普通钢板的表面覆盖上一层塑料，可增强钢板的抗蚀性、防止氧化。

2. 纤维增强型复合材料

通常用玻璃纤维或碳纤维做增强剂，以树脂粘接剂制成。前者又称为玻璃钢。与普通钢材相比，玻璃钢具有重量轻、强度较高、抗蚀性好等特点，常用来制作要求重量轻、耐腐蚀的受力构件，如汽车车身、直升机的旋翼、化学管道与阀门储气瓶等。与玻璃钢相比，碳纤维复合材料具有抗拉强度高，高温强度好，热导性好等特点，并有较高的疲劳强度，适合用来制造齿轮、高级轴承、高压容器、飞机涡轮叶片、自行车车架以及航天器中的许多零件等。

3. 细粒增强型复合材料

细粒增强型复合材料是由一种或多种材料的颗粒均匀分散在基体材料内部而形成的，具有某些特殊性能。例如，将铅粉加入塑料中所得到的复合材料具有很好的隔声性能；将陶瓷微粒分散于金属微粒中经粉末冶金方法制成的金属陶瓷可使金属的特性（塑性好、热稳定性好、高温易氧化等）与陶瓷的特性（耐腐蚀、耐高温、脆性大、热稳定性差等）互补，使其性能更加完美，更能满足使用要求。

【学习小结】

对照本书的机械工程材料分类图进行分析，头脑会更加清晰。

金属材料在机械工程中应用最多。其中的钢铁材料由于力学性能较高、价格低廉，应用较多。非铁金属材料因有各自的特性，也广泛应用于适宜的场合。金属材料的性能主要取决于其内部的成分和热处理方式。

非金属材料由于不断改进性能，在机械工程和日常生活中的应用越来越多。

复合材料能够结合多种材料的优点，具有明显的优势，今后会得到更加广泛的应用。

随着材料科学的不断发展，新材料会不断研制出来，给工业的发展带来新的飞跃。

项目3　零部件的受力分析

在机械工程及众多相关工程中，没有哪一项工程技术能离开力学。例如机床、内燃机、起重机等各种机械都是由许多不同零部件组成的，当机械工作时，这些零部件将受到外力（通常称为载荷）的作用。因此，对机械的研究、制造和使用大部分是以力学理论为基础的。

【实际问题】

1）图3-1所示的钢架挂一重物 G，你是否能确定 A 点有无力的作用？

2）如何画出图3-1中的水平梁 AB 的受力图？

3）怎样计算图3-1中零件（如 AB、CB 等）所受的力，以便确定其材料和尺寸等？

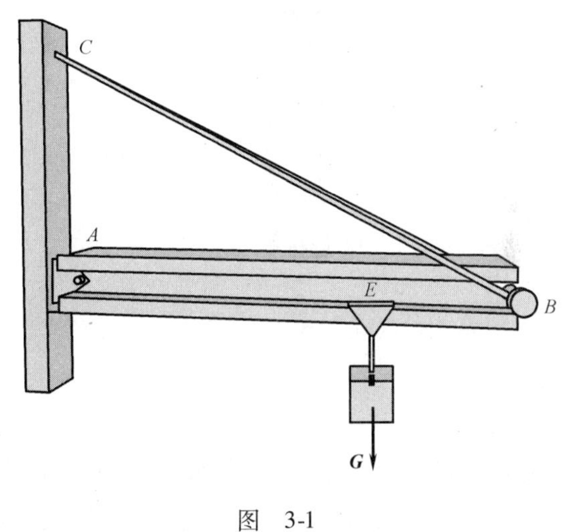

图　3-1

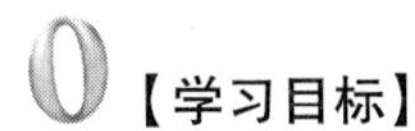

【学习目标】

1）初步培养从简单的实际问题中提出静力学问题，从而抽象出静力学模型的能力，掌握简单物体的受力分析方法，并正确地画出研究对象的受力图。

2）明确力、平衡、刚体和约束等基本概念，掌握静力学四个公理所概括的力的基本性质，能熟练地计算力对点之矩。

3）能正确地运用平衡条件求解简单的静力学平衡问题。

【学习建议】

鉴于本项目的理论性较强，特将其分为五个子项目由易到难逐步进行研究。学习者可从基本概念入手，在图形的引导下理解知识，学会基本计算。

【分析与探究】

3.1　静力学的基本概念及其公理

3.1.1　静力学的基本概念

1. 力的概念

力的概念是人们在长期生产劳动和生活实践中逐渐建立起来的。如推车（图3-2）、挑担（图3-3）、拧螺母（图3-4）等，都要用力；同样，滑轮中钢索的受力拉长（图3-5）、机车牵引列车由静止到运动（图3-6）等，也都是力的作用。这些实例都说明：力是物体间

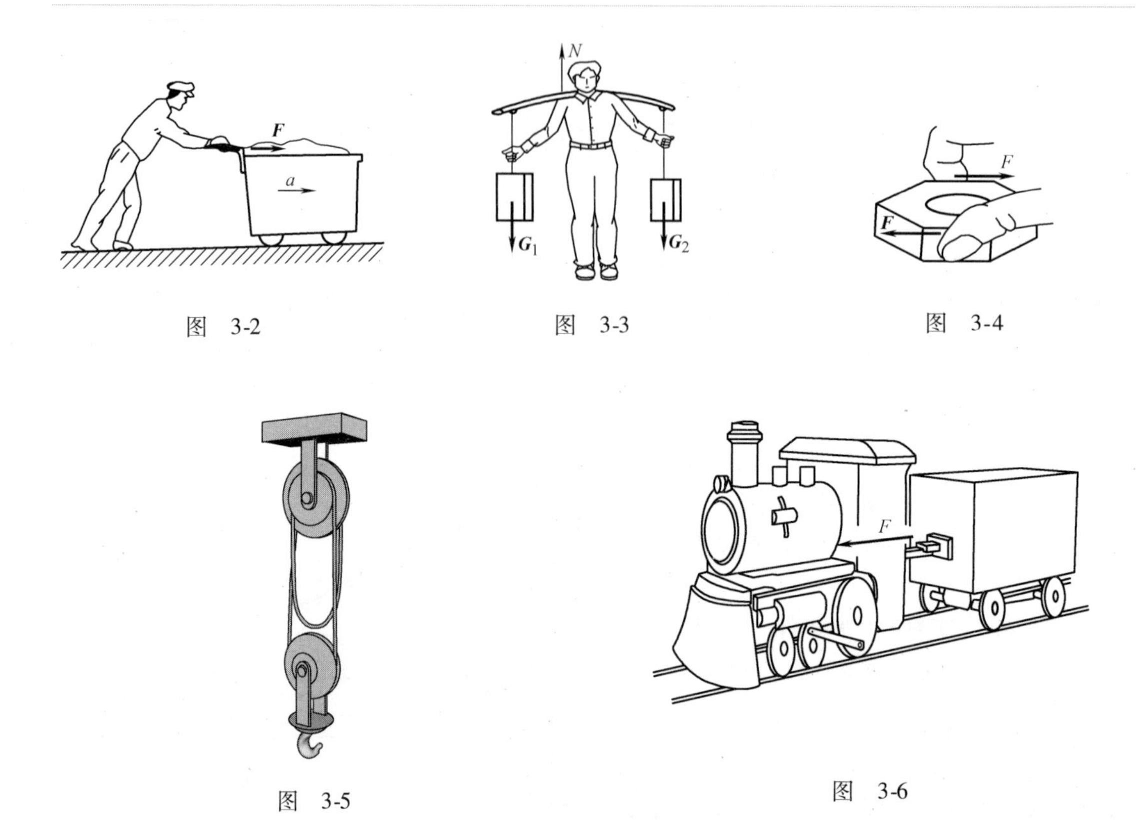

图 3-2　　图 3-3　　图 3-4

图 3-5　　图 3-6

相互的机械作用，力的作用效果是使物体的运动状态发生变化，也可使物体发生变形。

力使物体运动状态发生变化的效应称为力的外效应，而力使物体产生变形的效应称为力的内效应。项目 3 只研究力的外效应，项目 4 将研究力的内效应。

力对物体的作用效果取决于以下 3 个要素：力的大小、力的方向、力的作用点。这 3 个要素中有一个改变时，力对物体作用的效果也随之改变。

为了度量力的大小，必须确定其度量单位。本书严格采用我国统一实行的法定计量单位即以国际单位制（SI）为基础，力的单位采用牛顿，符号为 N。工程中常用千牛顿作单位，符号为 kN，1kN = 1000N。

力是具有大小和方向的量，所以力是矢量。力的三要素可用带箭头的有向线段（矢线）示于物体作用点上（图 3-7），线段的长度（按一定比例画出）表示力的大小，箭头的指向表示力的方向，线段的起始点或终止点表示力的作用点。通过力的作用点，沿力的方向的直线，叫做力的作用线。本书用黑体字母表示矢量（例如 $\boldsymbol{F}$），用 F 表示力 $\boldsymbol{F}$ 的大小。

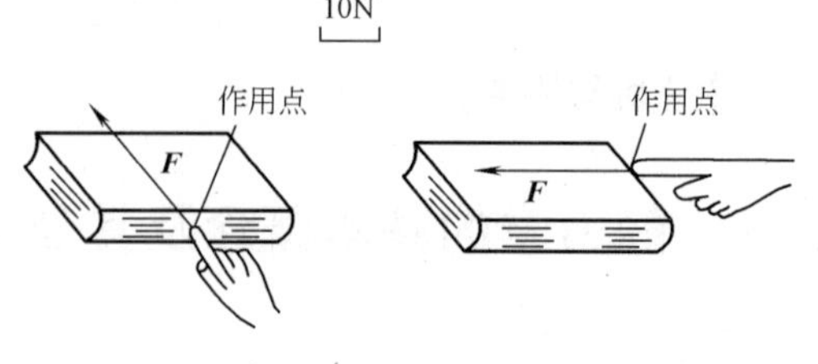

图 3-7

2. 刚体的概念

在力的作用下形状和大小都保持不变的物体称为刚体。在静力学中，常把被研究的物体抽象为刚体。

3. 平衡的概念

所谓物体的平衡是指物体相对于地球保持静止或作匀速直线运动的状态。事实上，任何物体皆处于永恒的运动中，即运动是绝对的、无条件的，而平衡只是相对的。

3.1.2　静力学公理

静力学：研究物体在力的作用下的平衡规律的科学。

静力学公理是静力学中最基本的规律。这些规律是人类对长期经验加以总结和概括而得到的结论。它的正确性可以在实践中得到验证。

公理1：二力平衡公理　刚体只受两个力作用而处于平衡状态时，必须也只需这两个力的大小相等，方向相反，且作用在同一条直线上。

二力平衡如图3-8所示。

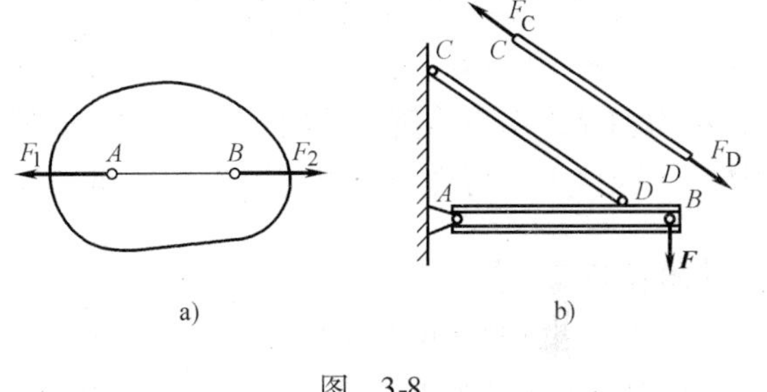

图　3-8

需要指出的是，二力平衡条件只适用于刚体。二力等值、反向、共线是刚体平衡的必要与充分条件。

只有两个着力点而处于平衡的零部件称为二力零部件。当零部件呈杆状时，则称为二力杆。二力杆的受力特点是：所受二力必沿其两作用点的连线方向。图3-8b中所示的杆*CD*，若不计自重，就是一个二力杆。这时F_C和F_D的作用线必在二力作用点的连线上，且等值、反向。

公理2：加减平衡力系公理　在作用着已知力系的刚体上，加上或减去任意的平衡力系，并不改变原力系对刚体的作用效果。

加减平衡力系如图3-9所示。

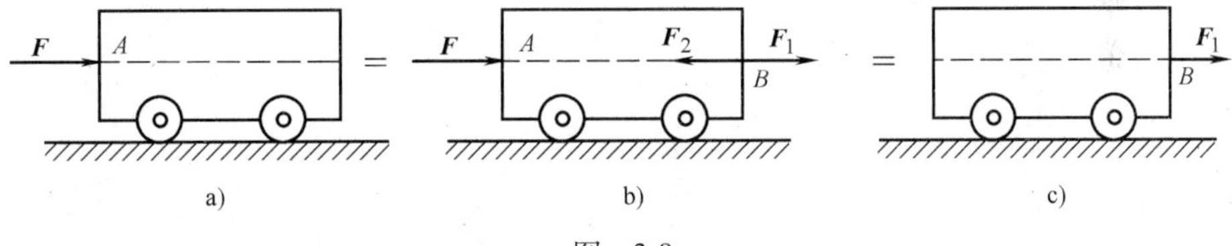

图　3-9

推论：力的可传性原理　作用于刚体上某点的力，可以沿其作用线移到刚体上任意一点，而不改变该力对刚体的作用效果。

公理3：力的平行四边形公理　作用于物体上同一点的两个力，可以合成为一个合力。合力也作用于该点上。合力的大小和方向用这两个力为邻边所构成的平行四边形的对角线确定。

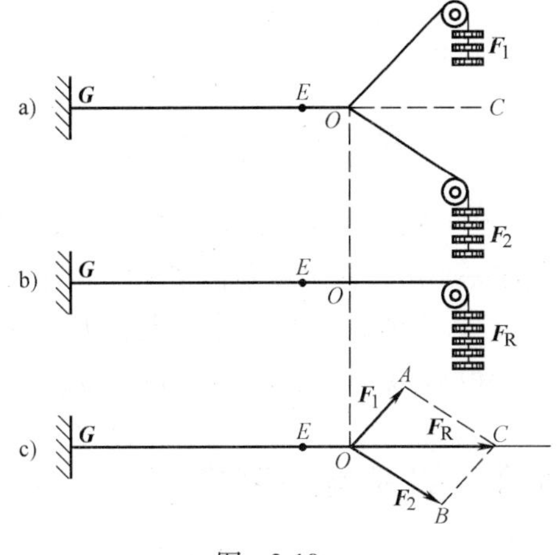

图　3-10

如图3-10所示，$\boldsymbol{F}_1$、$\boldsymbol{F}_2$为作用于物体上同一点*O*的两个力，以这两个力为邻边作出平行四边形*OACB*，则从*O*点作出的对角线*OC*就是$\boldsymbol{F}_1$与$\boldsymbol{F}_2$的合力$\boldsymbol{F}_R$。

公理4：作用与反作用公理　两个物体间的作用力与反作用力总是成对出现，且大小相等、方向相反，沿着同一直线，分别作用在这两个物体上。

作用与反作用如图3-11b所示。

这个公理说明力永远是成对出现的，物体间的作用总是相互的，有作用力就有反作用力，两者总是同时存在，又同时消失。

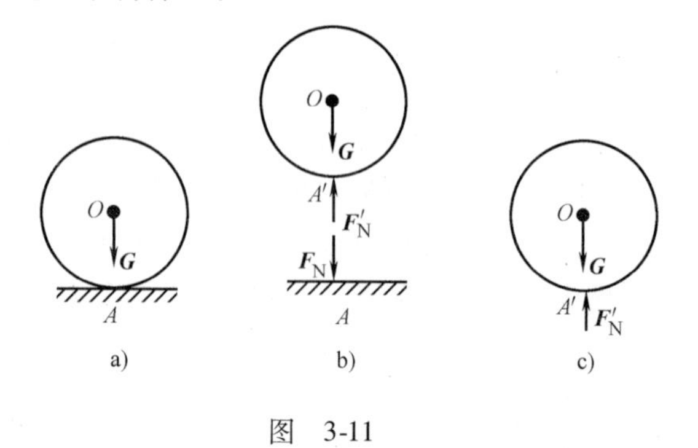

图　3-11

这里应注意公理1和公理4的区别，公理1是叙述作用在同一物体上两力的平衡条件，公理4是描述两物体间的相互作用关系。必须指出，虽然作用力和反作用力等值、反向、共线，但分别作用在两个不同的物体上。因此，对于每一物体，不能认为作用力与反作用力相互平衡，组成平衡力系。

【思考与练习】

1）什么叫做物体的平衡状态？为什么说物体的平衡是相对的？

2）如何正确理解力的概念？如何用图来表示力？

3）二力平衡公理和作用与反作用公理有什么不同？

4）图3-12a所示的电灯用电线系于天花板上，试判断图3-12b中，哪两个力是二力平衡，哪两个力是作用与反作用力？

5）试在图3-13所示曲杆上A、B两点各加一个力使曲杆处于平衡（杆自重不计）。

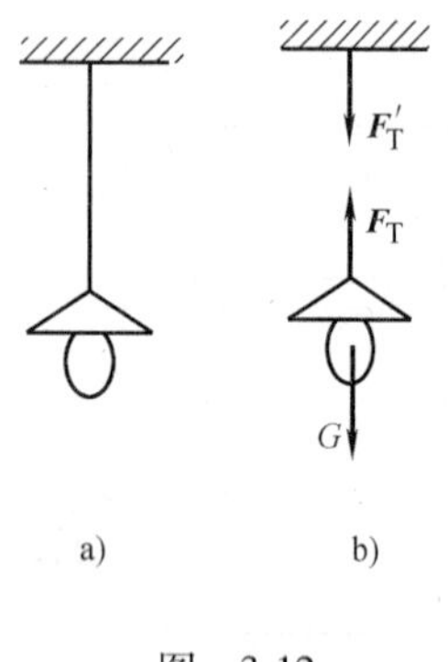

图　3-12

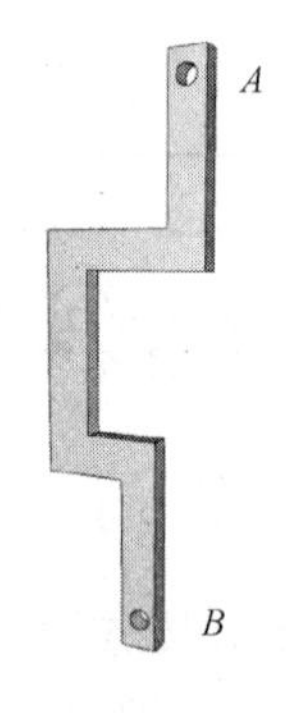

图　3-13

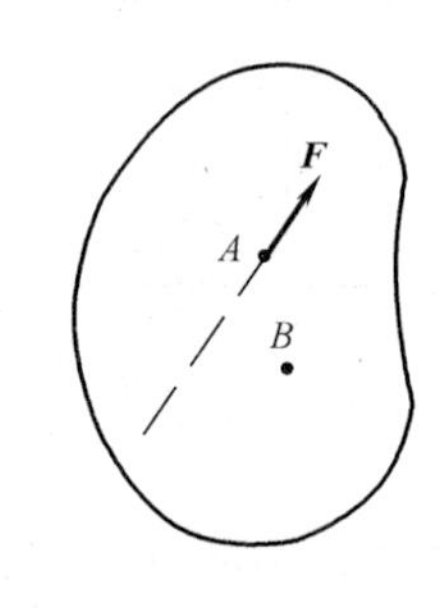

图　3-14

6）在图3-14中，物体的A点作用有一已知力$\boldsymbol{F}$，如果在A点加一个力，能否使物体平衡？为什么？

7）在图3-15中，小车上受$\boldsymbol{F}_1$、$\boldsymbol{F}_2$二力作用，设$F_1=30\text{N}$，$F_2=40\text{N}$，$\alpha=60°$。求F_1和F_2的合力$\boldsymbol{F}_R$。

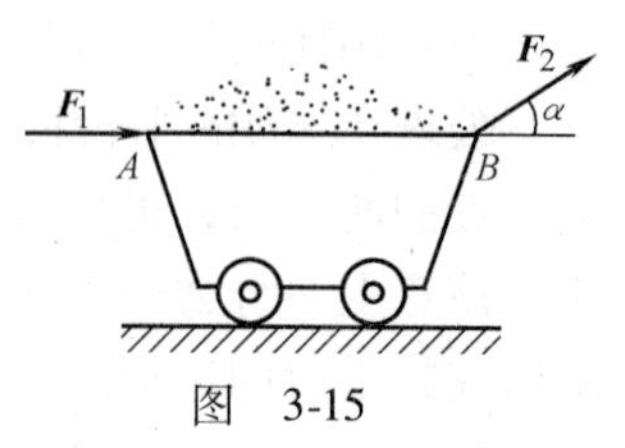

图　3-15

3.2　约束与约束力

在工程力学中，通常根据物体在力作用下的运动情况，把物体分成两大类。凡是可以沿空间任何方向运动的物体称为自由体。例如，飞行中的飞机、水中游动的鱼等。凡是受周围物体的限制而不能沿某些方向运动的物体称为非自由体。例如，用钢索悬吊的重物受到钢索限制，不能下落（图3-16）；列车受钢轨限制，只能沿轨道运动；门受到铰链限制，只能绕铰链轴线转动（图3-17）等。一个物体的运动受到周围物体的限制时，这些周围物体就称为该物体的约束，而这个受到约束的物体称为被约束物体。例如，钢索就是重物的约束，钢轨就是列车的约束，铰链就是门的约束。

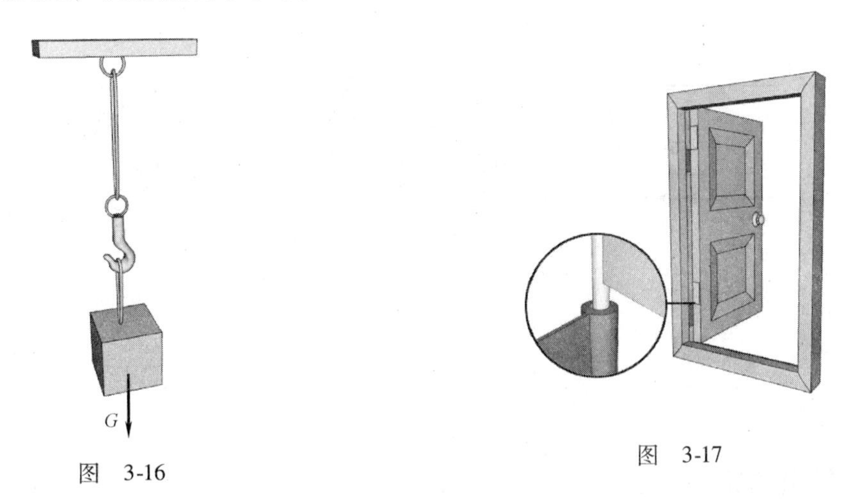

图　3-16　　　图　3-17

约束限制着物体的运动，所以约束必然对物体有力的作用，这种力称为约束力。约束力是阻碍物体运动的力，所以属于被动力。促使物体运动的力（如地球引力、拉力、压力等）称为主动力，其大小和方向通常是已知的。约束力的大小一般是未知的。在静力学问题中，主动力和约束力组成平衡力系，因此可以利用平衡条件来定量计算约束力。

下面介绍工程中常见的几种约束和定性确定约束力的方法。

3.2.1　柔体约束

由柔软的绳索、链条、传动带等所形成的约束称为柔体约束。其约束力作用于连接点，方向沿着绳索等背离被约束物体。通常用 $\boldsymbol{F}_T$ 或 $\boldsymbol{F}_S$ 表示这类约束力。柔体约束如图3-18所示。

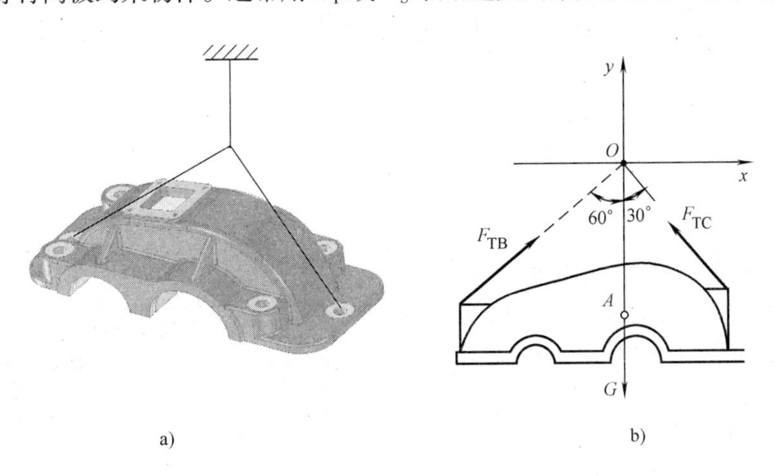

图　3-18

3.2.2 光滑面约束

如果两个互相接触的物体的接触面上的摩擦力很小，可略去不计。这种光滑接触面所构成的约束，称为光滑面约束。光滑面约束的作用力通过接触点，方向总是沿接触表面的公法线指向受力物体，使物体受一法向压力作用。这种约束力又称为法向反力，通常以符号 F_N 表示（图3-19）。

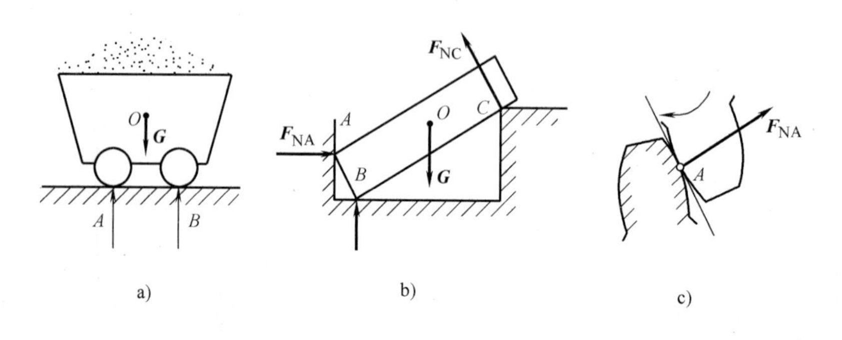

图 3-19

3.2.3 铰链约束

由铰链构成的约束称为铰链约束。如图3-20所示，这种约束采用圆柱销 C 插入零部件 A 和 B 的圆孔内而构成，其接触面是光滑的。这种约束使零部件 A 和 B 相互限制了彼此的相对移动，而只能绕圆柱销 C 的轴线自由转动。铰链约束的简图如图3-20b所示。铰链的应用很广，例如门窗的铰链（又称合页），内燃机的曲柄连杆机构中曲柄与连杆用销连接（图3-20）、连杆与活塞的活塞销连接（图3-21中的 B 处）都是铰链约束。

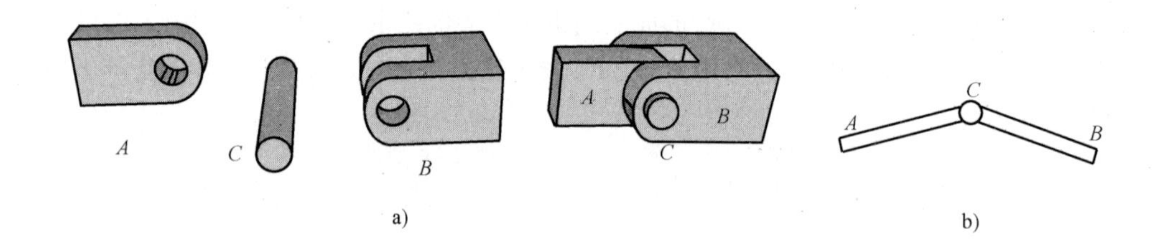

图 3-20

工程上常用铰链将桥梁、起重机的起重臂等结构与支承面或机架连接起来，这就构成了铰链支座。下面介绍两种常用的铰链支座约束。

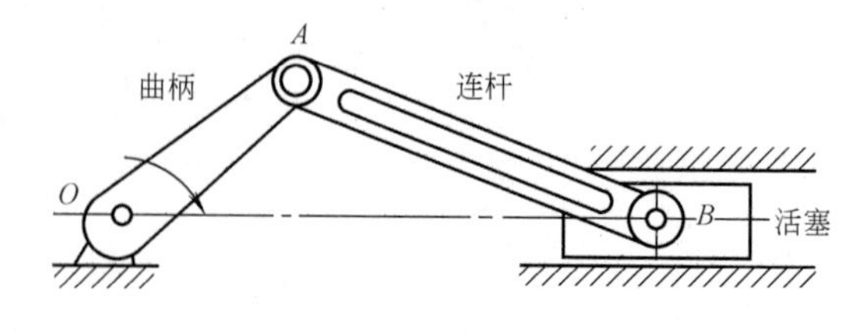

图 3-21

1. 固定铰链支座

用圆柱销连接的两零部件中，有一个是固

定件，称为支座，其构造如图 3-22a 所示。圆柱销将支座与零部件连接，零部件可绕圆柱销的轴线旋转。图 3-22c 所示为固定铰链支座的简图。

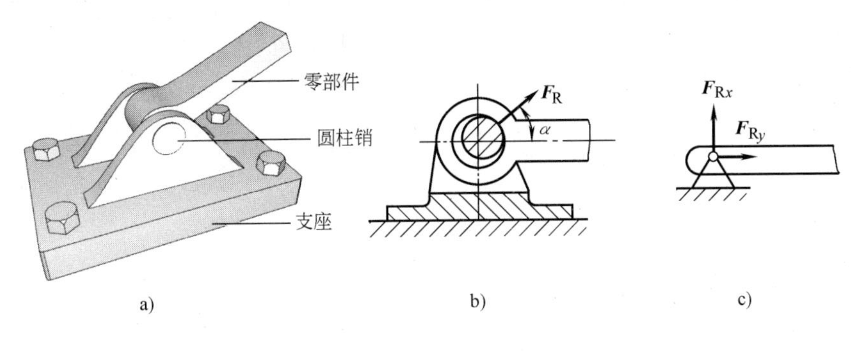

图　3-22

固定铰链支座约束能限制物体（零部件）沿圆柱销半径方向的移动，但不限制其转动，其约束反力必定通过圆柱销的中心，但其大小 $\boldsymbol{F}_{\mathrm{R}}$ 及方向一般不能由约束本身的性质确定（图 3-22b），需根据零部件受力情况才能确定。在画图和计算时，这个方向未定的支座约束反力常用相互垂直的两个分力 $\boldsymbol{F}_{\mathrm{R}x}$ 和 $\boldsymbol{F}_{\mathrm{R}y}$ 来代替，如图 3-22c 所示。

2. 活动铰链支座

工程中常将桥梁、房屋等结构用铰链连接在有几个圆柱形滚子的活动支座上，支座在滚子上可以作左右相对运动，允许两支座间距离稍有变化，这种约束称为活动铰链支座。活动铰链支座结构示意图如图 3-23a 所示，图 3-23b 所示为其简图的几种画法。

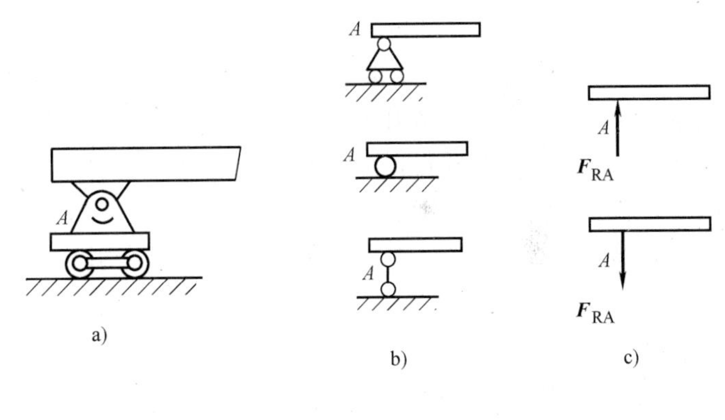

图　3-23

在不计摩擦的情况下，活动铰链支座能够限制被连接件沿着支承面法线方向的上下运动，所以它是一种双面约束。活动铰链支座的约束反力的作用线必通过铰链中心，并垂直于支承面，其指向随受载荷情况不同有两种可能（图 3-23c）。

桥梁一端用固定铰链支座，另一端则要用活动铰链支座，当桥梁因热胀冷缩而长度稍有变化时，活动支座可相应地沿支承面移动。

3.2.4　固定端约束

地面对电线杆的约束、车床上的刀架对车刀的约束（图 3-24a）、三爪卡盘对圆柱工件的约束（图 3-24b）都是固定端约束的例子。图 3-24a 所示约束的简图如图 3-24c 所示，它可阻止被约束的物体发生任何移动和转动。关于固定端约束的受力分析，将在平面任意力系中详细说明。

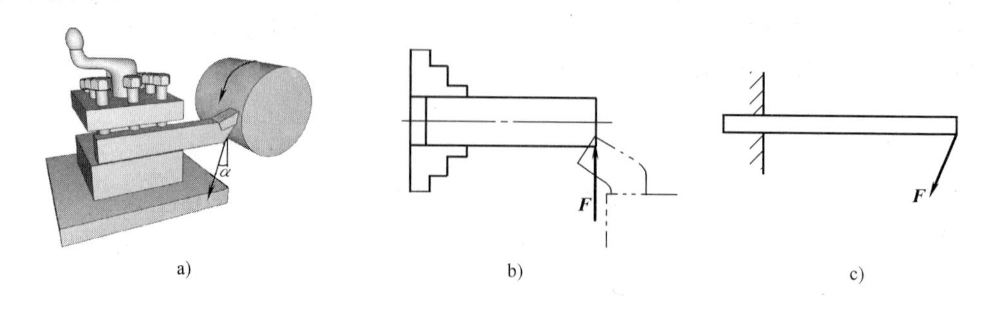

图 3-24

3.3 受力图

物体的受力分析和受力图是为了清楚地表示物体的受力情况，需要把所研究的物体（称为研究对象）从所受的约束中分离出来，单独画出它的简图，然后在它上面画上所受的全部主动力和约束力。由于已将研究对象的约束解除，因此应以约束力来代替原有的约束作用。解除约束后的物体，称为分离体。画出分离体上所有作用力（包括主动力和约束力）的图，称为物体的受力图。

对物体进行受力分析和画受力图时应注意以下几点：

1）首先确定研究对象，并分析哪些物体（约束）对它有力的作用。

2）画出作用在研究对象上的全部力，包括主动力和约束力。画约束力时应取消约束，而用约束力来代替它的作用。

3）研究对象对约束的作用力或其他物体上受的力，在受力图中不应画出。

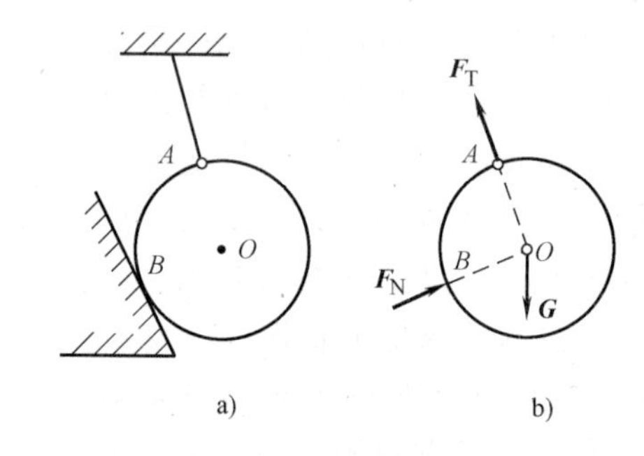

图 3-25

例题 3-1 均质球重 G，用绳系住并靠于光滑的斜面上，如图 3-25a 所示。试分析球的受力情况，并画出受力图。

解： 1）确定球为研究对象。

2）作用在球上的力有三个：即球的重力 $\boldsymbol{G}$（作用于球心，铅垂向下），绳的拉力 $\boldsymbol{F}_T$（作用于 A 点，沿绳方向并离开球体），斜面的约束力 $\boldsymbol{F}_N$（作用于接触点 B，垂直于斜面并指向球心）。

3）根据以上分析，将球及其所受的各力画出，即得球的受力图，如图 3-25b 所示。球受 $\boldsymbol{G}$、$\boldsymbol{F}_T$、$\boldsymbol{F}_N$ 三力的作用而平衡，其作用线相交于球心 O。

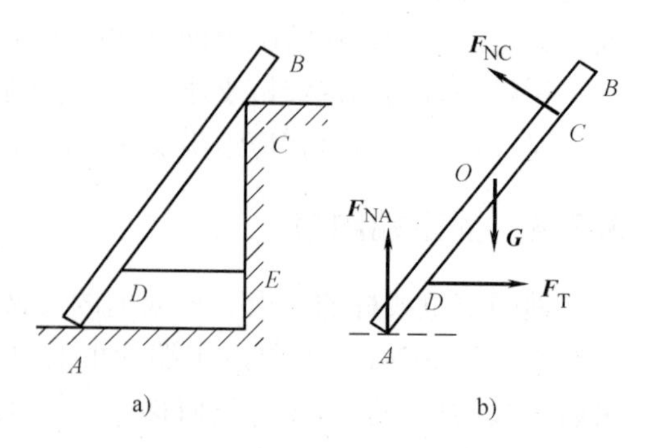

图 3-26

例题 3-2 均质杆 AB，重量为 G，支于光滑的地面及墙角间，并用水平绳 DE 系住，如图 3-26a 所示。试画出杆 AB 的受力图。

解： 以杆 AB 为研究对象。作用在杆上的主动

力有重力 $\boldsymbol{G}$（作用于杆的重心 O）。约束力有地面的约束力 $\boldsymbol{F}_{NA}$，为光滑面约束，约束力过 A 点并垂直于地面；墙角的约束力 $\boldsymbol{F}_{NC}$，为光滑面约束，约束力过 C 点与杆垂直；柔体绳子的拉力 $\boldsymbol{F}_T$，沿绳轴线并指向离开杆的方向。受力图如图 3-26b 所示。

例题 3-3　均质水平梁重量为 G，一端 A 为固定铰链支座，另一端 B 为活动铰链支座，梁上受力 F 作用，如图 3-27a 所示。试画出梁的受力图。

解：以梁 AB 为研究对象。其上所受的主动力有重力 $\boldsymbol{G}$ 及外力 $\boldsymbol{F}$，约束力有活动铰链支座 B 的作用力 $\boldsymbol{F}_B$（与支承面垂直）及固定铰链支座 A 的作用力 $\boldsymbol{F}_{Ax}$、$\boldsymbol{F}_{Ay}$。受力图如图3-27b 所示。

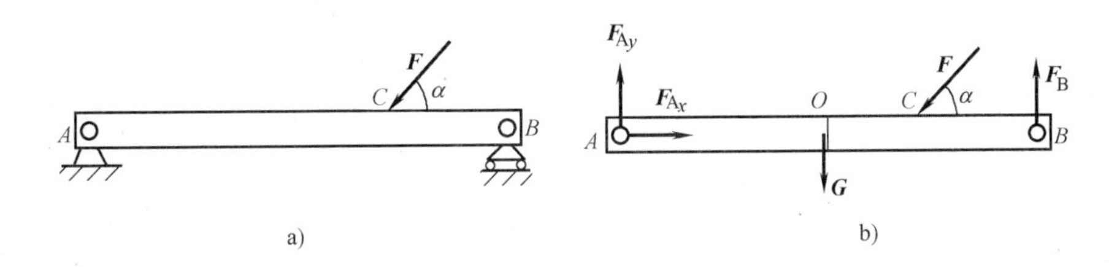

图　3-27

例题 3-4　水平梁 AB 用斜杆 CD 支撑，A、C、D 三处均为光滑铰链连接，均质梁重 $\boldsymbol{G}$，其上放置一质量为 $\boldsymbol{G}_1$ 的电动机，如图 3-28a 所示。如不计杆 CD 的自重，试分别画出杆 CD 和梁 AB（包括电动机）的受力图。

解：1）先分析斜杆 CD 的受力情况。由于斜杆的自重不计，因此只在杆的两端 C 和 D 处分别受到铰链 C 和 D 的约束力 $\boldsymbol{F}_C$ 和 $\boldsymbol{F}_D$ 的作用。显然 CD 杆是一个二力杆，根据二力平衡公理，这两个力必定沿同一直线，且等值、反向。因此可确定 $\boldsymbol{F}_C$ 和 $\boldsymbol{F}_D$ 的作用线应沿点 C 与点 D 的连线。由经验判断，此处杆 CD 受压力。斜杆 CD 的受力图如图 3-28b 所示。

2）取梁 AB（包括电动机）为研究对象。它受到 $\boldsymbol{G}$、$\boldsymbol{G}_1$ 两个主动力的作用，其方向均铅直向下。梁在铰链 D 处受到二力杆 CD 给它的约束力 $\boldsymbol{F}_A$ 的作用。根据作用与作用公理，$\boldsymbol{F}_D' = -\boldsymbol{F}_D$。梁在 A 处受固定铰链支座给它的约束力 $\boldsymbol{F}_A$ 的作用，由于方向未知，可用两个大小未定的垂直分力 $\boldsymbol{F}_{Ax}$ 和 $\boldsymbol{F}_{Ay}$ 代替。梁 AB 的受力图如图 3-28c 所示。

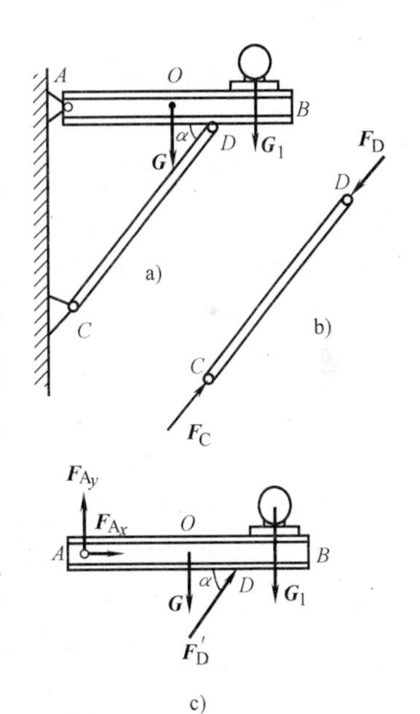

图　3-28

例题 3-5　三角架由 AB，BC 两杆用铰链连接而成。销 B 处悬挂重量为 $\boldsymbol{G}$ 的物体，A、C 两处用铰链与墙固连（图 3-29a）。不计杆的自重，试分别画出杆 AB、BC、销 B 的受力图。

解：首先分别取杆 AB 及 BC 为研究对象。由于不计杆的自重，两杆都是两端铰接的二力杆。暂设杆 AB 受拉，铰链 A 和 B 处的约束力 $\boldsymbol{F}_A$ 和 $\boldsymbol{F}_{AB}$ 必等值、反向、共线（沿两铰链中心连线），受力图如图 3-29b 所示。暂设 BC 杆受压，铰链 C 和 B 处的约束力 $\boldsymbol{F}_C$ 和 $\boldsymbol{F}_{CB}$ 必等值、反向、共线，受力图如图 3-29c 所示。再取销 B 为研究对象，它受主动力（即物体重

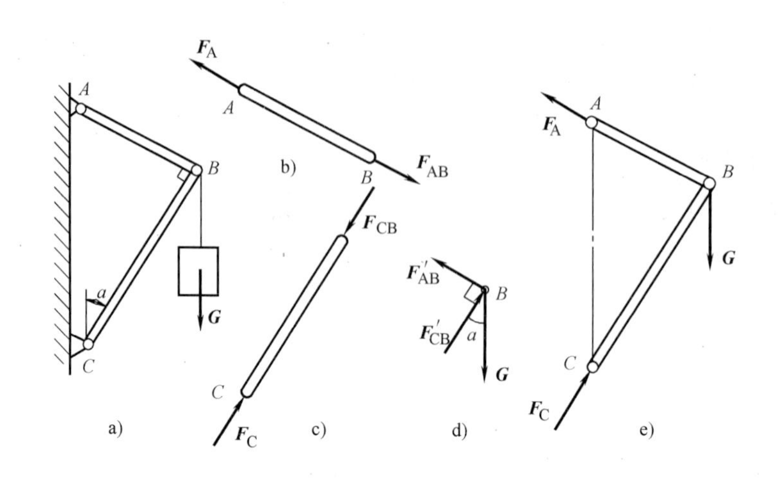

图 3-29

力）G 及二力杆 AB 给它的约束力 $\boldsymbol{F}'_{AB}$、二力杆 BC 给它的约束力 $\boldsymbol{F}'_{CB}$作用。根据作用与反作用公理 $\boldsymbol{F}_{AB}=\boldsymbol{F}'_{AB}$，$\boldsymbol{F}_{CB}=\boldsymbol{F}'_{CB}$。销 B 的受力图如图 3-29d 所示。以整体为研究对象的受力图如 3-29e 所示。

正确地画出物体的受力图是分析、解决力学问题的基础，因此，要熟练掌握。

画受力图时必须注意如下几点：

1）必须明确研究对象。根据求解需要，可以取单个物体为研究对象，也可以取包括几个物体的系统为研究对象。不同的研究对象的受力图是不同的。研究对象确定后，要把它从周围物体的约束中分离出来，单独画出它的轮廓图形。

2）确定研究对象受力的数目。由于力是物体之间相互的机械作用，因此，对每一个力都应明确它是由哪一个物体施加给研究对象的。同时，也不可漏掉一个力。一般先画已知的主动力，再画约束力。凡是研究对象一般都存在约束力。

3）画出约束力。一个物体往往同时受到几个约束的作用，这时应分别根据每个约束本身的特性来确定其约束力的方向，而不能凭主观想象。

4）当分析两物体间相互的作用力时，应遵循作用与反作用公理，作用力的方向一经假定，则反作用力的方向应与之相反。当画整个系统的受力图时，由于内力成对出现组成平衡力系，因此不必画出，只须画出全部外力。

5）画受力图时，通常应先找出二力零部件，画出其受力图，然后再画其他物体的受力图。这样由简到难易于掌握。

【思考与练习】

1. 在图 3-30 中，电灯重 $\boldsymbol{G}$，用细绳与灯上的电线连接于 A 点。试分别画出电灯 B 和连接点 A 的受力图。

2. 画出图 3-31 中杆 AB 的受力图。设杆自重 $\boldsymbol{G}$，各接触面为光滑面。

3. 画出图 3-32 中各球的受力图。设球自重 $\boldsymbol{G}$，各接触面为光滑面。

4. 试画出图 3-33 中杆 AB 的受力图（未画出重力的杆自重不计）。

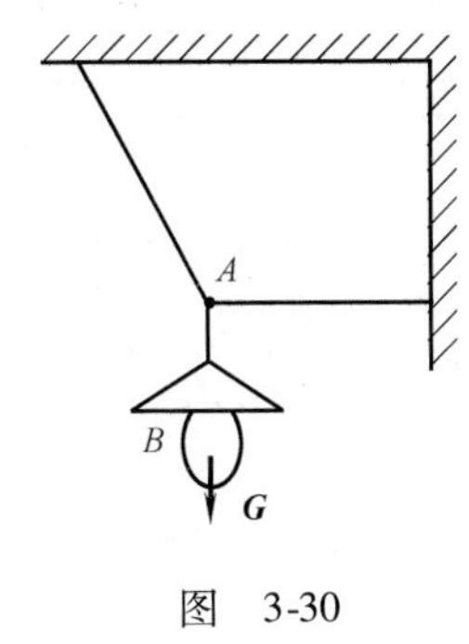

图　3-30

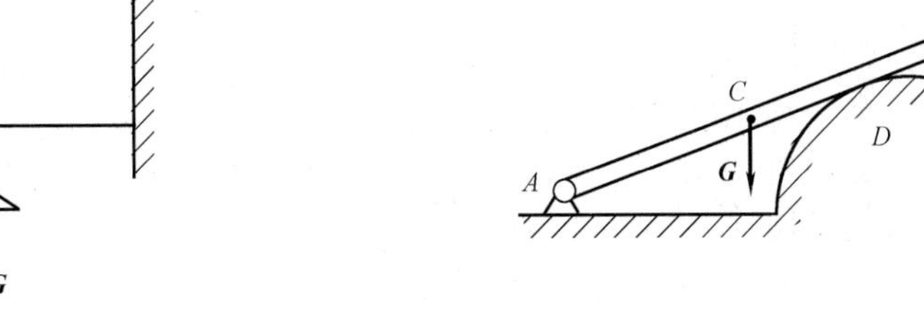

图　3-31

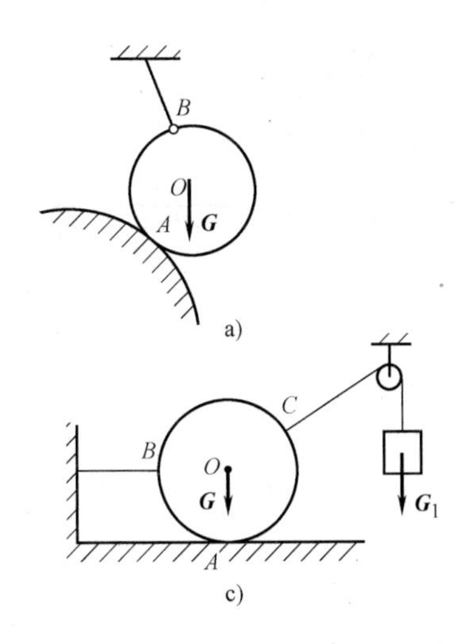

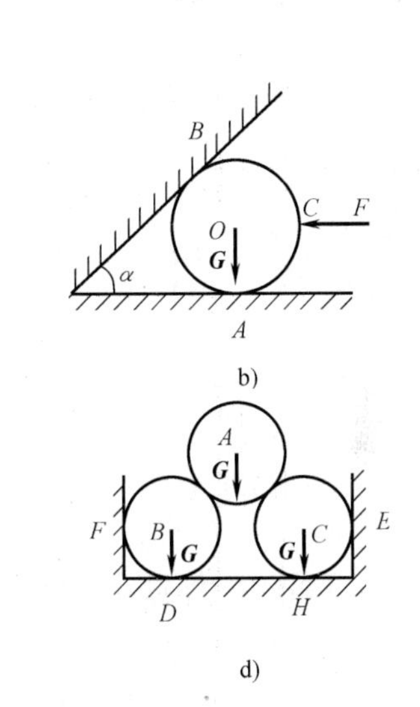

图　3-32

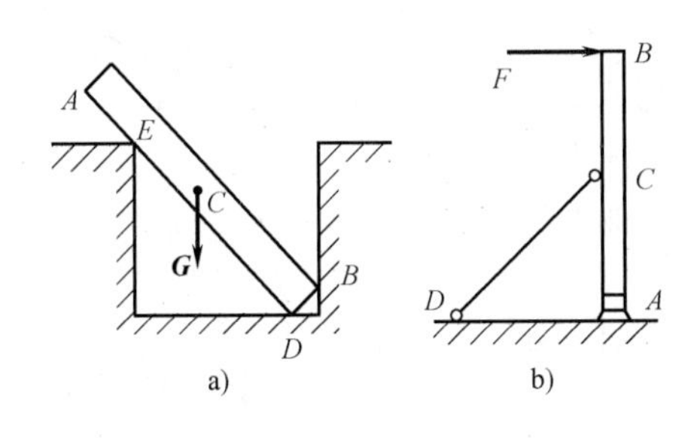

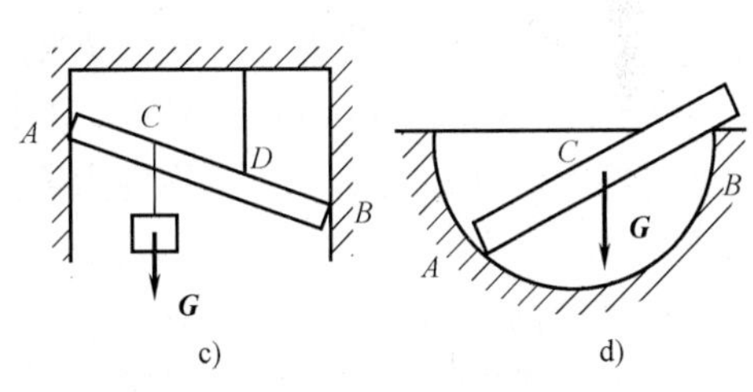

图　3-33

5．试画出图3-34中梁*AB*的受力图（梁自重不计）。

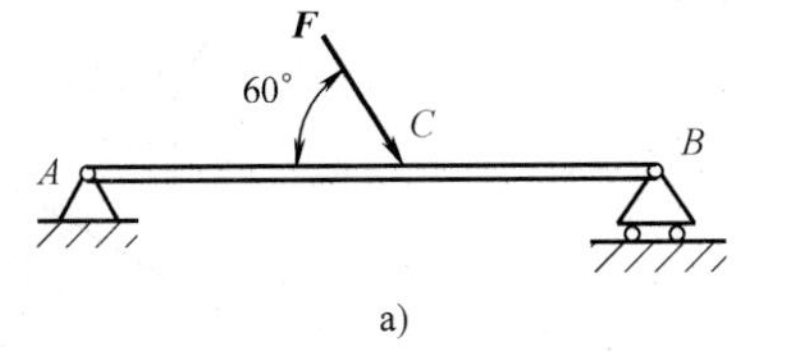

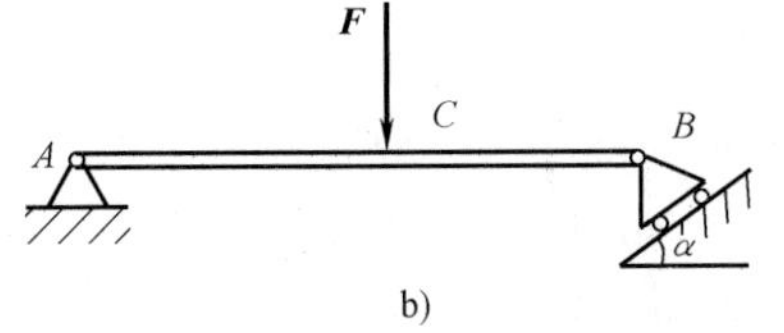

图　3-34

6. 在图3-35中，刚架AB一端为固定铰链支座，另一端为活动铰链支座。试画出图示两种情况下刚架的受力图（刚架自重不计）。

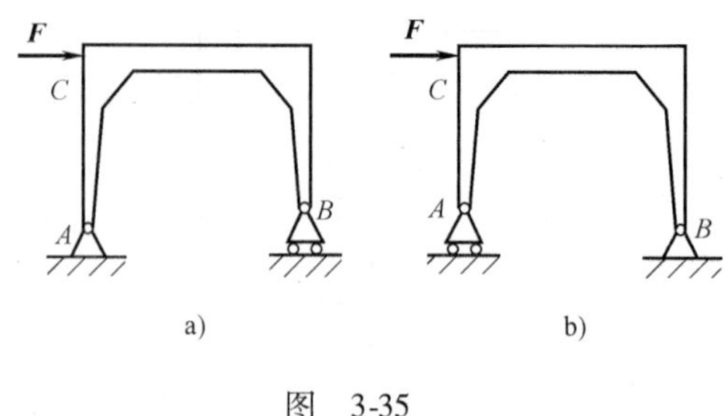

图 3-35

7. 在图3-36中，杆AB和BC用铰链连接于B，杆的另一端A和C分别用固定铰链支座连接于墙上。在铰链B的销钉挂一重量为$\boldsymbol{G}$的物体。如不计各杆自重，试分别画出杆AB、BC及B点的受力图。

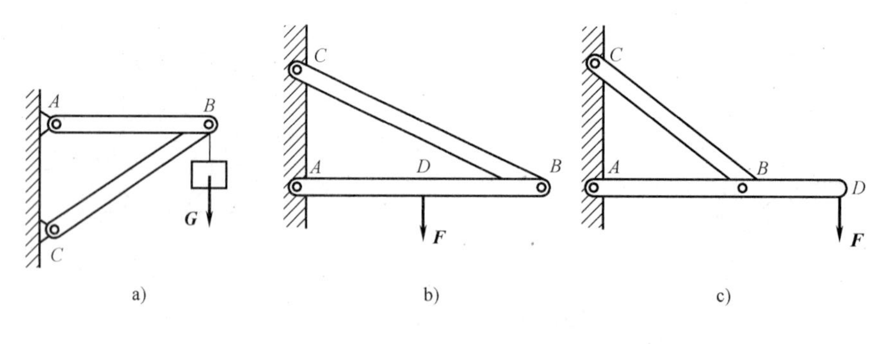

图 3-36

3.4 力的投影、力矩及力偶

3.4.1 力在坐标轴上的投影

如图3-37所示，在直角坐标系Oxy平面内有一已知力$\boldsymbol{F}$，此力与x轴所夹的锐角为α。从力$\boldsymbol{F}$的两端A和B分别向x、y轴作垂线，得线段ab和$a'b'$。其中ab称为力$\boldsymbol{F}$在x轴上的投影，以F_x表示；$a'b'$称为力$\boldsymbol{F}$在y轴上的投影，以F_y表示。

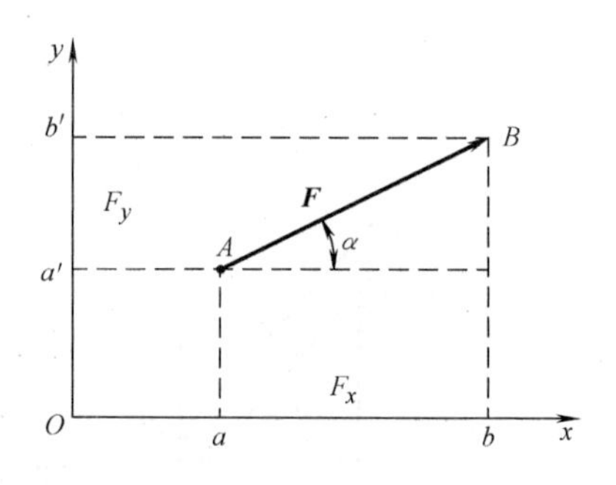

图 3-37

力在坐标轴上的投影是代数量，有正、负的区别。当投影的指向与坐标轴的正向一致时，投影为正号，反之为负号。

$F_x = F\cos\alpha$

$F_y = F\sin\alpha$

例题3-6 试求图3-38中$\boldsymbol{F}_1$、$\boldsymbol{F}_2$、$\boldsymbol{F}_3$各力在x轴及y轴上的投影。

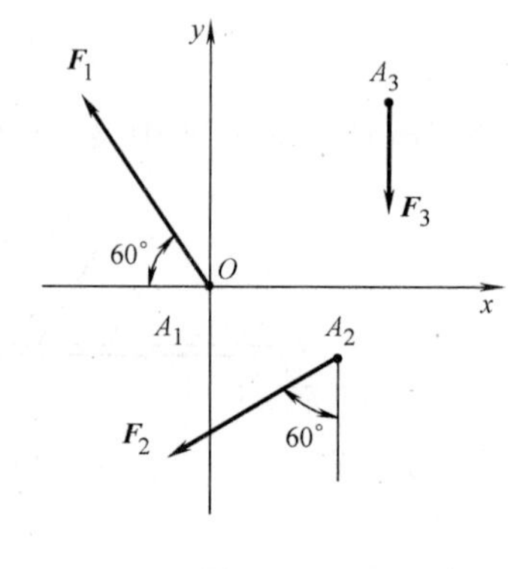

图 3-38

解： $F_{1x} = F_1\cos60° = 0.5F_1$

$F_{1y} = F_1\sin60° = 0.866F_1$

$F_{2x} = F_2\sin60° = 0.866F_2$

$F_{2y} = -F_2\cos60° = 0.5F_2$

$F_{3x} = 0$

$$F_{3y} = F_3$$

3.4.2　力对点之矩

人们从实践经验中体会到，力对物体的作用，不但能使物体移动，还能使物体转动。例如，开关门窗、用扳手拧螺母等都是在力的作用下，物体绕某一点或某一轴线的转动。此外，人们还广泛地使用杠杆、滑轮、绞车等简单机械来搬运或提升笨重的物体，这些机械的特点均在于用较小的力可以搬动很重的物体。为了度量力使物体绕一定点转动的效应，力学中引入了力对点的矩（简称力矩）的概念。

现以用扳手拧紧螺母为例（图3-39），说明力矩的概念。设力 F 作用在与螺母轴线垂直的平面（即图面）内，由经验可知，螺母的拧紧程度不仅与力 F 的大小有关，而且与螺母中心 O 到力 F 作用线的距离 L_h 有关。显然，力 F 的值一定时，L_h 越大，螺母将拧得越紧。此外，如果力 F 的作用方向与图3-39所示的相反时，则扳手将使螺母松开。

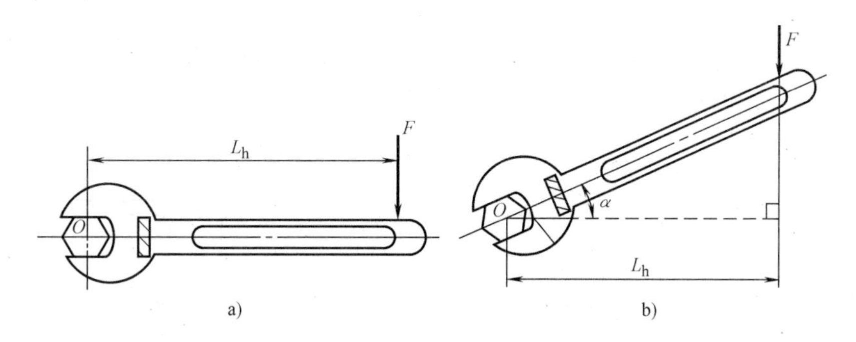

图　3-39

因此，我们以乘积并冠以正负号作为力 F 使物体绕 O 点转动效应的度量，称为力 F 对 O 点之矩，简称力矩，以符号 $M_O(F)$ 表示，即

$$M_O(F) = \pm FL_h \qquad (3\text{-}1)$$

式中，O 称为力矩中心（矩心）。O 点到力 F 作用线的距离 L_h 称为力臂。通常规定：在图示平面内，力使物体绕矩心作逆时针方向转动时，力矩为正（图3-40a）；力使物体绕矩心作顺时针方向转动时，力矩为负（图3-40b）。

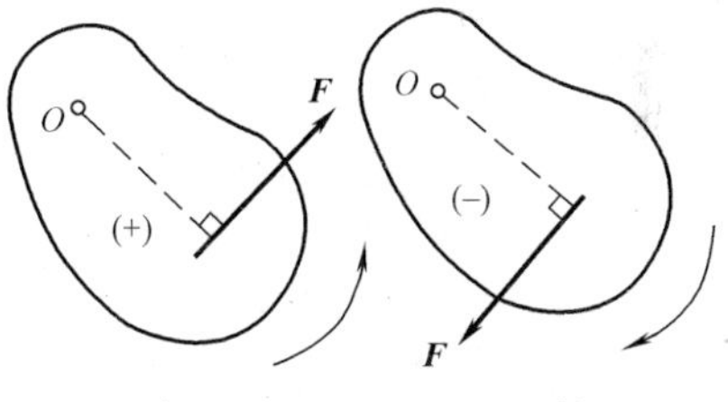

O
F
(+)
(−)
a)
b)

图　3-40

力矩的单位决定于力和力臂的单位，在国际单位制中力矩的单位名称为牛［顿］米，符号为N·m。

例题3-7　图3-41所示的杆 AB 长度为 L，自重不计，A 端为固定铰链支座，在杆的中点 C 悬挂一重为 $\boldsymbol{G}$ 的物体，B 端支靠于光滑的墙面上，其约束力为 $\boldsymbol{F}_N$，杆与铅直墙面的夹角为 α。试分别求出 $\boldsymbol{G}$ 和 $\boldsymbol{F}_N$ 对铰链中心 A 点的矩。

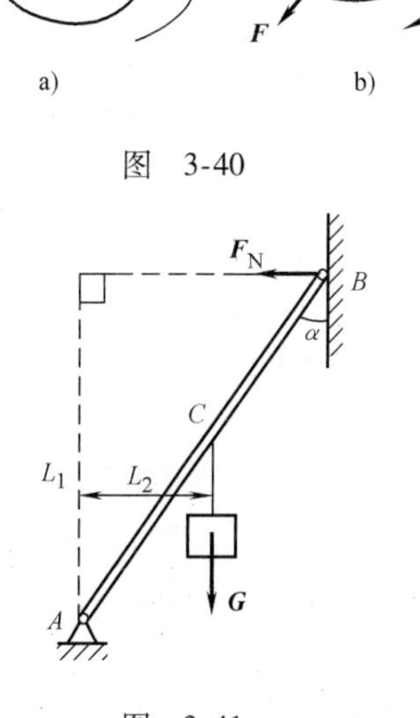

图　3-41

解：

首先计算力臂。设矩心 A 与力 $\boldsymbol{F}_N$ 的作用线之间的距离为 L_1，则 $L_1 = L\cos\alpha$；设矩心 A 与重力 $\boldsymbol{G}$ 的作用线之间的距离为 L_2，则 $L_2 = (L/2)\sin\alpha$

根据力矩定义，可得

$$M_A(F_N) = F_N L_1 = F_N L\cos\alpha$$
$$M_A(G) = -GL_2 = -(1/2)GL\sin\alpha$$

3.4.3 力偶的概念

在实践中，常可见受两个大小相等、方向相反，不在同一作用线上的平行力使物体转动的情况，例如汽车司机双手转动转向盘（图3-42），电动机的定子磁场对转子的作用（图3-43）及用手拧水龙头（图3-44）或旋转钥匙开锁（图3-45），钳工用双手转动铰杠攻螺纹（图3-46）等。

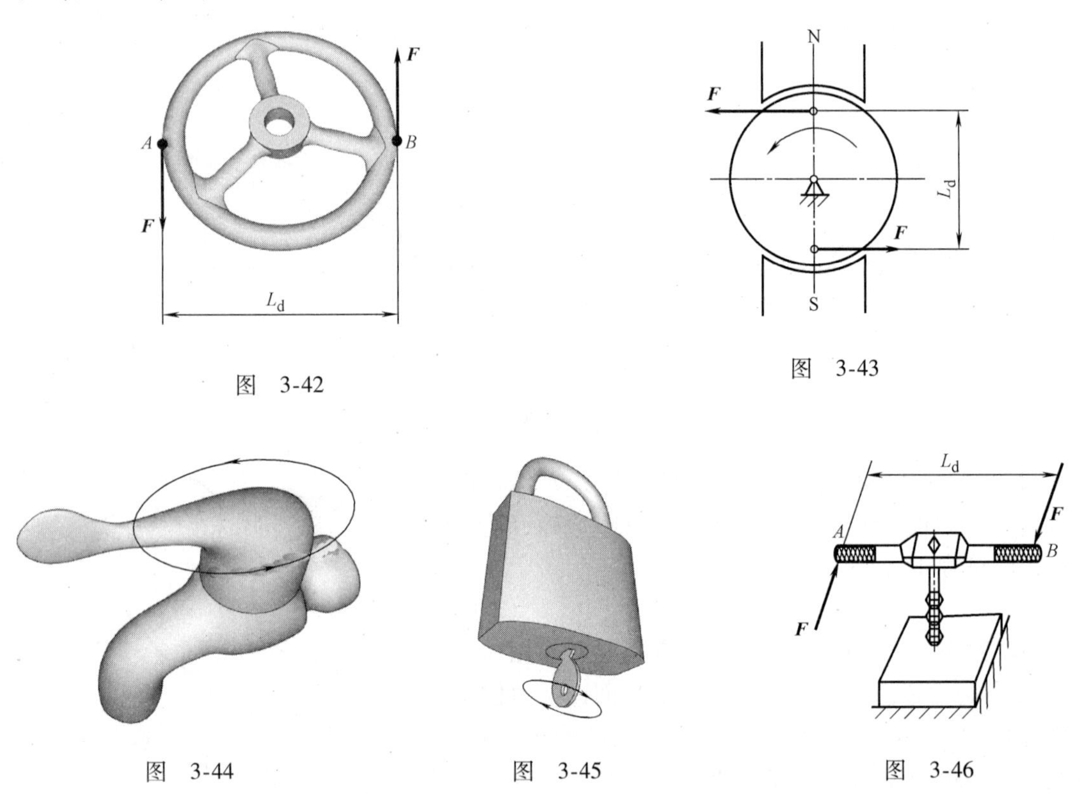

图 3-42　图 3-43　图 3-44　图 3-45　图 3-46

在同一物体上作用等值反向的二平行力，力的矢量和显然等于零，但是由于它们不共线而不能相互平衡。这种由大小相等、方向相反、作用线平行但不重合的二力组成的力系称为力偶，如图3-47所示，记作（$\boldsymbol{F}$，$\boldsymbol{F}'$）。力偶中两力之间的距离上 L_d 称为力偶臂，力偶所在的平面称为力偶的作用面。

由实验可知，力偶对物体的作用效果的大小，既与力 $\boldsymbol{F}$ 的大小成正比，又与力偶臂 L_d 的大小成正比，因此，可用两者的乘积 FL_d 来度量力偶作用效果的大小，这个乘积称为力偶矩。

力偶在其作用面内的转向不同，其作用效果也不相同，因此，与力矩一样，也要用力偶

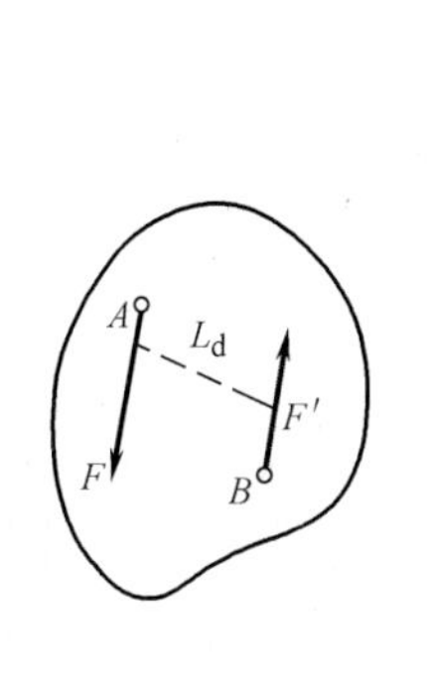

图　3-47

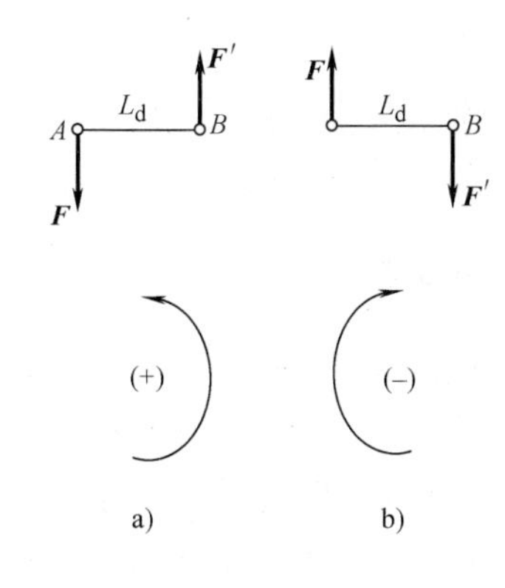

图　3-48

矩的正、负号来表示力偶的转向：逆时针转向为正，顺时针转向为负，如图3-48所示。力偶（F，F'）的力偶矩，以符号$M(F,F')$表示，或简写为M，则

$$M = \pm FL_d$$

力偶矩的单位与力矩的单位相同。

综上所述，力偶对物体的转动效应取决于下列三要素：力偶矩的大小、力偶的转向、力偶作用面的方位。

【思考与练习】

1）在图3-49中，已知：$F_1 = F_2 = F_3 = F_4 = 40\text{N}$。试分别求出各力在$x$、$y$轴上的投影。

2）填空

① 用力拧紧螺母，其拧紧的程度不仅与力的________有关，而且与螺母中心到力的作用线的________有关。

② 力矩的大小等于________和________的乘积，通常规定力使物体绕矩心________转动时力矩为正，反之为负。力矩以符号________表示，O点称为________。力矩的单位是________。

③ 大小________、方向________、作用线________组成的力系，称为力偶。力偶中二力之间的距离称为________。力偶所在的平面称为________。

④ 在平面问题中，力偶对物体的作用效果以________和________的乘积来度量，这个乘积称为________，以 ________表示。

3）计算图3-50中力$\boldsymbol{F}$对B点的矩。已知$F = 50\text{N}$，$L_a = 0.6\text{m}$，$\alpha = 30°$。

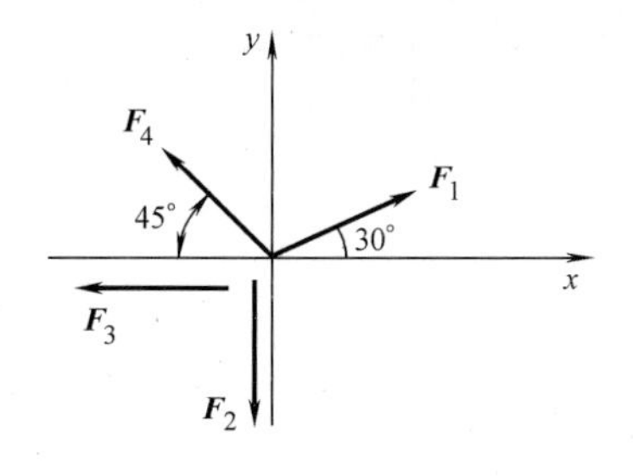

图　3-49

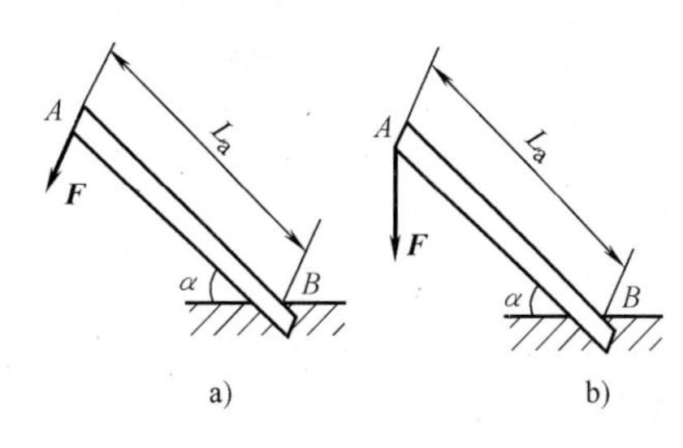

图　3-50

3.5 求解约束力

3.5.1 平衡方程

设在物体上有一平面任意力系$\boldsymbol{F}_1$、$\boldsymbol{F}_2$、$\boldsymbol{F}_3$，分别作用于A_1、A_2、A_3，如图3-51所示，则物体不但有沿x轴方向或y轴方向发生移动的可能性，而且还有在平面内发生转动变化的可能性。如要使物体在平面任意力系作用下仍保持平衡状态，就要使物体在各力作用下既不能沿x轴方向也不能沿y轴方向发生移动变化；对于力系所在平面内的任意一点，物体不能发生转动变化。

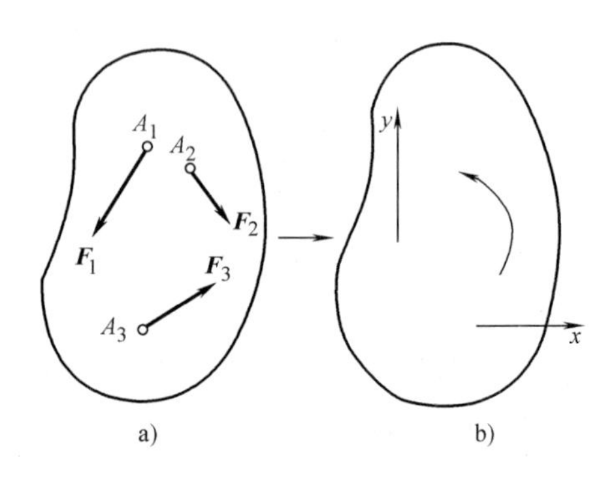

图 3-51

平面任意力系的平衡条件是：力系中所有的力，在两个不同方向的坐标轴x，y上投影的代数和均等于零；力系中所有的力对平面内任意点O的力矩的代数和为零，即

$$\begin{cases}\sum \boldsymbol{F}_{ix}=0\\ \sum \boldsymbol{F}_{iy}=0\\ \sum M(\boldsymbol{F}_i)=0\end{cases} \tag{3-2}$$

式（3-2）称为平面任意力系平衡方程。它有两个投影式、一个力矩式，是平面任意力系平衡方程的基本形式，共有3个独立的方程，可以求出平衡的平面任意力系中的3个未知量。

例题3-8 对于图3-1，如果水平梁AB的重量$G=4\text{kN}$、载荷$G_1=10\text{kN}$，梁的尺寸如图3-52a所示，梁的A端以铰链固定，B端用拉杆BC拉住。试求拉杆所受的拉力及铰链A的约束力。

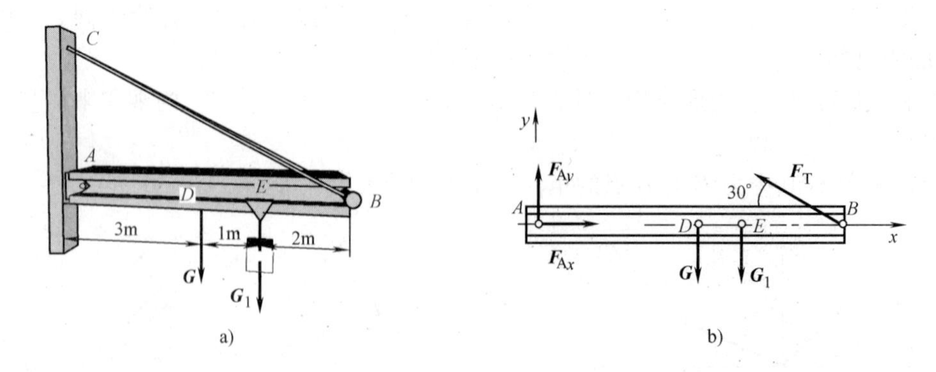

图 3-52

解： 1）选取梁AB为研究对象。

2）画受力图。梁上所受的已知力有$\boldsymbol{G}$和$\boldsymbol{G}_1$，未知力有拉力$\boldsymbol{F}_\text{T}$和铰链的约束力$\boldsymbol{F}_\text{A}$。因

杆 BC 为二力杆，故拉力 $\boldsymbol{F}_T$ 沿 BC 连线；力 F_A 的方向未知，可分解为两个分力 $\boldsymbol{F}_{Ax}$ 和 $\boldsymbol{F}_{Ay}$。这些力的作用线可认为近似分布在同一平面内，如图 3-52b 所示。

3）列平衡方程。由于梁 AB 处于平衡状态，因此这些力应满足平面任意力系的平衡方程，取坐标轴如图所示，应用平面任意力系的平衡方程：

由 $\sum \boldsymbol{F}_{ix}=0$，得 $F_{Ax}-F_T\cos 30°=0$

$\sum \boldsymbol{F}_{iy}=0$，得 $F_{Ay}+F_T\sin 30°-G-G_1=0$

$\sum M_A(F_i)=0$，得 $F_T\cdot AB\sin 30°-G\cdot AD-G_1\cdot AE=0$

矩心选在 A 点，可以使未知力 F_{Ax} 和 F_{Ay} 不出现在力矩方程中，这样解题较方便。

4）解方程组。

得

$$F_{Ax}=15.01\text{kN}$$
$$F_{Ay}=5.34\text{kN}$$
$$F_T=17.33\text{kN}$$

3.5.2　固定端约束的约束力

在前面叙述约束的类型时，曾涉及一种固定端约束，这种约束不仅限制物体在约束处沿任何方向的移动，也限制物体在约束处的转动。工程实际中，许多零部件的受力情况均可以简化成这种类型的约束。如固定在刀架上的车刀、用卡盘夹紧的工件、安装在飞机上的机翼、插入地基中的电线杆等都是固定端约束。固定端约束既能阻止物体沿任何方向的移动，又能阻止物体在平面内转动，因而这种约束必然产生一个方向未定的约束力 $\boldsymbol{F}_A$ 和一个约束反力偶 M_A。约束力 $\boldsymbol{F}_A$ 可用它的水平分力 $\boldsymbol{F}_{Ax}$ 和垂直分力 $\boldsymbol{F}_{Ay}$ 来代替，如图 3-53b 所示。

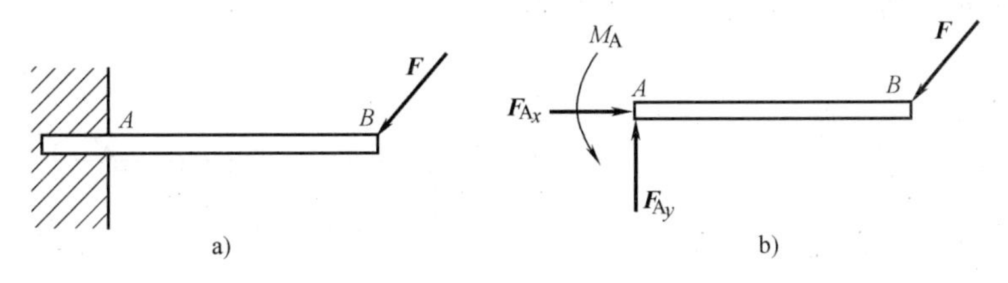

图　3-53

$\boldsymbol{F}_{Ax}$、$\boldsymbol{F}_{Ay}$、M_A 的大小和方向可通过平面任意力系的平衡方程来确定。

例题 3-9　图 3-54a 所示为一车刀，刀杆夹持在刀架上，形成固定端约束。车刀伸出长度 $L=60\text{mm}$，已知车刀所受的切削力 $F=5.2\text{kN}$，$\alpha=25°$。试求固定端刀架处的约束力。

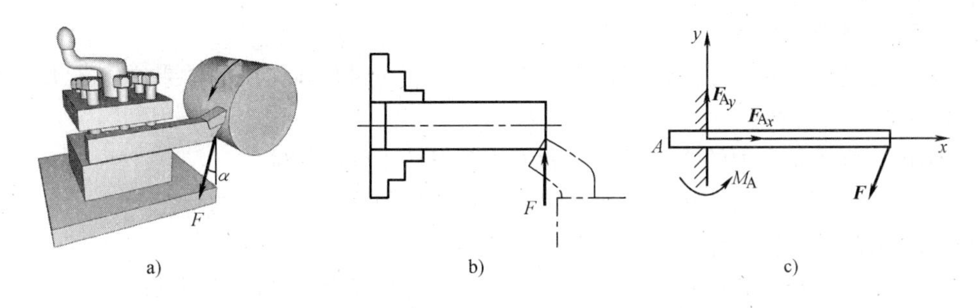

图　3-54

解：取车刀为研究对象，其结构可简化为图3-54b所示情况，约束可简化为图3-54c所示情况，受力图如图3-53c所示。其上所受的力有主动力$\boldsymbol{F}$，固定端的约束力$\boldsymbol{F}_{Ax}$和$\boldsymbol{F}_{Ay}$及约束力偶M_A（暂假设为逆时针方向）。取坐标轴如图所示，列出平衡方程如下：

由$\sum \boldsymbol{F}_{ix}=0$，　　得$-F\sin25°+F_{Ax}=0$

$\sum \boldsymbol{F}_{iy}=0$，　　得$-F\cos25°+F_{Ay}=0$

$\sum M_A(\boldsymbol{F}_i)=0$，得$M_A-FL\cos25°=0$

得$F_{Ax}=2.2\text{kN}$

$F_{Ay}=4.7\text{kN}$

$M_A=283\text{NM}$

【思考与练习】

1. 求图3-55所示各梁的约束力。已知：$L=500\text{mm}$，$L_a=200\text{mm}$，$L_b=300\text{mm}$，$F=100\text{N}$，$\alpha=45°$。

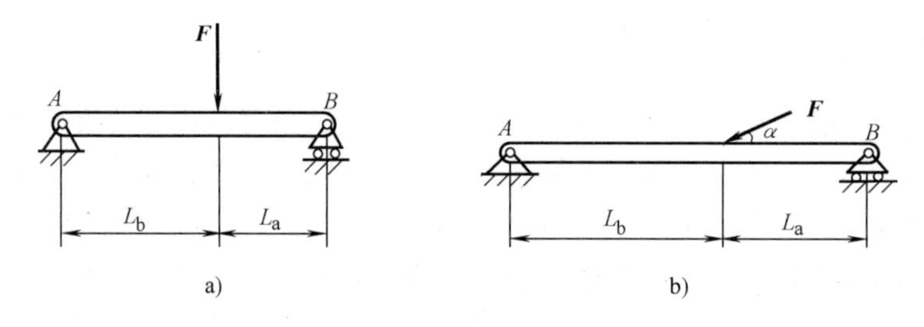

图　3-55

2. 试求图3-56所示两种情况下A端的约束力。

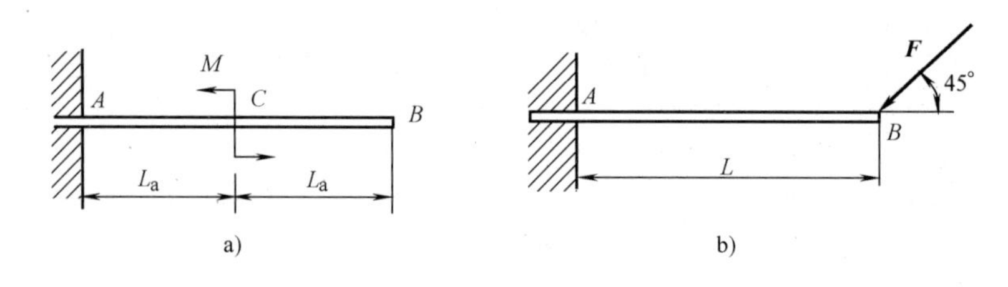

图　3-56

【学习小结】

1）三个基本概念

① 力：力是物体间相互的机械作用。力是矢量。力对物体作用的效果决定于力的大小、方向和作用点三个要素。

② 刚体：刚体是在力的作用下形状和大小都保持不变的物体。

③ 平衡：平衡是指物体相对于地球保持静止或作匀速直线运动的状态。

2）4个公理、1个推论

① 二力平衡公理。它阐明了作用在一个物体上的最简单力系的平衡条件。

② 加减平衡力系公理。它阐明了任意力系等效代换的条件。

③ 力的平行四边形公理。它阐明了作用在一个物体上的两个力的合成规则。

④ 作用和反作用公理。它阐明了力是两个物体间的相互作用，确定了力在物体之间的传递关系。

⑤ 力的可传性原理。它论证了力在刚体上沿作用线的可传递性，说明了在刚体静力学中力是滑移矢量。

3）画物体受力图

① 工程中常见约束的约束力画法。方向可以确定的约束有柔体约束、光滑面约束；方位可以确定的约束有活动铰链约束；方向不能直接确定的约束有固定铰链约束、固定端约束。

② 画受力图的步骤：先确定研究对象并画出分离体图，再分析研究对象的约束类型及约束力的方向、作用点，然后在分离体上画出所有主动力和约束力，并用正确的符号表示出来。

4）力矩等于力的大小与力臂的乘积，在平面问题中它是一个代数量；一般规定当力使物体绕矩心逆时针转动时为正，反之为负。力 F 对 O 点的矩以符号 $M_0(F)$ 表示，其计算式为：$M_0(F) = FL$

5）力偶和力偶矩。等值、反向、不共线的两平行力称为力偶。力偶对物体的作用效果由力偶矩（力的大小与力偶臂的乘积）来度量，计算式为 $M = \pm Fd$。式中正负号表示力偶的转向，逆时针转向为正，反之为负。力偶矩与所取矩心的位置无关，它对平面内任一点的矩恒等于力偶矩。

6）平面任意力系平衡的充分和必要条件是：力系中所有各力在 x、y 两个坐标轴上投影的代数和等于零；力系中所有各力对力系所在平面内任意点的力矩的代数和等于零。即

$$\begin{cases} \sum \boldsymbol{F}_{ix} = 0 \\ \sum \boldsymbol{F}_{iy} = 0 \\ \sum M_0(\boldsymbol{F}_i) = 0 \end{cases}$$

7）平面力系平衡问题的解题要点：

① 选取适当的研究对象，并画出研究对象的受力图（受力图上应准确无误地画出主动力和约束力）。固定铰链的约束力可以分解为相互垂直的两个分力。固定端约束力可以简化为方向待定的一个力和一个力偶。

② 根据受力图上各力所构成的力系列出平衡方程，并求解未知量。为了简化计算，选取直角坐标轴时，应尽可能使力系中的多数力与坐标轴垂直或平行，而力矩中心应尽可能选在未知力的作用点或两未知力的交点上。

③ 画受力图时，如果无法判定未知力的方向，可以先假设，然后根据计算结果的正负号确定该力的实际方向。如果所求得的结果为正号，说明此力的实际方向与受力图中假设的方向一致；如果求得的结果为负号，则此力的实际方向与图中假设的方向相反。

项目 4　零件基本变形和强度分析

任何零件在外力作用下，其几何形状和尺寸大小均会产生一定程度的改变，并在外力增加到一定程度时被破坏。为了保证机器在载荷作用下正常工作，要求每个零件均应有足够的承受载荷的能力，简称为承载能力。承载能力的大小主要由以下 3 方面来衡量：

1. 足够的强度

所谓强度是指零件抵抗破坏的能力。零件能够承受载荷而不破坏，就认为其满足了强度要求。

2. 足够的刚度

在某些情况下，零件受到载荷后虽不会断裂，但如果变形超过一定限度，也会影响零件的正常工作。所谓刚度就是指零件抵抗变形的能力。如果零件的变形被限制在允许的范围之内，就认为其满足刚度要求。

3. 足够的稳定性

所谓稳定性是指零件保持其原有平衡形式（状态）的能力。足够的稳定性可以保证在规定的使用条件下不致失稳而被破坏。

综上所述，为了保证安全可靠地工作，零件必须具有足够的承载能力，即具有足够的强度、刚度和稳定性，这是保证零件安全工作的 3 个基本要求。

本课题就是进一步研究零件的变形、破坏与作用在零件上的外力、零件的材料及零件的结构形式之间的关系，这是使用、维护、改造机械设备和建筑结构必不可少的知识。

以杆状零件为例，主要变形形式有以下 4 种（表 4-1）。

表 4-1　主要变形形式

变形形式	工程实例	受力简图	变形情况
拉伸或压缩	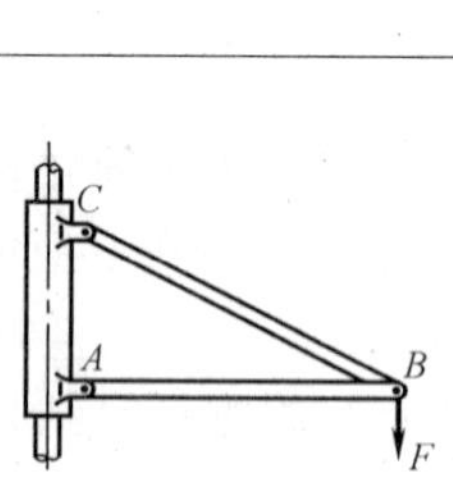 C, A, B, F	F_1, C, 拉伸, B, F_1; A, 压缩, B, F_2, F_2	C, B, F_1, F_1; F_2, F_2, A, B
剪切	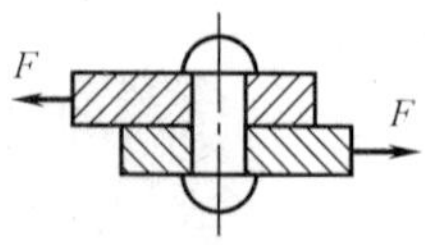 F, F	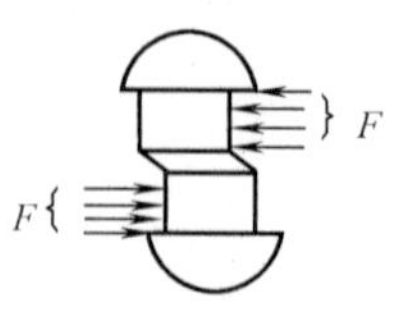 F, F	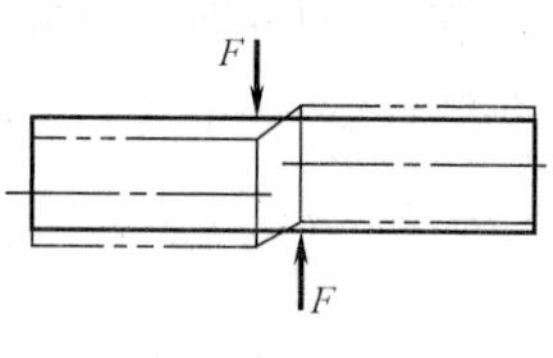 F, F

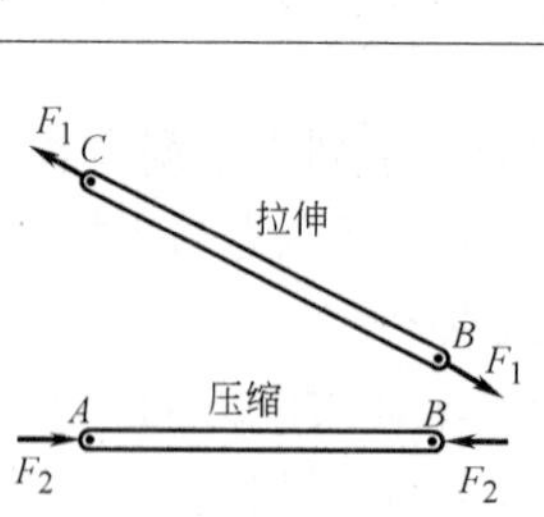

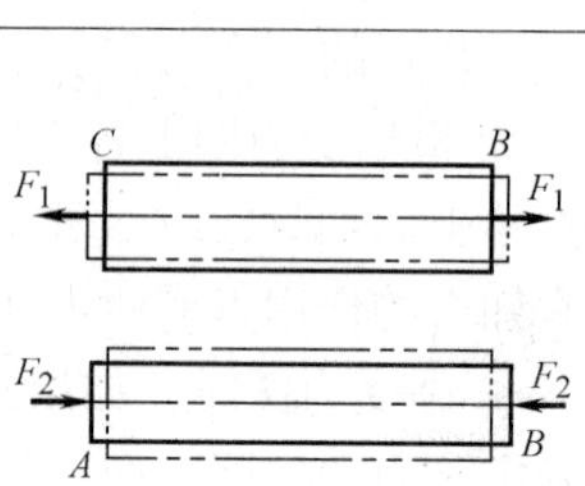

（续）

变形形式	工程实例	受力简图	变形情况
扭转	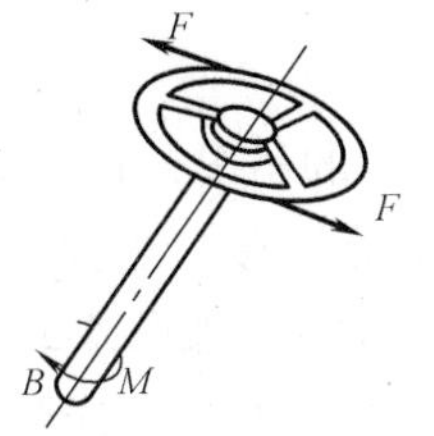	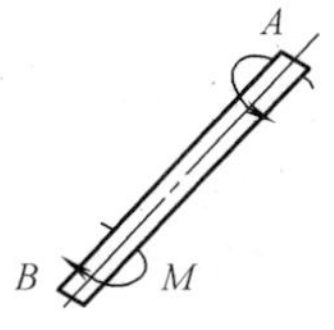	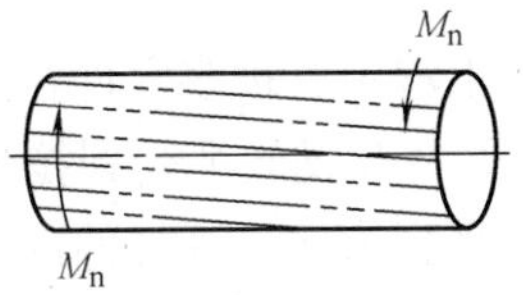
弯曲	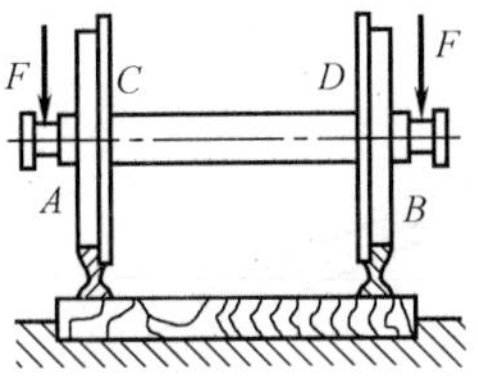	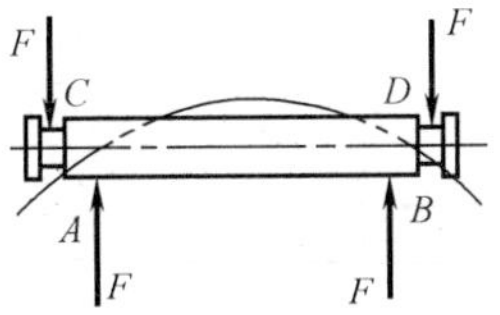	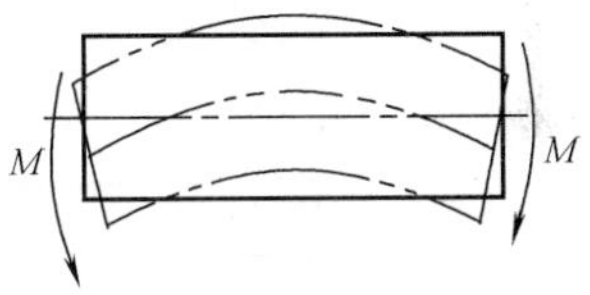

共性问题：

1）分析受力特点、变形特点。

2）求出最大内力。

3）列出强度条件进行强度计算。

【实际问题】

1）上表中的4个工程实例所受的力有何特点？

2）零件必须满足什么条件才能正常工作？

3）零件横截面的形状对承受载荷是否有影响？

【学习目标】

1）掌握拉伸（压缩）、剪切、扭转和弯曲等4种基本变形的受力分析；明确各种变形形式的受力特点和变形特点；掌握用截面法求内力的基本方法。

2）掌握内力与变形，从而分析应力分布规律及计算公式；掌握4种基本变形的强度条件及在工程中的应用。

【学习建议】

此项目可分为4个子项目来学习。学习者应以4.1轴向拉伸与压缩作为学习的重点，然后套用其模式学习另外3个子项目，并注意总结归纳，找出规律。

【分析与探究】

4.1 轴向拉伸与压缩

4.1.1 拉伸与压缩的概念

工程中有很多零件在工作时是承受拉伸或压缩的。如图 4-1 所示的吊车，在载荷 ***G*** 作用下，*B* 杆和钢丝绳受到拉伸，而 *BC* 杆受到压缩；图 4-2 所示的螺栓连接，当拧紧螺母时，螺栓受到拉伸。受拉伸或压缩的零件大多是等截面直杆（统称为杆件），如图 4-3 所示，其受力情况可以简化成图 4-1。它们受力的特点是：作用在杆端的两外力（或外力的合力）大小相等、方向相反，力作用线与杆件的轴线重合。其变形特点是杆件沿轴线方向伸长或缩短。

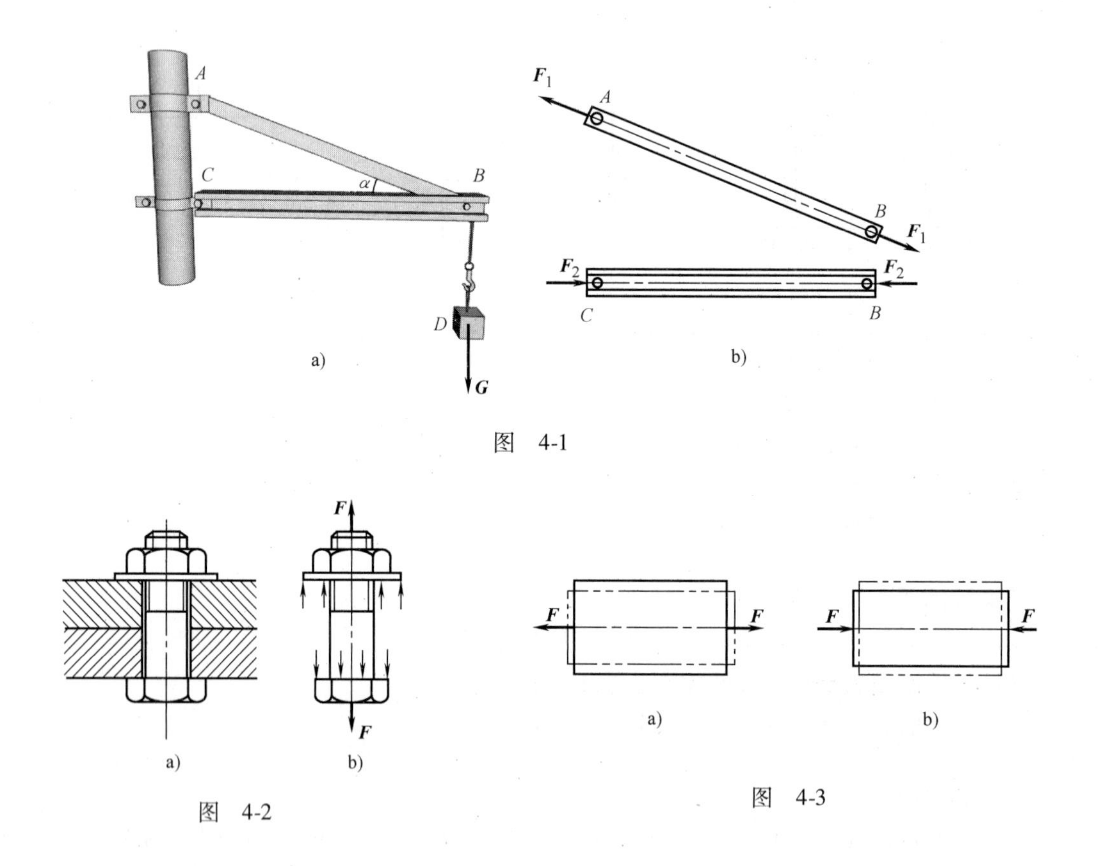

图 4-1

图 4-2

图 4-3

4.1.2 截面法

杆件内部由于外力作用而产生的相互作用力称为内力。求内力的方法通常用截面法，其 3 个步骤为：

1）截开。沿欲求内力的截面，假想地把杆件分成两部分。

2）代替。取其中一部分为研究对象，弃去另一部分，将弃去部分对研究对象的作用以截面上的内力（力或力偶）来代替，画出其受力图。

3）平衡。列出研究对象的静力平衡方程，确定未知内力的大小和方向。

截面法是材料力学中求内力的基本方法，以后将经常用到。

对于受轴向拉、压的杆件，因为外力的作用线与杆件的轴线重合，所以分布内力的合力 F_N 的作用线也必然与杆件的轴线重合，这种内力称为轴力。轴力或为拉力或为压力。为了区别拉伸和压缩，对轴力 F_N 的正负号做如下规定：当轴力的指向离开截面（即与截面外法线方向一致）时，杆受拉，规定轴力为正；反之，当轴力指向截面（即与截面的内法线方向一致）时，杆受压，规定轴力为负。

对于沿轴线不同位置受多个力作用的杆件，从杆的不同位置截开，其轴力是不相同的，所以必须分段用截面法求出各段轴力，从而确定其最大轴力。

例题4-1　图4-4a所示为一液压系统中液压缸的活塞杆。作用于活塞杆轴线上的外力可以简化为 $F_1=9.2\text{kN}$，$F_2=3.8\text{kN}$、$F_3=5.4\text{kN}$。试求活塞杆横截面1—1和2—2上的轴力。

解： 计算截面1—1的轴力。沿截面1—1假想地将杆分成两段，取左段作为研究对象，画出受力图（图4-4b）。用 $\boldsymbol{F}_{N1}$ 表示右段对左段的作用，$\boldsymbol{F}_{N1}$ 与 $\boldsymbol{F}_1$ 必等值、反向、共线。取向右为 x 轴的正方向，列出1—1面左段的力平衡方程。

由 $\sum F_{ix}=0$，得 $F-F_{N1}=0$

解得　$F_{N1}=F_1=9.2\text{kN}$（指向朝向截面，故为压力）

同理，可计算截面2—2上的轴力。沿截面2—2将杆分成两段，以左段为研究对象，作受力图（图4-4c），暂设轴力 F_{N2} 为拉力。

由 $\sum F_{ix}=0$，得 $F_1-F_{N2}-F_2=0$

解得　$F_{N2}=F_2-F_1=3.8-9.2\text{kN}=-5.4\text{kN}$

F_{N2} 为负值，说明 F_{N2} 的实际指向与所设方向相反，即应为压力。

选取截面2—2右边的一段为研究对象，画出其受力图（图4-4d）。

由平衡条件可得 $F_{N2'}=-F_3=-5.4\text{kN}$（压力），所得结果与前面计算的相同。事实上，$\boldsymbol{F}_{N2}$ 与 $\boldsymbol{F}_{N2'}$ 是作用与反作用的关系，其数值大小相等、方向相反。但是，本例中取2—2截面右边一段为研究对象计算时比较简便。所以选取受外力比较简单的一段作为研究对象，进行受力分析和计算内力时比较简单。

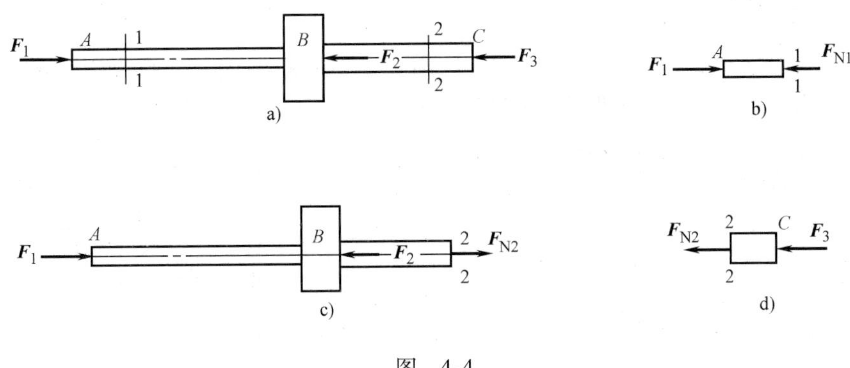

图　4-4

必须指出，在静力学中，列平衡方程是根据力在坐标中的方向来规定力的符号的，而在材料力学中，则是根据零件的变形来规定内力的符号的。这是材料力学与静力学在方法上的一个区别，在今后做各种内力计算时，应特别加以注意。为了使应用静力学方法计算出的内力不仅在大小而且在方向上与材料力学中内力的规定统一，通常采用“设正法”画截面上的内力，即无论截面上的轴力是拉力还是压力，一律按正的轴力（即离开截面）画出。这样用平衡方程计算出的轴力若为正，则为拉力，反之为压力。如例 4-1 中求 2—2 截面的轴力时，即采用了“设正法”。

4.1.3 横截面上的正应力

设杆的横截面面积为 A，轴力为 F_N，则单位面积上的内力（即应力）为 F_N/A。由于内力 F_N 垂直于横截面，故应力也垂直于横截面，这样的应力称为正应力，以符号 σ 表示，则有

$$\sigma = F_N/A$$

上式即为拉（压）杆件横截面上正应力 σ 的计算公式。σ 的正负规定与轴力相同，正应力 σ 为拉应力时，符号为正；正应力 σ 为压应力时，符号为负。

应力的单位名称为帕，符号为 Pa，$1\text{Pa} = 1\text{N/m}^2$。工程力学中常用 MPa（兆帕）或 GPa（吉帕），其换算关系为

$$1\text{GPa} = 10^3\text{MPa} = 10^9\text{Pa}$$

由正应力计算公式可以看出，当杆件的横截面面积一定时，外力越大，横截面上的正应力就越大；而作用在杆件上的外力一定时，横截面面积越小，正应力越大。这就是粗细两杆受相同的外力时为什么细杆容易断裂的缘故。

例题 4-2 195—2C 型柴油机连杆螺栓的最小直径 $d = 8.5\text{mm}$，装配拧紧时产生的拉力 $F = 8.7\text{kN}$，如图 4-5 所示。试求螺栓最小截面上的正应力。

解： 连杆螺栓受拉力 $F = 8.7\text{kN}$，在最小直径 d 处取横截面，可用截面法算出轴力 F_N 也是 8.7kN。

该螺栓最小横截面面积为 $A = \pi d^2/4 = 3.14 \times 8.5^2/4\text{mm}^2 = 56.7\text{mm}^2$

螺栓最小横截面上的正应力为 $\sigma = F_N/A = 8700/56.7\text{N/MPa} = 153\text{N/MPa}$

图 4-5

4.1.4 拉压变形和虎克定律

杆件拉伸或压缩时，变形和应力之间存在着一定的关系，这一关系可通过试验测定。试验表明：当杆内的轴力 $\boldsymbol{F}_N$ 不超过某一限度时，杆的绝对变形 ΔL 与轴力 $\boldsymbol{F}_N$ 及杆长 L 成正比，与杆的横截面积 A 成反比，引进比例系数 E 称为材料的弹性模量。

即 $\Delta L = \boldsymbol{F}_N \cdot L/EA$

上式所表达的关系，是英国科学家胡克在 1678 年首先发现的，故称为虎克定律。

例题 4-3 一阶梯形钢杆如图 4-6a 所示。AB 段和 BC 段的截面面积 $A_{AB} = A_{BC} = 500\text{mm}^2$，$CD$ 段的截面面积 $A_{CD} = 200\text{mm}^2$。

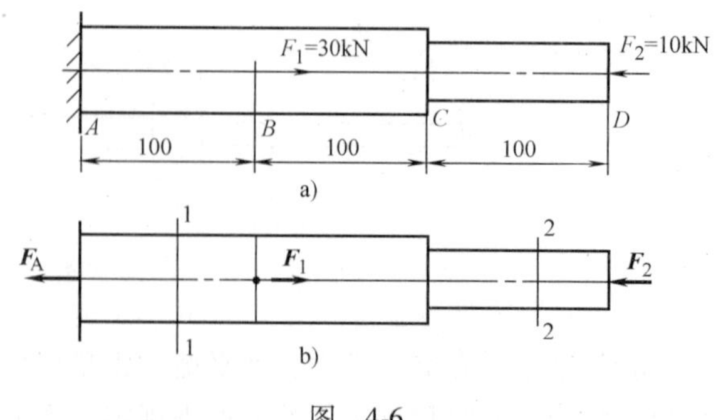

图 4-6

杆的受力情况及各段长度如图所示，已知钢杆的弹性模量 $E=200\text{GPa}$。试求：

1）各段杆截面上的内力和正应力。

2）杆的总变形。

解：①求 A 端支座反力，画出杆的受力图如图 4-6b 所示。

由整个杆的平衡求出反力 F_A：$-F_A+F_1-F_2=0$　　得 $F_A=20\ \text{kN}$

②用截面法求各段杆截面上的内力。

AB 段：$F_{N1}=F_A=20\text{kN}$（拉力）

BC 段与 CD 段 $F_{N2}=F_A-F_1=-10\text{kN}$

③计算各段正应力。

AB 段：$\sigma_{AB}=F_{N1}/A_{AB}=20\times10^3/500=40\text{MPa}$

BC 段：$\sigma_{BC}=F_{N2}/A_{BC}=-10\times10^3/500=-20\text{MPa}$

CD 段：$\sigma_{CD}=F_{N2}/A_{CD}=-10\times10^3/200=-50\text{MPa}$

④计算杆的总变形。

$$
\begin{aligned}
\Delta L_{AD}&=\Delta L_{BC}+\Delta L_{CD}+\Delta L_{AB}\\
&=F_{N1}L_{AB}/EA_{AB}+F_{N2}L_{BC}/EA_{BC}+F_{N3}L_{CD}/EA_{CD}\\
&=[(20\times10^3\times100\times10^{-3})/(500\times10^{-6})-(10\times10^3\times100\times10^{-3})/(500\times10^{-6})-\\
&\quad(10\times10^3\times100\times10^{-3})/(200\times10^{-6})]/(200\times10^9)\text{m}\\
&=-1.5\times10^{-5}\text{m}=-0.015\text{mm}
\end{aligned}
$$

计算结果为负值说明整个杆件是缩短的。

4.1.5　强度校核

为了保证拉（压）杆不致因强度不够而失去正常工作的能力，必须使其最大正应力（工作应力）不超过材料在拉伸（压缩）时的许用应力，即

$$\sigma=F_N/A\leqslant[\sigma]$$

上式称为拉伸或压缩的强度条件。利用强度条件可解决工程中以下 3 类强度问题。

1. 强度校核

强度校核就是验算杆件的强度是否足够。当已知杆件的截面面积 A、材料的许用应力及所受的载荷，即可用强度条件判断杆件能否安全工作。

2. 选择截面尺寸

若已知杆件所受载荷和所用材料，根据强度条件，可以确定该杆所需横截面面积，其值为

$$A\geqslant F_N/[\sigma]$$

3. 确定许可载荷

若已知杆件尺寸（即截面面积 A）和材料的许用应力 $[\sigma]$，根据强度条件，可以确定该杆件所能承受的最大轴力，其值为

$$F_N\leqslant[\sigma]A$$

由最大轴力及静力学平衡关系可以确定零件或结构所能承受的最大载荷。

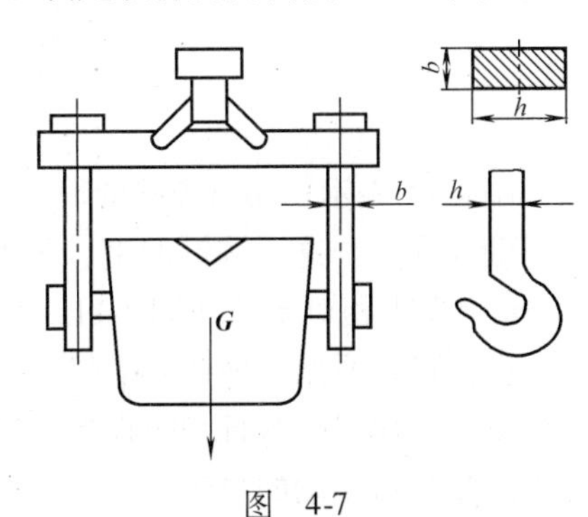

图　4-7

例题 4-4　图 4-7 所示为铸造车间吊运铁水包的双

耳吊钩。吊钩杆部横截面为矩形，$b=25\text{mm}$，$h=50\text{mm}$。材料的许用应力 $[\sigma]=50\text{MPa}$。铁水包自重 8kN，最多能容 30kN 重的铁水。试校核该吊杆的强度。

解： 因为总载荷由两根吊杆来承担，故每根吊杆的轴力 $F_N=G/2=(30+8)/2\text{kN}=19\text{kN}$ 吊杆横截面上的正应力 $\sigma=F_N/A=19\times10^3/(25\times25)\ \text{MPa}=15.2\text{MPa}$，由于 $\sigma<[\sigma]$，故吊杆的强度足够。

4.2 剪切

4.2.1 剪切的受力特点和变形特点

剪切变形是工程中常见的一种基本变形，如铆钉连接（图 4-8）、键联接（图 4-9）、螺栓连接（图 4-10）等都存在剪切变形。

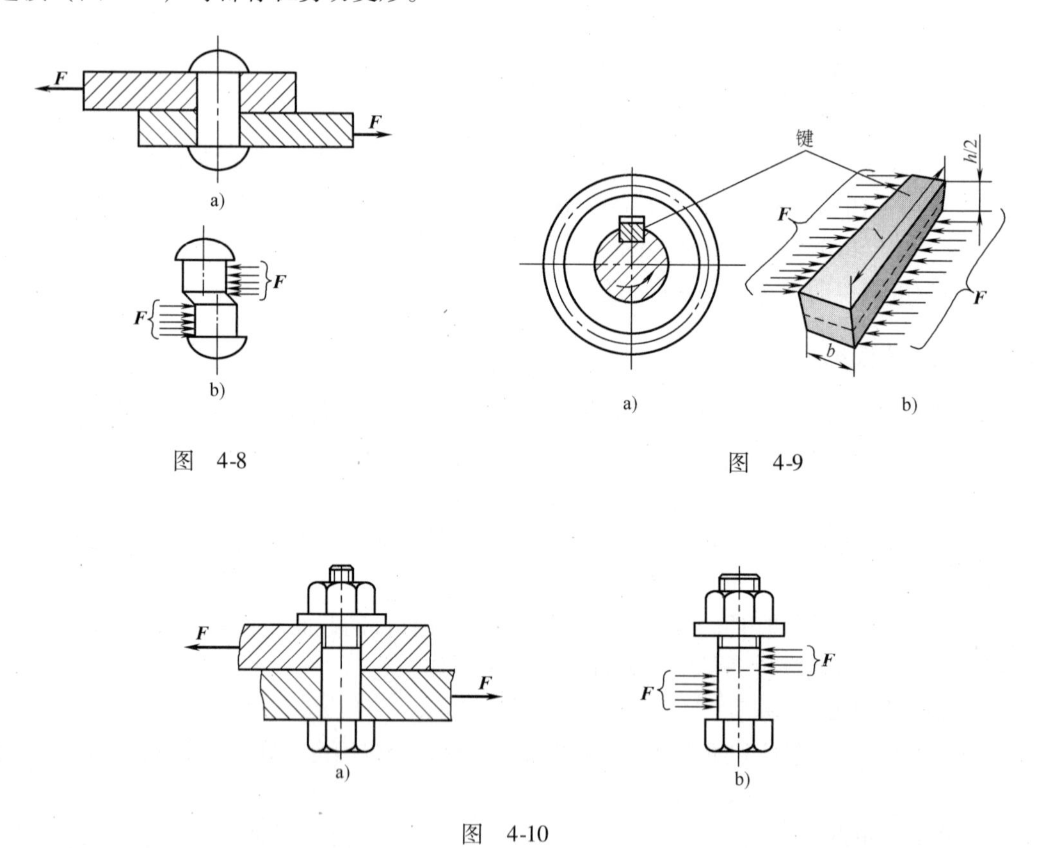

图 4-8

图 4-9

图 4-10

图 4-11 表示一铆钉连接的简图。钢板将所受外力传递到铆钉上，使铆钉的左上侧面和右下侧面受力。这时铆钉的上、下两半部分将沿着外力的方向使铆钉在两力之间的横截面 m—m 内发生相对错动（图 4-11c），当外力足够大时，将使铆钉剪断。

由此可以看出，剪切变形的受力特点是：作用在零件两侧面上外力的合力大小相等、方向相反，作用线平行且相距很近；其变形特点是：介于两作用力之间的各截面，有沿作用力方向发生相对错动的趋势。

在承受剪切作用的零件中，发生相对错动的截面称为剪切面。它平行于作用力的作用线，位于构成剪切的两力之间。

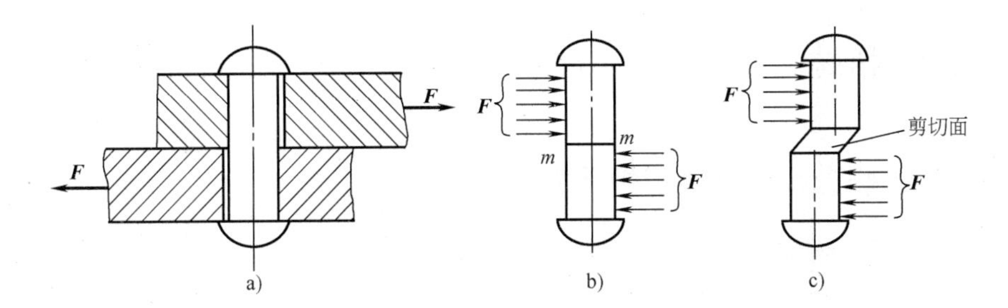

图　4-11

4.2.2　剪力和切应力

图4-12所示为用铆钉连接的两块钢板，铆钉受剪切作用（图4-12a）。现分析铆钉杆部的内力和应力。仍用截面法，沿受剪面 $m—n$ 将杆部切开，并隔离下段研究其平衡（图4-12c）。可以看出，由于外力 $\boldsymbol{F}$ 垂直于铆钉轴线，因此，在剪切面 $m—n$ 上必存在一个大小等于 $\boldsymbol{F}$，而方向与其相反的内力 $\boldsymbol{F}_Q$，称为剪力。

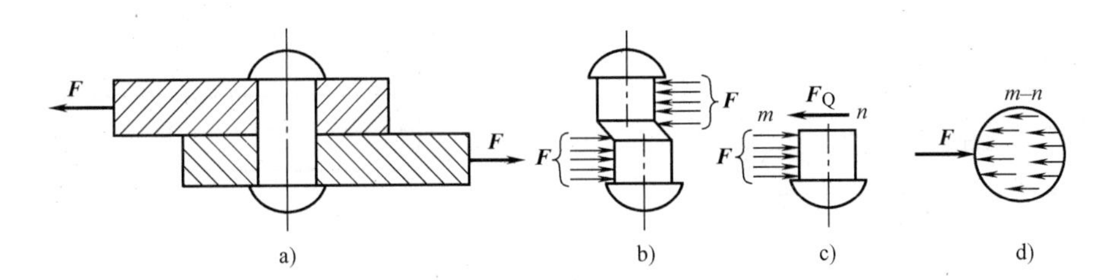

图　4-12

剪力 $\boldsymbol{F}_Q$ 在横截面上的分布比较复杂，在工程实际中通常假定它是均匀分布的（图4-12d）。设 A 为剪切面的面积，用 τ 表示切应力，则可得切应力的计算公式：$\tau = F_Q/A$。τ 的单位与正应力相同。

4.2.3　剪切强度计算

为了保证受剪切作用的连接件不被剪断，应使受剪面上的切应力不超过连接件材料的许用应力［τ］，由此得剪切强度条件

$$\tau = F_Q/A \leqslant [\tau]$$

应用此式可以解决三类强度问题。

例题4-5　两块钢板用螺栓连接（图4-10a），已知螺栓杆部直径 $d = 16\text{mm}$，许用切应力［τ］$= 60\text{MPa}$，求螺栓所能承受的许可载荷。

解：因为 $\tau = F_Q/A \leqslant [\tau]$

所以 $F_Q \leqslant [\tau] \times A$

$$A = \pi d^2/4 = 3.14 \times 16^2/4\text{mm}^2 \approx 200\text{mm}^2$$

由于 $F=F_Q$，故螺栓所能承受的许可载荷

$$F \leqslant [\tau] \times A = 60 \times 200\text{N} = 12 \times 10^3\text{N} = 12\text{kN}$$

4.3 圆轴的扭转

4.3.1 扭转的概念和外力偶矩的计算

机械中的轴类零件往往承受扭转作用。如汽车传动轴，左端受发动机的主动力偶作用，右端受传动齿轮的阻抗力偶作用，于是轴就产生了扭转变形。图 4-13 所示为汽车传动轴的计算简图。此外，带传动轴、齿轮传动轴及丝锥、钻头、螺钉旋具等在工作时均受到扭转作用。

从以上实例可以看出，杆件产生扭转变形的受力特点是：在垂直于杆件轴线的平面内，作用着一对大小相等、方向相反的力偶（图 4-14）。杆件的变形特点是：各横截面绕轴线发生相对转动。杆件的这种变形称为扭转变形。

外力偶矩 $$M = 9550P/n$$

式中 P——轴所传递的功率，单位为 kW；

n——转速，单位为 r/min。

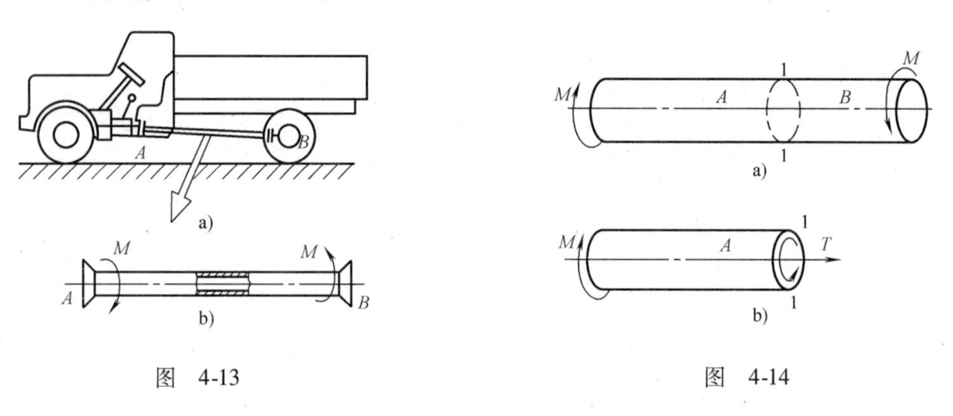

图 4-13　　图 4-14

4.3.2 扭矩和扭矩图

1. 扭矩

圆轴内部由于外力偶作用而产生的内力称为扭矩。求扭矩的方法通常用截面法，其 3 个步骤为：

1）截开。沿欲求扭矩的截面假想地把圆轴分成两部分。

2）代替。取其中一部分为研究对象，弃去另一部分，将弃去部分对研究对象的作用以截面上的扭矩来代替，画出其受力图。

3）平衡。列出研究对象的静力平衡方程，确定未知内力扭矩的大小和方向。

例题 4-6 图 4-15a 所示为一齿轮轴。已知轴的转速 $n=300\text{r/min}$，主动齿轮 A 输入功率 $P_A=50\text{kW}$，从动齿轮 B 和 C 输出功率分别为 $P_B=30\text{kW}$，$P_C=20\text{kW}$。试求轴上截面 1—1 和 2—2 处的内力。

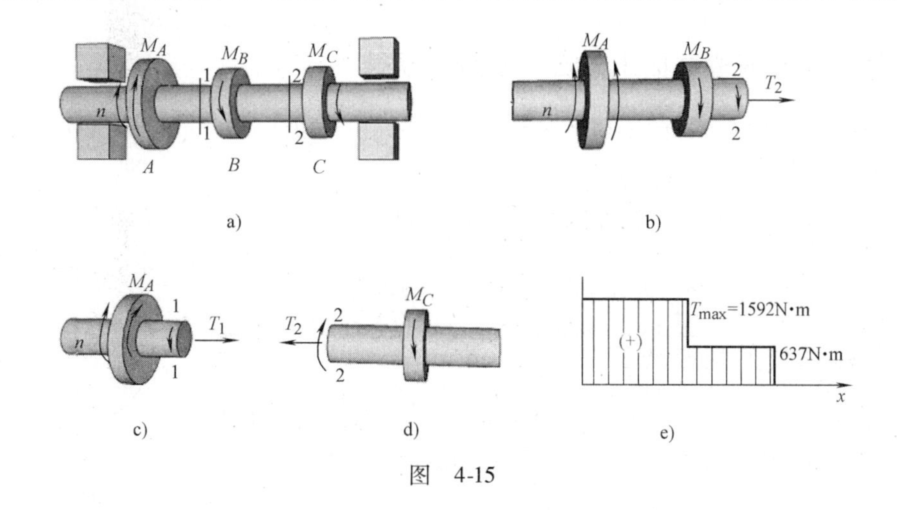

图　4-15

解：1）计算外力偶矩。

$$M_A = 9550P_A/n = 9550 \times 50/300\text{N} \cdot \text{m} = 1592\text{N} \cdot \text{m}$$

主动力偶矩 M_A 的方向与轴的转向一致。

$$M_B = 9550P_A/n = 9550 \times 30/300\text{N} \cdot \text{m} = 955\text{N} \cdot \text{m}$$

$$M_C = 9550P_A/n = 9550 \times 20/300\text{N} \cdot \text{m} = 637\text{N} \cdot \text{m}$$

2）计算各段轴的扭矩。

设轮 A 和 B 之间的截面 1—1 上的扭矩 T_1 为正号（图 4-15b），则根据平衡条件有

$$T_1 - M_A = 0$$

得　$T_1 = M_A = 1592\text{N} \cdot \text{m}$

设轮 B 和轮 C 之间的截面 2—2 上的扭矩 T_2 为正号（图 4-15c），则根据平衡条件有

$$T_2 + M_B - M_A = 0$$

$$T_2 = M_A - M_B = 1592 - 955\text{N} \cdot \text{m} = 637\text{N} \cdot \text{m}$$

2. 扭矩图

为了显示整个轴上各截面扭矩的变化规律，以便分析最大扭矩（T_{max}）所在截面的位置，常用横坐标表示轴各截面位置，纵坐标表示相应横截面上的扭矩。扭矩为正时，曲线画在横坐标上方；扭矩为负时，曲线画在横坐标下方。这种曲线称为扭矩图。从图 4-15e 所示轴的扭矩图可以看出，轴上 AB 段各截面的扭矩最大，$T_{max} = 1592\text{N} \cdot \text{m}$。

上例中，如果在设计时把齿轮 A 安装在从动齿轮 B 和 C 之间，如图 4-16 所示，用截面法可求得

$$T_1 = -M_B = -955\text{N} \cdot \text{m}$$

$$T_2 = M_C = 637\text{N} \cdot \text{m}$$

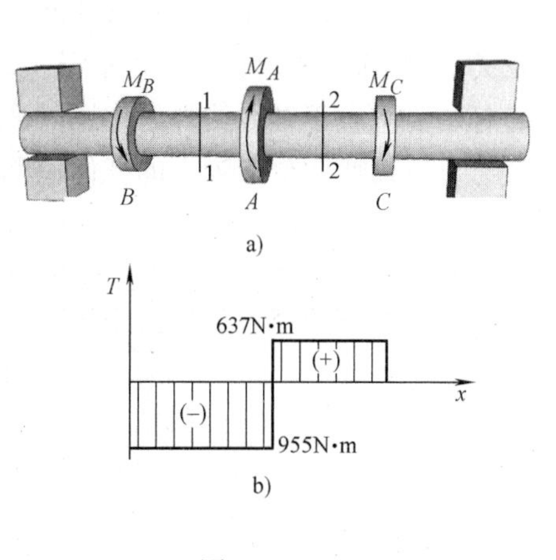

图　4-16

4.3.3 圆轴扭转时横截面上的应力及分布规律

由实验可以得出结论：圆轴扭转时横截面上的应力为剪应力。其分布规律如图 4-17 所示。边缘处剪应力最大，其值为

$$\tau_{max} = T/Wn$$

式中 T——扭矩；

Wn——抗扭截面系数。对于圆形轴 $Wn = 0.2D^3$。

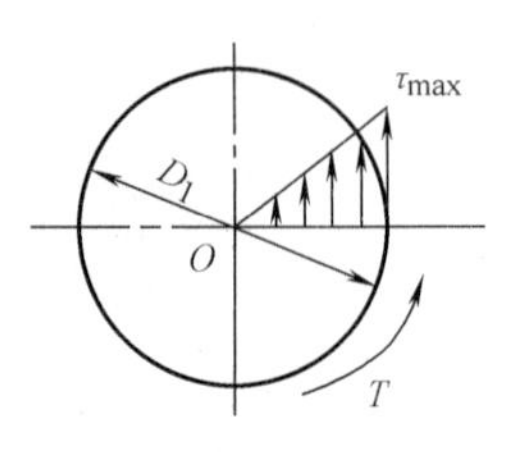

图 4-17

4.3.4 圆轴扭转的强度计算

为保证圆轴正常工作，应使危险截面上最大工作τ_{max}切应力不超过材料的许用切应力〔τ〕。由此得出圆轴扭转的强度条件

$$\tau_{max} = T_{max}/Wn \leqslant [\tau]$$

例题 4-7 如图 4-18 所示，某起重机减速箱用功率 $P = 6$kW 的电动机拖动，电动机转速 $n = 955$r/min，减速箱中第一根轴用联轴器与电动机轴连接。设轴的直径 $d = 30$mm，材料的许用切应力 $[\tau] = 40$MPa。试校核此轴的强度。

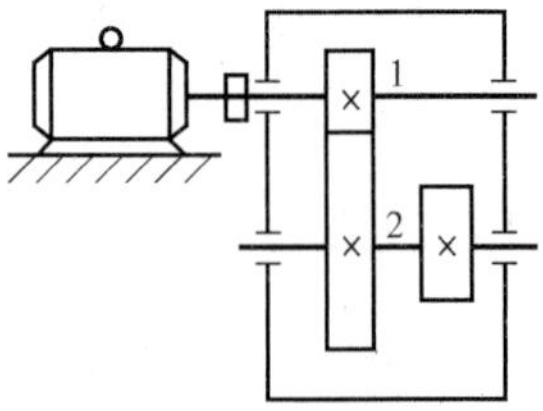

图 4-18

解： 取 1 轴为研究对象 $T = M = 9550 \times P/n = 9550 \times 6/955$ N · m = 60N · m

因为$\tau_{max} = T_{max}/Wn \leqslant [\tau]$

所以$\tau_{max} = T_{max}/Wn = 60/(0.1 \times 0.3^3)$ MPa = 22.2MPa

而 22.2MPa < 40MPa = $[\tau]$

所以 1 轴安全。

4.4 直梁的弯曲

4.4.1 弯曲的概念

在零件中，存在大量的弯曲问题。例如图 4-19 所示桥式起重机横梁 AB，在载荷 $\boldsymbol{F}$ 和自重 $\boldsymbol{G}$ 的作用下将会弯曲。又如图 4-20 所示车刀，在切削力 $\boldsymbol{F}c$ 作用下也会弯曲。可见，当直杆受到垂直于轴线的外力作用时，其轴线将由直线变成曲线，这样的变形称为弯曲变形。

凡是以弯曲变形为主的杆件通称为梁。梁是机器设备和结构中最常见的零件。

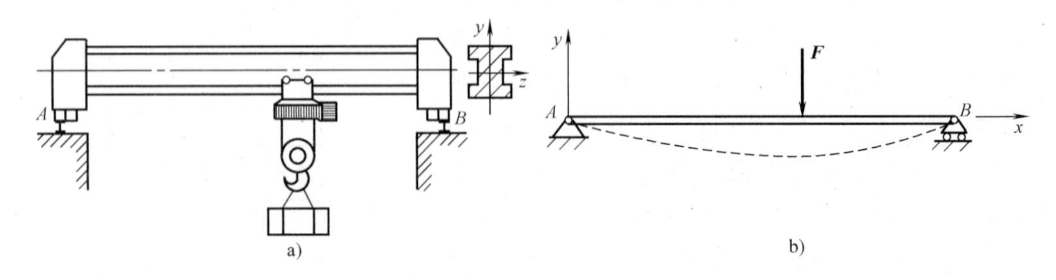

图 4-19

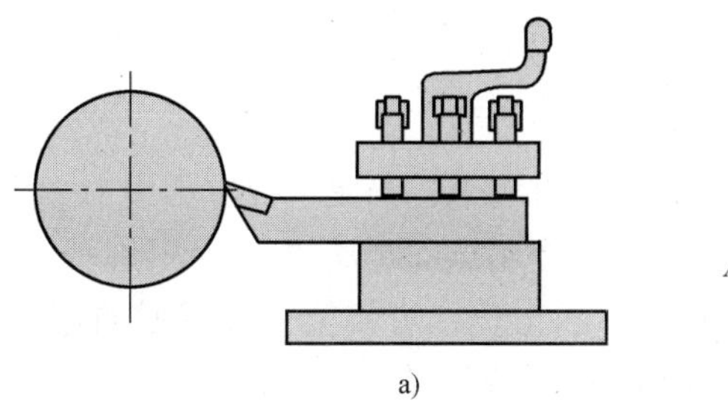

a)

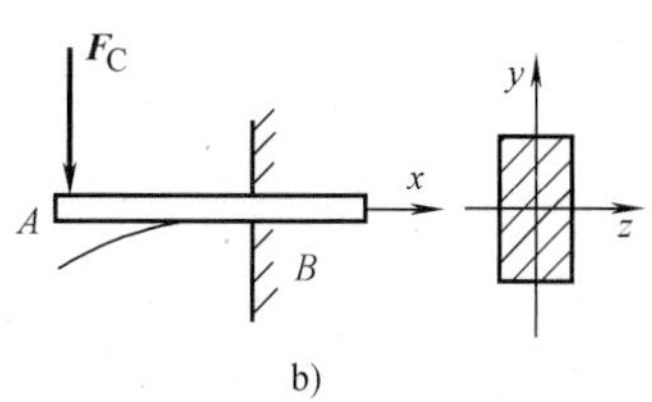

b)

图　4-20

4.4.2　剪力和弯矩

由实验可知，梁弯曲时横截面上的内力一般包含剪力 F_Q 和弯矩 M_w 两个分量。剪力和弯矩都影响到梁的强度，但是如作进一步分析可以发现，对于跨度较大的梁，剪力对梁的强度影响远小于弯矩的影响。因此，当梁的长度相对于横截面尺寸较大时，可将剪力略去不计。

弯矩的计算规律：某一截面上的弯矩，等于该截面左侧或右侧梁上各外力对截面形心的力矩的代数和。

通常计算时，只需求出控制点的弯矩值。其方法如下：

1）将梁作为隔离体从约束中分离出来，画出其受力图，求出约束反力。

2）求出各力对控制点的力矩之和，即为该点的弯矩。

例题4-8　机床手柄 AB 用螺纹联接于转盘上（图4-21a），其长度为 L，自由端受力 $\boldsymbol{F}$ 作用。求手柄中点 D 的弯矩，并求最大弯矩。

解： 1）画手柄 AB 的计算简图（图4-21b），手柄的 B 端简化为固定端。固定端有约束反力，一般应根据静力学平衡方程算出，本题可取截面左边部分为研究对象计算截面上的弯矩，故可省略求固定端约束反力这一步。

2）计算截面1—1（距 A 端为 x 处）的弯矩。取截面左边部分为研究对象（图4-21c），设截面上的弯矩 M_w 方向如图所示。

取截面形心 C 为矩心，由平衡条件 $\sum M_C(F_i)=0$，

得
$$M_w+Fx=0$$
$$M_w=-Fx$$

式中，负号说明弯矩 M_w 的实际方向与图示方向相反。反向后，按符号规定，M_w 为负弯矩。

3）计算手柄中点 D（即 $x=L/2$）处的弯矩。由式 $M_w=-Fx$ 可知，弯矩是随截面位置不同而变化的。当 $x=L/2$ 时，$M_w=-FL/2$

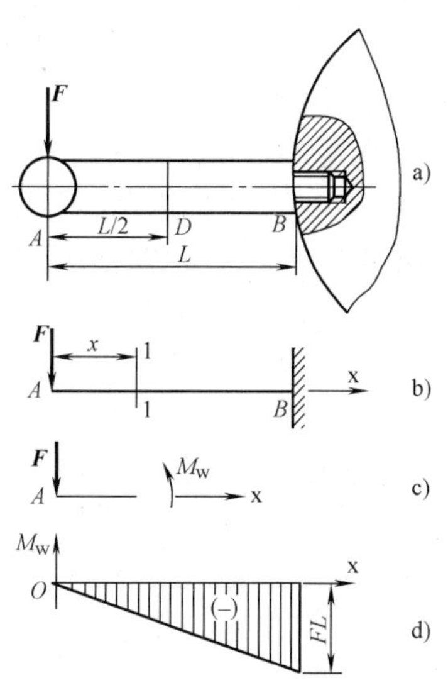

图　4-21

4）当 $x=L$ 时，即固定端 B 处，手柄上的弯矩达到最

大值，$M_{Wmin}=FL$。

4.4.3 弯矩图

一般情况下，弯矩随截面位置不同而变化。事实上，当梁上仅有集中力或集中力偶作用时，某截面上的弯矩是该截面到集中力或力偶的作用点间距离的一次函数。

为了能一目了然地看出各截面弯矩的大小和正负，可将梁上各截面的弯矩用图表示出来，称为弯矩图。例如图4-21d就是图4-21a所示悬臂梁的弯矩图。

作弯矩图的步骤：第一步，求出梁的支座反力。第二步，求出各集中力（包括外力和约束反力）、集中力偶作用点（称为控制点）处截面上的弯矩值。第三步，取横坐标x平行于梁的轴线，表示梁的截面位置；纵坐标M_w表示各截面的弯矩，将各控制点画在x坐标平面上，然后连接各点。作图时按习惯将正值弯矩画在x轴的上方，负值弯矩画在x轴的下方，并在弯矩图上标注出各控制点的弯矩值。

4.4.4 弯曲正应力及分布规律

由实验可以得出结论：发生弯曲的梁横截面上存在剪应力和正应力，而剪应力的影响远不及正应力。所以在强度计算时通常只考虑正应力。分布规律如图4-22所示。边缘处正应力最大，其值为$\sigma_{max}=M_w/W_z$。其中M_w为截面上的弯矩W_z为梁的抗弯截面系数，对于圆形梁$W_z=0.1D^3$。

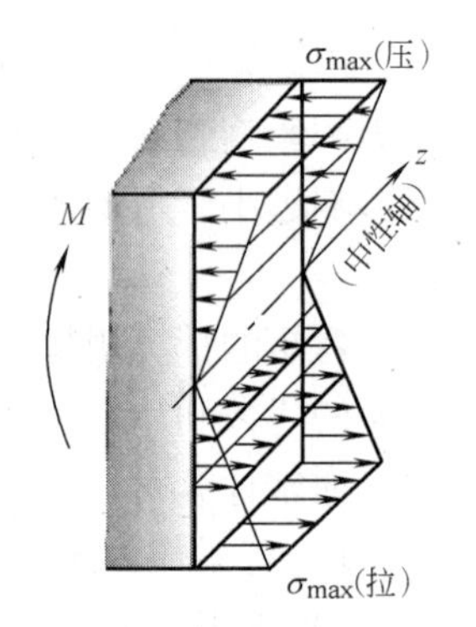

图 4-22

4.4.5 梁的弯曲强度计算

研究梁的强度时，由于梁截面上的弯矩是随截面的位置而变化的，所以首先要找出最大弯矩M_{max}及危险截面。在危险截面上，离中性轴最远点的应力是全梁（设梁是等截面的）最大弯曲正应力，破坏往往从这里开始。因此，为了保证梁的正常工作，应建立弯曲强度条件如下：$\sigma_{max}=M_w/W_z\leqslant[\sigma]$，式中$[\sigma]$为弯曲许用应力。根据式可以解决弯曲强度校核、选择截面尺寸和确定许可载荷这3类强度计算问题。

例题4-9 图4-23a所示为齿轮轴简图。已知齿轮C受径向力$F_1=3\text{kN}$，齿轮D受径向力$F_2=6\text{kN}$，轴的跨度$L=450\text{mm}$，材料的许用应力$[\sigma]=100\text{MPa}$。试确定轴的直径（设暂不考虑齿轮上所受的圆周力）。

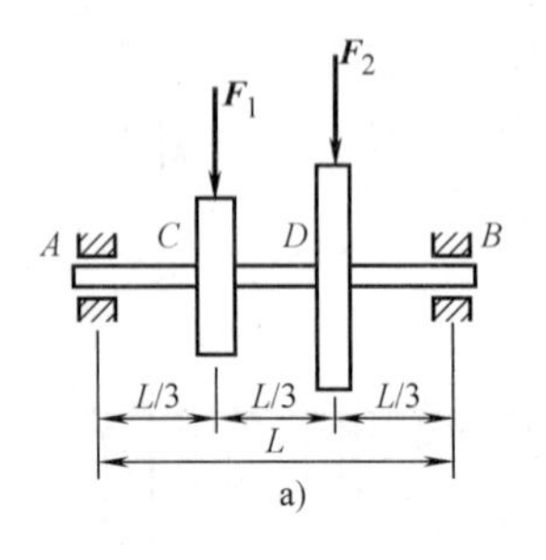

a)

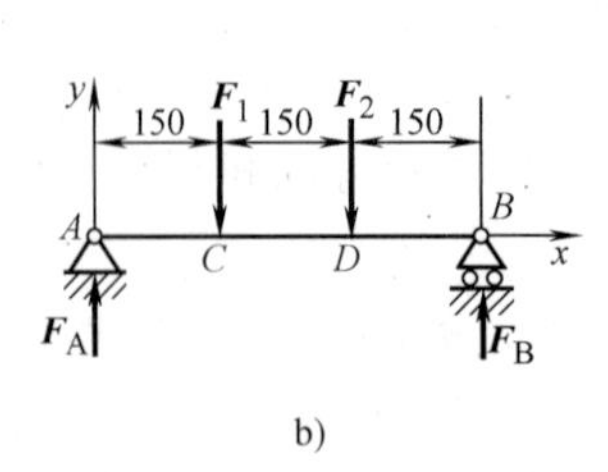

b)

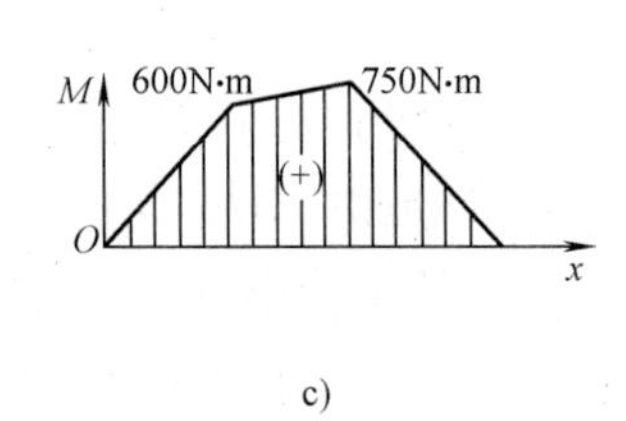

c)

图 4-23

解： 1）绘制轴的简图。将齿轮轴简化成受二集中力作用的简支梁 AB（图 4-23b）。

2）计算梁的支座反力。

由 $\sum F_{if}=0$，得　　$F_A+F_B-F_1-F_2=0$

由 $\sum M_A(F_i)=0$　　得 $F_BL-F_2\times 2L/3-F_1\times L/3=0$

解得　　$\begin{cases}F_B=5\text{kN}\\F_A=4\text{kN}\end{cases}$

3）绘弯矩图。弯矩图由 3 段直线组成。设 A 点为坐标原点，计算控制点弯矩值。

A 截面：$x=0$，$M_A=0$

C 截面：$x=L/3$，$M_C=F_A\times L/3=4\times10^3\times150=6\times10^5\text{N}\cdot\text{mm}$

D 截面：$x=2L/3$，$M_D=F_A\times 2L/3-F_1\times L/3=4\times10^3\times300-3\times10^3\times150\text{N}\cdot\text{mm}=7.5\times10^5\text{N}\cdot\text{mm}$

B 截面：$x=L$，$M_B=0$

按比例做出这 4 个点，并将这些点连成折线即得梁的弯矩图（图 4-23c）。从弯矩图上可以看出危险截面在 D 处，$M_{wmax}=750\text{N}\cdot\text{m}$。

4）根据强度条件确定轴的直径。设轴的直径为 d，则其抗弯截面系数为 $W_z\approx0.1d^3$

由 $\sigma_{max}=M_w/W_z\leqslant[\sigma]$ 得

$$0.1d^3\geqslant M_{wmax}/[\sigma]$$

即 $d\geqslant\sqrt{M_{wmax}/0.1[\sigma]}=\sqrt{7.5\times10^5/0.1\times100}=42\text{mm}$

取齿轮轴的直径 $d=42\text{mm}$。

【学习小结】

1）轴向拉伸和压缩是零件常出现的一种基本变形形式。它们受力的特点是：作用在杆端的两外力（或外力的合力）大小相等、方向相反，力的作用线与杆件的轴线重合。其变形特点是杆件沿轴线方向伸长或缩短。

2）计算内力和应力是进行强度计算的基础，应重点掌握以下内容：

① 取杆件一部分为研究对象，利用静力学平衡方程求内力的方法称为截面法。

② 杆件轴向拉、压时的内力（它的合力作用线与杆件轴线重合）称为轴力。

③ 杆件单位截面积上的内力称为应力。拉压杆的应力在截面上可以认为是均匀分布的，计算公式为 $\sigma=F_N/A$。

3）胡克定律表达式表明了在比例极限范围内应力与应变之间的关系。$\Delta L=F_NL/EA$。

4）强度计算是材料力学研究的主要问题。拉压杆的强度条件是 $\sigma=F_N/A\leqslant[\sigma]$，它可以解决工程中的三类强度计算问题：① 强度校核；② 选择截面尺寸；③ 确定许可载荷。

5）当零件受到等值、反向、作用线不重合但相距很近的二力作用时，零件上二力之间会发生剪切变形。

6）零件受剪切时的内力称为剪力，剪力的大小可用截面法求出。设截面上的剪力为 F_Q，截面积为 A，则切应力 $\tau=F_Q/A$。

7）剪切的强度条件是：$\tau=F_Q/A\leqslant[\tau]$。

8）圆轴扭转时，轴上所受的载荷是作用面垂直于轴线的力偶。用截面法和平衡条件可以求出内力——扭矩。此时横截面上只有切应力，其方向垂直于半径；其大小与到圆心的距离成正比，圆心处为零，边缘处最大，呈对称于截面中心的三角形（或线性）分布。最大切应力计算公式为$\tau_{max}=T/W_n$。

9）圆轴扭转的强度条件是$\tau_{max}=T_{max}/W_n\leqslant[\tau]$，它可以用来解决扭转时的3类强度计算问题。

10）运用强度条件和刚度条件解决实际问题的步骤：

①计算轴上的外力偶矩。

②计算内力（扭矩），并画出扭矩图。

③分析危险截面，即根据各段的扭矩与抗扭截面系数找出最大应力所在的截面。

④计算危险截面的强度，必要时还应进行刚度计算。

11）直梁的纵向对称面内受到外力（或力偶）作用时，梁的轴线由直线变为一条平面曲线，这种变形称为平面弯曲。

12）用截面法和平衡条件可以求出梁的内力。一般情况下，平面弯曲梁横截面上的内力有两种分量——剪力和弯矩。剪力作用于横截面内，弯矩作用面与截面垂直。

13）剪力对一般细长梁的强度影响较小，在一般工程计算中可忽略不计，而弯矩的计算则要经常应用，必须熟练掌握。正确地绘制弯矩图是分析梁上危险截面的依据之一。当梁载荷为集中力时，弯矩图为折线图。绘制弯矩图的方法经常应用控制点法。

14）弯矩引起的最大正应力是判断梁是否破坏的主要依据。正应力的大小沿横截面高度呈线性变化。中性轴上正应力为零，离中性轴最远的边缘上各点正应力的绝对值最大。全梁所有截面上最大正应力计算公式为$\sigma_{max}=M_w/W_z$。

15）强度条件是梁的强度计算的依据。当材料拉、压强度相同时，中性轴上，下对称的截面的正应力强度条件为$\sigma_{max}=M_w/W_z\leqslant[\sigma]$。

项目5　机械的动力性能

汽车的车轮修理后为什么要进行动平衡？冲压机上为什么要安装大飞轮？这些都是常见的机械动力性能问题。

本项目分为刚性回转件的平衡和机器速度波动调节两个子项目进行初步分析。

5.1　刚性回转件的平衡

【实例1】　汽车（图5-1）

当汽车发动机的曲轴、车轮等运动部件在高速转动时，如果质心与转动中心不重合，就会产生周期性的动压力，使轴和轴承的寿命减少并使汽车发动机或车轮发生振动。

图5-1　汽车

【实例2】　机床主轴系

机床主轴系的总质心与转动中心不重合会产生动压力，使切削力不稳定，影响加工质量。

【学习目标】

1）通过观察静不平衡和动不平衡现象，了解其危害。

2）理解刚性回转件平衡的目的。

3）理解静平衡与动平衡之间的关系。

4）初步掌握静平衡与动平衡的方法。

【学习建议】

1）观察砂轮机和汽车发动机曲轴、车轮的不平衡现象。

2）参加平衡实验。

3）观看有关录像片和课件。

4）阅读有关机械设计的其他教材和相关网站的有关内容。

【分析与探究】

1. 静不平衡现象及其危害

对于砂轮、飞轮等较薄的刚性回转件（图5-2），如果其质心s不在回转轴线上，由此产生的不平衡即可显示出来，回转件会摆来摆去，直到质心s处在铅垂线下方时，回转件方能静止，这就是静不平衡现象。

当回转件以匀角速度 ω 转动时，会产生离心惯性力，其作用点在质心处；其大小为 $F_P=mr\omega^2$（式中：m 为回转件质量、r 为质心到回转中心的距离）；其方向始终背离回转中心，且随着回转件的运转而作周期性的变化。

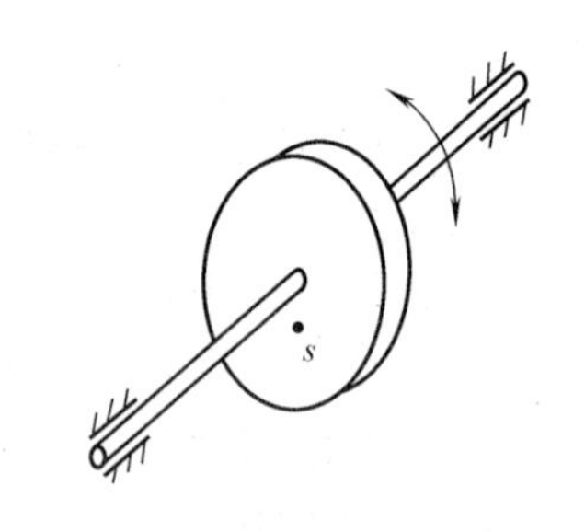

图 5-2 静不平衡

这种离心惯性力的存在会对轴和轴承施加动压力，并产生振动和噪声，甚至发生共振。这不仅会降低机械的精度和效率，而且会加速零件的磨损和疲劳破坏，最终导致缩短机械的寿命或发生振动破坏。

2. 动不平衡现象及其危害

某类回转件如图 5-3 所示。当回转件以匀角速度 ω 转动时，如果 F_{P1} 与 F_{P2} 大小相等、方向相反，它会保持平衡吗？不难看出：即使回转件的总质心在回转轴线上，但由于各偏心质量所产生的离心惯性力分布在两个回转平面上，虽然其合力为零，但却形成了一个惯性力偶，所以它仍然是不平衡的，这就是动不平衡现象。这种不平衡的危害与静不平衡是一样的。

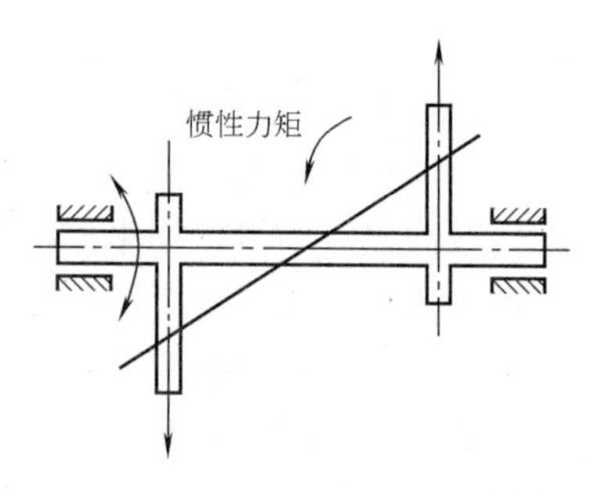

图 5-3 动不平衡

3. 平衡的目的

理论上使运动构件的惯性力和惯性力偶为零，尽可能减小附加动压力，尽量减轻机械的有害振动，以改善机械的工作性能，延长机械及其零件的使用寿命，即为平衡的目的。

4. 刚性回转件的平衡原理

工作转速低于临界转速 70% 的回转件称为刚性回转件。此类回转件的平衡称为刚性回转件的平衡。这是常见的，在此，只讨论此类问题。

1）静平衡原理。对于直径与厚度之比大于 5 的圆盘形回转件（如齿轮、叶轮、飞轮、砂轮等），其质量的分布可近似地认为在同一回转面内。因此．当构件等速转动时，其各部分质量所产生的离心力是一平面力系。若回转件平衡，则回转件的质心与轴线重合，则该力系的合力为零，这种平衡称为静平衡（也称单面平衡）；若回转件不平衡，则回转件的质心与轴线不重合，该力系的合力就不等于零，此时为静不平衡。

由力系的平衡条件可知，要使静不平衡的构件达到平衡，应在同一回转面内加上（或减去）适当的平衡质量，使其产生的离心力与原有质量产生的离心力平衡。该力系就变为平衡力系，回转件达到平衡状态，即静平衡。

2）动平衡原理。对于直径与厚度之比不大于 5 的回转件（如曲轴、电动机和汽轮机转子、机床主轴、汽车轮子等）它们的质量分布不能近似地认为位于同一回转面内，而应看作分布于沿轴向的许多互相平行的回转面内。回转件转动时所产生的离心力不再是一个平面力系，而是一个空间力系。根据力系的等效原则，它的不平衡可以认为是在两个任选回转面内各有一个不平衡的质量所产生的。因此，要达到完全平衡，必须在上述两个回转面内加上（或减去）适当的平衡质量，使回转件离心力系的合力和合力偶都等于零，此时的平衡称为动平衡。

3）静平衡与动平衡的关系。满足静平衡的回转件，一定满足动平衡吗？

在回转件中，有的总质心位于回转轴线上，如图5-4所示，离心惯性力的合力为零；有的总质心不在回转轴线上，如图5-5所示，离心惯性力的合力不为零。前者是静平衡的，后者是静不平衡的。但二者在回转中，都会由于偏心质量产生的离心惯性力不在同一回转平面内而产生惯性力偶矩，使回转件在运动中显示出动不平衡。

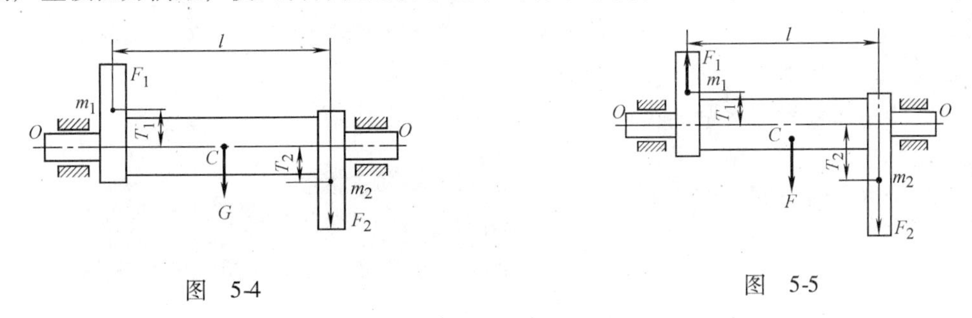

图　5-4　　　　图　5-5

那么，满足动平衡的回转件，一定满足静平衡吗？这个问题留给学习者思考。

综上所述，回转件产生不平衡的原因是回转件上各质量所产生的离心惯性力系不平衡。采用配重的方法可以使它们达到平衡。

5. 回转件的平衡试验

对于不平衡的回转件，虽然可根据其质量分布情况进行上述平衡分析，算出所需的平衡质量，但由于制造和装配的误差，实际上经过配重后，仍然存在不平衡现象。因此，在实际生产中还要依靠试验法加以平衡校正。平衡试验分为静平衡试验法和动平衡试验法两种。

1）静平衡试验。对于直径与厚度之比大于5的圆盘形回转件，一般只需进行静平衡试验。常用的静平衡设备如图5-6所示。试验时将转子的轴放置在刀形导轨上，若转子质心不在转子轴线的正下方，则在重力的作用下，转子将滚动，待其停止滚动时，转子的质心必位于轴心的正下方。这时可在轴心的正上方加上不同的配重或在其正下方打孔减重再进行试验，直到转子在任何位置都能保持静止，即为静平衡。还有一种圆盘式静平衡试验架如图5-7所示，适用于两端轴径不等的回转件。

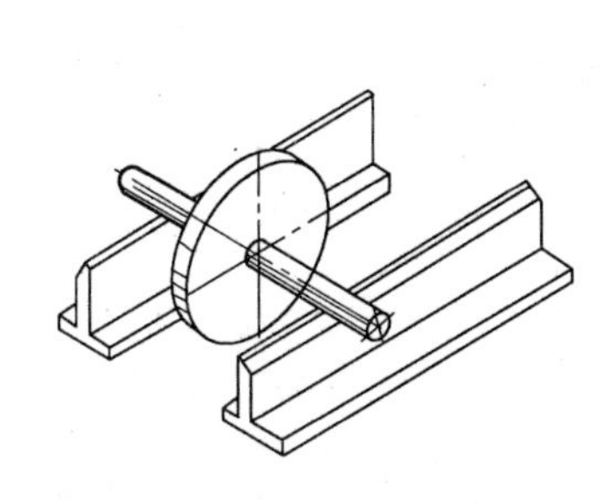

图5-6　导轨式静平衡试验架

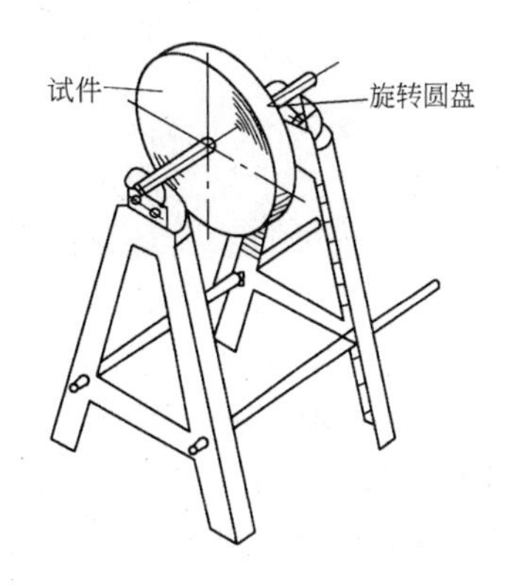

图5-7　圆盘式静平衡试验架

2）动平衡试验。对于直径与厚度之比大于5的高速回转件以及有特殊要求的重要回转件必须进行动平衡试验。进行动平衡试验需使用动平衡试验机（图5-8）。试验时，让回转件在动平衡机上运转，要在两个选定的平面内分别找出所需的平衡质量的大小和方位，然后分别在这两个平面内各加上（或减去）适当的平衡质量（图 5-9），使回转件达到动平衡。

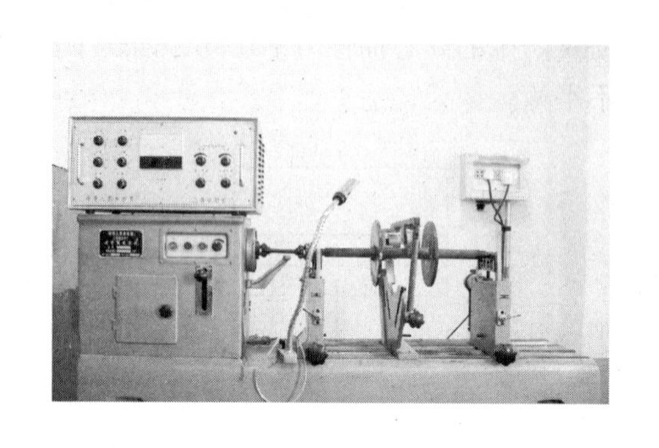

a)

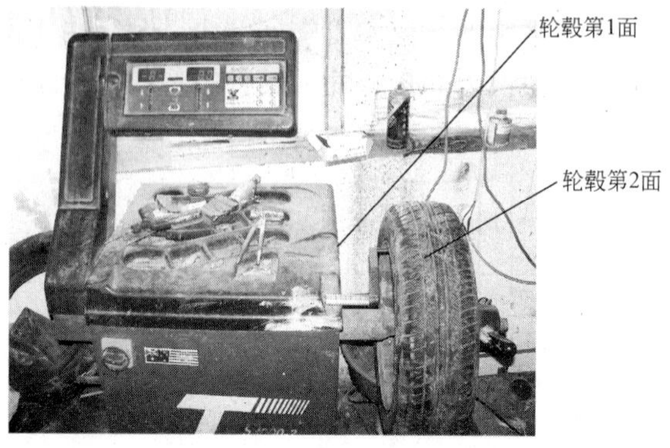

b)

图 5-8　动平衡试验机

a）通用动平衡试验机　b）车轮动平衡试验机

图 5-9　车轮上的平衡质量

关于动平衡试验机的结构和工作原理详见实训指导书。

6. 平衡精度

不同的机器和不同的构件对平衡的要求可以不一样。一般来说，转速低或质量小的回转件对平衡的要求较低。工程上把回转件平衡结果的优良程度称之为平衡精度。在实际工作中，应根据具体情况选择合适的平衡精度，过高的平衡要求会增加成本，要求太低又会对机器产生较大的危害。重要回转件一般都规定了平衡精度，按要求进行平衡即可。对于平衡精度的选择可参见有关资料。

5.2　机器的速度波动及其调节

机器是在外力（包括驱动力和阻力）作用下运转的。如果驱动力所做的功随时都等于阻力所做的功，则机器的主轴将保持匀速运转，反之则不能保证匀速。但是，大多数机器的主轴在运转中，其驱动力所做的功与阻力所做的功不是每一瞬时都是相等的，这就会使机器产生速度波动。机器的速度波动会使运动副中产生附加动压力，引起机器振动，影响机器中零件的强度与寿命，降低机器的效率、可靠性和工作精度。因此，对某些机器的速度波动必须进行调节，将其速度波动量限制在容许范围内，以减少上述不良影响。

【学习目标】

1）了解机器速度波动的原因及分类。

2）了解机器速度波动的调节方法。

【学习建议】

1）了解速度波动的原因，掌握其调节方法。

2）观看有关录像片和课件。

3）推荐阅读有关机械设计的其他教材和相关网站的资料。

【分析与探究】

机器速度的波动分为两类：周期性的速度波动和非周期性的速度波动。

1. 周期性的速度波动及其调节

机器主轴的角速度从某数值经过变化又回到原值的过程称为一个运动循环。在一个运动循环中，由于初速与末速相等，机器的动能没有变化，这表明驱动力所作的功等于阻力所作的功；但在循环中的某段时间之内，两者所作的功却不一定相等，因而出现速度波动。机器的这种有规律的、连续的速度波动称之为周期性速度波动。例如用内燃机驱动发电机时，会因内燃机曲轴的速度呈周期性波动使发电机转子不能匀速转动，发出的电压就不稳定。蒸汽机、牛头刨床、冲床等机器的速度波动一般也是周期性速度波动。

调节机器周期性速度波动的方法是在机器活动构件上适当地增加质量。通常是在机器的转动构件上加装一个质量较大的圆盘——飞轮。加装飞轮后，当驱动力的功超过阻力的功时，飞轮的转速略增，就能将多余的能量储藏起来（即使其动能加大而速度略增）；反之，当阻力的功超过驱动力的功时，飞轮转速略降，就可以将储藏的能量释放出来（即使其动能减小而速度略降）。

在工程实际中，常根据工作需要来确定飞轮转动惯量的大小。例如：往复式活塞发动机在工作时常受到周期性冲击载荷的作用，为使机器的运动稳定，在机器的转轴上安装一个大飞轮，并使飞轮的质量大部分分布在轮缘上。通过对飞轮转动惯量和质量的调节，可以把机器运动的周期性速度波动限制在允许的范围之内，从而达到调节速度波动的目的。

必须指出：飞轮只能起储存和释放能量的作用，却不能产生和消灭能量。因此，加装飞轮只能减小周期性的速度波动，而不能根除速度的波动，更不能调节非周期性的速度波动。

2. 非周期性的速度波动及其调节

机器在运转中，如果驱动力所做的功在很长一段时间内总是大于阻力所做的功，则机器运转的速度将不断升高（俗称飞车），直至超越机器强度所容许的极限转速而导致机器损坏；反之，如果驱动力所做的功总是小于阻力所做的功，则机器运转速度将不断下降直至停车。例如在汽轮发电机组中，当供汽量不变，而用户的用电量却无规律的大幅度地增加或减少时，就会出现上述类似情况。这种由于机器驱动力或阻力突然发生不规则的较大变化所引起的无一定循环周期的速度波动称之为非周期性的速度波动。

机器的这种非周期性的速度被动不能利用飞轮进行调节，必须采用特殊的调节装置——调速器来进行调节，使其驱动力所做的功与阻力所做的功相互适应，以达到新的稳定运转。

调速器分为两类：机械式调速器和电子调速器。它们的工作原理请参阅有关资料。

【学习小结】

在机械的动力性能方面通常有两类问题：刚性回转件的平衡和机器速度波动的调节。

回转件的平衡分为静平衡和动平衡。对于直径与厚度之比大于5的圆盘形回转件需要进行静平衡（又称单面平衡）；对于直径与厚度之比小于或等于5的高速回转件需要进行动平衡（又称双面平衡）。动平衡的原理是离心惯性力系平衡原理。动平衡的方法通常采用配重法，在平衡试验机上完成。

机器的速度波动分为周期性波动和非周期性波动。周期性速度波动的调节采用增加飞轮的方法；非周期性速度波动的调节采用调速器。

项目 6　公差与配合

机械工程在很多情况下要求零件要具有互换性。互换性是指制成的同一规格的一批零件或部件，不需作任何挑选、调整或辅助加工，就能进行装配，并能满足该产品的使用性能要求的一种特性。具有这种特性的零部件称为具有互换性的零部件。能够保证零部件具有互换性的生产，称为遵循互换性原则的生产。

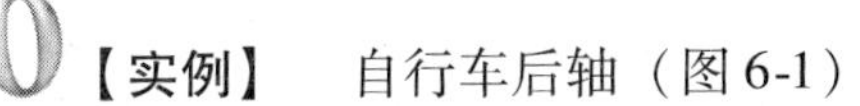

【实例】　自行车后轴（图 6-1）

自行车后轴损坏后，根据其型号更换一相同型号的后轴即可。

在上面的实例中，自行车后轴（带轴挡）作为一个部件是具有互换性的。

图　6-1

【学习目标】

1）掌握国家标准中公差与配合的基本术语及定义。

2）了解形位公差及其公差标准的基本内容。

3）了解表面粗糙度概念及内容。

4）读懂图中所标尺寸与形位公差、表面粗糙度要求的含义。

5）了解公差与配合的选取原则，初步学会查阅公差表格。

【学习建议】

1）分解为三个子项目（极限与配合、形状和位置公差、表面粗糙度）分别研究后再归纳总结。

2）参阅其他《机械基础》或《机械设计基础》教材中的有关内容。

3）登录互联网，通过搜索网站查找到“公差与配合网络课程”后参看有关内容。

4）参看教学课件中的有关内容。

5）看实际的零件图，分析公差配合要求和表面粗糙度要求。

6.1　极限与配合

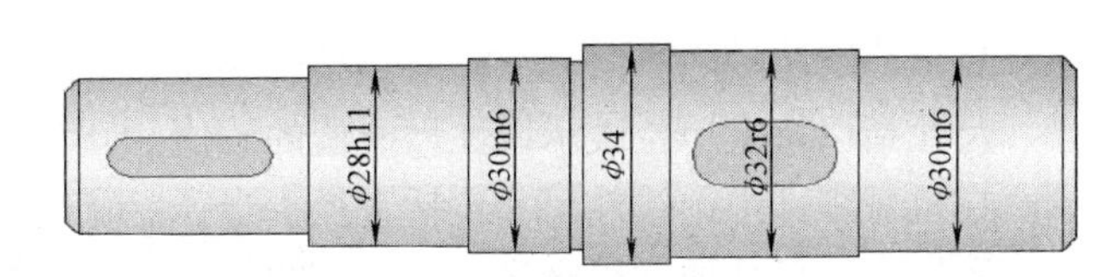

图　6-2

【实际问题】

轴的尺寸设计要求如图 6-2 所示。

进行加工时，轴的各部分实际尺寸是否必须与其设计尺寸完全一致，不能有任何的误差？图中轴的某些直径尺寸后面的字母与数字是什么意思？

【学习目标】

1）掌握基本术语和定义，会进行尺寸、公差与偏差等的基本计算。

2）理解极限与配合标准的基本规定，能正确应用公差表格。

【分析与探究】

6.1.1 基本术语和定义

1. 轴

轴指工件的圆柱形外表面，也包括非圆柱形外表面（由两平行平面或切面形成的被包容面），如图6-3所示。

图6-3 轴

2. 孔

孔指工件的圆柱形内表面，也包括非圆柱形内表面（由两平行平面或切面形成的包容面），如图6-4所示。

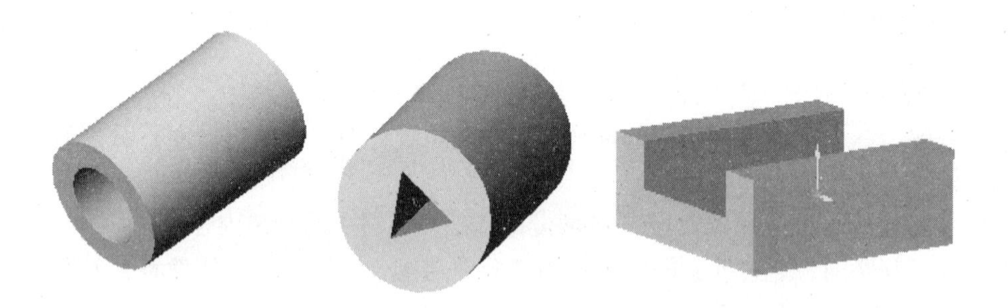

图6-4 孔

3. 尺寸

尺寸指以特定单位表示线性尺寸值的数值。

在机械零件中，线性尺寸包括直径、半径、宽度、深度、高度和中心距等。在机械制图中，图样上的尺寸通常以毫米（mm）为单位，如以毫米为单位时，可省略单位的标注，仅标注数值。采用其他单位时，则必须在数值后注写单位。

1）基本尺寸（D，d）：孔的基本尺寸用“D”表示；轴的基本尺寸用“d”表示（标准规定：大写字母表示孔的有关代号，小写字母表示轴的有关代号，后同）。

为了减少定值刀具（如钻头、铰刀等）、量具（如量规等）、型材和零件尺寸的规格，国家标准（GB/T 2822—1981）已将尺寸标准化。因而基本尺寸应尽量选取标准尺寸，即通过计算或试验的方法，得到尺寸的数值，在保证使用要求的前提下，此数值接近哪个标准尺寸（一般为大于此数值的标准尺寸），则取这个标准尺寸作为基本尺寸。如图6-5中减速箱主轴各部分尺寸分别为ϕ28、ϕ30等。

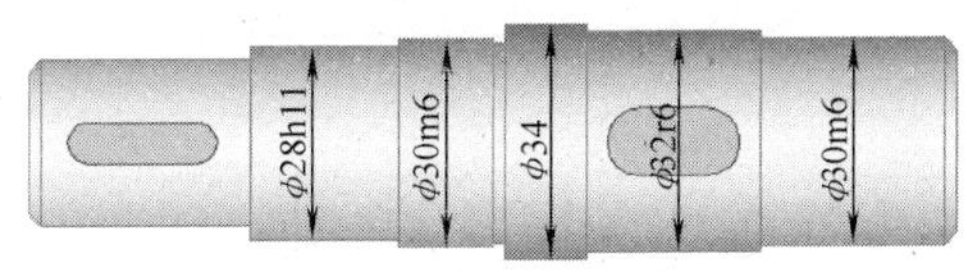

图6-5　减速箱主轴装配图和零件图

2）实际尺寸（D_a，d_a）：通过测量获得的某一孔、轴的尺寸。

由于测量过程中，不可避免地存在测量误差，因此所得的实际尺寸并非尺寸的真值。同时，由于零件表面存在着形状误差，使得同一表面上不同位置的实际尺寸也不一定相等。如图6-6所示，d_{a1}、d_{a2}、d_{a3}三处的实际尺寸并不完全相等；由于形状误差，沿轴向不同部位的实际尺寸不相等，不同方向的直径尺寸也不相等。

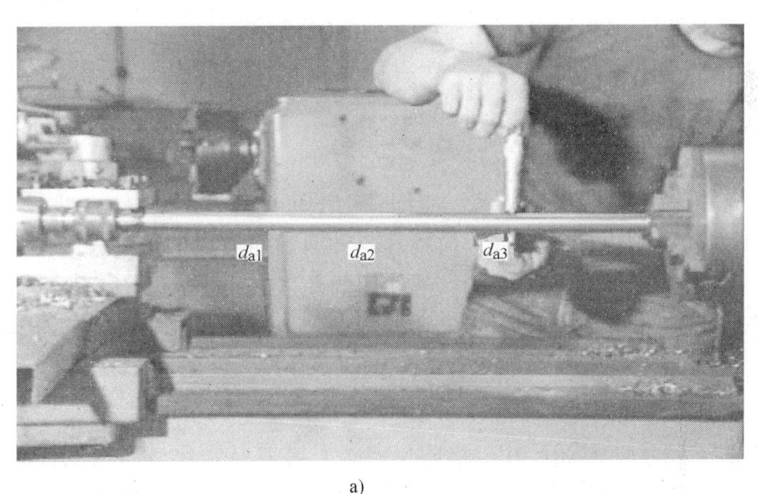

a)

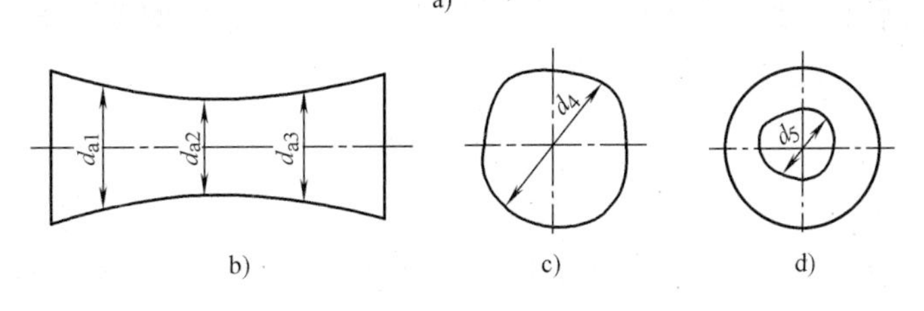

图6-6　实际尺寸

3）极限尺寸：一个孔或轴允许的尺寸的两个极端（图6-7）。实际尺寸应位于极限尺寸之中，也可达到极限尺寸。孔或轴允许的最大尺寸称为最大极限尺寸（D_{max}，d_{max}）；孔或轴允许的最小尺寸称为最小极限尺寸（D_{min}，d_{min}）。极限尺寸是以基本尺寸为基数来确定的。

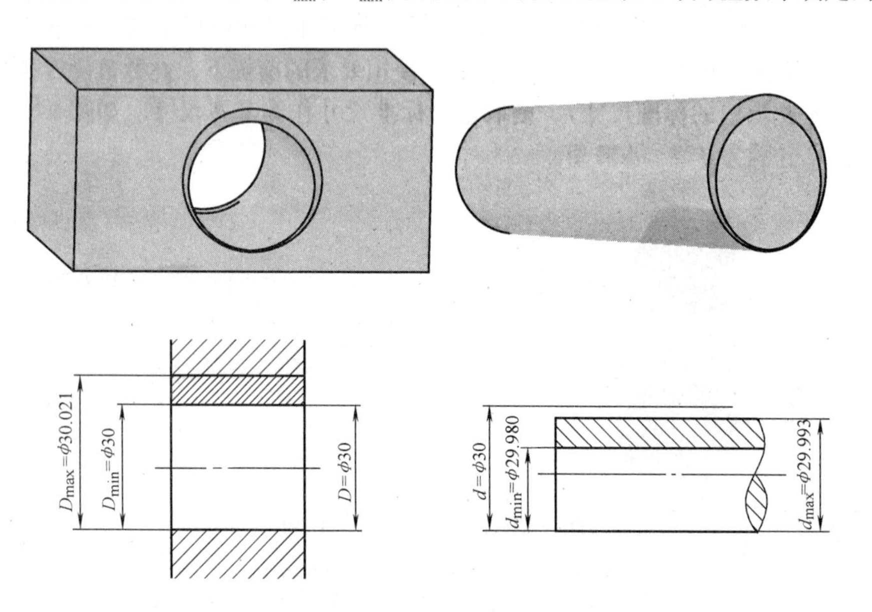

图6-7　孔和轴的极限尺寸

图6-7中：孔的基本尺寸（D）$=\phi 30$mm

孔的最大极限尺寸（D_{max}）$=\phi 30.021$mm

孔的最小极限尺寸（D_{min}）$=\phi 30$mm

轴的基本尺寸（d）$=\phi 30$mm

轴的最大极限尺寸（d_{max}）$=\phi 29.993$mm

轴的最小极限尺寸（d_{min}）$=\phi 29.980$mm

在机械加工中，由于机床、刀具、量具等各种因素而形成的加工误差的存在，要把同一规格的零件加工成同一尺寸是不可能的。从使用的角度来讲，也没有必要将同一规格的零件都加工成同一尺寸，只需将零件的实际尺寸控制在一个范围内，就能满足使用要求。这个范围由零件的两个极限尺寸确定。

4. 公差与偏差

1）偏差：某一尺寸（实际尺寸、极限尺寸等）减其基本尺寸所得的代数差。

上偏差：最大极限尺寸减其基本尺寸所得的代数差。孔的上偏差用ES表示，轴的上偏差用es表示。用公式可表示为

$$\mathrm{ES}=D_{max}-D \qquad (6\text{-}1a)$$

$$\mathrm{es}=d_{max}-d$$

下偏差：最小极限尺寸减其基本尺寸所得的代数差。孔的下偏差用EI表示，轴的下偏差用ei表示。用公式可表示为

$$EI = D_{min} - D \qquad (6\text{-}1b)$$

$$ei = d_{min} - d$$

由于极限偏差是用代数差来定义的，而极限尺寸可能大于、小于或等于基本尺寸，所以极限偏差可以为正值、负值或零值，因而在计算和使用中一定要注意极限偏差的正、负号，不能遗漏。

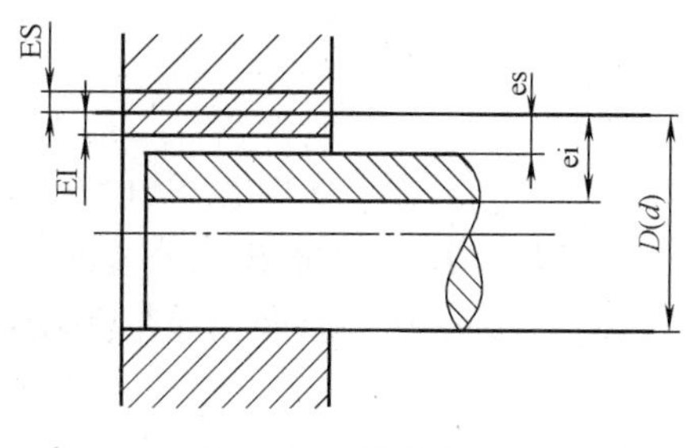

图6-8　极限偏差

例题6-1　设计一孔，其直径的基本尺寸为 ϕ50mm，最大极限尺寸为 ϕ50.048mm，最小极限尺寸为 ϕ50.009mm，求孔的上、下偏差。

解：由式（6-1）知孔的上、下偏差为

$$ES = D_{max} - D = (50.048 - 50)\text{mm} = +0.048\text{mm}$$

$$EI = D_{min} - D = (50.009 - 50)\text{mm} = +0.009\text{mm}$$

例题6-2　设计一轴，其直径的基本尺寸为 ϕ60mm，最大极限尺寸为 ϕ60.018mm，最小极限尺寸为 ϕ59.988mm，求轴的上、下偏差。

解：由式（6-1）知轴的上、下偏差为

$$es = d_{max} - d = (60.018 - 60)\text{mm} = +0.018\text{mm}$$

$$ei = d_{min} - d = (59.988 - 60)\text{mm} = -0.012\text{mm}$$

2）尺寸公差（T）：最大极限尺寸减最小极限尺寸之差，或上偏差减下偏差之差。它是允许尺寸的变动量。尺寸公差简称公差。

公差是设计时根据零件要求的精度并考虑加工时的经济性能，对尺寸的变动范围给定的允许值。由于合格零件的实际尺寸只能在最大极限尺寸与最小极限尺寸之间的范围内变动，而变动只涉及到大小，因此用绝对值定义，所以公差等于最大极限尺寸与最小极限尺寸之代数差的绝对值，也等于上偏差与下偏差的代数差的绝对值。

$$\text{孔公差：} T_h = |D_{max} - D_{min}| = |ES - EI| \qquad (6\text{-}2a)$$

$$\text{轴公差：} T_s = |d_{max} - d_{min}| = |es - ei| \qquad (6\text{-}2b)$$

例题6-3　求孔 $\phi20^{+0.104}_{+0.020}$mm 的尺寸公差。

解：利用式（6-2a）进行计算，得

$$D_{max} = D + ES = (20 + 0.104)\text{mm} = 20.104\text{mm}$$

$$D_{min} = D + EI = (20 + 0.020)\text{mm} = 20.020\text{mm}$$

$$Th = |D_{max} - D_{min}| = |20.104 - 20.020|\text{mm} = 0.084\text{mm}$$

或

$$Th = |ES - EI| = |+0.104 - (+0.020)|\text{mm} = 0.084\text{mm}$$

例题6-4　求轴 $\phi25^{-0.007}_{-0.020}$mm 的尺寸公差。

解：利用式（6-2b）进行计算，得

$$d_{max}=d+es=[25+(-0.007)]\text{mm}=24.993\text{mm}$$

$$d_{min}=d+ei=[25+(-0.020)]\text{mm}=24.980\text{mm}$$

$$Ts=|d_{max}-d_{min}|=|24.993-24.980|\text{mm}=0.013\text{mm}$$

或

$$Ts=|es-ei|=|(-0.007)-(-0.020)|\text{mm}=0.013\text{mm}$$

由以上两例可以看出求公差的大小可以采用极限尺寸和极限偏差的方法。

3）零线、公差带及公差带图解（图6-9）：

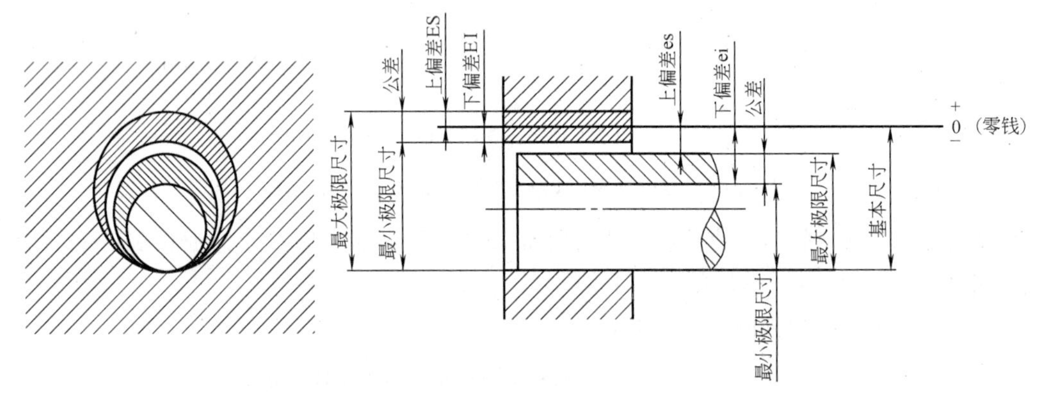

图6-9　极限与配合示意图

① 零线：在极限与配合图解中，表示基本尺寸的一条直线，以其为基准确定偏差和公差。作公差带图解时，通常将零线沿水平方向绘制，正偏差在其上，负偏差在其下。

② 公差带：在公差带图解中，由代表上偏差和下偏差或最大极限尺寸和最小极限尺寸的两条直线所限定的一个区域。它是由公差大小和其相对零线的位置如基本偏差来确定。

③ 公差带图解：在实际应用中，一般不画出孔和轴的全形，只将轴向截面图中有关公差部分按规定放大画出，这种图称为极限与配合图解，也称为公差带图解。公差带图解如图6-10所示。

④ 极限制：经标准化的公差与偏差制度称为极限制。

例题6-5　作轴$\phi25f6\left(^{-0.020}_{-0.033}\right)$ mm和孔$\phi25H7\left(^{+0.021}_{0}\right)$ mm的公差带图解。

解：

1）作零线、纵坐标轴，并标注“0”“+”“-”，然后画单向尺寸线并标上基本尺寸$\phi25$。

2）选择合适比例（一般选500∶1，偏差值较小时可选取1000∶1），按选定的放大比例画出公差带，标上公差带代号，标注极限偏差值，如图6-11所示。如偏差以mm为

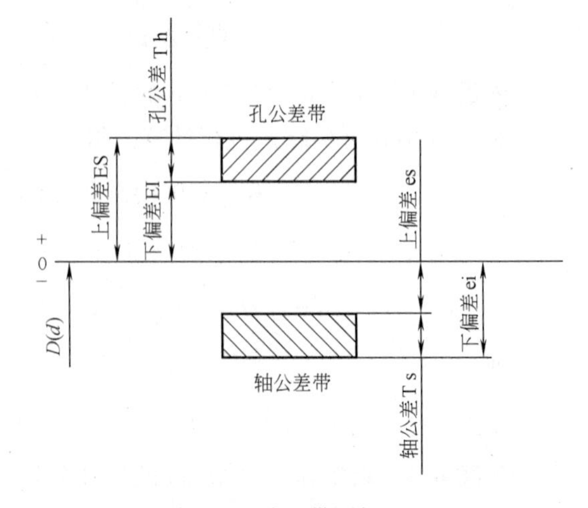

图6-10　公差带图解

单位时，单位可省略标注，而以 μm 为单位时，则必须说明。

5．配合

1）配合：基本尺寸相同的、相互结合的孔和轴的公差带之间的关系。

2）间隙与过盈：孔的尺寸减去相配合的轴的尺寸之差为正时是间隙，一般用 X 表示；孔的尺寸减去相配合的轴的尺寸之差为负时是过盈，一般用 Y 表示。间隙数值前应标“＋”号，过盈数值前应标“－”号。

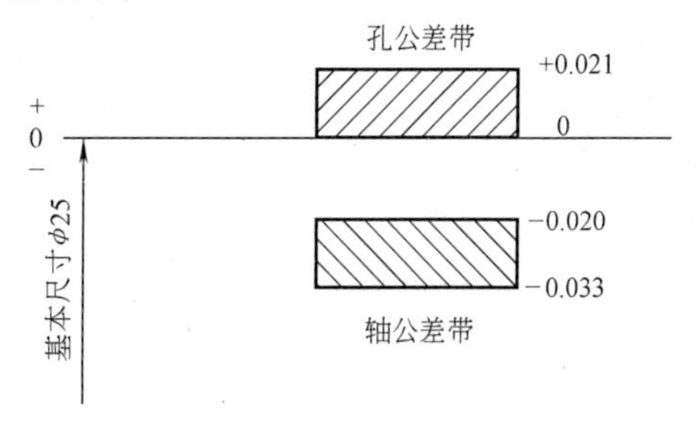

图6-11　公差带图解

3）间隙配合：具有间隙（包括最小间隙等于零）的配合（图6-12）。此时，孔的公差带在轴的公差带之上。

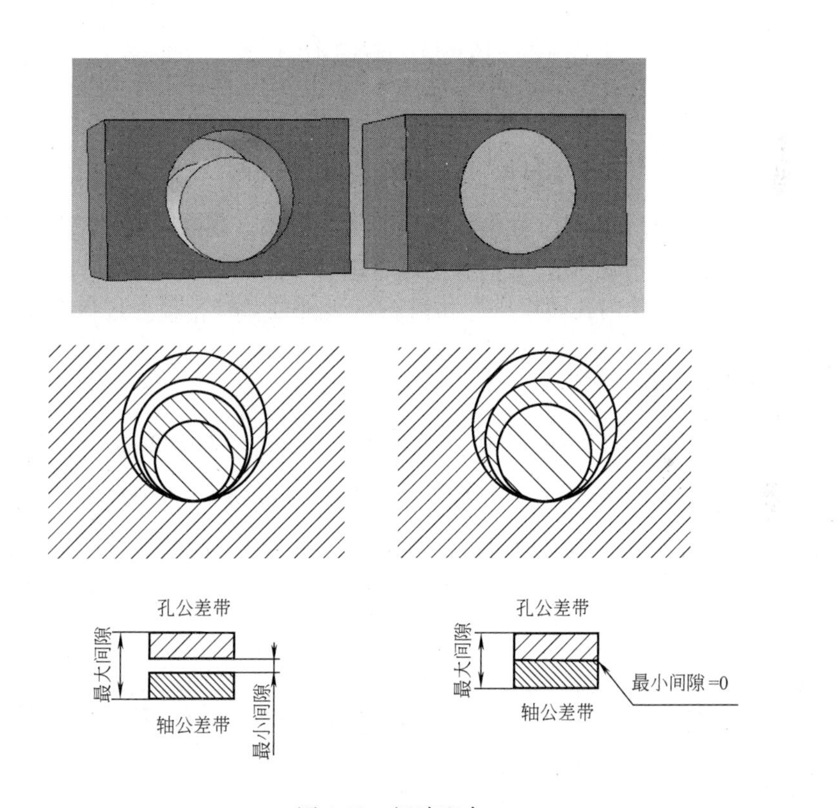

图6-12　间隙配合

$$最大间隙:X_{max}=D_{max}-d_{min}=ES-ei \qquad (6\text{-}3a)$$

$$最小间隙:X_{min}=D_{min}-d_{max}=EI-es \qquad (6\text{-}3b)$$

由于孔、轴的实际尺寸允许在其公差带内变动，因而其配合的间隙是变动的。最大间隙与最小间隙称为极限间隙，它们表示间隙配合中允许间隙变动的两个界限值。

例题6-6　已知某齿轮衬套孔 $\phi25H7\left(^{+0.021}_{0}\right)$ 和中间轴轴颈 $\phi25f6\left(^{-0.020}_{-0.033}\right)$ 为间隙配合，试求最大间隙和最小间隙。

解：由式（6-3）得

$$X_{max}=ES-ei=[+0.021-(-0.033)]mm=+0.054mm$$

$$X_{min}=EI-es=[0-(-0.020)]mm=+0.020mm$$

4）过盈配合：具有过盈（包括最小过盈等于零）的配合（图 6-13）。此时，孔的公差带在轴的公差带之下。

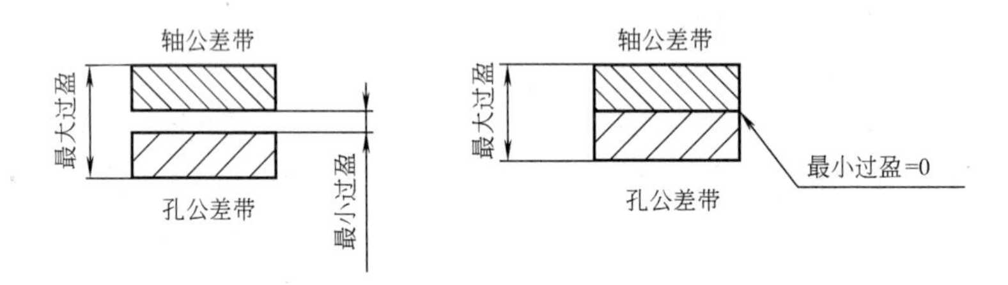

图 6-13　过盈配合

$$\text{最大过盈}: Y_{max}=D_{min}-d_{max}=EI-es \tag{6-4a}$$

$$\text{最小过盈}: Y_{min}=D_{max}-d_{min}=ES-ei \tag{6-4b}$$

同样，由于孔、轴的实际尺寸允许在其公差带内变动，因而其配合的过盈是变动的。最大过盈与最小过盈称为极限过盈，它们表示过盈配合中允许过盈变动的两个界限值。

例题 6-7　已知某齿轮内孔 $\phi32^{+0.025}_{0}$ 和齿轮衬套外径 $\phi32^{+0.042}_{+0.026}$ 为过盈配合，试求最大过盈和最小过盈。

解：由式（6-4）可得

$$Y_{max}=EI-es=[0-(+0.042)]mm=-0.042mm$$

$$Y_{min}=ES-ei=[+0.025-(+0.026)]mm=-0.001mm$$

5）过渡配合：可能具有间隙或过盈的配合（图 6-14）。此时，孔的公差带与轴的公差带相互交叠。

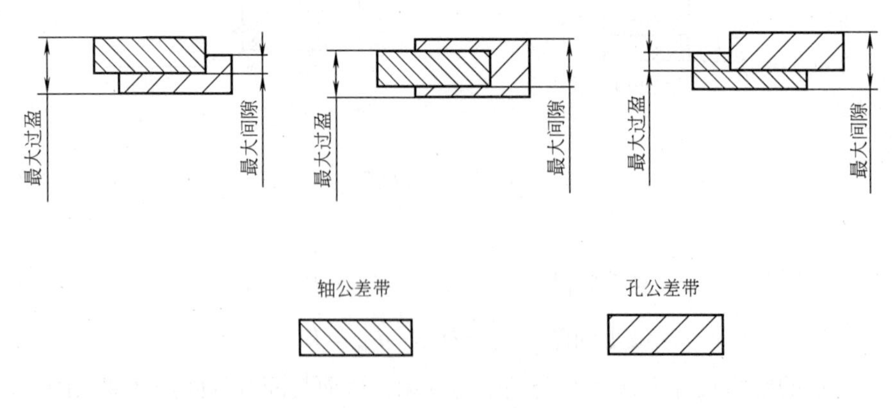

图 6-14　过渡配合

$$\text{最大间隙}: X_{max}=D_{max}-d_{min}=ES-ei \tag{6-5a}$$

$$最大过盈：Y_{max}=D_{min}-d_{max}=EI-es \tag{6-5b}$$

例题6-8　已知$\phi 50^{+0.025}_{0}$的孔与$\phi 50^{+0.018}_{+0.002}$的轴相配合为过渡配合，求最大间隙和最大过盈。

解：

由式（6-5）可得

$$X_{max}=ES-ei=[+0.025-(+0.002)]mm=+0.023mm$$

$$Y_{max}=EI-es=[0-(+0.018)]mm=-0.018mm$$

6）配合公差：组成配合的孔、轴公差之和。它是允许间隙或过盈的变动量。

孔公差：$T_f=Th+Ts$

$$T_f=|X_{max}-X_{min}| \tag{6-6a}$$

$$T_f=|Y_{max}-Y_{min}| \tag{6-6b}$$

$$T_f=|X_{max}-Y_{max}| \tag{6-6c}$$

与尺寸公差相似，配合公差也是用绝对值定义的，因而没有正、负的含义，而且其值也不可能为零。从公式中看出，配合公差和尺寸公差一样，总是大于零的，配合精度的高低是由相互配合的孔和轴的精度决定的。配合精度要求越高，孔和轴的精度要求也越高，加工越困难，加工成本越高；反之，孔和轴的加工越容易，加工成本越低。

6.1.2　极限与配合标准的基本规定

1. 配合制

配合制是指同一极限制的孔和轴组成配合的一种制度。

根据配合的定义和三类配合的公差带图解可以知道，配合的性质由孔、轴公差带的相对位置决定，因而改变孔和（或）轴的公差带位置，就可以得到不同性质的配合。为了简化和有利于标准化，以尽可能少的标准公差带形成最多种的配合，国家标准规定了两种配合制，即基孔制和基轴制。

1）基孔制。基本偏差为一定的孔的公差带与不同基本偏差的轴的公差带形成各种配合的一种制度，称为基孔制。

基孔制配合中选作基准的孔称为基准孔，基本偏差代号为H，基准孔的下偏差EI=0。

基孔制配合中的轴是非基准件。由于轴的公差带相对零线可有不同的位置，因而形成各种不同性质的配合。一般a～h用于间隙配合，j～zc用于过渡配合和过盈配合。如图6-15所示。

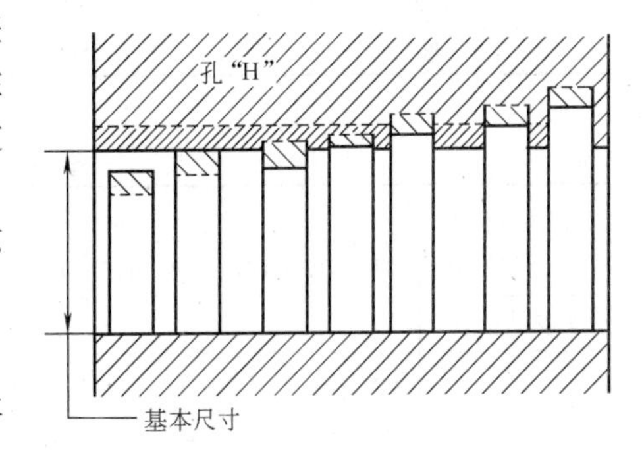

图6-15　基孔制配合

2）基轴制。基本偏差为一定的轴的公差带与不同基本偏差的孔的公差带形成各种配合的一种制度，称为基轴制。

基轴制配合中选作基准的轴称为基准轴，基本偏差代号为h，基准轴的上偏差es=0。

基轴制配合中的孔是非基准件。由于孔的公差带相对于零线也有不同的位置，也可形成各种不同性质的配合。一般 A ~ H 用于间隙配合，J ~ ZC 用于过渡配合和过盈配合。如图6-16所示。

2. 标准公差系列

标准公差是国家标准规定的用以确定公差带大小的任一公差值。由若干标准公差所组成的系列称为标准公差系列，它以表格的形式列出，称为标准公差数值表。从表中可看出标准公差的数值与两个因素有关：标准公差等级和基本尺寸分段。

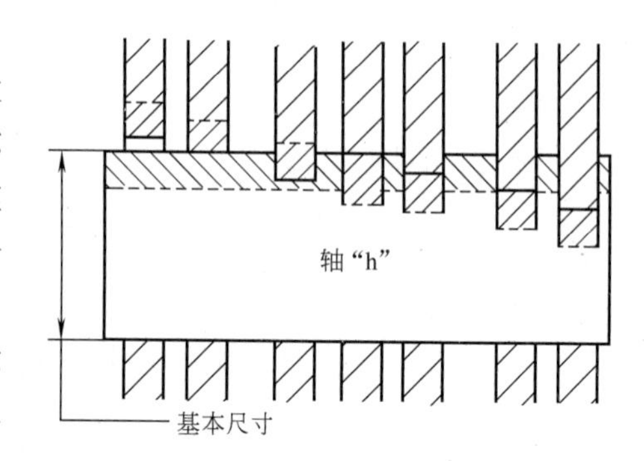

图 6-16　基轴制配合

1）标准公差等级。确定尺寸精确程度的等级称为公差等级。标准规定：同一公差等级对所有基本尺寸的一组公差被认为具有同等精确程度。由于不同零件和零件上不同部位的尺寸，对精确程度的要求往往不相同，为了满足生产的需要，国家标准设置了 20 个公差等级。各级标准公差的代号依次为 IT01，IT0，IT1，IT2…IT18。其中 IT01 精度最高，其余依次降低，IT18 精度最低。而相应的标准公差在基本尺寸相同的条件下，随公差等级的降低而依次增大。标准公差等级 IT01 和 IT0 在工业上很少用到，因而将其数值列入了 GB/T 1800. 3—1998 的附录中，见表 6-1。在生产中，确定零件的尺寸公差时，应尽量从表 6-2 中选取标准公差。

表 6-1　IT01 和 IT0 的标准公差数值

基本尺寸/mm		标准公差等级	
		IT01	IT0
大于	至	公差 μm	
	3	0. 3	0. 5
3	6	0. 4	0. 6
6	10	0. 4	0. 6
10	18	0. 5	0. 8
18	30	0. 6	1
30	50	0. 6	1
50	80	0. 8	1. 2
80	120	1	1. 5
120	180	1. 2	2
180	250	2	3

表 6-2　常用标准公差数值

基本尺寸/mm		标准公差等级																	
		IT1	IT2	IT3	IT4	IT5	IT6	IT7	IT8	IT9	IT10	IT11	IT12	IT13	IT14	IT15	IT16	IT17	IT18
大于	至	μm											mm						
	3	0. 8	1. 2	2	3	4	6	10	14	25	40	60	0. 1	0. 14	0. 25	0. 4	0. 6	1	1. 4
3	6	1	1. 5	2. 5	4	5	8	12	18	30	48	75	0. 12	0. 18	0. 3	0. 48	0. 75	1. 2	1. 8
6	10	1	1. 5	2. 5	4	6	9	15	22	36	58	90	0. 15	0. 22	0. 36	0. 58	0. 9	1. 5	2. 2

（续）

基本尺寸/mm		标准公差等级																	
		IT1	IT2	IT3	IT4	IT5	IT6	IT7	IT8	IT9	IT10	IT11	IT12	IT13	IT14	IT15	IT16	IT17	IT18
大于	至	μm											mm						
10	18	1.2	2	3	5	8	11	18	27	43	70	110	0.18	0.27	0.43	0.7	1.1	1.8	2.7
18	30	1.5	2.5	4	6	9	13	21	33	52	84	130	0.21	0.33	0.52	0.84	1.3	2.1	3.3
30	50	1.5	2.5	4	7	11	16	25	39	62	100	160	0.25	0.39	0.62	1	1.6	2.5	3.9
50	80	2	3	5	8	13	19	30	46	74	120	190	0.3	0.46	0.74	1.2	1.9	3	4.6
80	120	2.5	4	6	10	15	22	35	54	87	140	220	0.35	0.54	0.87	1.4	2.2	3.5	5.4
120	180	3.5	5	8	12	18	25	40	63	100	160	250	0.4	0.63	1	1.6	2.5	4	6.3
180	250	4.5	7	10	14	20	29	46	72	115	185	290	0.46	0.72	1.15	1.85	2.9	4.6	7.2
250	315	6	8	12	16	23	32	52	81	130	210	320	0.52	0.81	1.3	2.1	3.2	5.2	8.1
315	400	7	9	13	18	25	36	57	89	140	230	360	0.574	0.89	1.4	2.31	3.6	5.7	8.9
400	500	8	10	15	20	27	40	63	97	155	250	400	0.63	0.97	1.55	2.5	4	6.3	9.7
500	630	9	11	16	22	32	44	70	10	175	280	440	0.7	1.1	1.75	2.8	4.4	7	11

2）基本尺寸分段。标准公差数值不仅与公差等级有关，还与基本尺寸有关。公差等级相同时，随着基本尺寸的增大，标准公差的数值也随之增大。这是因为，从制造的角度考虑，在相同的加工精度条件下，加工误差随基本尺寸的增大而增大。因此，尽管不同的基本尺寸对应的公差值不同，但一般认为同一公差等级具有相同的精度，即相同的加工难易程度。基本尺寸分段见表6-3。

表6-3　基本尺寸分段　（单位：mm）

主段落		中间段落		主段落		中间段落	
大于	至	大于	至	大于	至	大于	至
	3	无细分段		250	315	250 280	280 315
3	6			315	400	315 355	355 400
6	10						
10	18	10 14	14 18	400	500	400 450	450 500
18	30	18 24	24 30	500	630	500 560	560 630
30	50	30 40	40 50				
50	80	50 65	65 80				
80	120	80 100	100 120				
120	180	120 140 160	140 160 180				
180	250	180 200 225	200 225 250				

3. 基本偏差系列

基本偏差是国家标准规定的用以确定公差带相对于零线位置的上偏差或下偏差，一般为靠近零线的那个偏差。标准化的基本偏差组成基本偏差系列。国家标准对孔和轴各设定了28个基本偏差。

1）基本偏差代号。基本偏差代号用拉丁字母表示，大写代表孔的基本偏差，小写代表轴的基本偏差。在26个拉丁字母中，除去易与其他代号混淆的I、L、O、Q、W（I、l、o、q、w）5个字母外，再加上用CD、EF、FG、ZA、ZB、ZC、JS（cd、ef、fg、za、zb、zc、js）两个字母表示的7个代号，共28个，即孔和轴各有28个基本偏差。孔和轴的基本偏差代号见表6-4。

表6-4　孔和轴的基本偏差代号

孔	A	B	C	D	E	F	G	H	J	K	M	N	P	R	S	T	U	V	X	Y	Z			
			CD		EF	FG		JS														ZA	ZB	ZC
轴	a	b	c	d	e	f	g	h	j	k	m	n	p	r	s	t	u	v	x	y	z			
			cd		ef	fg		js														za	zb	zc

2）基本偏差系列图。图6-17所示为基本偏差系列图。它表示基本尺寸相同的28种孔、轴的基本偏差相对零线的位置关系。图中所画公差带是开口公差带，这是因为基本偏差只表示公差带的位置，而不表示公差带的大小。开口端的极限偏差由公差等级来决定，可分别由下列公式计算得到：

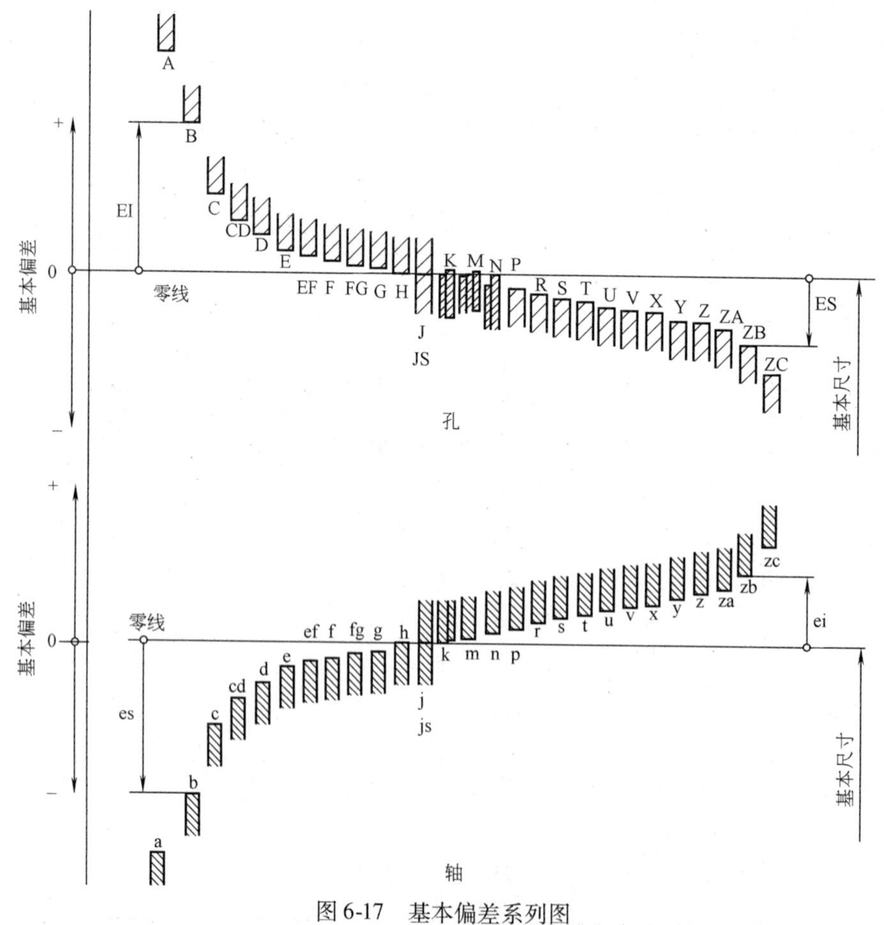

图6-17　基本偏差系列图

对于孔：$$ES = EI + IT \quad 或 \quad EI = ES - IT \tag{6-7}$$

对于轴：$$es = ei + IT \quad 或 \quad ei = es - IT \tag{6-8}$$

例题 6-9　利用标准公差和极限偏差两表确定 $\phi30H7$ 的公差和上、下偏差。

解：查表 6-2 确定标准公差：$IT7 = 21\mu m = 0.021mm$

查附表 2 确定 H 的下偏差：$EI = 0$

上偏差：$ES = +21\mu m = +0.021mm$

例题 6-10　利用标准公差和极限偏差两表确定 $\phi8e7$ 的上、下偏差。

解：查表 6-2 确定标准公差：$IT7 = 15\mu m = 0.015mm$

查附表 1 确定 e 的上偏差：$es = -25\mu m = -0.025mm$

下偏差：$ei = -40\mu m = -0.040mm$

4. 公差带

1）公差带代号。一个公差带应由确定公差带位置的基本偏差和确定公差带大小的公差等级组合而成。国家标准规定，孔、轴的公差带代号由基本偏差代号和公差等级数字组成。如：H8，F7 等为孔的公差带代号，k7，h6 等为轴的公差带代号。标注方法如下：

$$孔：\phi30H8 \quad 或 \quad \phi30^{+0.039}_{\ \ 0} \quad 或 \quad \phi30H8\left(^{+0.039}_{\ \ 0}\right)$$

$$轴：\phi50m7 \quad 或 \quad \phi50^{+0.034}_{+0.009} \quad 或 \quad \phi50m7\left(^{+0.034}_{+0.009}\right)$$

2）公差带系列。根据国家标准的规定，标准公差等级有 20 级，基本偏差有 28 个，由此可组成很多公差带。但在生产实践中，若使用数量过多的公差带，既发挥不了标准化应有的作用，也不利于生产，国家标准在满足我国实际需要和考虑生产发展需要的前提下，为了尽可能减少零件、定值刀具、定值量具和工艺装备的品种、规格，对孔和轴所选用的公差带作了必要的限制。

GB/T 1801—1999 对基本尺寸至 500mm 的孔、轴规定了优先、常用和一般用途 3 类公差带。在使用中对各类公差带选择的顺序是：先优先公差带，其次常用公差带，再一般公差带。

5. 配合

1）配合代号。配合用相同基本尺寸的孔、轴公差带表示。孔、轴公差带写成分数形式，分子为孔公差带，分母为轴公差带。如 H8/f7 或 $\frac{H8}{f7}$。如指某一确定基本尺寸的配合，则基本尺寸标在配合代号之前，如 $\phi50H8/f7$ 或 $\phi50\frac{H8}{f7}$。

2）常用和优先配合。从理论上讲，任意一孔公差带和任一轴公差带都能组成配合，因而 543 种孔公差带和 544 种轴公差带可组成近 30 万种配合。即使是常用孔、轴公差带任意组合也可形成配合 2000 多种。过多的配合，既不能发挥标准的作用，也不利于生产，为此，国家标准根据我国的生产实际需求，参照国际标准，对配合数目进行了限制。GB/T 1801—1999 在基本尺寸至 500mm 范围内，对基孔制规定了 59 种常用配合，对基轴制规定了 47 种常用配合。这些配合分别由轴、孔的常用公差带和基准孔、基准轴的公差带组合而成。在常用配合中又对基孔制、基轴制各规定了 13 种优先配合。

同样，配合的选用顺序为：先优先配合，再常用配合。

3）混合配合。国家标准规定，在一般情况下，优先采用基孔制，如有特殊需要，允许将任一孔、轴公差带组成配合。在实际生产中，根据需求有时也采用非基准孔和非基准轴相配合。这种没有基准件的配合习惯上称混合配合，如 G8/m7、F7/n6 等。

例题 6-11 查表确定 ϕ30N7/h6 的标准公差和极限偏差数值，计算极限尺寸，画出公差带图解，求配合的极限间隙或极限过盈及配合公差。

解：查表 6-2 确定标准公差：IT6 = 13μm = 0.013mm

IT7 = 21μm = 0.021mm

查附表 1 得：es = 0mm

ei = −0.013mm

查附表 2 得：ES = −0.007mm

EI = −0.028mm

利用式（6-1）得孔和轴的极限尺寸：

$$D_{max} = D + ES = [30 + (-0.007)]mm = 29.993mm$$

$$D_{min} = D + EI = [30 + (-0.028)]mm = 29.972mm$$

$$d_{max} = d + es = (30 + 0)mm = 30mm$$

$$d_{min} = d + ei = [30 + (-0.013)]mm = 29.987mm$$

孔和轴的公差带图解如图 6-18 所示。

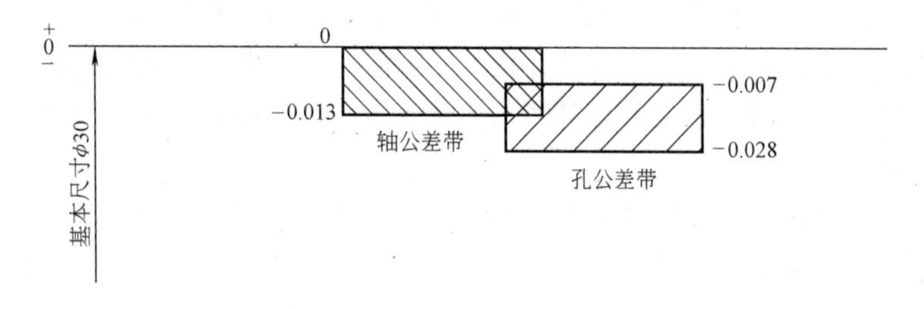

图 6-18 ϕ30N7/h6 公差带图解

从公差带图中可看出，孔、轴公差带有重叠部分，判断其为基轴制过渡配合。

利用式（6-3）、式（6-4）得其配合的最大间隙和最大过盈：

$$X_{max} = D_{max} - d_{min} = (29.993 - 29.987)mm = +0.006mm$$

$$Y_{max} = D_{min} - d_{max} = (29.972 - 30)mm = -0.028mm$$

或

$$X_{max} = ES - ei = [-0.007 - (-0.013)]mm = +0.006mm$$

$$Y_{max} = EI - es = (-0.028 - 0)mm = -0.028mm$$

利用式（6-6）得其配合公差：

$$T_f = Th + Ts = |0.021 + 0.013| mm = 0.034mm$$

或

$$T_f = |X_{max} - Y_{max}| = |+0.006 - (-0.028)| mm = 0.034mm$$

6．一般公差——线性尺寸的未注公差

线性尺寸一般公差是在车间普通工艺条件下，机床设备一般加工能力可保证的公差。在正常维护和操作情况下，它代表经济加工精度。

GB/T 1804－1992 规定，未注公差尺寸有 4 个公差等级，即：精密级（f）、中等级（m）、粗糙级（c）和最粗级（v）。

线性尺寸的一般公差在图样上、技术文件或技术标准中用线性尺寸的一般公差标准号和公差等级符号表示。如选用中等级时，可在零件图样上（标题栏上方）标明。

7．温度条件

极限与配合制明确规定：尺寸的基准温度是20℃。这一规定的含义有两个：一是图样上和标准中规定的极限与配合是在20℃时给定的；二是检验时测量结果应以工件和测量器具的温度在20℃时为准。

6.2　形状和位置公差

【实际问题】

一个各处尺寸均合格的轴（图6-19）在装配后却不能很好的工作，原因是什么？如图6-20所示，原因在于虽然轴的各处尺寸合格，但轴在加工时小径处的轴线发生了变形，与大径处的轴线不同轴，致使零件不能正确装配或装配后不能正常工作。

图6-19　有形位误差的零件

机器的使用功能是由组成产品的零件的使用性能来保证的，而零件的使用性能（如零件的工作精度，运动件的运动平稳性、耐磨性、润滑性，连接件的连接强度、密封性能等）不但与零件的尺寸精度有关，而且要受到零件的形状和位置精度的影响。因此，形状和位置公差和尺寸公差一样是评定产品质量的重要技术指标。

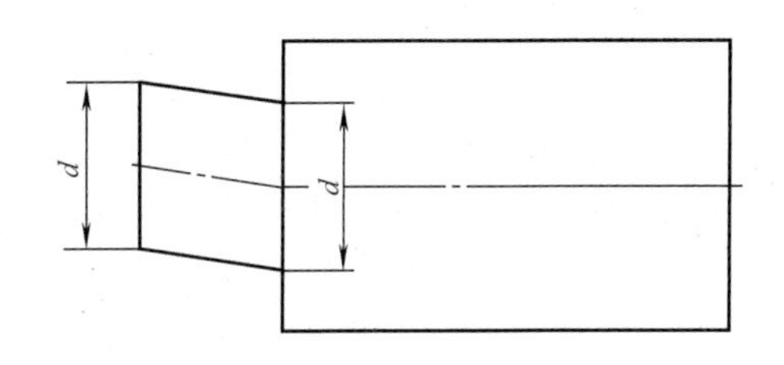

图6-20　形位误差对零件的影响

零件加工后，其表面、轴线、中心对称平面等的实际形状和位置相对于所要求的理想形状和位置，不可避免地存在着误差，此误差是由于机床精度、加工方法等多种因素形成的。这种误差叫做形状和位置误差，简称形位误差。一个零件的形状和位置误差越大，其形状和位置精度越低；反之，则越高。

【学习目标】

1）了解形状和位置公差在机器制造中的重要性。

2）了解零件的几何要素、形位公差带形状。

3）了解形位公差的等级与公差值。

4）能够看懂图样中形状和位置公差的要求。

6.2.1 形位公差的基本概念

【学习目标】

1. 了解形状和位置公差的含义。
2. 能看懂图样上的形位公差标注。

【学习建议】

通过练习掌握零件形位公差的标注方法。

【分析与探究】

1. 零件的几何要素

尽管各种零件的形状特征不同，但均可将其分解成若干个基本几何体。基本几何体均由点、线、面构成，这些点、线、面称之为几何要素，如图 6-21 所示。

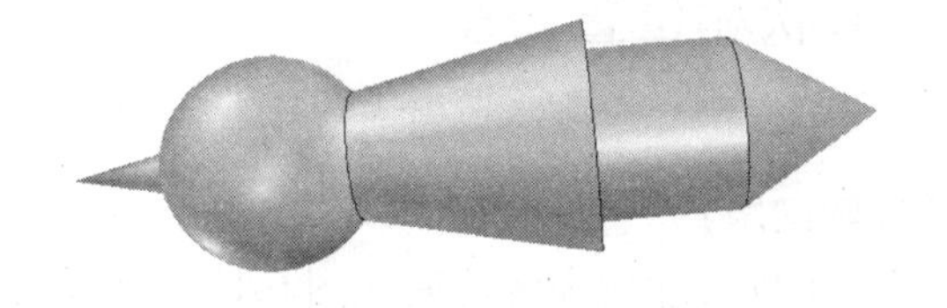

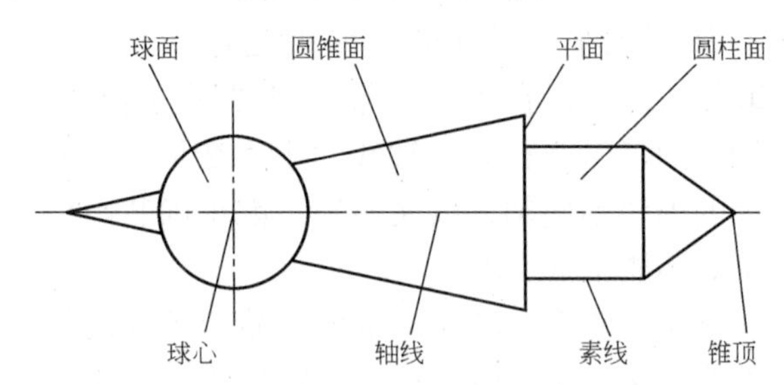

图 6-21 零件几何要素

形位公差研究的对象就是零件几何要素本身的形状精度和相关要素之间相互的位置精度问题。

零件的几何要素可按以下几种方式来进行分类。

1）按存在的状态分

① 理想要素：具有几何学意义的要素。理想要素是没有任何误差的要素，图样是用来表达设计意图和加工要求的，因而图样上构成零件的点、线、面都是理想要素。在检测中，理想要素是评定实际要素形位误差的依据。理想要素在实际生产中是不可能得到的。

② 实际要素：零件上实际存在的要素。实际要素是由加工形成的，在加工中由于各种原因会产生加工误差，所以实际要素是具有几何误差的要素。对具体的零件，标准规定，实际要素测量时由测得要素来代替。由于测量误差的不可避免，因此，实际要素并非该要素的真实状况。

2）按在形位公差中所处的地位分

① 被测要素：给出了形状或（和）位置公差的要素。图 6-22 中所示的 ϕd_1 的圆柱面和台阶面、ϕd_2 圆柱的轴线等都给出了形位公差要求，因此都是被测要素。

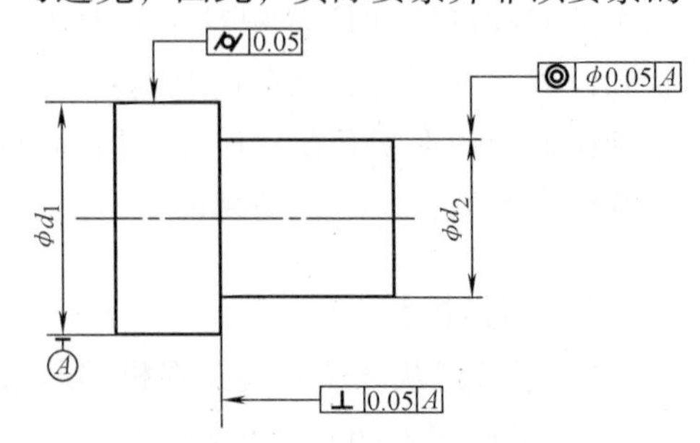

图 6-22 零件几何要素示例

② 基准要素：用来确定被测要素方向或（和）位置的要素。理想基准要素简称为基准。图 6-22

中标有基准符号的 ϕd_1 的圆柱的轴线是理想基准要素，即基准。

3）按被测要素的功能关系分

① 单一要素：在图样上仅对其本身给出了形状公差要求的要素。此要素与零件上的其他要素无功能关系。如图6-21中 ϕd_1 的圆柱面为被测要素，给出了圆柱度公差要求，但与零件上其他要素无相对位置要求，因此该要素是单一要素。

② 关联要素：与零件上其他要素有功能关系的要素。在图样上对关联要素均给出位置公差要求。如图6-21中 ϕd_2 的轴线相对 ϕd_1 的轴线有同轴的功能要求，ϕd_1 圆柱的台阶面对 ϕd_1 圆柱的轴线有垂直功能要求，因此 ϕd_2 的轴线和 ϕd_1 的台阶面均为被测关联要素。

4）按几何特征分

① 轮廓要素：构成零件外形能直接为人们所感觉到的点、线、面。如图6-20中所示的球面、圆锥面、圆柱面、素线及锥顶点等。

② 中心要素：表示轮廓要素的对称中心的点、线、面。如零件的轴线、球体的球心、键与键槽的对称中心平面等。中心要素不能被人们直接感觉到，但它可通过相应的轮廓要素而模拟体现。如圆柱面的存在能确定其轴线的位置，并能用模拟的方法体现出来；球面的存在能确定其球心的位置，也能模拟体现出来。

2. 形位公差的符号及代号

1）形位公差项目的符号。根据GB/T 1182的规定，形状和位置公差共有14个特征项目，其中形状公差4个项目，形状或位置公差（轮廓公差）两个项目，位置公差三种8个项目。各公差项目的名称和符号见表6-5。

表6-5　形位公差的项目和符号

公差		特征项目	符号	基准要求
形状	形状	直线度	⏤	无
		平面度	▱	无
		圆度	○	无
		圆柱度	⌭	无
形状或位置	轮廓	线轮廓度	⌒	有或无
		面轮廓度	⌓	有或无
位置	定向	平行度	//	有
		垂直度	⊥	有
		倾斜度	∠	有
	定位	位置度	⌖	有或无
		同轴（同心）度	◎	有
		对称度	⌯	有
	跳动	圆跳动	↗	有
		全跳动	⌰	有

2）形位公差的代号。标准规定，在图样中形位公差采用代号标注。形位公差的代号包括：形位公差特征项目的符号、形位公差框格和指引线、形位公差值、表示基准的字母和其他有关符号。最基本的代号如图 6-23 所示。

形位公差的框格分为两格或多格式，框格自左至右填写以下内容：第一格，形位公差特征符号；第二格，形位公差值和有关符号；第三格和以后各格，表示基准的字母和有关符号。形位公差框格应水平地或垂直地绘制。指引线原则上从框格一端的中间位置引出，指引线的箭头应指向公差带的宽度或直径方向。

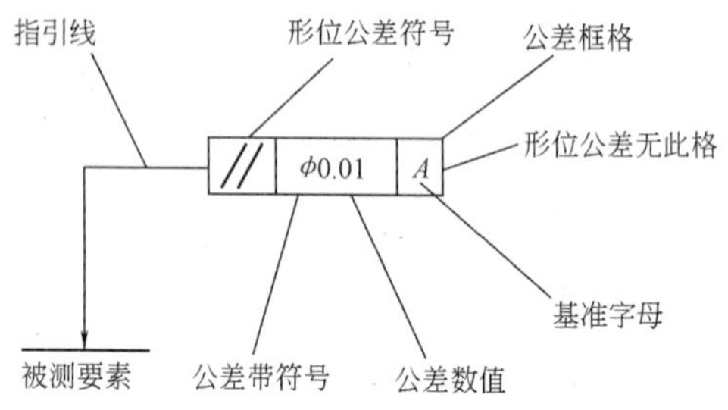

图 6-23　形位公差代号

3）基准符号。对有位置公差要求的零件，在图样上必须标明基准。基准符号由粗的短横线、圆圈、连线和基准字母组成，如图 6-24 所示。无论基准符号在图样中的方向如何，圆圈内的字母都应水平书写。为了避免误解，基准字母不得采用 E、I、J、M、O、P、L、R、F。当字母不够用时可加脚注，如 A_1、A_2…B_1、B_2…。

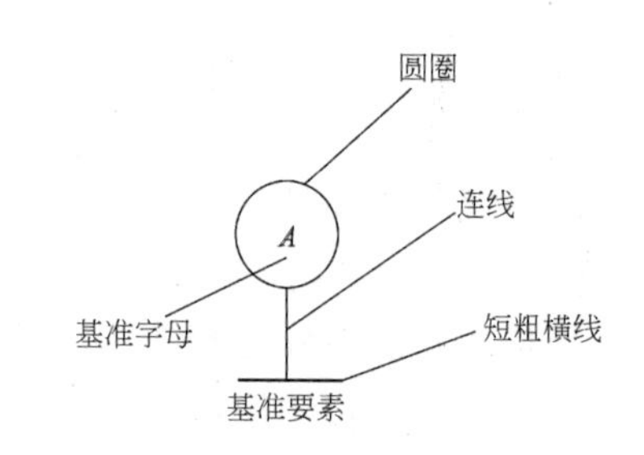

图 6-24　基准符号

3. 形位公差带

国家标准指出，形状和位置公差带是指限制实际要素变动的区域。形位公差带与尺寸公差带不同，尺寸公差带是用来限制零件实际尺寸的大小，而形位公差带是用来限制零件被测要素的实际形状和位置的变动的。因此，实际要素在形位公差带内则被测要素的形状和（或）位置合格，反之，则为不合格。

形位公差带由形状、大小、方向和位置 4 个因素确定。

1）公差带的形状。公差带的形状由被测要素的几何特征和设计要求来确定。其形状较多，但主要有九种。表 6-6 中列出了公差带的形状及适用的被测要素和公差特征项目。

2）公差带的大小。公差带的大小用以体现形位精度要求的高低，是由图样上给出的形位公差值确定的，一般指形位公差带的宽度或直径。如表 6-6 中的 t 或 ϕt，$S\phi t$。

表 6-6　形位公差带形状及范围

公差带		适用被测要素									用于公差特征项目													
构成要素	图示	球面	任意曲面	圆锥面	圆柱面	平面	圆	任意曲线	直线	点	直线度	平面度	圆度	圆柱度	线轮廓度	面轮廓度	平行度	垂直度	倾斜度	同轴度	对称度	位置度	圆跳动	全跳动
两平行直线									◎		▲						▲	▲	▲		▲	▲		

（续）

公差带		适用被测要素									用于公差特征项目													
构成要素	图示	球面	任意曲面	圆锥面	圆柱面	平面	圆	任意曲线	直线	点	直线度	平面度	圆度	圆柱度	线轮廓度	面轮廓度	平行度	垂直度	倾斜度	同轴度	对称度	位置度	圆跳动	全跳动
两等距曲线								◎							▲									
两同心圆		◎		◎	◎		◎						▲										▲	
一个圆										◎										▲		▲		
一个球										◎												▲		
一个圆柱	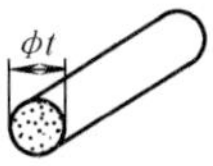								◎		▲						▲	▲	▲	▲		▲		
两同轴圆柱	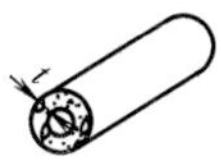				◎									▲										▲
两平行平面						◎			◎		▲	▲					▲	▲	▲		▲	▲		▲
两等距曲面	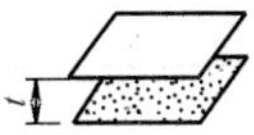		◎													▲								

3）公差带的方向。公差带的方向是指组成公差带的几何要素的延伸方向。

4）公差带的位置。形位公差带的位置分为浮动和固定两种。所谓浮动是指形位公差带在尺寸公差带内，随实际尺寸的不同而变动，其实际位置与实际尺寸有关。所谓固定是指公差带的位置由图样上给定的基准和理论正确尺寸确定。

在形状公差中，公差带位置均为浮动。在位置公差中，同轴度、对称度和位置度的公差带固定；有基准要求的轮廓度的公差带位置固定；如无特殊要求，其他位置公差的公差带位置浮动。

4. 形位公差的等级与公差值

图样上对形位公差值的表示方法有两种：一是用形位公差代号标注，在形位公差框格内注出公差值，称注出形位公差；另一种是不用代号标注，图样上不注出公差值，这种图样上虽未用代号注出，但仍有一定要求的形位公差，称未注形位公差。

1）图样上注出公差值的规定。对于形位公差有较高要求的零件均应在图样上按规定的标注方法注出公差值。形位公差值的大小由形位公差等级并依据主参数的大小确定，因此确定形位公差值实际上就是确定形位公差等级。

GB/T 1184—1996 对图样上的注出公差规定了 12 个等级，由 1 级起精度依次降低，6 级与 7 级为基本级。圆度和圆柱度增加了精度更高的 0 级。

公差值选用的原则是：根据零件的功能要求，并考虑加工的经济性和零件的结构、刚性等情况，一般情况下同一被测要素形状公差值应小于位置公差值，位置公差值应小于相应的尺寸公差值；对于孔与轴、细长比较大的轴或孔、距离较大的轴或孔、宽度较大的零件表面、线对线和线对面相对于面对面的平行度和垂直度等情况，考虑到加工的难易程度和除主参数外其他参数的影响，在满足零件功能的要求下适当降低 1 ~2 级选用。

2）形位公差未注公差值规定。未注公差值符合工厂的常用精度等级，不需要在图样上注出。

采用了未注形位公差后可节省设计时间；图样清晰易读，可高效地进行信息交换；图样很清楚的指出哪些要素可以用一般加工方法加工，既保证工程质量又不需要一一检测。

GB/T 1184 对直线度、平面度、垂直度、对称度和圆跳动的未注公差值进行了规定，规定上述 5 项形位未注公差分为 H、K、L3 个公差等级。

5. 形位公差的标注方法

1）被测要素或基准要素为轮廓要素时的标注

① 当被测要素或基准要素为轮廓线或为有积聚性投影的表面时，将箭头或基准符号置于要素的轮廓线或轮廓线的延长线上，并与尺寸线明显地错开，如图 6-25 所示。

② 当被测表面的投影为面时，箭头可置于带点的参考线上，该点指在表示实际表面的投影上，如图 6-25 所示。

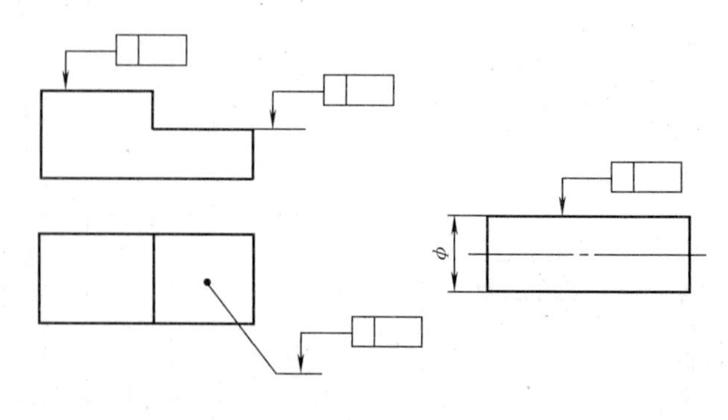

图 6-25　被测要素为轮廓线和投影面时的标注

③ 当基准要素为轮廓线或有积聚

性投影的表面时，将基准符号置于轮廓线上或轮廓线的延长线上，并使基准符号中的连线与尺寸线明显地错开，如图6-26所示。

④ 当基准要素的投影为面时，基准符号可置于用圆点指向实际表面的投影的参考线上，如图 6-26 所示。

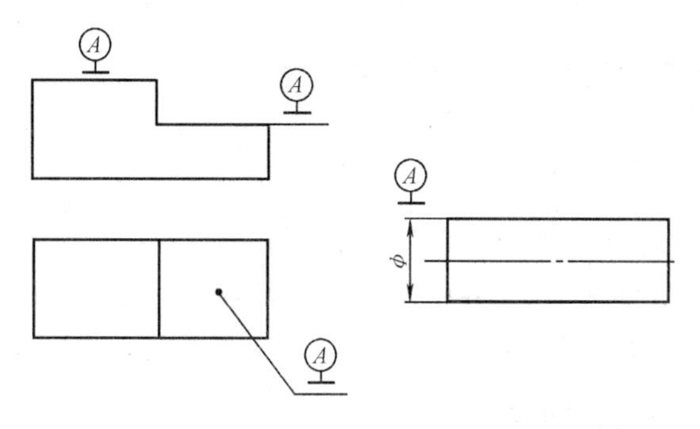

图 6-26　基准要素为轮廓线或投影面时的标注

2）被测要素或基准要素为中心要素时的标注

① 当被测要素或基准要素为轴线、中心平面或由带尺寸的要素确定的点时，则指引线的箭头或基准符号中的线应与确定中心要素的轮廓的尺寸线对齐，如图 6-27 所示。

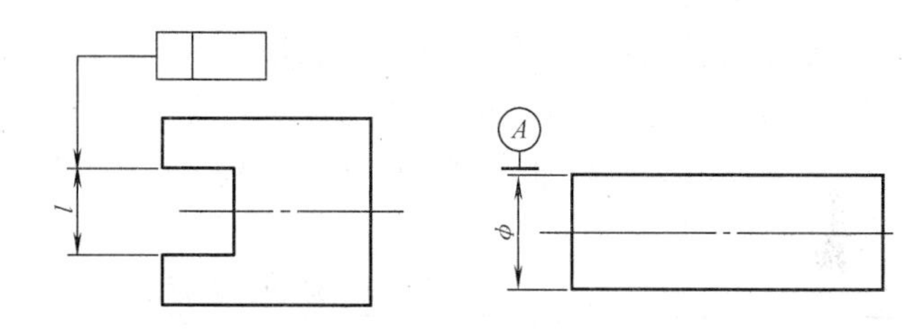

图 6-27　被测要素和基准要素为中心要素时的标注

② 当以零件两端两个小圆柱面的公共轴线作为基准时，可采用图 6-28 所示的标注方法。

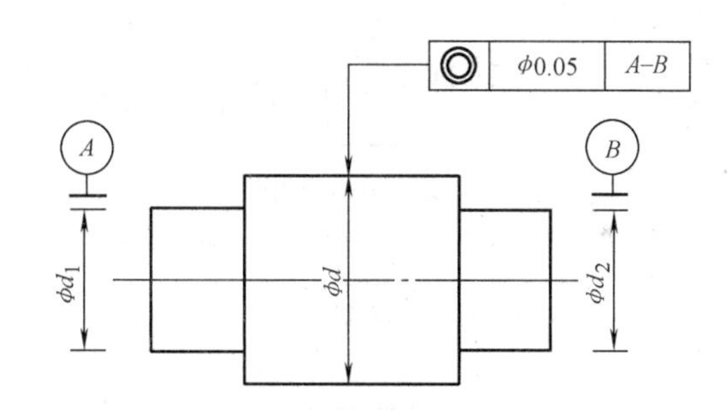

图 6-28　以公共轴线作为基准时的标注

6. 形位公差的标注示例

图 6-29 中所注形位公差表示：

1）ϕ100h6 外圆的圆度公差为 0.004。

2）ϕ100h6 外圆对 ϕ45P7 孔的轴心线圆跳动公差为 0.015。

3）两端面之间的平行度公差为 0.01。

图 6-30 中所注公差表示：

1）SR750 的球面对 ϕ16f8 轴线的圆跳动公差为 0.03。

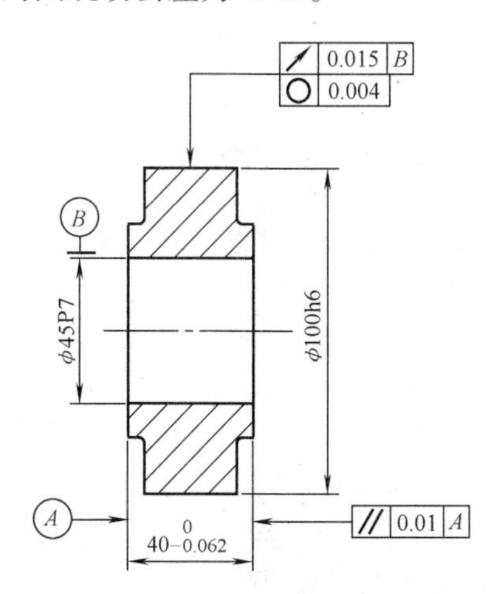

图 6-29　形位公差标注示例 1

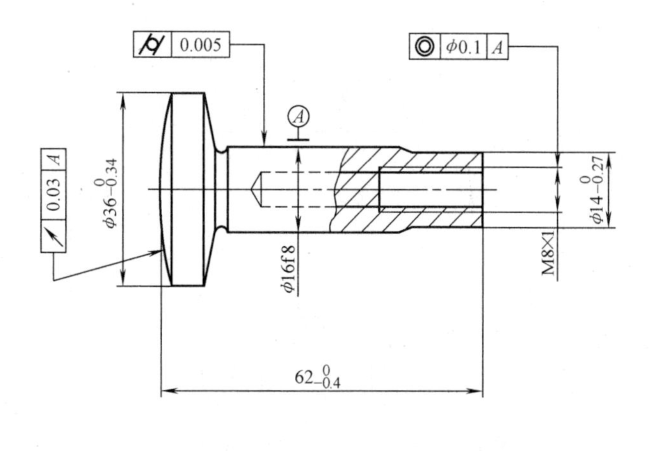

图 6-30　形位公差标注示例 2

2）ϕ16f8 圆柱体的圆柱度公差为 0.005。

3）M8×1 螺孔的轴心线对 ϕ16f8 轴心线的同轴度公差为 ϕ0.1。

6.2.2　形状和位置公差标准

【学习目标】

1）掌握各项形状和位置公差带的读法及公差带形状。

2）根据给出的形状公差带标准示例、读法对零件图中所标注的形状和位置公差代号意义进行正确的解释。

【分析与探究】

1. 形状公差

形状公差是单一实际要素的形状所允许的变动全量。形状公差带是被测的单一实际要素允许变动的区域。形状公差带的方向和位置一般是浮动的。

各项形状公差标准示例、读法、公差带见表 6-7。

表 6-7　形状公差标准示例、读法、公差带

项　目	标注示例及读法	公　差　带
（一）直线度	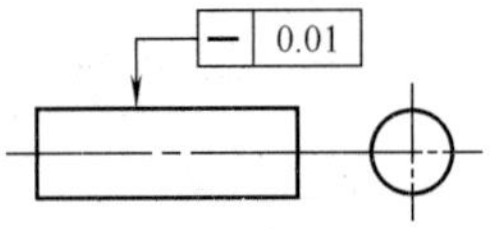 圆柱面的素线直线度公差为 0.01	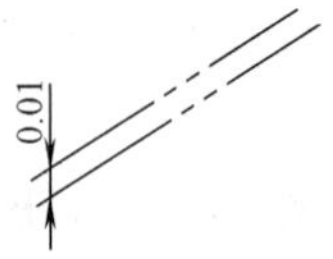 距离为公差值 0.01 的两条平行线之间的区域
	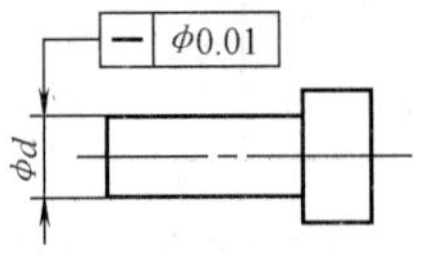 ϕd 轴线的直线度公差为 ϕ0.01（任意方向）	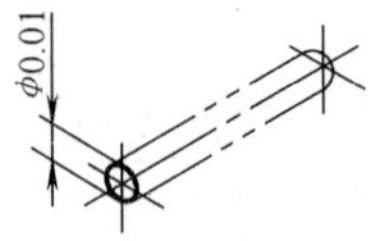 直径为公差值 0.01 的圆柱面内的区域
（二）平面度	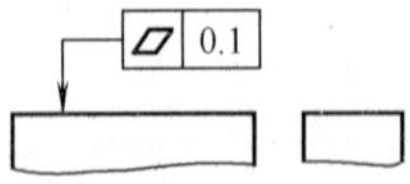 上表面的平面度公差为 0.1	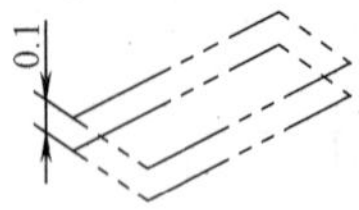 距离为公差值 0.1 的两平行平面之间的区域
（三）圆度	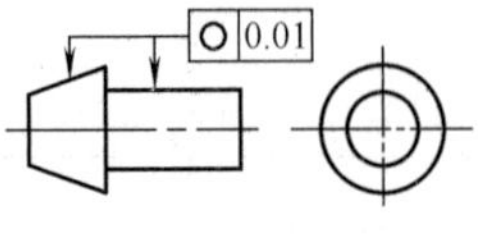 圆锥面、圆柱面的圆度公差为 0.01	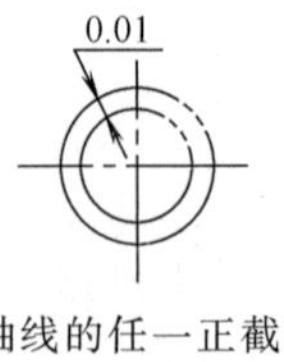 在垂直于轴线的任一正截面上，半径差为公差值 0.01 的两同心圆之间的区域

（续）

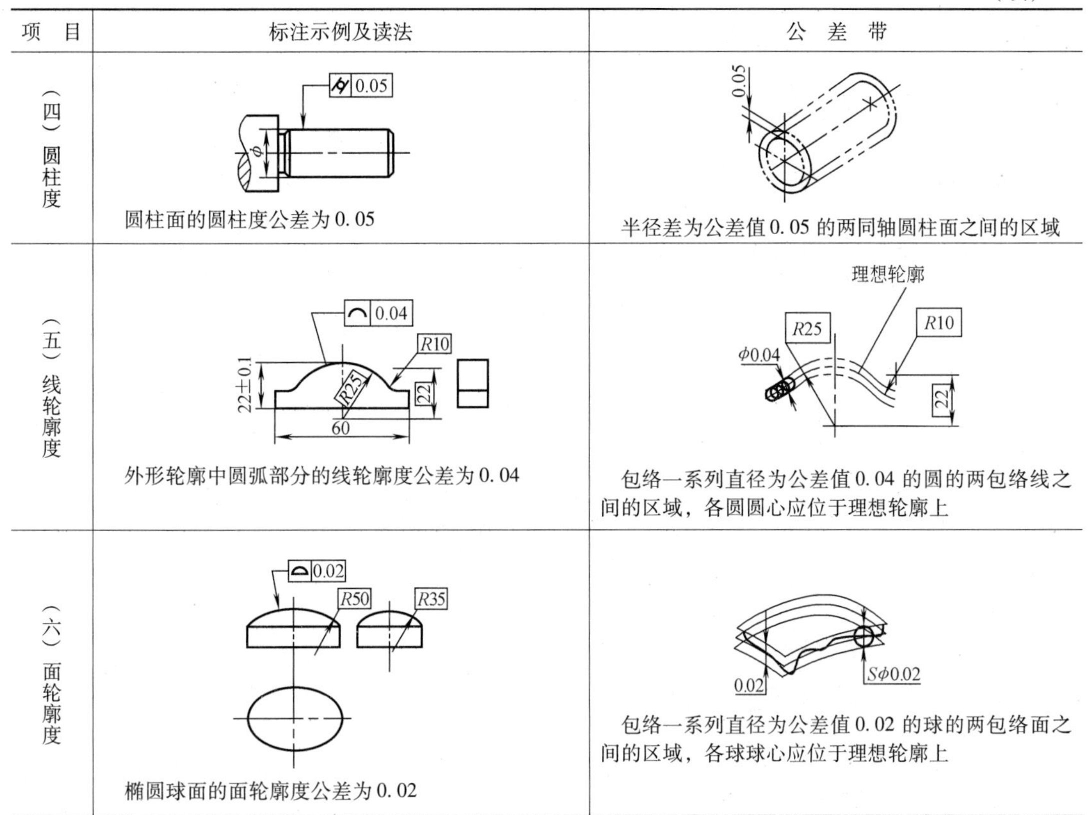

项　目	标注示例及读法	公　差　带
（四）圆柱度	圆柱面的圆柱度公差为0.05	半径差为公差值0.05的两同轴圆柱面之间的区域
（五）线轮廓度	外形轮廓中圆弧部分的线轮廓度公差为0.04	包络一系列直径为公差值0.04的圆的两包络线之间的区域，各圆圆心应位于理想轮廓上
（六）面轮廓度	椭圆球面的面轮廓度公差为0.02	包络一系列直径为公差值0.02的球的两包络面之间的区域，各球球心应位于理想轮廓上

2. 位置公差

位置公差是关联实际要素的位置对基准所允许的变动全量。位置公差带的方向和位置由基准确定，各项位置公差标准示例、读法及公差带见表6-8。

表6-8　位置公差标准示例、读法及公差带

项　目	标注示例及读法	公　差　带
（一）平行度	上表面对基准 A（底面）的平行度公差为0.05	距离为公差值0.05且平行于基准平面的两平行平面之间的区域
	孔 ϕD 轴线对基准 A（轴线）在垂直和水平方向上的平行度公差分别为0.1和0.2	正截面为公差值0.1×0.2且平行于基准轴线的四棱柱内的区域

（续）

项　目	标注示例及读法	公　差　带
（一）平行度	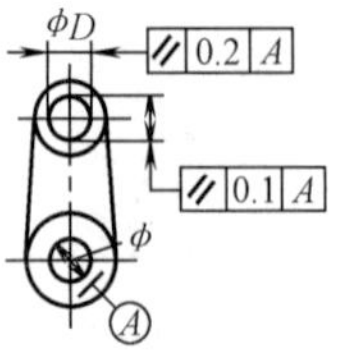 孔 ϕD 轴线（在任意方向）对基准 A（轴线）的平行度公差为 $\phi0.1$	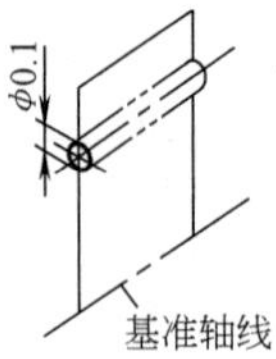 直径为公差值 0.1 且平行于基准轴线的圆柱面内的区域
（二）垂直度	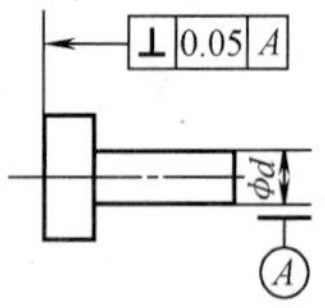 端面对基准 A（ϕd 轴线）的垂直度公差为 0.05	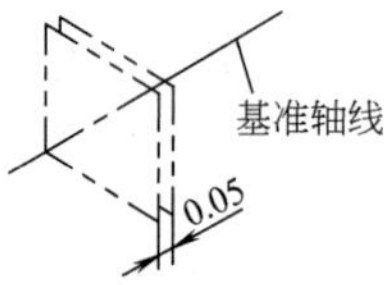 距离为公差值 0.05 且垂直于基准轴线的两平行平面之间的区域
	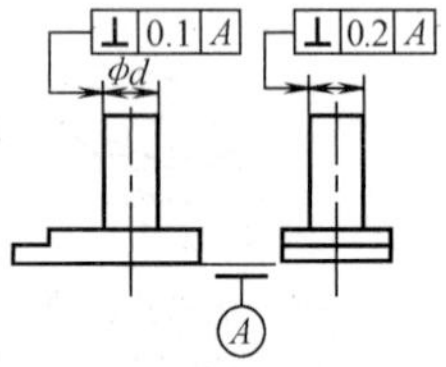 ϕd 轴线对基准 A（底面）在互相垂直的两个方向上的垂直度公差为 0.1 和 0.2	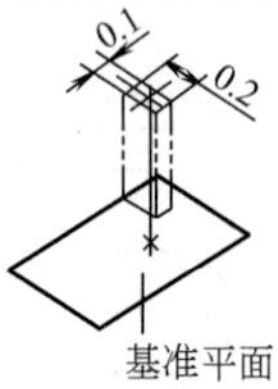 正截面为公差值 0.2 和 0.1 且垂直于基准平面的四棱柱内的区域
	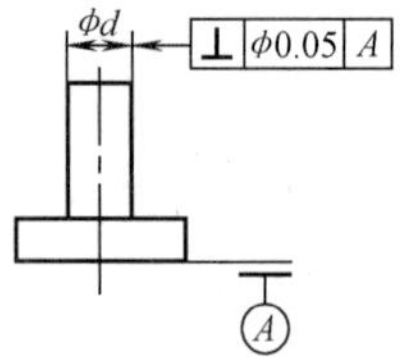 ϕd 轴线（在任意方向上）对基准 A（底面）的垂直度公差为 $\phi0.05$	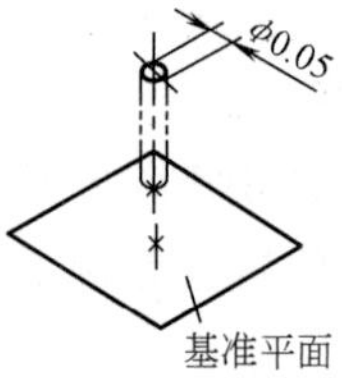 直径为公差值 0.05 且垂直于基准平面的圆柱面内的区域
（三）倾斜度	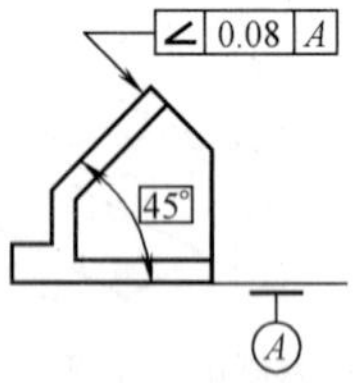 斜面对基准 A（底面）的倾斜度公差为 0.08	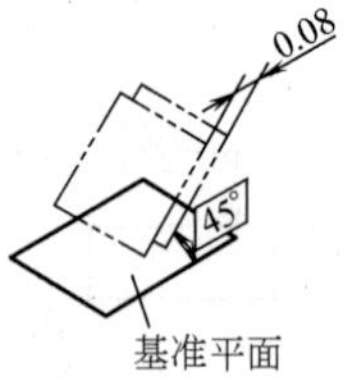 距离为公差值 0.08 且与基准平面成 45°角的两平行平面之间的区域
（四）同轴度	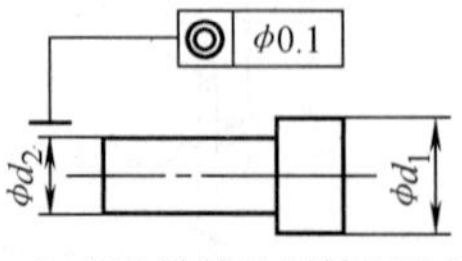 ϕd_1 轴线对 ϕd_2 基准轴线的同轴度公差为 $\phi0.1$	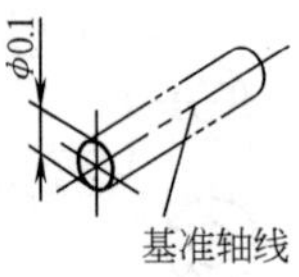 直径为公差值 0.1 且与基准轴线同轴的圆柱面内的区域

（续）

<table>
<tr><th>项　目</th><th>标注示例及读法</th><th>公　差　带</th></tr>
<tr><td rowspan="2">（五）对称度</td><td>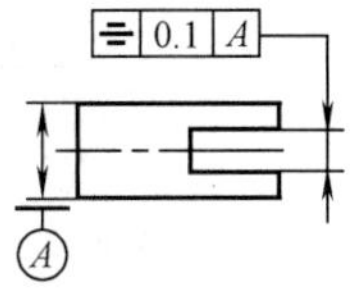

槽的中心面对基准 A（两外平面的中心平面）的对称度公差为 0.1</td><td>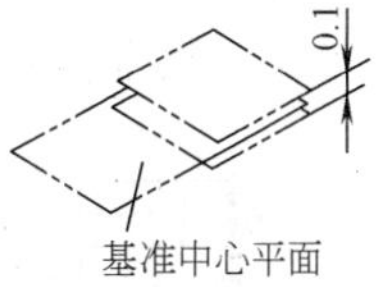

距离这公差值 0.1 且相对基准中心平面对称配置的两平行平面之间的区域</td></tr>
<tr><td>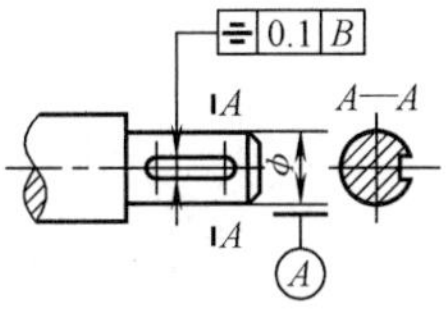

键槽的中心面对基准 B（轴线）的对称度公差为 0.1</td><td>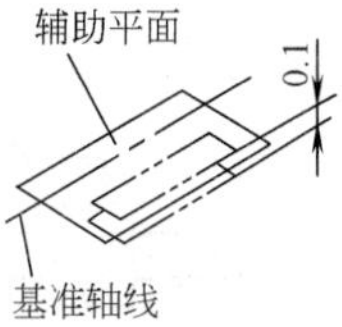

距离这公差值 0.1 且相对基准轴线（通过基准轴线的辅助平面）对称配置的两平行平面之间的区域</td></tr>
<tr><td>（六）位置度</td><td>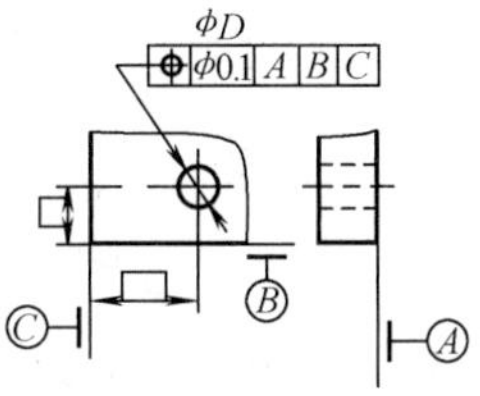

ϕD 孔轴线对基准 A、B、C 的位置度公差为 ϕ0.1</td><td>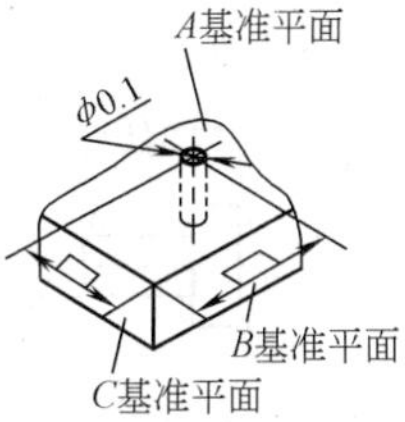

直径为公差值 0.1 且以线的理想位置（由基准 A、B、C 所确定的）为轴线的圆柱面内的区域</td></tr>
<tr><td rowspan="2">（七）圆跳动</td><td>1. 径向圆跳动
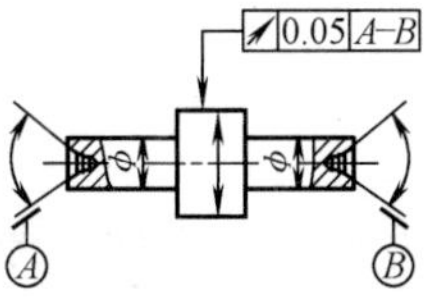

圆柱面对基准 A—B（两中心孔公共轴线）的径向圆跳动公差为 0.05</td><td>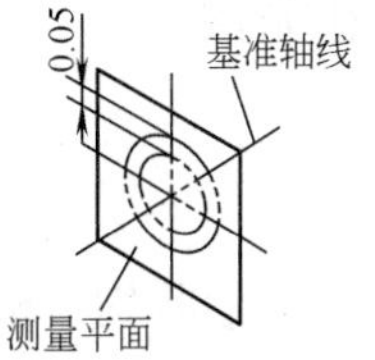

在垂直于基准轴线的任一测量平面内半径差为公差值 0.05，且圆心在基准轴线上的两同心圆之间的区域</td></tr>
<tr><td>2. 端面圆跳动
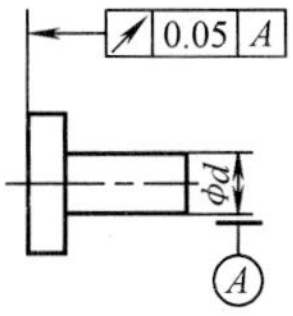

端面对基准 A（ϕd 轴线）的端面圆跳动公差为 0.05</td><td>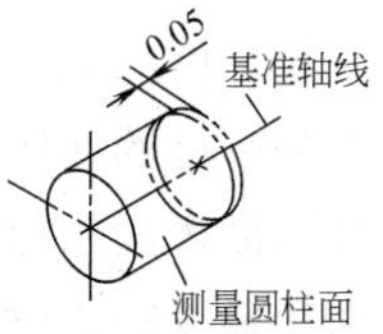

在垂直于基准轴线的任一测量平面内半径差为公差值 0.05，且圆心在基准轴线上的两同心圆之间的区域</td></tr>
</table>

（续）

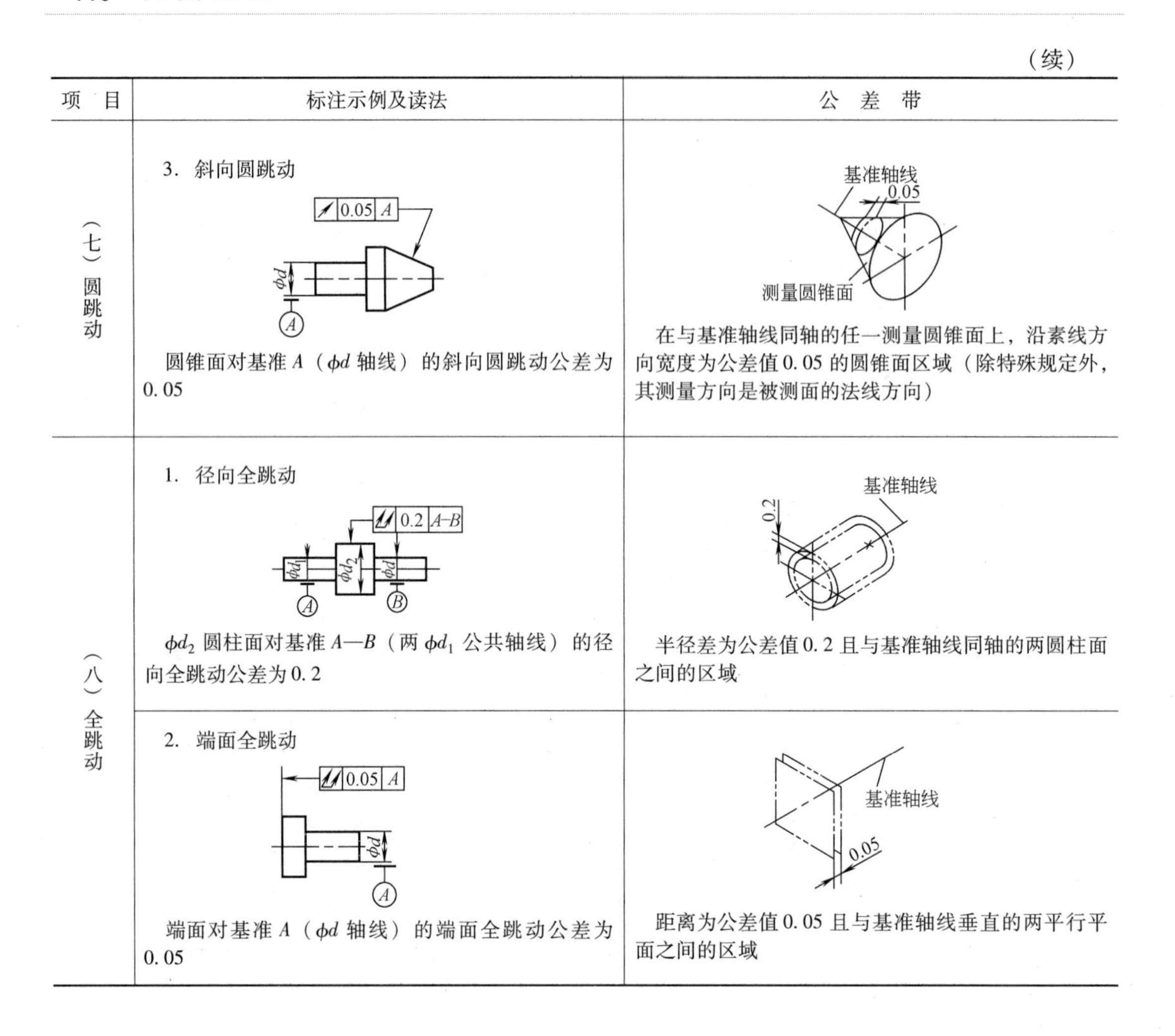

项　目	标注示例及读法	公　差　带
（七）圆跳动	3. 斜向圆跳动 圆锥面对基准 A（ϕd 轴线）的斜向圆跳动公差为 0.05	在与基准轴线同轴的任一测量圆锥面上，沿素线方向宽度为公差值 0.05 的圆锥面区域（除特殊规定外，其测量方向是被测面的法线方向）
（八）全跳动	1. 径向全跳动 ϕd_2 圆柱面对基准 $A—B$（两 ϕd_1 公共轴线）的径向全跳动公差为 0.2	半径差为公差值 0.2 且与基准轴线同轴的两圆柱面之间的区域
	2. 端面全跳动 端面对基准 A（ϕd 轴线）的端面全跳动公差为 0.05	距离为公差值 0.05 且与基准轴线垂直的两平行平面之间的区域

6.3 表面粗糙度

【实例】

1）一个尺寸和形状均合格的零件在检验时被确定为不合格零件，原因是其表面粗糙度不符合要求。

2）设计和加工零件时是不是应该使零件的表面尽可能的光滑？

【学习目标】

1）理解表面粗糙度的基本概念。

2）了解表面粗糙度的评定标准。

3）能够正确读懂表面粗糙度的标注意义。

4）了解表面粗糙度的正确选择。

【学习建议】

分解为四个子单元（概述、评定参数、标注、应用）分别研究后再归纳总结。

6.3.1　表面粗糙度概述

表面粗糙度是一种表面结构，反映的是微观的几何形状误差，通常是指零件表面具有较小间距和峰谷所组成的微观几何形状特性。在考查零件的表面结构时常用轮廓法，首先使一个平面与实际表面相交得到表面轮廓，然后再建立空间直角坐标系进行分析（图6-31）。

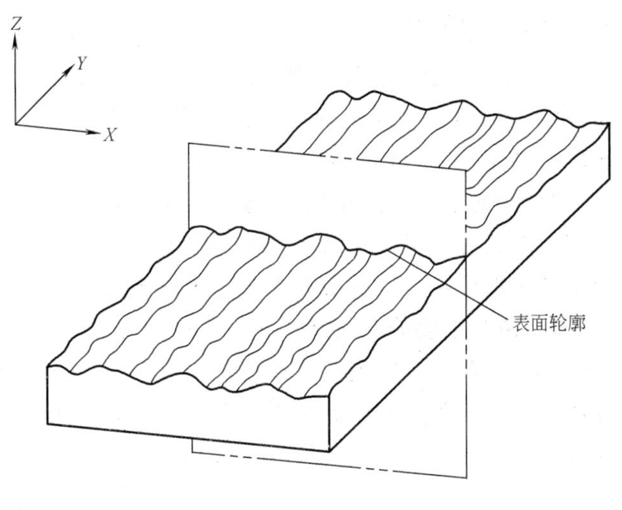

图6-31　表面轮廓

表面轮廓也是波，在波距（波长）很小的情况下（一般情况小于1mm）考查是粗糙度轮廓（R轮廓），其上的参数称为R-参数；在波距较大（一般在1～10mm之间）的情况下考查是波纹度轮廓（W轮廓），其上的参数称为W-参数；在更大的范围内（一般大于10mm或整个表面）考查则属于形状误差问题（如直线度误差），如图6-32所示。

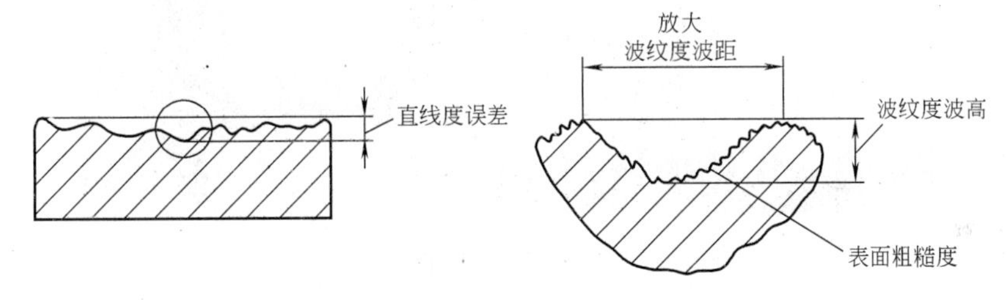

图6-32　表面粗糙度、波纹度和形状误差

表面粗糙度对零件的配合性质、耐磨性、抗腐蚀性、抗疲劳强度以及接触刚度等均有很大的影响。为保证产品质量、延长零件寿命、降低成本，应对零件的表面粗糙度提出合理的要求。

6.3.2　表面粗糙度的评定参数

1. 有关术语及其定义

1）轮廓中线 m：具有几何轮廓形状并划分轮廓的基准线就是中线。中线（图6-33）可

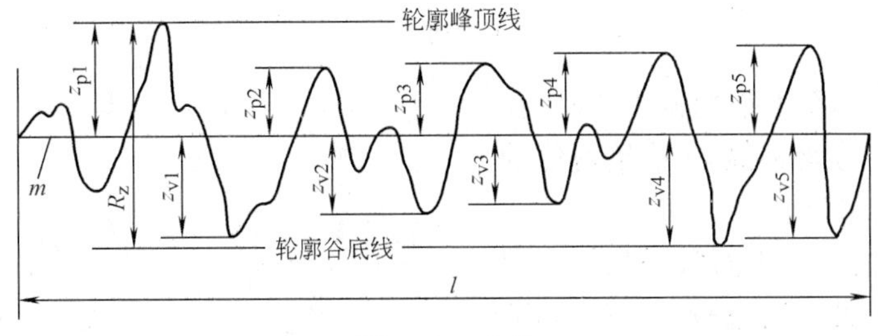

图6-33　中线

以通过最小二乘法拟合或其他方法确定。在用粗糙度仪（图6-34）或轮廓仪（图6-35）进行测量时，它会自动确立中线。

2）取样长度l：用于判别被评定轮廓不规则特征的X轴方向上的长度，一般包括5个以上的轮廓峰和轮廓谷（图6-32）。

3）评定长度l_n：用于判别被评定轮廓的X轴方向上的长度。可以包含1个取样长度，也可以包含几个取样长度（一般为5个，图6-36）。

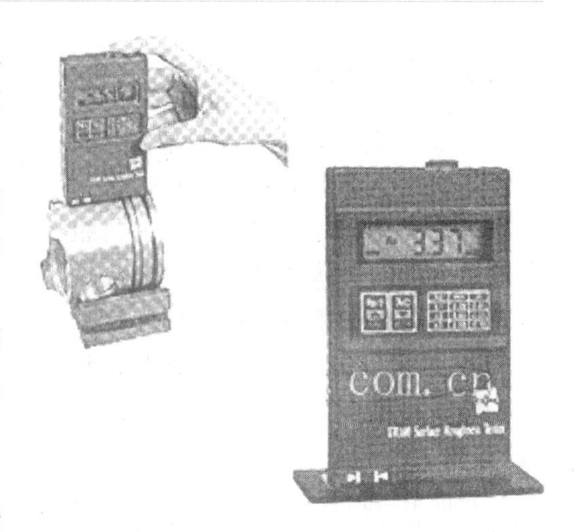

图6-34　粗糙度仪

2. 两个主要的R-参数

用以说明表面粗糙度的参数是R-参数。这些参数较多，在此只介绍最常用的2个幅（高）度参数。

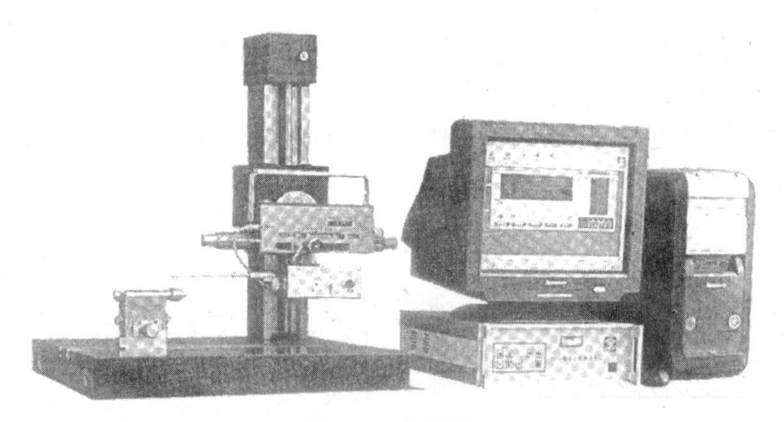

图6-35　轮廓仪

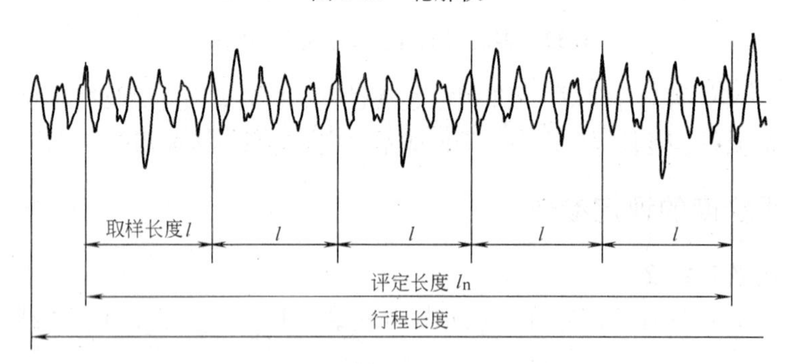

图　6-36

1）评定轮廓的算术平均偏差Ra：在一个取样长度内，纵坐标值Z(x)绝对值的算术平均值（图6-37）。

Ra能较客观的反映表面微观几何形状特性，测量简单方便，用途较广。Ra的数值见表6-9。一般应优先选用表中第一系列。

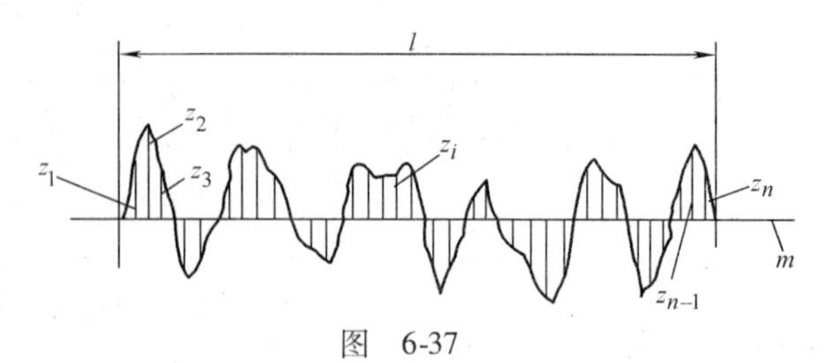

图　6-37

表6-9　评定轮廓的算术平均偏差 *R*a 的数值　　（单位：μm）

*R*a	0. 012 0. 025 0. 05 0. 1	0. 2 0. 4 0. 6 0. 8	3. 2 6. 3 12. 5 25	50 100

2）轮廓的最大高度 R_Z：在一个取样长度内，最大轮廓峰高 Z_P 和最大轮廓谷深 Z_v 之和的高度（图6-33）。R_Z 的数值见表6-10。

表6-10　轮廓的最大高度 R_Z 的数值　　（单位：μm）

R_Z	0. 025 0. 05 0. 1 0. 2	0. 4 0. 8 1. 6 3. 2	6. 3 12. 5 25 50	100 200 400 800	1600

6. 3. 3　表面粗糙度的标注

1. 表面粗糙度的图形符号及其含义

表面粗糙度的图形符号及其含义说明见表6-11。图形标注的演变见表6-12。

表6-11　表面粗糙度的图形符号和补充要求

图形符号	意　义	完整图形符号	补充要求的注写位置说明
√	基本图形符号。仅用于多个结构表面有相同要求时的简化标注	c a e d b 在图形符号上边加一横线表示补充信息	*a* 位置：注写表面结构的单一要求（主要是粗糙度参数代号及其数值） *b* 位置：有第二个表面结构要求时的注写位置 *c* 位置：加工方法的注写位置 *d* 位置：注写表面纹理和方向 *e* 位置：加工余量的注写位置
	表示指定表面是用去除材料的方法获得。如车、铣、钻、磨、剪切、抛光、腐蚀、电火花加工、气割等		
	表示指定表面是用不去除材料的方法获得。如铸、锻、冲压变形、热轧、粉末冶金等		

表6-12　表面粗糙度图形标注的演变举例

GB/T 131		
1983（第1版）	1993（第2版）	2006（第3版）
1.6	1.6　1.6	*Ra* 1.6
*Ry*3.2	*Ry*3.2　*Ry*3.2	*Rz* 3.2
—	*Ry*3.2	*Rz* 36.3 如果评定长度中的取样长度不是5（例如是3）

2. 表面粗糙度图形符号的画法

表面粗糙度图形符号的画法如图 6-38 所以。

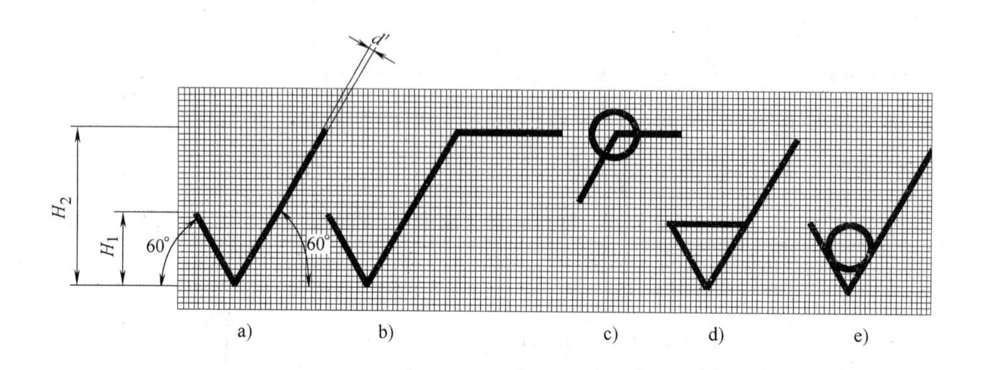

图 6-38　表面粗糙度图形符号的画法

3. 表面粗糙度在图样中的标注

表面粗糙度在图样中的标注如图 6-39 ~ 图 6-49 所示。

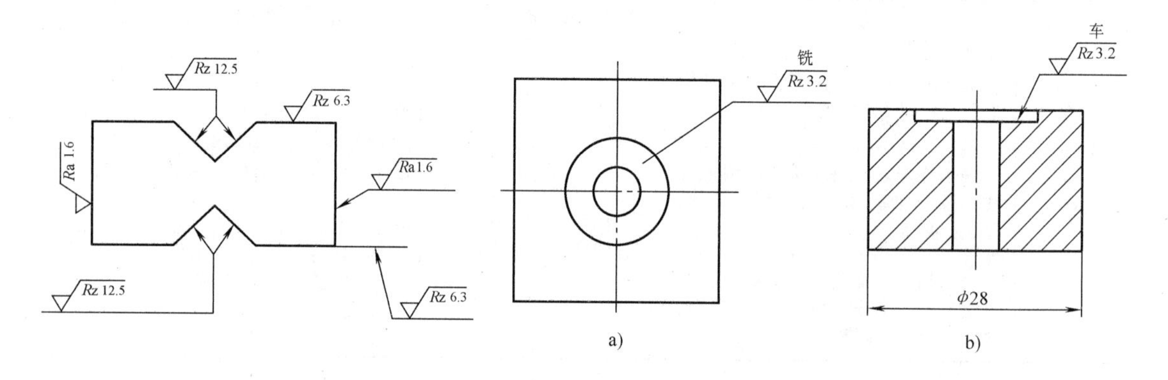

图 6-39　表面结构要求在轮廓线上的标注　　图 6-40　用指引线引出标注表面结构要求

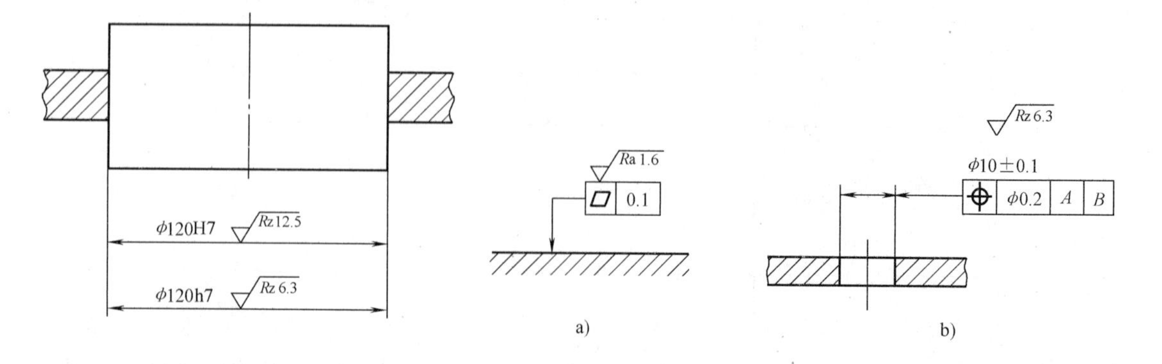

图 6-41　表面结构要求标注在尺寸线上　　图 6-42　表面结构要求标注在形位公差框格的上方

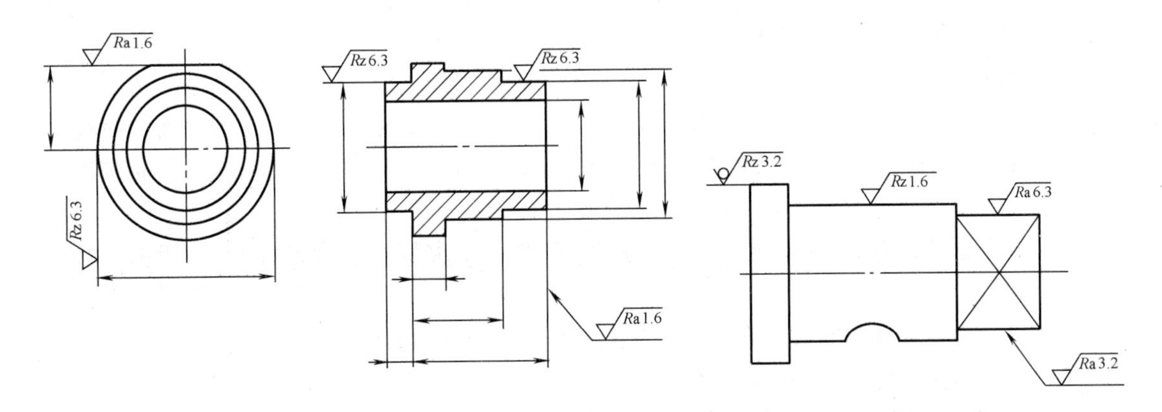

图6-43 表面结构要求标注在圆柱特征的延长线上

图6-44 圆柱和棱柱的表面结构要求的注法

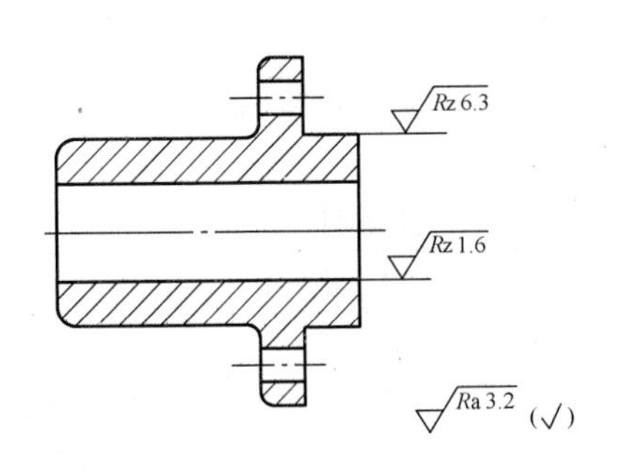

图6-45 大多数表面有相同表面结构要求的简化注法

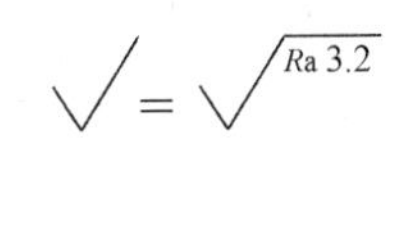

图6-46 未指定工艺方法的多个表面结构要求的简化注法

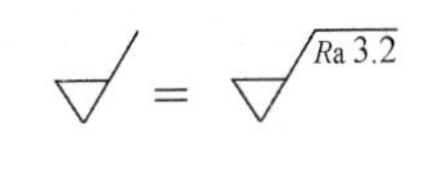

图6-47 要求去除材料的多个表面结构要求的简化注法

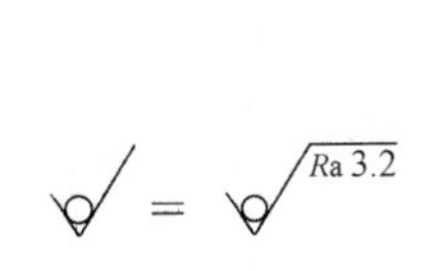

图6-48 不允许去除材料的多个表面结构要求的简化注法

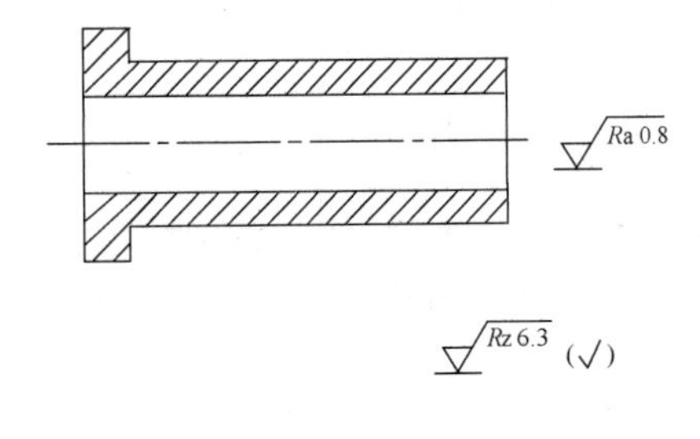

图 6-49

6.3.4 表面粗糙度的应用

【分析与探究】

表面粗糙度参数值的选择一般应遵循既满足零件表面功能要求又满足经济性的原则，常常采用类比法来确定。其选择原则如下：

1）在满足零件表面功能要求的情况下，尽可能选用较大的表面粗糙度数值，以降低零件的加工成本。

2）在同一零件上，工作表面的粗糙度数值一般应小于非工作表面的粗糙度数值。

3）摩擦表面比非摩擦表面的粗糙度数值要小；滚动摩擦表面比滑动摩擦表面的粗糙度数值要小；运动速度高、压力大的摩擦表面应比运动速度低、压力小的摩擦表面的粗糙度数值要小。

4）承受循环载荷的表面、易产生应力集中的结构（如圆角、沟槽等），其粗糙度数值要小。

5）配合精度要求高的结合表面、配合间隙小的配合表面及要求连接可靠且承受重载的过盈配合表面均应取较小的粗糙度数值。

6）配合性质相同时，在一般情况下，零件尺寸越小，则表面粗糙度数值应越小；在同一精度等级时，小尺寸比大尺寸、轴比孔的表面粗糙度数值要小；通常在尺寸公差、表面形状公差小时，表面粗糙度数值要小。

7）防腐性、密封性要求越高，表面粗糙度数值应越小。

表6-13表列出了不同范围表面粗糙度所对应的表面粗糙度特征及应用举例。

表6-13　表面粗糙度参数值在某一范围内的表面特征及应用举例

表面特征		*Ra*（0.01mm）	*Rz*（0.01mm）	应用举例
粗糙表面	可见刀痕	>20~40	>80~160	半成品粗加工过的表面，非配合的加工表面如轴端面、倒角、钻孔等
	微见刀痕	>10~20	>40~80	
半光表面	微见加工痕迹	>5~10	>20~40	轴上不安装轴承或齿轮处的非配合表面、紧固件的自由装配表面、轴和孔的退刀槽等
	微见加工痕迹	>2.5~5	>10~20	半精加工表面，箱体、支架、端盖等和其他零件结合而无配合要求的表面及需法兰的表面
	看不清加工痕迹	>1.25~2.5	>6.3~10	接近于精加工表面、箱体上安装轴承的镗孔表面、齿轮的工作面
光表面	可辨加工痕迹方向	>0.63~1.25	>3.2~6.3	圆柱销、圆锥销，与滚动轴承配合的表面，普通车床导轨面，内、外花键定心表面等
	微辨加工痕迹方向	>0.32~0.63	>1.6~3.2	要求配合性质稳定的配合表面，工作时受交变应力的重要零件，较高精度车床的导轨面
	不可辨加工痕迹方向	>0.16~0.32	>0.8~1.6	精密机床主轴锥孔，顶尖圆锥面，发动机曲轴、高精度齿轮齿面
极光表面	暗光泽面	>0.08~0.16	>0.4~0.8	精密机床主轴颈表面、一般量规工作表面、气缸套内表面、活塞销表面
	亮光泽面	>0.04~0.08	>0.2~0.4	精密机床主轴颈表面、滚动轴承的滚动体、高压油泵中柱塞和柱塞套配合的表面
	镜状光泽面	>0.01~0.04	>0.05~0.2	
	镜面	≤0.01	≤0.05	高精度量仪、量块的工作表面，光学仪器中的金属镜面

【学习小结】

表面粗糙度反映的是零件被加工表面上的微观几何形状误差。表面粗糙度直接影响机械零件的使用性能和寿命，也会对机器的工作可靠性和使用寿命造成严重影响。因此，应对零件的表面粗糙度数值加以合理确定，并予以标注。最常使用的两个 R-参数是评定轮廓的算术平均偏差 Ra 和轮廓的最大高度 Rz，数值越小表面越光滑。

项目7 联　　接

将两个或两个以上的物体接合在一起的形式称为联接。在机械中，为了便于制造、安装、运输、维修等，广泛使用了各种联接。

【实例1】　螺纹联接（图7-1）

【实例2】　键联接（图7-2）

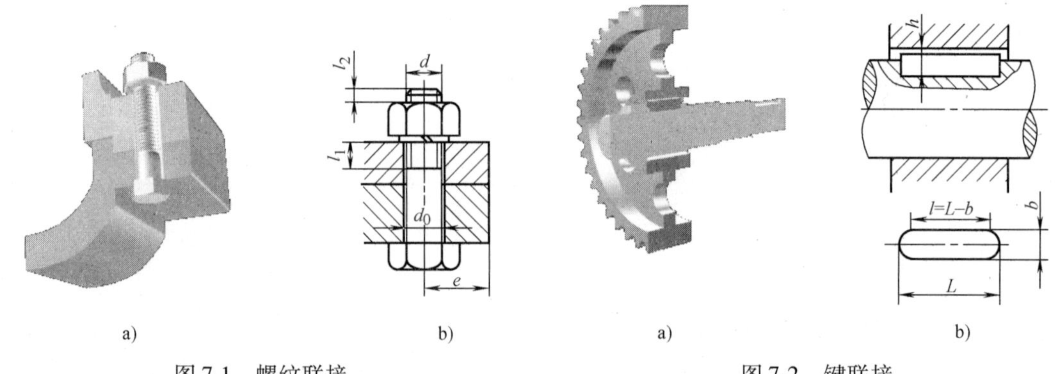

图7-1　螺纹联接　　　　图7-2　键联接

联接可分为两大类：一类是机器在使用中被联接零件间可以有相对运动的联接，称为动联接（如滑移齿轮与轴），另一类是机器在使用中，被联接零件间不允许产生相对运动的联接，称为静联接。

联接通常又分为可拆联接和不可拆联接。可拆联接是不破坏联接中的任一零件就可拆开的联接，一般具有通用性强、可随时更换、维修方便等特点，允许多次重复拆装，常见的有键联接、销联接、螺纹联接、轴间联接和弹性联接（弹簧）等。不可拆联接一般是指需要破坏联接中的某一部分才能拆开的联接，具有结构简单、成本低廉、简便易行的特点，常见的有铆接、焊接、胶接和过盈配合联接等（其中小过盈配合联接也可认为是可拆联接）。

在机械不能正常工作的故障中，大部分是由于联接失效造成的。因此，联接在机械设计与使用中占有重要地位。

【学习目标】

1）了解联接的种类。

2）熟悉键联接、销联接、螺纹联接、不可拆联接的主要类型、特点和应用。

3）了解螺纹用于传动的类型和应用。

4）了解联轴器、离合器、制动器的功用、主要类型、特点和选用。

【学习建议】

1）分解为键联接、销及销联接、螺纹联接、轴间联接及制动器、不可拆联接5个子项目，分别研究后再归纳总结。

2）参阅其他《机械基础》或《机械设计基础》教材中的有关内容。

3）登录互联网，通过搜索网站查找到“机械设计基础网络课程”后参看有关内容。

4）参看教学课件中的有关内容。

7.1 键联接

【实例1】 普通平键联接（图7-2）中，强度较弱的零件工作表面被压溃。

【实例2】 导向平键或滑键的工作面过度磨损。

【学习目标】

1）了解键联接的功用和类型。

2）熟悉普通平建联接的结构和标准。

3）掌握普通平建联接的选用和拆装。

【分析与探究】

键联接主要用来实现轴和轴上零件（轮毂件，如齿轮、带轮等）的周向固定，以传递运动和转矩。有的还能实现轴上零件的轴向固定或轴向滑动。

键联接分为两大类：松键联接和紧键联接。松键联接包括普通平键、导向平键、滑键、花键和半圆键五种联接。紧键联接包括楔键和切向键两种联接。

7.1.1 松键联接

1. 普通平键

普通平键联接如图7-3所示。键的两个侧面是工作面。键的上表面与轮毂键槽的底面之间留有一定的间隙，（图7-3中的 h）。该联接的特点是对中性较好，但不能承受轴向载荷。该类键主要用于轴毂间无相对轴向运动的静联接。普通平键有三种形状：圆头（A型，应用最广泛，图7-3a），方头（B型，需要螺钉固定，图7-3b）、半圆头（C型，多用于轴端联接，图7-3c）。

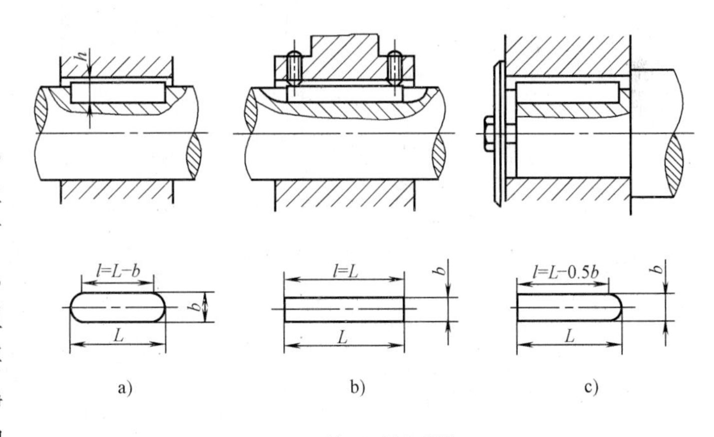

图7-3 普通平键联接

普通平键一般采用中碳钢（如45钢）制造，其标准尺寸和公差要求见表7-1。选择其标准尺寸时以轴径和轴的键槽长为依据。装配时，先要选择合适的键按图样要求修配装入轴的键槽中，然后再将轴上零件装在轴上（可采用手锤、铜棒敲打法，压力机压入法或轴上零件加热装配法），最后检查是否符合装配图的要求。

2. 导向平键和滑键

表 7-1 普通平键联接的标准尺寸

普通平键键槽的剖面尺寸

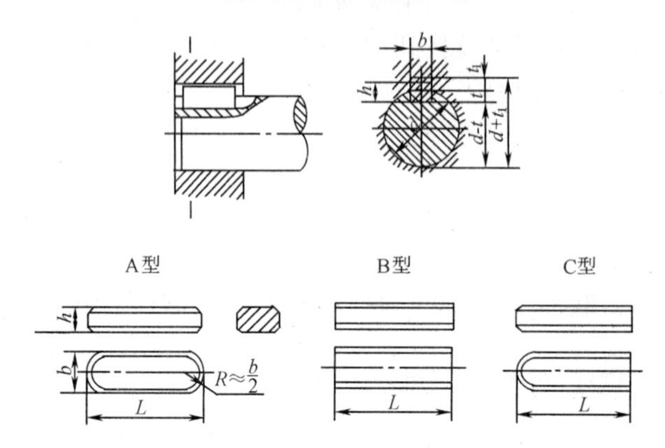

标记示例：普通平键（B 型）$b=16$mm，$h=10$mm，$L=100$mm　　GB/T 1096 键 B16×10×100（A 型可不标出“A”）

轴径	键		键槽										
			宽度 $b_1=b$					深度				倒角或圆角	
			极限偏差					轴 t		毂 t_1			
d	$b\times h$	L	松联接		正常联接		紧密联接						
			轴 H9	毂 D10	轴 N9	毂 JS9	轴和毂 P9	基本尺寸	极限偏差	基本尺寸	极限偏差	最小	最大
6～8	2×2	6～20	+0.025	+0.060	−	±	−0.006	1.2	+0.1 0	1	+0.1 0	0.16	0.25
>8～10	3×3	6～36	0	+0.020	0.001 − 0.029	0.0125	−0.031	1.8		1.4			
>10～12	4×4	8～45	+0.030 0	+0.078 +0.030	0 − 0.030	±0.015	−0.012 −0.042	2.5		1.8			
>12～17	5×5	10～56						3.0		2.3		0.25	0.40
>17～22	6×6	14～70						3.5		2.8			
>22～30	8×7	18～90	+0.036 0	+0.098 +0.040	0 − 0.036	±0.018	−0.015 −0.051	4.0	+0.2 0	3.3	+0.2 0		
>30～38	10×8	22～110						5.0		3.3		0.40	0.60
>38～44	12×8	28～140	+0.043 0	+0.120 +0.050	0 − 0.043	± 0.0215	−0.018 −0.061	5.0		3.3			
>44～50	14×9	36～160						5.5		3.8			
>50～58	16×10	45～180						6.0		4.3			
>58～65	18×11	50～200						7.0		4.4			
>65～75	20×12	56～220	+0.052 0	+0.149 +0.065	0 − 0.052	±0.026	−0.022 −0.074	7.5		4.9		0.60	0.80
>75～85	22×14	63～250						9.0		5.4			
>85～95	25×14	70～280						9.0		5.4			
>95～110	28×16	80～320						10.0		6.4			
L 系列	6，8，10，12，14，16，18，20，22，25，28，32，36，40，45，50，56，63，70，80，90，100，110，125，140，160，180，200，220，250，280，320，360，400，450，500												

当工作要求轮毂在轴上能作轴向滑移时，可采用导向平键或滑键联接（图7-4、图7-5）。它们都属于动联接。导向平键较长，一般需用螺钉将键紧固在轴上，键的中部常设有起键螺钉孔，轮毂可沿键作轴向移动。当移动距离较大时，因采用导向平键制造较困难，故可采用滑键。滑键固定在轮毂上，沿轴上键槽作轴向滑移。导向平键和滑键常用于变速箱内滑移齿轮与轴的联接。

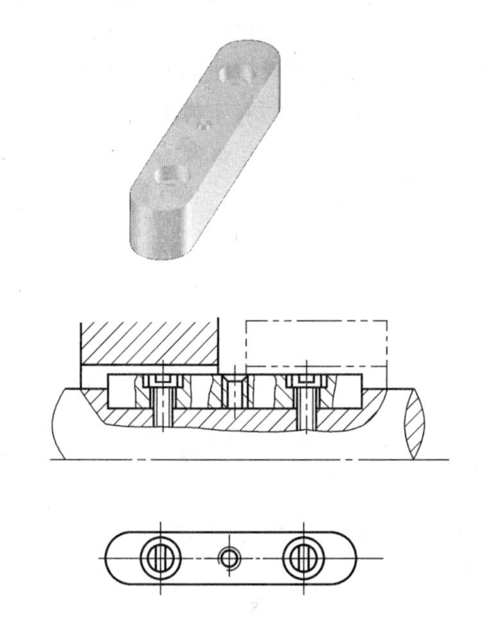

图7-4　导向平键联接

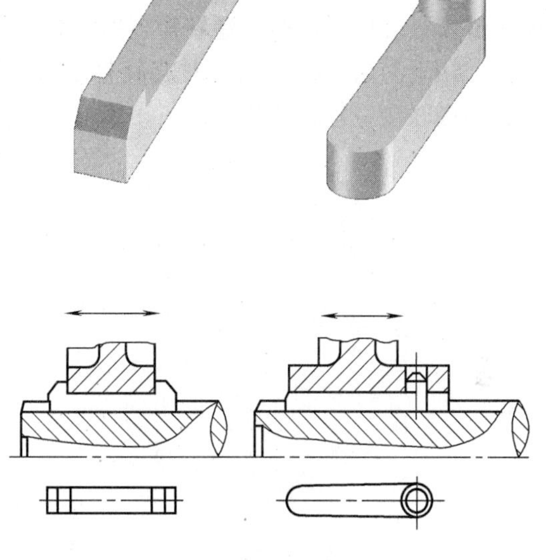

图7-5　两种滑键联接

3. 花键联接

普通平键可以演变为花键联接。它是由带键齿的花键轴（外花键）和带有多个键槽的轮毂（内花键）所组成的一种联接（图7-6），工作时靠键齿侧面与键槽侧面的挤压传递转矩。

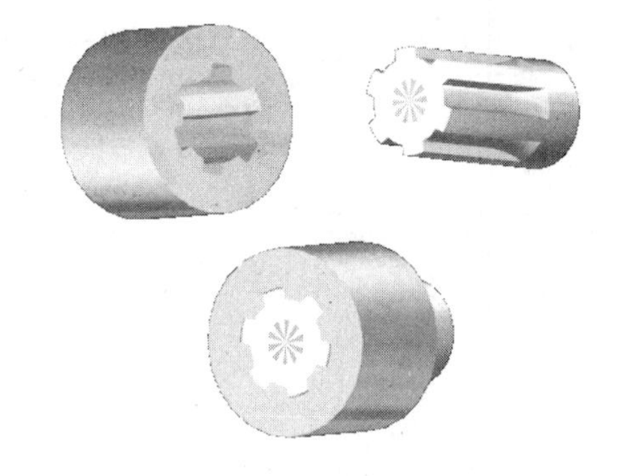

图7-6　花键联接

该键的优点是键齿多、分布均匀，故承载能力强且对中性好，旋转精度高；键槽浅，应力集中较小；用于动联接时，导向性好，因此多用在工作负荷较大，定心精度要求高的静联接或动联接中。其缺点是需专用设备加工，制造成本高。根据花键的齿形不同，可将其分为矩形花键、渐开线花键等。

4. 半圆键联接

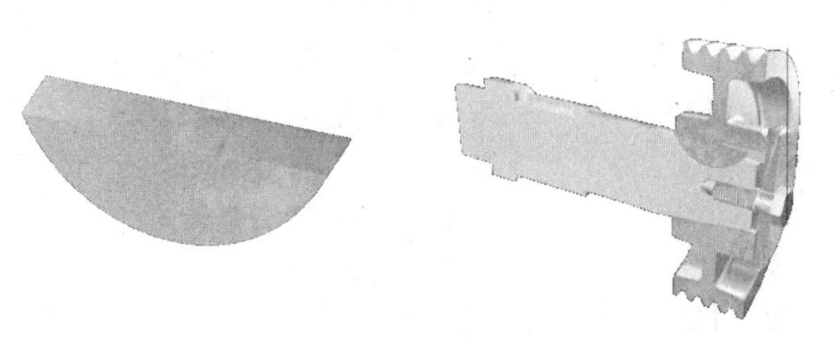

图7-7　半圆键联接

半圆键联接如图7-7所示，其

特点是安装时键可在键槽内绕自身的几何中心转动，以适应轮毂键槽的斜度。由于键槽较深，对轴的削弱较严重，故一般只用在轻载或锥形轴端的联接中。

7.1.2 紧键联接

1. 楔键联接

楔键联接的结构如图 7-8 所示，分普通楔键和钩头楔键两种。普通楔键容易制造，钩头楔键装拆方便。该类键的工作面是上、下表面。楔键上表面和轮毂键槽底面制成 1∶100 的斜面，键楔入键槽靠摩擦传递转矩，并可承受较小的轴向力。该联接的对中性差，在高速、变载荷作用下易松动，仅用于对旋转精度要求不高，载荷平稳和低速转动的场合。为安全起见，楔键联接应加装防护罩。

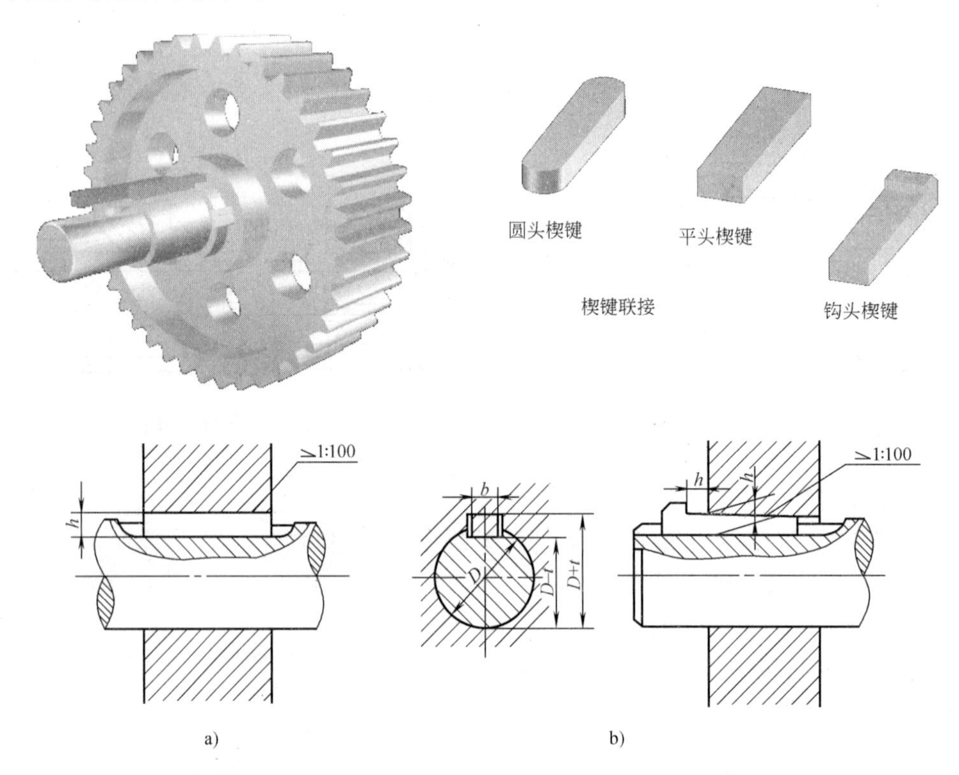

图 7-8 楔键联接

2. 切向键联接

切向键联接由一对楔键沿斜面（斜度 1∶100）拼合而成，其工作原理与楔键相同，依靠其与轴和轮毂的摩擦传递转矩。传递单向转矩时只需一对切向键（图 7-9a），若要传递双向转矩，则需安装两对互成 120°～135°的切向键（图 7-9b）。切向键对轴的强度削弱较大，对中性

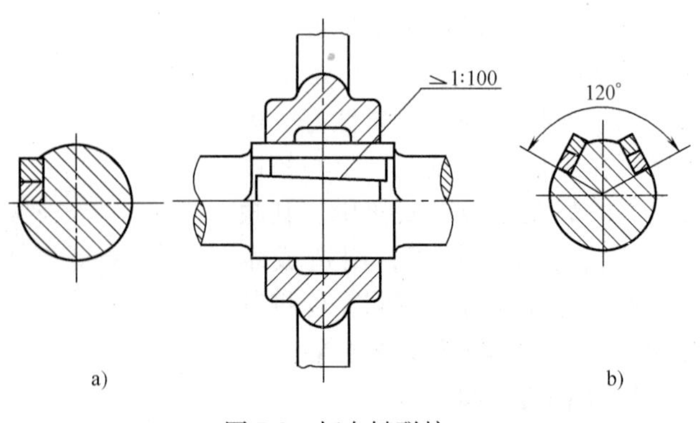

图 7-9 切向键联接

较差，故适用于对中性和运动精度要求不高、低速、重载、轴径大于100mm的场合。

松键联接与紧键联接的主要区别在于：紧键联接靠摩擦力承受载荷，键上有1∶100的斜度，键的工作面为上面（顶面）和下面（底面），对中性差，只能用于静联接；松键联接靠键的侧面承受挤压传递转矩，键的工作面为两侧面，对中性较好，既可用于静联接，又可用于动联接，其中花键联接可以看成是平键联接增加键数的结果。

【学习小结】

键联接主要用于实现轴和轮毂件的周向固定，并传递转矩；有的还能实现轴上轮毂件的轴向固定和轴向滑动。本节重点是键联接的类型、特点和应用。其中普通平键、花键、半圆键等应用较多，要给予足够的重视。

普通平键联接的工作面是键的两个侧面，联接的特点是对中性较好，但不能承受轴向载荷，主要用于轴毂间无相对轴向运动的静联接。普通平键是自制标准件，一般采用中碳钢制造，选择其标准尺寸时以轴径和轴的键槽长为依据。装配时要先装键，后装轴上零件。

花键的优点是承载能力强、对中性好、旋转精度高，多用在工作负荷较大，定心精度要求高的静联接或动联接中。其缺点是需专用设备加工，制造成本高。

半圆键安装方便，一般只用在轻载或锥形轴端的联接中。

7.2　销及销联接

销联接如图7-10所示。

【学习目标】

1）了解销及销联接的功用和类型。

2）了解销及销联接的选用和拆装。

【分析与探究】

销主要用来确定零件之间的相互位置，也可用于轴和轮毂或其他零件的联接，并传递不大的力或转矩（图7-11），有时还可用作安全装置中的过载剪断零件（即安全销，图7-12）。

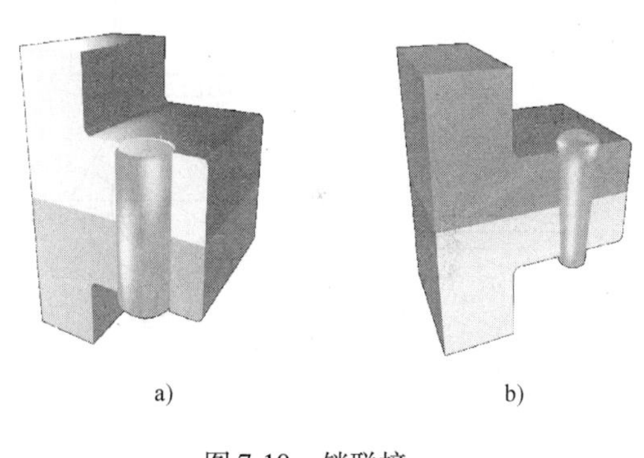

图7-10　销联接
a）圆柱销　b）圆锥销

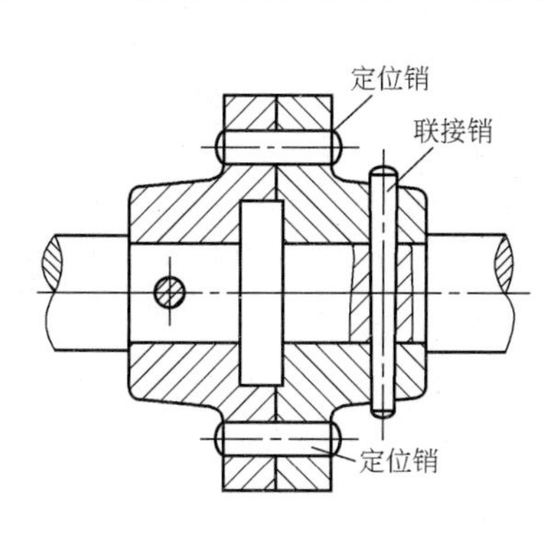

图7-11　定位销和联接销

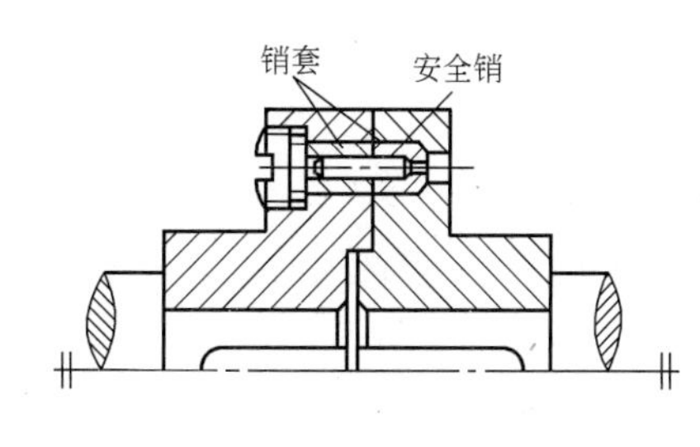

图7-12　安全销

常用销可分为圆柱销、圆锥销和异形销三大类。这些销都是标准件，使用时可根据工作要求选用。定位销一般不承受载荷或只承受很小载荷，其直径按结构要求确定，用于平面定位时数目不得少于2个。联接销能承受较小载荷，常用于轻载或非动力传输结构。安全销的直径应按销的抗剪强度计算，当过载20% ~30%时即应被剪断。

圆柱销与销孔为过盈配合或过渡配合，经常拆装会影响装配精度。圆锥销和销孔均有1:50的锥度，定位精度高、自锁性好，多用于经常拆装处。圆柱销或圆锥销的销孔均需用圆柱铰刀或圆锥铰刀铰制加工配作(图7-13)。异形销种类很多，最常用的是开口销(图7-14a)。图7-14b所示为开口销的应用实例，它具有工作可靠、拆卸方便等特点，在此起到防止槽形螺母松脱的作用。其他异形销有槽销、开尾圆锥销、内螺纹圆锥销、螺尾圆锥销等（图7-15 ~图7-18)，分别用在有特殊要求的场合。

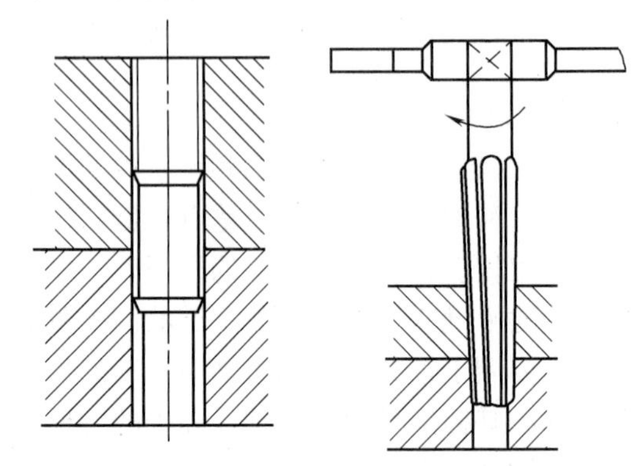

图7-13 手用圆锥铰刀与圆锥销孔配做

销的材料一般选用Q235、35钢或45钢。

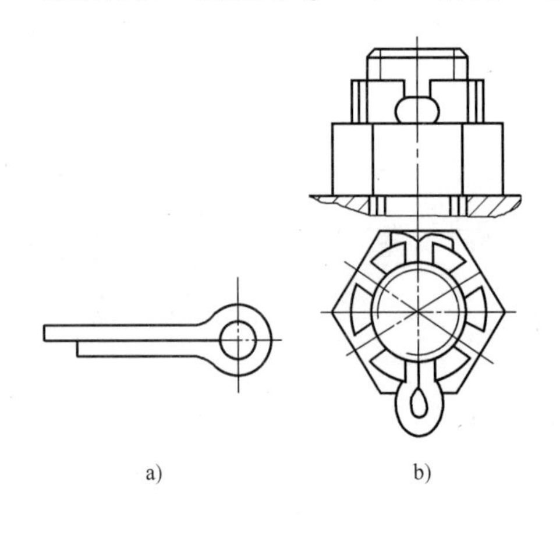

a) b)

图7-14 开口销

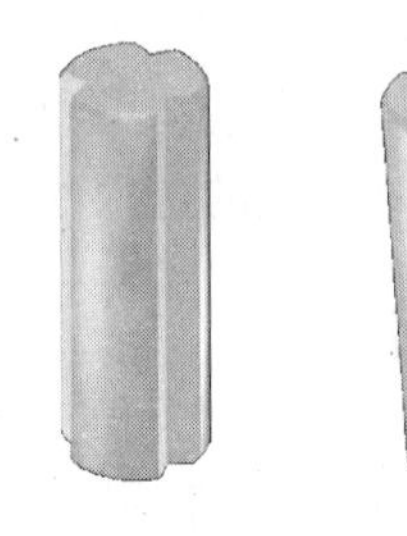

图7-15 槽销

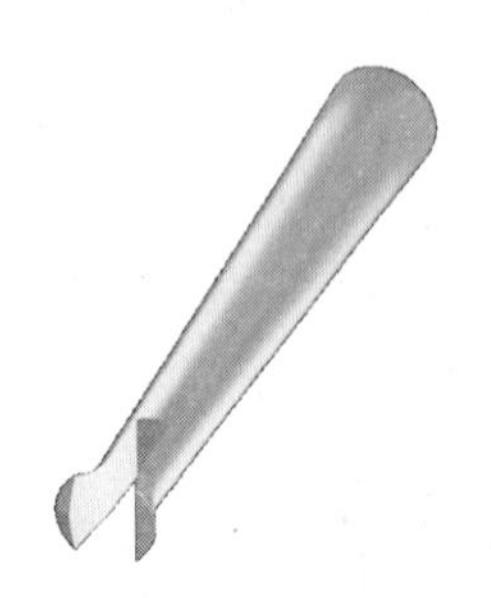

图7-16 开尾圆锥销

图7-17 内螺纹圆锥销

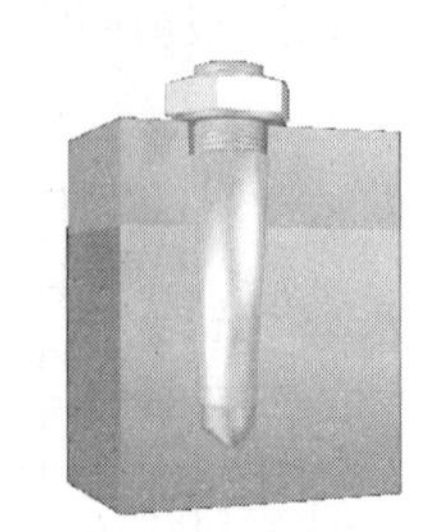

图7-18 螺尾圆锥销

【学习小结】

销是外购标准件，最常用的是圆柱销和圆锥销，主要用来定位，也可传递不大的力或转矩。特殊设计的销还可充当过载保护零件。开口销的作用是防止零件脱落，应用广泛。

销的安装往往需要配做。

7.3 螺纹联接

螺纹联接由螺纹联接件（紧固件）与被联接件构成，是一种应用广泛的可拆联接。螺纹联接具有结构简单、装拆方便、联接可靠等特点。螺纹联接件大部分已标准化，应根据国家标准选用。

图7-19、图7-20所示为螺纹联接的实际应用。

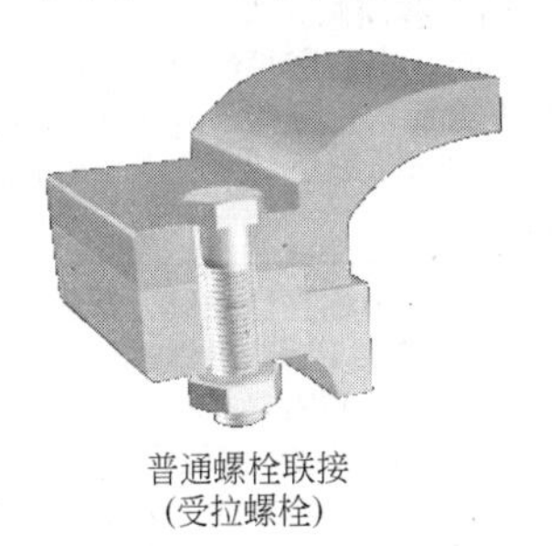

图7-19 普通螺栓联接

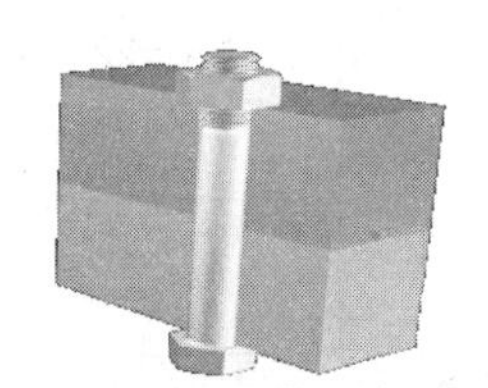

图7-20 铰制孔用螺栓联接

【学习目标】

1）了解常用螺纹的类型、特点和应用。

2）熟悉螺纹联接的主要形式、应用和常用螺纹联接件。

3）掌握螺纹联接的防松方法。

4）了解螺旋传动的类型和应用。

【分析与探究】

7.3.1 螺纹的类型、参数与应用

1. 螺纹的形成、类型、特点和应用

螺纹的形成如图7-21所示。将一直角三角形（底边长为 πd_2）绕在一圆柱体（直径为 d_2）上，使三角形底边与圆柱体底面圆周重合，则此三角形斜边在圆柱体表面所形成的空间曲线称为螺旋线。用不同形状的车刀沿螺旋线可切制出不同类型的螺纹（表7-2）。

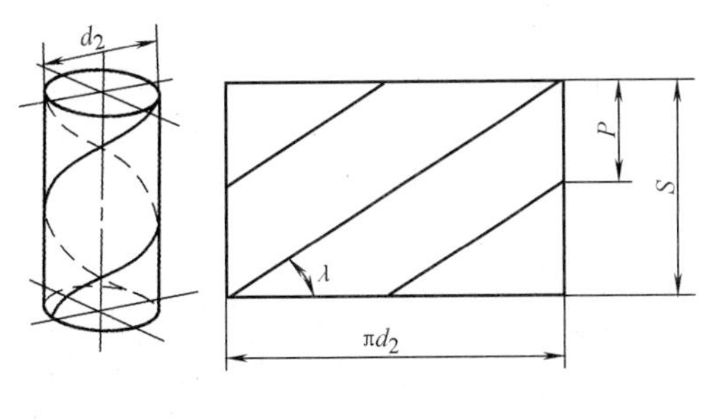

图7-21 螺纹的形成

螺纹按螺旋线数可分为单线螺纹（图7-22a）、双线螺纹（图7-22b）和多线螺纹。联接螺纹要求自锁，一般用单线螺纹；传动螺纹要求传动效率高，多用双线螺纹或三线螺纹。为便于制造，一般线数不超过4线。螺纹按旋向可分为左旋螺纹和右旋螺纹。将螺旋体的轴线垂直放置，螺旋线的可见部分自左向右上升的为右旋（图7-22a）；反之为左旋（图7-22b）。常用螺纹为右旋螺纹，只有在特殊情况

下才采用左旋螺纹。

表7-2　螺纹的种类、特点和应用

种类		牙型图	特点及应用
普通螺纹		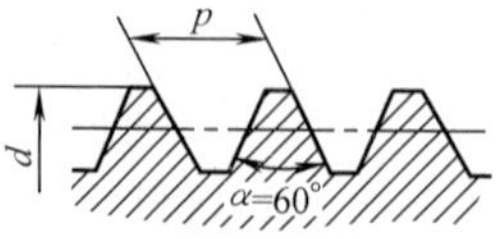	牙型角 $\alpha=60°$。同一直径按其螺距不同，分为粗牙与细牙两种，细牙的自锁性能较好，螺纹零件的强度削弱少，但易滑扣。普通螺纹应用最为广泛。一般联接多用粗牙螺纹。细牙螺纹多用于薄壁或细小零件，以及受变载、冲击和振动的联接中，还可用作轻载和精密的微调机构中的螺旋副
管螺纹	非螺纹密封的55°圆柱管螺纹	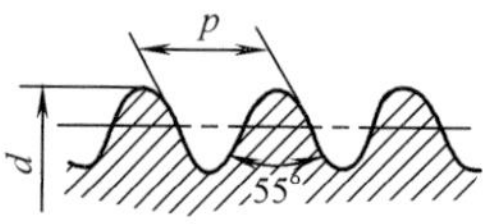	牙型角 $\alpha=55°$。公称直径近似为管子内径，内外螺纹公称牙型间没有间隙，螺纹副本身不具有密封性，当要求联接后有一定的密封性能时，可压紧被联接件螺纹副外的密封面，也可在密封面间添加密封物。多用于压力为1.56MPa以下的水、煤气管路，润滑和电力线路系统
	用螺纹密封的55°圆锥管螺纹	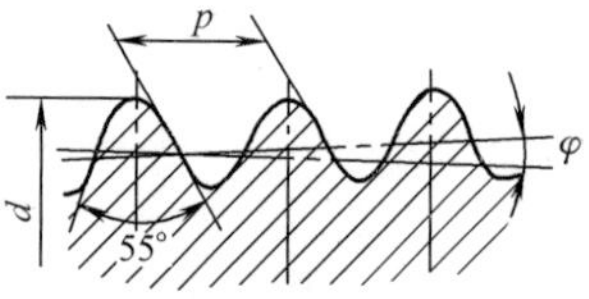	牙型角 $\alpha=55°$。公称直径近似为管子内径，螺纹分布在1:16的圆锥管壁上，内外螺纹公称牙型间没有间隙，不用填料即可保证螺纹联接的不渗漏性。当与55°圆柱管螺纹配用（内螺纹为圆柱管螺纹）时，在1MPa压力下，可保证足够的密封性，必要时，允许在螺纹副内添加密封物保证密封。通常用于高温、高压系统，如管子、管接头、旋塞、阀门及其他附件
	60°圆锥管螺纹	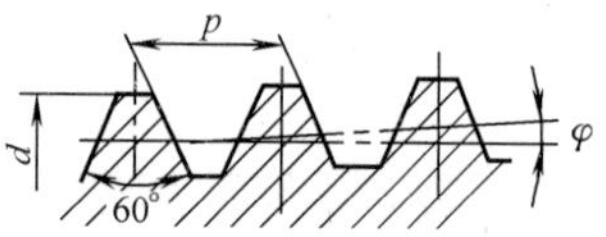	牙型角 $\alpha=60°$，螺纹副本身具有密封性。为保证螺纹联接的密封性也可在螺纹副内加入密封物。适用于一般用途管螺纹的密封及机械联接
	米制锥螺纹		牙型角 $\alpha=60°$，用于依靠螺纹密封的联接螺纹（水、煤气管道用管螺纹除外）
梯形螺纹		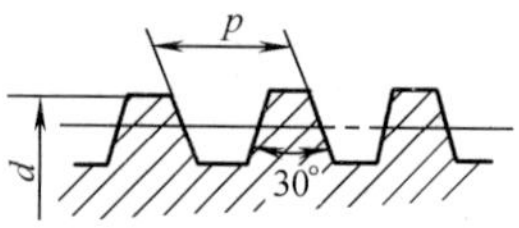	牙型角 $\alpha=30°$。牙根强度高、工艺性好、螺纹对中性好，采用剖分螺母时可以调整间隙，传动效率略低于矩形螺纹。用于传动，如机床丝杠等
矩形螺纹		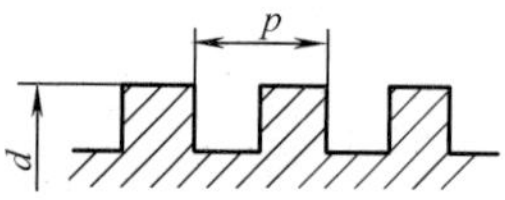	牙型为正方形、传动效率高于其他螺纹，牙厚是牙距的一半、强度较低（相同螺距的比较），精确制造困难，对中精度低。用于传力螺纹，如千斤顶、小型压力机等
锯齿形螺纹		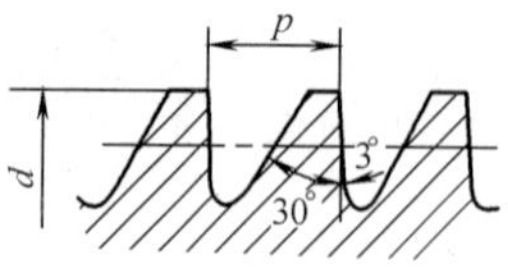	牙型角 $\alpha=33°$。牙的工作面倾斜3°、牙的非工作面倾斜30°。传动效率及强度都比梯形螺纹高，外螺纹的牙底有相当大的圆角，以减少应力集中。螺纹副的大径处无间隙，对中性良好。用于单向受力的传动螺纹，如轧钢机的压下螺旋、螺旋压力机等
圆弧螺纹		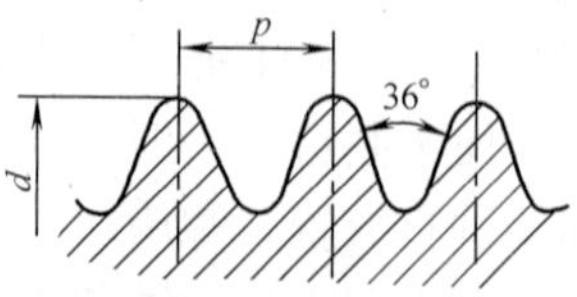	牙型角 $\alpha=36°$。牙粗、圆角大、螺纹不易破损，积聚在螺纹凹处的尘圬和铁锈易消除。用于经常和污物接触及易生锈的场合，如水管闸门的螺旋导轴等

图7-22所示为外螺纹。图7-23所示为内螺纹与外螺纹的配合。

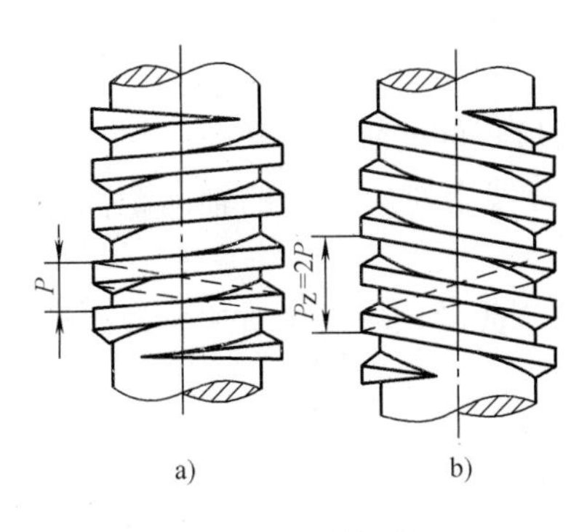

图7-22　外螺纹

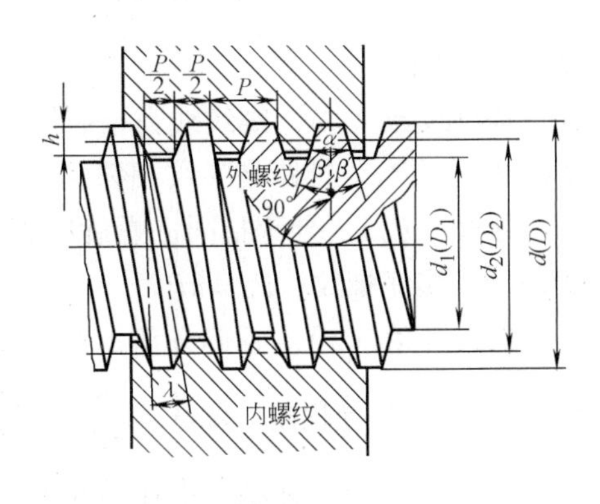

图7-23　内螺纹与外螺纹的配合

图7-24所示为普通螺纹和管螺纹。图7-25所示为传动螺纹。

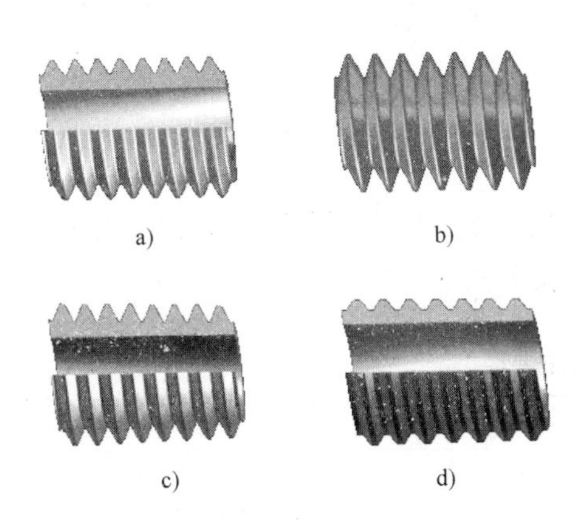

图7-24　普通螺纹和管螺纹
a）非螺纹密封的管螺纹　b）普通螺纹
c）用螺纹密封的管螺纹　d）米制锥螺纹

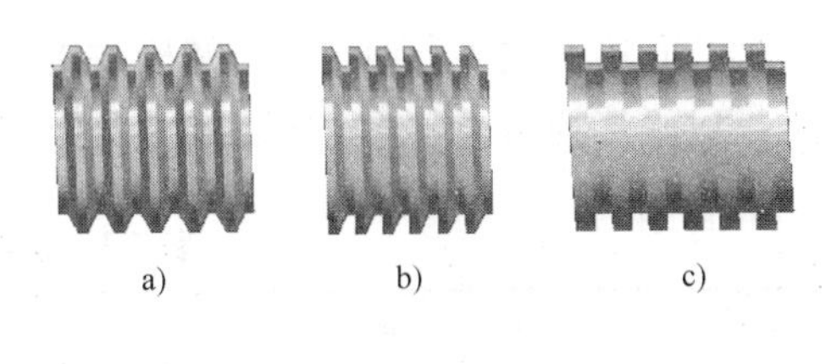

图7-25　传动螺纹
a）梯形螺纹　b）锯齿形螺纹　c）矩形螺纹

2. 螺纹的主要参数

螺纹副由外螺纹和内螺纹相互旋合而成。现以圆柱普通螺纹为例说明螺纹的主要几何参数（图7-26）。

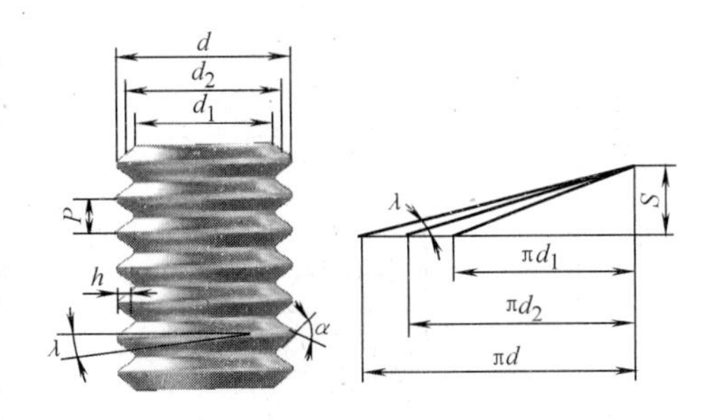

图7-26　螺纹的基本参数

1）大径（d或D）。大径指螺纹的最大直径，即与外螺纹牙顶或内螺纹牙底相切的假想圆柱的直径。在标准中称为螺纹的基本大径（公称直径）。

2）小径（d_1或D_1）。小径指螺纹的最小直径，即与外螺纹牙底或内螺纹牙顶相切的假想圆柱的直径。

3）中径（d_2或D_2）。中径指通过螺纹轴向剖面内牙型上的沟槽与凸起宽度相等处的假想圆柱的直径。中径近似等于螺纹的平均直径，即 $d_2 \approx \dfrac{d_1 + d}{2}$。中径是确定螺纹几何参数和配合性质的直径。

4）螺纹线数（n）。螺纹线数指螺纹的螺旋线数目。

5）螺距（P）。螺距指螺纹相邻两牙在中径线上对应点间的轴向距离。

6）导程（P_Z）。导程指同一螺旋线相邻两牙在中径线上对应点间的轴向距离。单线螺纹，$P_Z = P$；多线螺纹，$P_Z = nP$。

7）螺旋升角（λ）。螺旋升角指在中径圆柱上，螺旋线的切线与垂直于螺纹轴线的平面间的夹角，也称为导程角。$\tan\lambda = \dfrac{S}{\pi d_2} = \dfrac{nP}{\pi d_2}$。

8）牙型角（α）。牙型角指在螺纹轴向截面内，螺纹牙型两侧边的夹角。

9）牙侧角（β）。牙侧角指在螺纹轴向截面内，螺纹的牙侧与螺纹轴线的垂线间的夹角。对称牙型的牙侧角 $\beta = \dfrac{\alpha}{2}$。

10）螺纹接触高度（h）。螺纹接触高度指内、外螺纹旋合后接触面的径向高度（图7-26），常作为螺纹的工作高度。

7.3.2 螺纹联接的主要类型

螺纹联接的主要类型包括：螺栓联接、双头螺柱联接、螺钉联接和紧定螺钉联接4种。各类螺纹联接的结构形式、主要尺寸及应用特点见表7-3。

表7-3 螺纹联接的主要类型

类型	构造	特点及应用	主要尺寸关系
螺栓联接	普通螺栓联接	无需在被联接件上切制螺纹，故使用时不受被联接材料的限制。构造简单，装拆方便，损坏后容易更换。广泛用于传递轴向载荷且被联接件厚度不大，能从两边进行安装的场合	1. 螺纹余留长度 l_1 静载荷 $l_1 \geqslant (0.3 \sim 0.5)d$ 变载荷 $l_1 \geqslant 0.75d$ 冲击、弯曲载荷 $l_1 \geqslant d$ 铰制孔时 l_1 尽可能小 2. 螺纹伸出长度 l_2 $l_2 \approx (0.2 \sim 0.3)d$ 3. 旋入被联接件的长度 l_3 被联接件的材料为 钢或青铜 $l_3 \approx d$ 铸铁 $l_3 \approx (1.25 \sim 1.5)d$ 铝合金 $l_3 \approx (1.5 \sim 2.5)d$ 4. 螺纹孔的深度 l_4 $l_4 = l_3 + (2 \sim 2.5)p$
	铰制孔用螺栓联接	螺栓穿过铰制孔并采用基孔制过渡配合（H7/m6、H7/n6），与螺母组合使用。适用于传递横向载荷或需要精确固定被联接件的相互位置的场合	

（续）

类型	构　　造	特点及应用	主要尺寸关系
双头螺柱联接		一端旋入并紧定的较厚被联接件的螺纹孔中，另一端穿过较薄被联接件的通孔，与螺母组合使用，用于结构受限制，不能用螺栓联接，且需经常装拆的场合	5. 钻孔深度 l_5 $l_5 = l_3 +$ （3～3.5）p 6. 螺栓轴线到被联接件边缘的距离 e $e = d +$ （3～6）mm 7. 通孔直径 d_0 $d_0 \approx 1.1d$ 8. 紧定螺钉直径 d $d \approx$ （0.2～0.3）d轴
螺钉联接		应用与双头螺柱联接的相似，但不能受力过大或经常装拆，以免损伤被联接件的螺纹孔。由于不用螺母，结构上比双头螺柱联接更简单、紧凑	
紧定螺钉联接		紧定螺钉旋入被联接件之一的螺纹孔中，其末端顶在另一被联接件表面的凹坑中，以固定两个零件的相对位置，并可传递不大的力或转矩	

图7-19所示为普通螺栓联接，图7-20所示为铰制孔用螺栓联接。图7-27所示为双头螺柱联接，图7-28所示为螺钉联接，图7-29所示为紧定螺钉联接。

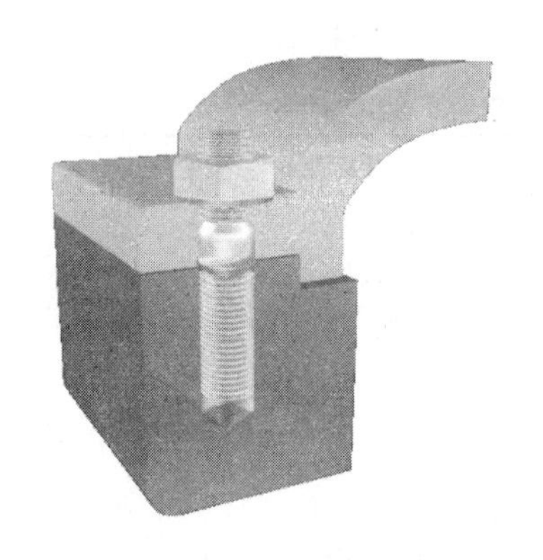

图7-27　双头螺柱联接

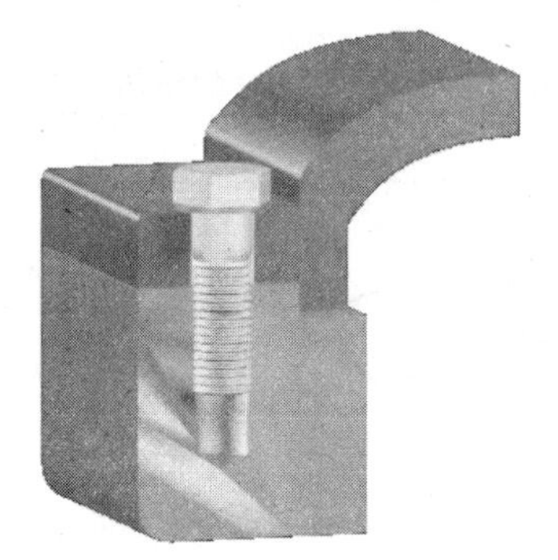

图7-28　螺钉联接

图　7-29

7.3.3　常用螺纹联接件（紧固件）

常用的螺纹联接件有螺栓、双头螺柱、螺钉、紧定螺钉、螺母、垫圈等。这些零件的结构形式和尺寸多已标准化，可根据有关标准选用。

图7-30所示为六角头螺栓及螺母，图7-31所示为双头螺柱，图7-32所示为各种弹簧垫圈，图7-33所示为各种螺钉，图7-34所示为螺母及止动垫圈。常用螺纹联接件的结构特点及应用见表7-4。

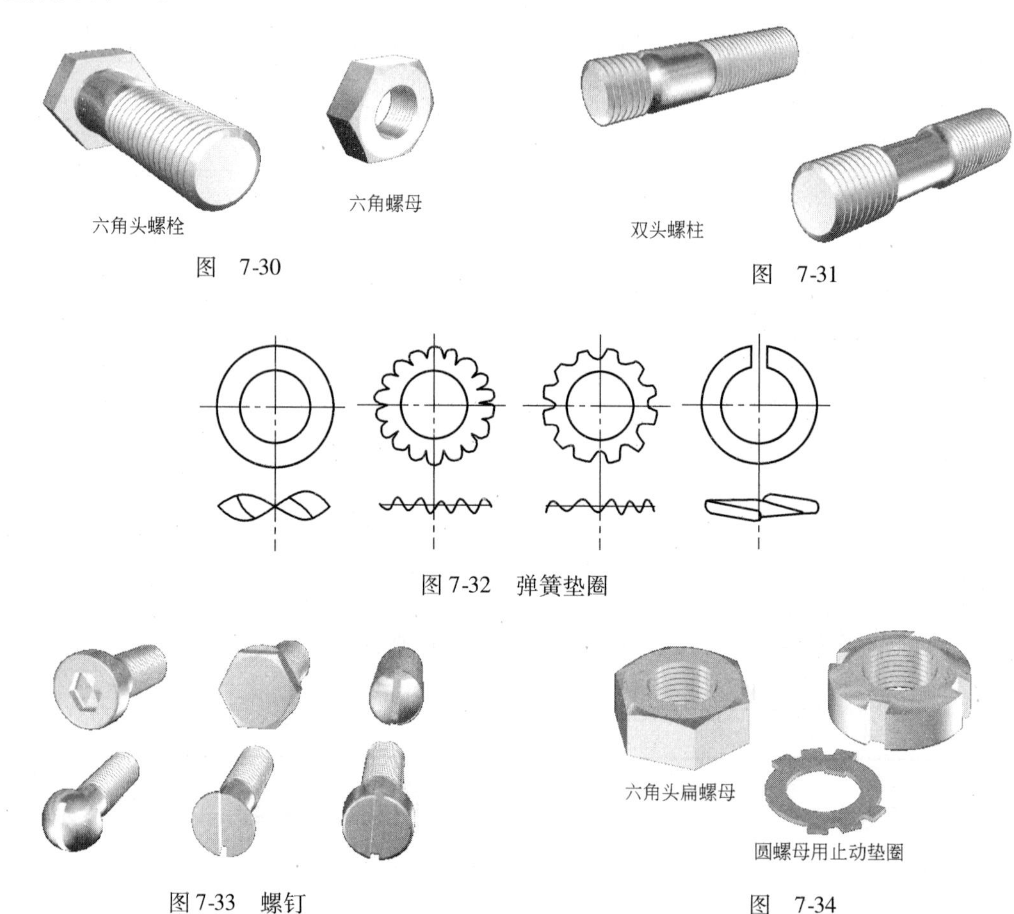

图 7-30

图 7-31

图7-32 弹簧垫圈

图7-33 螺钉

图 7-34

表7-4 常用螺纹联接件的结构特点及应用

类型	图 例	结构特点及应用
六角头螺栓	15°～30° r d	种类很多，应用最广，分为A、B、C 3级，通用机械制造中多用C级。螺栓杆部可制出一段螺纹或全螺纹，螺纹可用粗牙或细牙（A、B级）
双头螺柱	A型 Cn Cn d B型 Cn Cn d	螺柱两端都有螺纹，两端螺纹可相同或不同，螺柱可带退刀槽或制成全螺纹，螺柱的一端常用于旋入铸铁或有色金属的螺纹孔中，旋入后即不拆卸；另一端则用于安装螺母以固定被联接零件

（续）

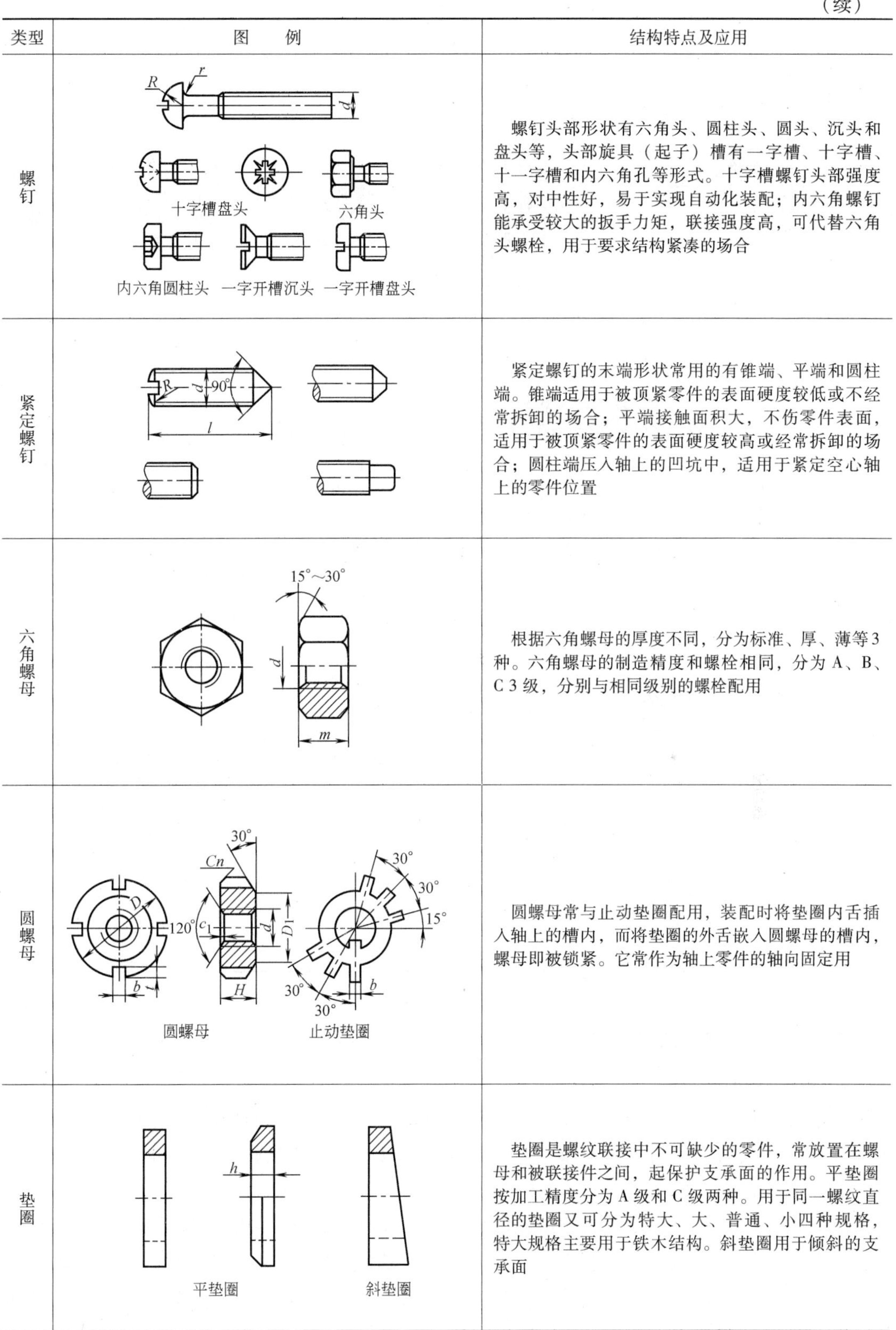

类型	图　　例	结构特点及应用
螺钉	R r d 十字槽盘头 六角头 内六角圆柱头 一字开槽沉头 一字开槽盘头	螺钉头部形状有六角头、圆柱头、圆头、沉头和盘头等，头部旋具（起子）槽有一字槽、十字槽、十一字槽和内六角孔等形式。十字槽螺钉头部强度高，对中性好，易于实现自动化装配；内六角螺钉能承受较大的扳手力矩，联接强度高，可代替六角头螺栓，用于要求结构紧凑的场合
紧定螺钉	R d 90° l	紧定螺钉的末端形状常用的有锥端、平端和圆柱端。锥端适用于被顶紧零件的表面硬度较低或不经常拆卸的场合；平端接触面积大，不伤零件表面，适用于被顶紧零件的表面硬度较高或经常拆卸的场合；圆柱端压入轴上的凹坑中，适用于紧定空心轴上的零件位置
六角螺母	15°～30° d m	根据六角螺母的厚度不同，分为标准、厚、薄等3种。六角螺母的制造精度和螺栓相同，分为A、B、C 3级，分别与相同级别的螺栓配用
圆螺母	30° Cn D 120° c_1 d D_1 b H 30° 30° 15° 30° 30° b 圆螺母 止动垫圈	圆螺母常与止动垫圈配用，装配时将垫圈内舌插入轴上的槽内，而将垫圈的外舌嵌入圆螺母的槽内，螺母即被锁紧。它常作为轴上零件的轴向固定用
垫圈	h 平垫圈 斜垫圈	垫圈是螺纹联接中不可缺少的零件，常放置在螺母和被联接件之间，起保护支承面的作用。平垫圈按加工精度分为A级和C级两种。用于同一螺纹直径的垫圈又可分为特大、大、普通、小四种规格，特大规格主要用于铁木结构。斜垫圈用于倾斜的支承面

（续）

类型	图例	结构特点及应用
钢膨胀螺栓	安装示意图	用于墙壁上物体的支承固定。联接靠胀管在预钻孔内膨胀，与孔壁挤压产生足够的联接力。常用螺纹规格为 M6～M16，螺旋长度为 65～300mm，胀管直径 10～20mm。钻孔直径见有关手册
塑料胀管	甲型 乙型	分甲型、乙型两种，适用于木螺钉旋紧联接。靠螺钉旋入胀管后，胀管径向膨胀与预钻孔壁胀紧，形成联接。常用于混凝土、硅酸盐砌块等墙壁。直径 6～12mm，长度 31～60mm，钻孔直径应小于或等于胀管直径
自攻螺钉	r r 90°	多用于联接较薄的钢板和有色金属板。螺钉较硬，一般热处理硬度 50～58HRC。安装前需预制孔，在实际使用时，应根据具体条件，经过适当的工艺验证，确定最佳预制孔直径，但不需预制螺纹，在联接时利用螺钉直接攻出内螺纹。使用自攻螺钉的板厚一般为 1.2～5.1mm

7.3.4 螺纹联接的预紧与防松

1. 螺纹联接的预紧

在实际工程中，绝大多数螺纹联接在装配时都必须拧紧，从而使联接在承受工作载荷前就事先受到预紧力的作用，称为预紧。需预紧的螺纹联接称为紧联接。少数螺纹联接不需预紧，称为松联接。

预紧的目的是为了增强联接的可靠性、紧密性和刚性，提高联接的防松能力，防止受载后被联接件间出现间隙或发生相对位移，对于受变载荷的螺纹联接还可提高其疲劳强度。但过大的预紧力可能会使螺栓在装配时或在工作中偶然过载时被拉断。因此，为了保证重要的螺纹联接所需的预紧力，又不使联接螺栓过载，在装配时应控制预紧力。螺纹联接的预紧力通常是利用控制拧紧螺母时的拧紧力矩来控制的，可采用测力矩扳手或预置式定力矩扳手(图7-35、图7-36)；对于重要的联接，可采用测量螺栓伸长法检查。

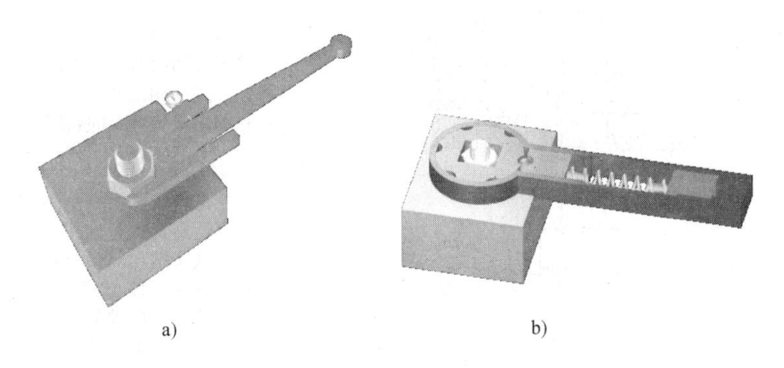

图　7-35
a）测力矩扳手　b）定力矩扳手

2. 螺纹联接的防松

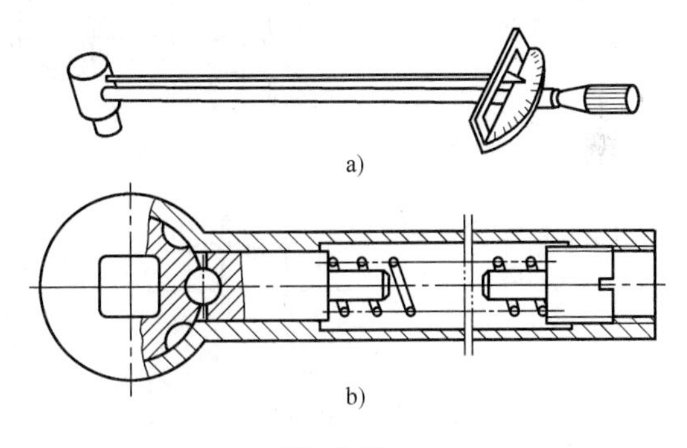

图　7-36
a）指针式测力矩扳手　b）预置式定力矩扳手

常用的螺纹件都是单线螺纹，自锁性好，在静载荷、工作温度变化不大时，螺纹联接件不会松脱，但在冲击、振动或变载荷作用下，或在工作温度变化较大时，螺纹联接有可能逐渐松脱，引起联接失效，从而影响机器的正常运转，甚至导致严重的事故。因此，设计时必须采取有效的防松措施。

防松的目的是在螺纹拧紧后防止螺旋副间再相对运动。按防松装置的工作原理不同可分为摩擦防松、机械防松和永久性防松3类，其各自的结构形式、特点和应用见表7-5。图7-37所示为摩擦防松常用的自锁螺母、对顶双螺母、弹簧垫圈。图7-38所示为机械防松常用的止动垫圈、开口销与六角开槽螺母、串联钢丝。

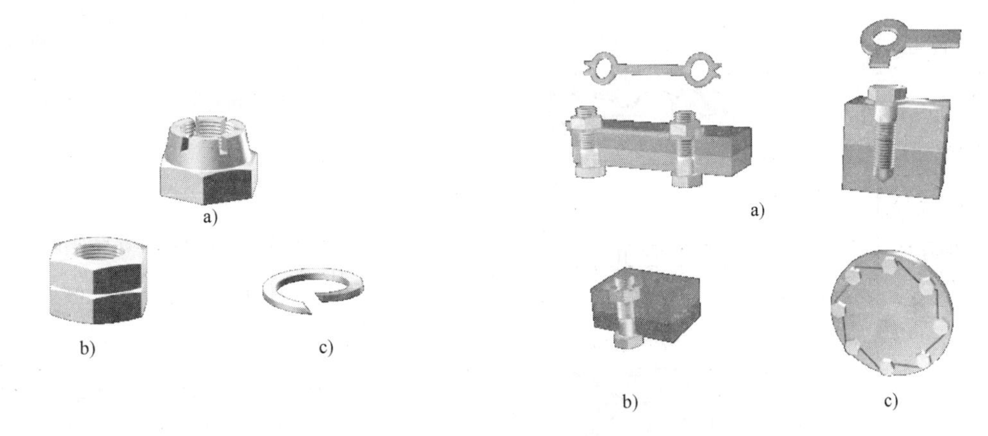

图　7-37
a）自锁螺母　b）对顶双螺母　c）弹簧垫圈

图　7-38
a）止动垫圈　b）开口销与六角开槽螺母　c）串联钢丝

表 7-5 螺纹联接常用的防松方法

防松方法		结构形式	特点和应用
摩擦力防松	对顶螺母	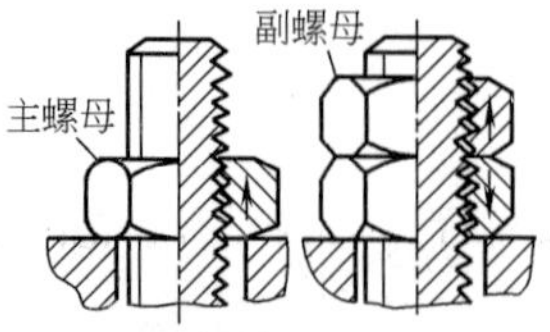 主螺母 副螺母	两螺母对顶拧紧后，使旋合螺纹间始终受到附加的压力和摩擦力作用而防止松脱。该方式结构简单，适用于平稳、低速和重载的固定装置上的联接，但轴向尺寸较大
	弹簧垫圈	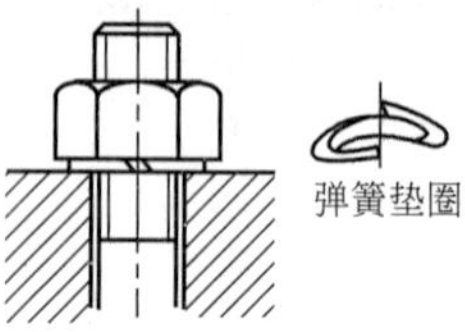 弹簧垫圈	螺母拧紧后，靠垫圈被压平产生的弹性反力使旋合螺母间压紧，同时垫圈斜口的尖端抵住螺母与被联接件的接触面，也有防松作用。该方式结构简单，使用方便。但在冲击、振动的工作条件下，防松效果较差，用于不重要的联接
	自锁螺母	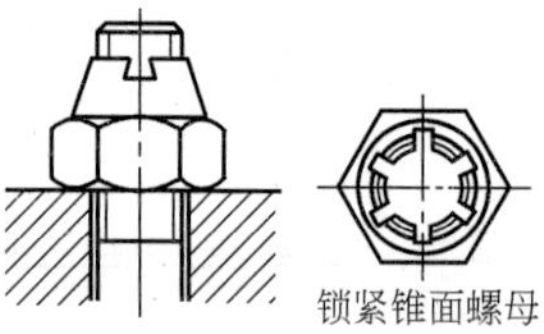 锁紧锥面螺母	螺母一端制成非圆形收口或开缝后径向收口。螺母拧紧后收口胀开，利用收口的弹力压紧旋合螺纹。该方式结构简单，防松可靠，可多次装拆而不降低防松性能
机械防松	开口销与六角开槽螺母	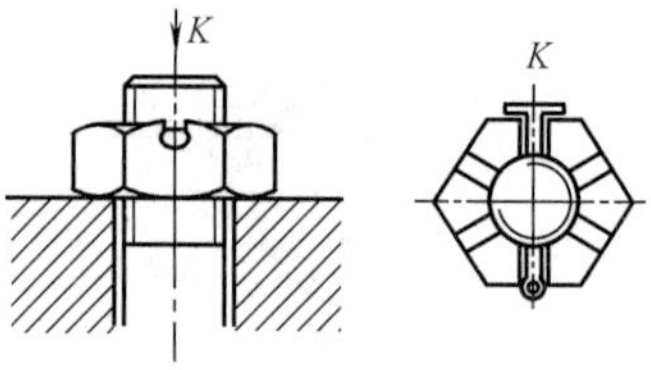 K K	开槽螺母拧紧后，将开口销穿入螺栓尾部的小孔和螺母槽内，并将开口销尾部掰开与螺母侧面贴紧，靠开口销阻止螺栓与螺母的相对转动而防松。该方式适用于冲击、振动较大的高速机械
	止动垫圈	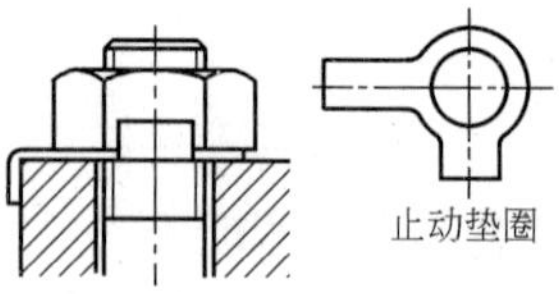 止动垫圈	螺母拧紧后，将止动垫圈上的耳分别向螺母和被联接件的侧面折弯贴紧，即可将螺母锁住。该方式结构简单、使用方便、防松可靠
	串联钢丝	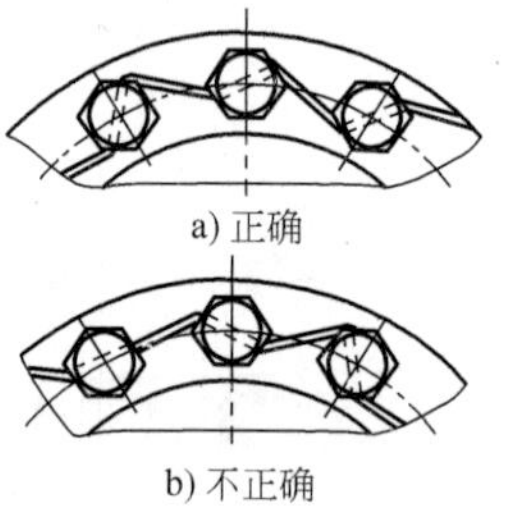 a) 正确 b) 不正确	用低碳钢丝穿入螺钉头部的孔内，将各螺钉串联起来，使其相互制约。使用时必须注意钢丝穿入的正确方向。该方式适用于螺钉组联接，防松可靠，但装拆不方便
永久性防松	粘合剂防松	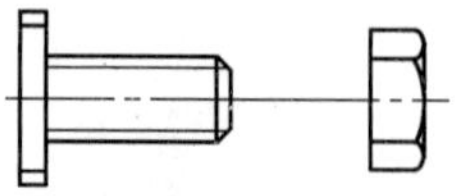	用粘合剂涂于螺纹旋合表面，拧紧螺母后，粘合剂能自行固化，防松效果好，但不便于拆卸
	冲点防松	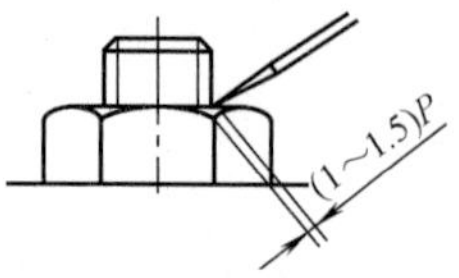 (1~1.5)P	在螺纹件旋合好后，用冲头在旋合缝处或端面冲 2 ~ 3 点防松。该方式防松可靠，但此联接为不可拆联接

3. 螺栓组的紧固顺序

在螺栓组联接装配过程中，应根据螺栓分布情况按一定顺序逐次拧紧各个螺栓，必要时可分2～3次完成（图7-39）。

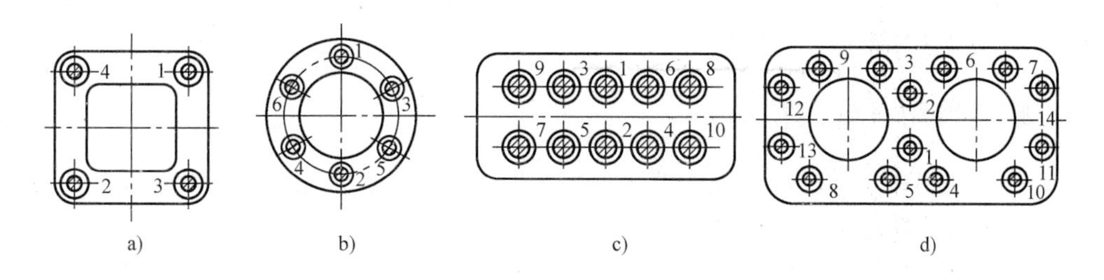

图7-39　拧紧螺栓的顺序示例

7.3.5　管螺纹联接简介

管螺纹联接是可拆联接，多用于油、水、煤气输送管路，一般公称压力 p 不超过1MPa，公称通径 $D<65\text{mm}$，介质温度 $t\leqslant150℃$。管路联接主要是指管道、螺纹管接头及阀门之间的联接。

管路联接件有：弯头、三通、四通、活接头、内接头、外接头、内外螺纹接头、同心异径管接头、偏心异径管接头、管堵等。管路联接件常采用可煅铸铁、黄铜或不锈钢制造。常用的可煅铸铁管路联接件如图7-40所示。

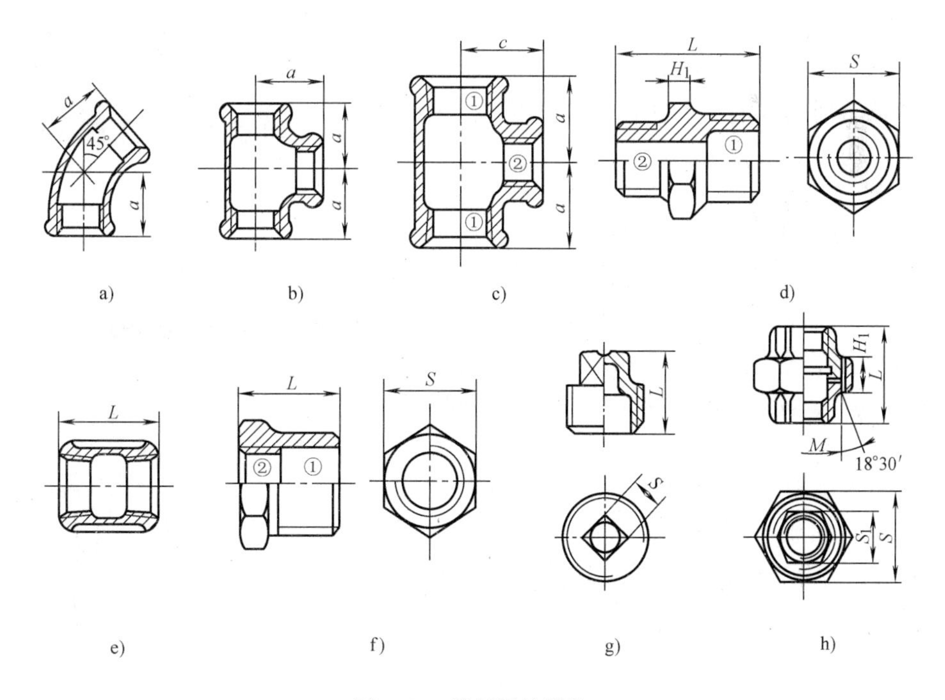

图7-40　常用螺纹管件

a）45°弯头　b）三通　c）中小异径三通　d）异径内接头（大小头内丝）

e）外接头（外丝）　f）内外螺纹接头（内外丝）　g）外方管堵　h）锥形活接头

在管螺纹联接件使用过程中为保证联接的紧密性，允许在螺纹副之间添加密封物。日常生活中常见管螺纹接头使用的密封填料（密封物）有：麻填料、棉填料、聚四氟乙烯纤维填料等。聚四氟乙烯纤维编织填料（聚四氟乙烯胶带、生料带）除具备密封所必需的良好特性外，还能与各种润滑剂相配合，避免渗透泄漏，目前已取代了麻、棉填料，被广泛应用。它的缺点是热导率低、热膨胀大。

7.3.6 螺旋传动（螺纹传动）

螺旋传动利用螺杆和螺母组成的螺旋副来实现传动要求，常用作将回转运动变成直线运动，同时传递力。螺旋传动采用螺旋机构。

螺旋机构按摩擦性质的不同，可分为滑动螺旋机构、滚动螺旋机构和静压螺旋机构 3 类。螺旋机构具有结构简单，工作连续、平稳，承载能力大，传动精度高，易于自锁等优点；但也有摩擦损耗大，传动效率低等缺点。近年来，由于滚动螺旋的应用，使磨损和效率问题在很大程度上得到了改善，但滚动螺旋结构复杂，无自锁性、成本较高，仅用于要求高效率、高精度的重要传动中。

1. 滑动螺旋机构

在滑动螺旋传动中螺杆与螺母间会产生滑动摩擦。滑动螺旋机构所用的螺纹为传动性能好、效率高的矩形、梯形或锯齿形螺纹。

1）滑动螺旋机构的类型。滑动螺旋机构按其用途不同可分为以下 3 种类型。

① 传力螺旋。传力螺旋以传递动力为主，要求承受较大的轴向力，一般为间歇工作，工作速度不高，通常要求有较高的强度和自锁性，如螺旋千斤顶、台虎钳、螺旋压力机等。图 7-41 所示为立式螺旋千斤顶。为了保证良好的自锁性能，传力螺旋采用单线，小升角（$\lambda \leqslant 4°30'$）。

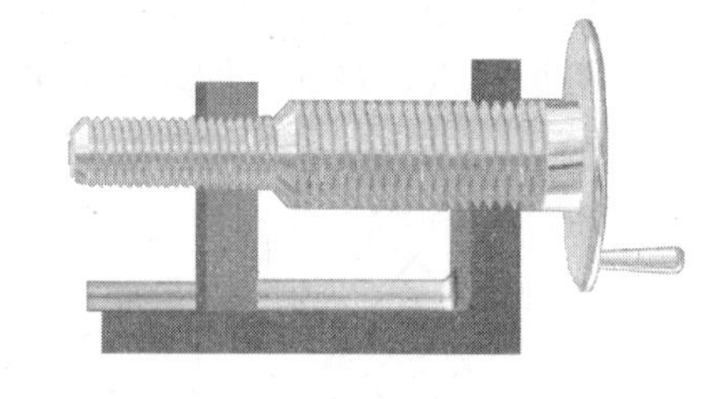

图 7-41

② 传导螺旋。传导螺旋以传递运动为主，要求有较高的传动精度和传动效率，运转轻便灵活，如机床进给螺旋（丝杠）。传导螺旋常采用多线螺纹来提高效率。

③ 调整（差动）螺旋。调整螺旋用于调整、固定零件的相对位置，常要求微量或快速调整，一般受力较小，如机床夹具、仪器或测量装置中的调整螺旋、差动螺旋等。

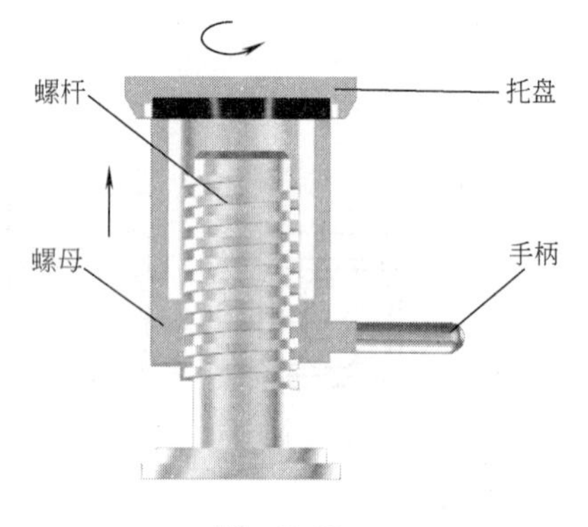

图 7-42

图 7-42 所示机构中，螺杆上有两种导程的螺纹（P_{Z1}、P_{Z2}），可组成两个螺旋副。当两螺旋副中螺纹旋向相同时，成为差动螺旋机构。在差动螺旋机构工作时，可动螺母相对机架移动的距离为 $L=(P_{Z1}-P_{Z2})\dfrac{\phi}{2\pi}$

式中　L——螺母移动距离；

P_{Z1}、P_{Z2}——螺母 1、2 的导程；

ϕ——螺杆的转角。

P_{Z1}、P_{Z2}相差越小，则L也越小。这一特性可用于微调机构中，如千分尺手柄的微调。当两螺旋副中螺纹旋向相反时，成为复式螺旋机构。在复式螺旋机构中，可动螺母相对机架移动的距离为$L=\frac{(P_{Z1}+P_{Z2})\ \phi}{2\pi}$，即螺母移动距离与两螺距之和成正比。复式螺旋多用于快速调整或移动两构件相对位置的场合。最常见的复式螺旋的两段螺纹导程相等，多用于螺纹紧线器、卧式螺旋千斤顶中。

2）滑动螺旋机构的材料和结构。螺杆的材料应具有足够的强度和耐磨性及良好的切削性，对于精密传动的螺旋，还要求在热处理后有较好的尺寸稳定性。螺母的材料除要求具有足够的强度外，还要求与螺杆配合传动时摩擦因数小，耐磨性好，抗胶合能力高。螺旋传动常用材料见表7-6。

表7-6 螺旋传动常用材料

	工作条件	常用材料
螺杆	一般传动	Q275，40Mn，40，50
	重要丝杠	T10，T12，65Mn，40Cr，40MnB，20CrMnTi
	精密丝杠	9Mn2V，CrWMn，38CrMoAl
螺母	一般传动	ZCuSn10Pb1，ZCuSn5Pb5Zn5
	重要丝杠	ZCuAl10Fe3，ZCuZn25Al6Fe3Mn3
	精密丝杠	耐磨铸铁，灰铸铁

螺母结构有整体螺母和开合螺母两种。螺纹副之间一般都存在间隙，磨损后间隙加大，当螺杆反方向运动时就会产生空程。所以，对传动精度要求高的螺旋，应采取消除间隙的措施。开合螺母能在径向或轴向调整间隙，并能方便地与螺杆脱开或接合。自动消除间隙的螺母结构及它们的特点和应用可以查阅机械设计手册。

2. 滚动螺旋机构

滚动螺旋机构由具有螺旋槽的螺杆、螺母及其中的滚珠组成（图7-43）。当螺杆或螺母转动时，滚珠沿螺旋槽滚道滚动，形成滚动摩擦。滚珠经导向装置可返回滚道反复循环。

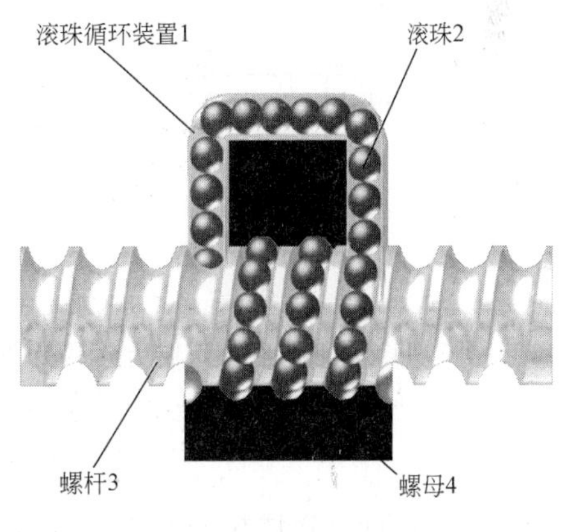

图7-43 滚动螺旋机构

滚珠的循环方式分为内循环和外循环两类。

内循环中螺母的每圈螺纹装有一反向器，滚珠在同一圈滚道内形成封闭循环回路。内循环滚珠的流动性好，摩擦损失少，传动效率高，径向尺寸小，但反向器及螺母上定位孔的加工精度要求高。

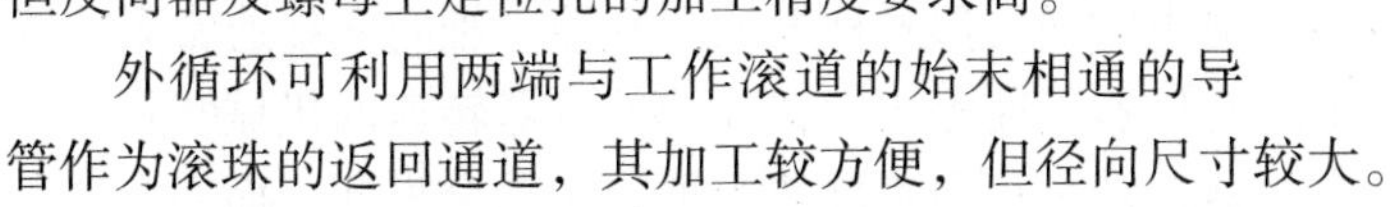

外循环可利用两端与工作滚道的始末相通的导管作为滚珠的返回通道，其加工较方便，但径向尺寸较大。

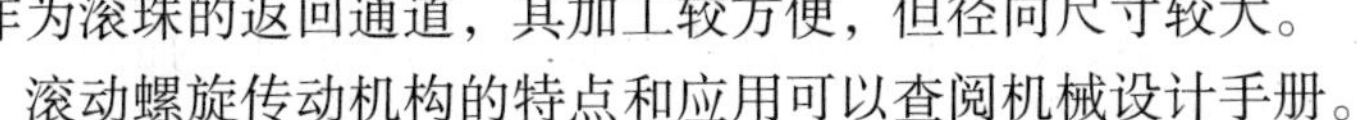

滚动螺旋传动机构的特点和应用可以查阅机械设计手册。

3. 静压螺旋机构

静压螺旋机构是指工作时在螺母与螺杆的螺纹牙表面之间通入压力油并产生压力油膜的螺旋机构。静压螺旋传动是在液体摩擦状态下工作的，从而大大降低了其摩擦因数，传动效率高，寿命长，但需要有供油系统，用于重要传动中。

【学习小结】

螺纹联接是一种应用广泛的可拆联接，其中的普通螺栓联接应用最多。工作场合和工作条件是选择螺纹联接类型、螺纹联接件、强度计算及是否要预紧和防松的依据。防松是螺纹联接中的一个非常重要的问题，应给予高度重视。普通螺纹自锁性好，多用于联接。梯形螺纹的机械效率较高，多用于传动。螺旋传动可利用螺旋副将回转运动变成直线运动，应用广泛。

7.4 轴间联接与制动器

【实例 1】 联轴器在带式输送机中的应用（图 7-44）。

【实例 2】 离合器与制动器在压力机中的应用（图 7-45）。

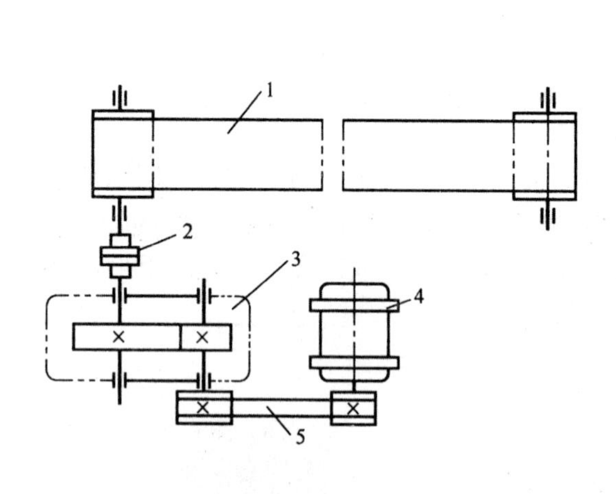

图 7-44 联轴器在带式输送机中的应用

1—输送带 2—联轴器 3—齿轮减速器 4—电动机 5—传动带

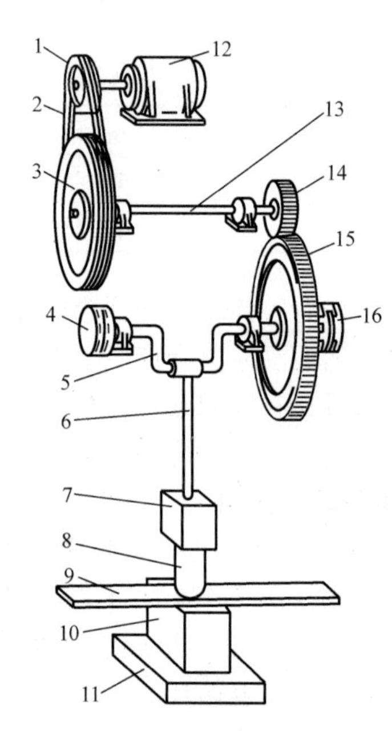

图 7-45 机械压力机

1—小带轮 2—V 带 3—大带轮 4—制动器 5—曲轴 6—连杆 7—滑块 8—凸模 9—坯料 10—凹模 11—机架 12—电动机 13—传动轴 14—小齿轮 15—大齿轮 16—离合器

将两轴直接联接起来以传递运动和动力的联接形式称为轴间联接。轴间联接通常采用联轴器和离合器来实现。制动器是用来迫使机器迅速停止运转或减低机器转速的机械装置。

联轴器是一种固定联接装置，在机器运转过程中不能使两轴的运动分离开，而离合器则是一种能随时将两轴接合或分离的可动联接装置。

【学习目标】

1）了解联轴器的功用。

2）熟悉联轴器的主要类型和特点。

3）掌握联轴器的选用。

4）了解离合器的功用、主要类型及特点。

【分析与探究】

7.4.1　联轴器

图7-46所示为常见的凸缘联轴器和十字滑块联轴器。

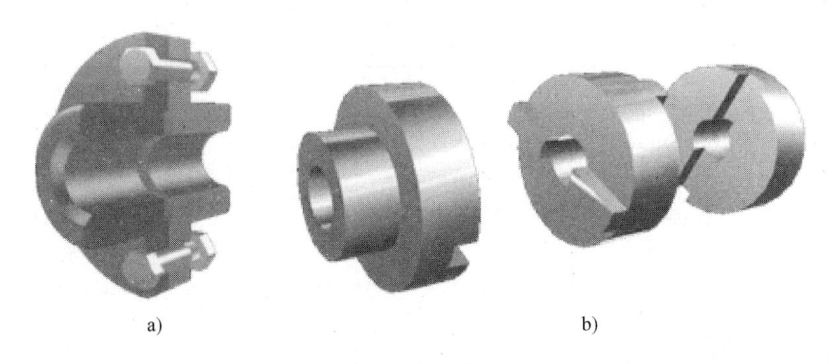

图7-46　凸缘联轴器和十字滑块联轴器

a）凸缘联轴器　b）十字滑块联轴器

在应用中，联轴器所联接的两个轴由于制造和安装误差、受载后的变形以及温度变化等因素的影响，往往不能保证严格的对中，两轴间会产生一定程度的相对位移或偏斜（图7-47），工作时可能引起轴、轴承和联轴器产生附加动载荷和振动。因此，选择联轴器类型时要考虑实际工作对轴间补偿量要求的高低。安装联轴器时也要注意保证两轴的相对位移在允许范围之内。

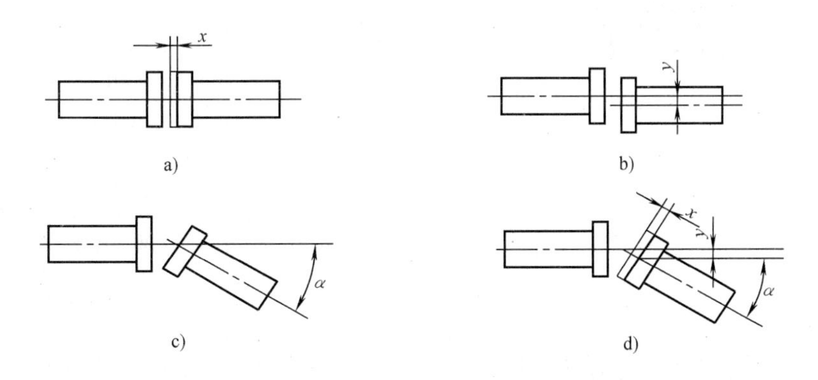

图7-47　两轴线的相对位移

a）轴向位移　b）径向位移　c）角向位移　d）综合位移

1. 联轴器的分类

联轴器按能否补偿轴间的位移可分为刚性联轴器和挠性联轴器两大类。

挠性联轴器可通过内部的结构或含有的弹性元件补偿轴间位移，而刚性联轴器则不能。刚性联轴器的结构简单、装拆方便，多用在对两轴的对中性要求较高的场合。挠性联轴器的结构较复杂、装拆比较麻烦，但不仅补偿性好，还能吸收一部分冲击和振动，应用广泛。

常用挠性联轴器的特点及应用见表7-7。

常用刚性联轴器的特点及应用见表7-8。

表7-7 常用挠性联轴器的特点及应用

名称	简图	转矩范围	转速范围	轴径范围	补偿量范围			特点	应用
					ΔX	ΔY	$\Delta\alpha$		
		N·m	r/min	mm			(°)		
GB/T5014—2003弹性柱销联轴器	LX型（基本型）	250 ~ 180000	8500 ~ 950	12 ~ 340	±0.5 ~ ±3	0.15 ~ 0.25	0.5	结构简单，制造容易，维护方便。具有微量补偿两轴相对偏移和轻微减振的功能	用于中等载荷、起动频繁的高低速传动。超负荷下工作不可靠工作温度为(-20~70)℃
	LXZ型（制动轮型）	560 ~ 35500	5600 ~ 950	20 ~ 180	±1 ~ ±2.5				
蛇形弹簧联轴器		36 ~ 270000	450 ~ 15000	15 ~ 306	4 ~ 20	0.7 ~ 3	1.25	弹性好，缓冲减振能力强，工作可靠，径向尺寸小，但弹簧制造工艺性差，加工困难。应用有限	主要用于有严重冲击载荷的重型机械上
十字轴式万向联轴器（小型）		小型 12.5 ~ 1280 中型 8000 ~ 40000	3300	小型 8 ~ 40 中型 50 ~ 415			≤45 常用 <10	径向外形尺寸小，紧凑，维修方便，能传递空间两相交轴之间的传动。两轴线之间夹角大，但当采用单个万向联轴器时，从动轴转速有不均匀现象	主要用于两相交轴之间的传动联接

（续）

名　　称	简　　图	转矩范围	转速范围	轴径范围	补偿量范围			特　　点	应　　用
					ΔX	ΔY	Δα		
		N·m	r/min	mm			(°)		
薄片联轴器	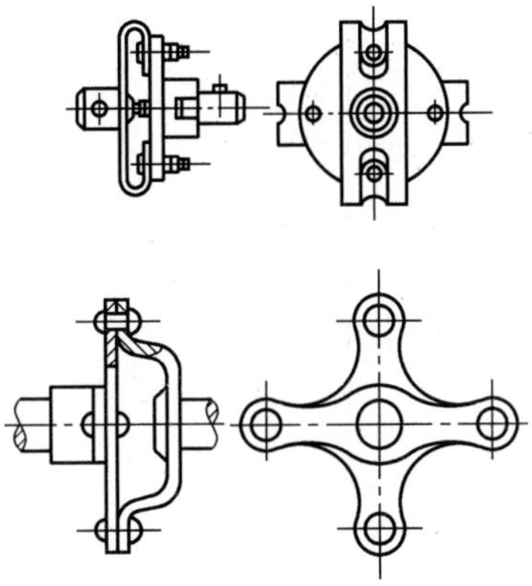							用绝缘材料制造中间盘，可以实现主动轴和从动轴间的相互绝缘。薄片联轴器几乎没有空回（只有很小弹性空回），因而特别适用于数控传动中和被联接轴有很小偏斜的场合，并可补偿一定的轴向位移。它借助于薄片的弹性变形而不伤其他零件，工作时能吸收振动，传动正确	多用于电子设备仪器、仪表中

表7-8　常用刚性联轴器的特点及应用

名　　称	简　　图	转矩范围	转速范围	轴径范围	补偿量范围			特　　点	应　　用
					ΔX	ΔY	Δα		
		N·m	r/min	mm			(°)		
GB/T 5843—2003 凸缘联轴器	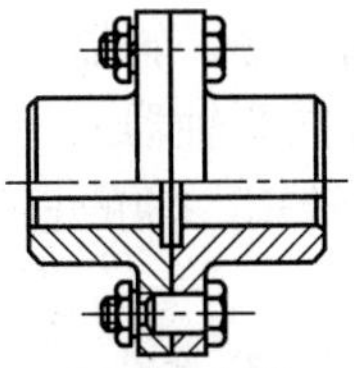 GY型(基本型) 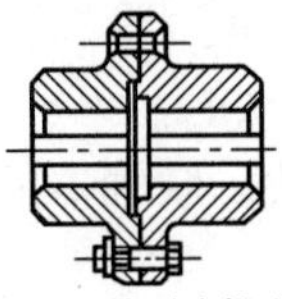 GYS型(对中榫型)	25 ~ 20000	12000 ~ 16000	12 ~ 250	—	—	—	结构简单，成本低，无补偿性能，不能缓冲减振，对两轴安装精度要求较高	用于振动很小的工况条件，联接中、高速和刚度不大的且要求对中性较高的两轴

（续）

名称	简图	转矩范围	转速范围	轴径范围	补偿量范围			特点	应用
					ΔX	ΔY	Δα		
		N·m	r/min	mm			(°)		
套筒联轴器	I型	4.5～4000	一般≤200～250	10～100	—		—	结构简单，制造容易，径向尺寸最小，要求两轴安装精度高，装拆时需作轴向移动	用于低速、轻载、经常正反转，且要求两轴对中好、工作平稳无冲击载荷的场合
	II型	71～5600		20～100					
	III型	56～450		18～35					
立式夹壳联轴器		85～9000	900～380	30～110	—	—	—	装拆方便，无补偿性能，被联接件的轴头要加工凹槽	用于低速、无冲击载荷及立轴的联接，最高使用温度为250℃

2. 常用联轴器的选用

常用联轴器大多数已标准化和系列化，应用时可直接在产品目录中选择。选择联轴器的步骤是：先选择联轴器的类型，再选择型号，最后进行必要的强度校核。

1）联轴器类型的选择　联轴器的类型应根据机器的工作特点和要求，结合各类联轴器的性能，并参照同类机器的使用经验来选择。如两轴的对中要求高，轴的刚度又大时，可选用套筒联轴器或凸缘联轴器；如两轴的对中困难或轴的刚度较小时，则应选用对轴的偏移具有补偿能力的弹性联轴器；如所传递的转矩较大时，宜选用凸缘联轴器；如轴的转速较高且有振动时，应选用弹性联轴器；如两轴相交时，则应选用万向联轴器。

2）联轴器型号的选择　联轴器的型号是根据所传递的转矩、轴的直径和转速，从联轴器标准中选用的。选择的型号应满足以下条件：

① 计算转矩 T_C 应小于或等于所选型号的公称转矩 T_n，即 $T_C \leqslant T_n$。

② 转速 n 应小于或等于所选型号的许用转速 $[n]$，$n \leqslant [n]$。

③ 轴的直径 d 应在所选型号的孔径范围之内，即 $d_{min} \leqslant d \leqslant d_{max}$。

考虑到机器起动和制动时惯性力和工作中可能出现的过载，联轴器的计算转矩可按下式计算

$$T_C = K_A T = 9550 K_A \frac{P}{n} \tag{7-1}$$

式中 K_A——工作情况系数，其值见表7-9；

P——传递功率，单位为kW；

n——工作转速，单位为r/min。

表7-9 联轴器的工作情况系数 K_A

工作机		K_A			
		原动机			
分类	工作情况及举例	电动机汽轮机	四缸和四缸以上内燃机	双缸内燃机	单缸内燃机
Ⅰ	转矩变化很小，如发电机、小型通风机、小型离心泵	1.3	1.5	1.8	2.2
Ⅱ	转矩变化小，如透平压缩机、木工机床、运输机	1.5	1.7	2.0	2.4
Ⅲ	转矩变化中等，如搅拌机、增压泵、有飞轮压缩机、冲床等	1.7	1.9	2.2	2.6
Ⅳ	转矩变化和冲击载荷中等，如织布机、水泥搅拌机、拖拉机等	1.9	2.1	2.4	2.8
Ⅴ	转矩变化和冲击载荷大，如造纸机、挖掘机、起重机、碎石机等	2.3	2.5	2.8	3.2
Ⅵ	转矩变化大并有极强烈冲击载荷，如压延机、无飞轮的活塞泵、重型初轧机	3.1	3.3	3.6	4.0

3）必要时进行强度校核。按上述方法从标准中选择的联轴器，在一般情况下强度是足够的，不必进行强度校核，但对载荷较大或重要的联轴器，应对其中关键性零件或薄弱零件（如凸缘联轴器中的联接螺栓，弹性柱销联轴器中的柱销等）进行强度校核。强度的校核可按工程力学的有关知识进行。

3．联轴器的标记方法

按GBT 3852的规定，联轴器的标记方式为：

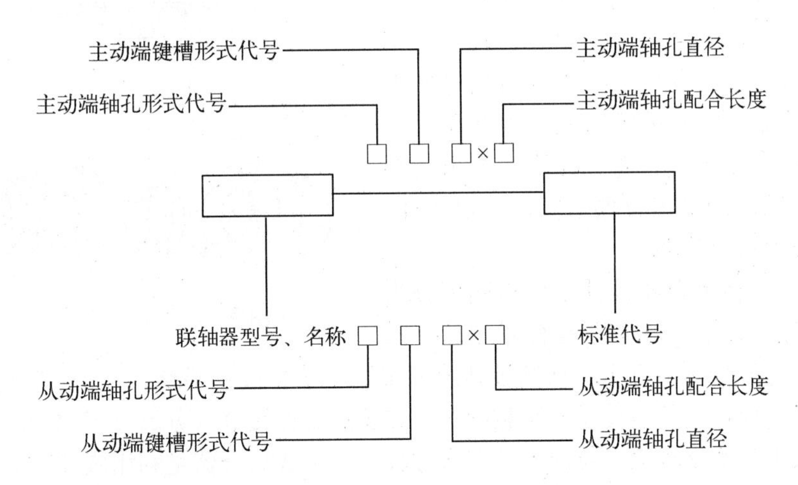

1）轴孔形式的代号为：

Y型——长圆柱形轴孔；

J型——有沉孔的短圆柱形轴孔；

J_1型——无沉孔的短圆柱形轴孔；

Z型——有沉孔的圆锥形轴孔；

Z_1 型——无沉孔的圆锥形轴孔。

2）轴孔键槽型式的代号为：

A 型——平键单键槽；

B 型——平键双键槽，120°布置；

B_1 型——平键双键槽，180°布置；

C 型——圆锥形轴孔平键单键槽。

3）Y 型孔和 A 型键槽的代号在标记中可省略。

4）联轴器两端轴孔和键槽的形式、尺寸相同时，只标记一端，另一端省略。

例如凸缘联轴器的型号为 GY3，主动端：J 型轴孔，A 型键槽，$d_1=30\text{mm}$，$L=60\text{mm}$。从动端：J_1 型轴孔，B 型键槽，$d_2=28\text{mm}$，$L=44\text{mm}$。则其标记为

$$\text{GY3 联轴器}\frac{\text{J}30\times60}{\text{J}_1\text{B}28\times44}\text{GB/T 5843—2003}$$

7.4.2 离合器

离合器是在传递运动和动力的过程中通过各种操纵方式使联接的两轴随时接合或分离的一种机械装置。离合器还可以作为起动或过载时控制传递转矩大小的安全保护装置。

离合器可分为操纵离合器和自控离合器两大类。操纵离合器必须通过操纵才具有接合或分离的功能。自控离合器在其主动部分或从动部分的某些性能参数（如转速、转矩等）发生变化时，能自行接合或分离。

1. 操纵离合器

操纵离合器有许多类型，应用比较多的有以下几种。

1）牙嵌离合器。牙嵌离合器的结构形式如图 7-48 所示。它由两个端面带牙的半离合器组成，其中一个半离合器固定在主动轴上，另一个半离合器用导向平键或花键与从动轴联接，并通过操纵机构使其作轴向移动，以实现离合器的接合或分离。为使两个半离合器能够对中，在主动轴端的半离合器上固定一对中环，使从动轴可在对中环内自由移动。

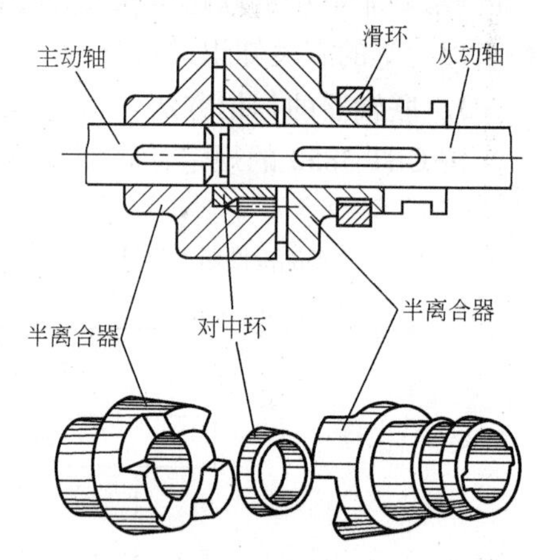

图 7-48 牙嵌离合器

2）摩擦离合器。摩擦离合器按其结构不同可分为片式离合器、圆锥离合器等。与牙嵌离合器相比，摩擦离合器的优点是接合或分离不受主、从动轴转速的限制，接合过程平稳，冲击、振动小，过载时可发生打滑，以保护其他重要零件不致损坏。其缺点是在接合、分离过程中会产生滑动摩擦，故发热量较大，磨损较大，有时其外形尺寸较大。片式离合器是利用圆环片的端平面组成摩擦副的，有单片式和多片式两种。为了散热和减小磨损，可将摩擦片浸入油中工作，这种离合器称为湿式离合器。反之，则为干式离合器。

① 单片摩擦离合器（图 7-49）。该种离合器主要由主、从动摩擦片组成，分别与主、从动轴相联接，操纵环可以使从动摩擦片沿从动轴移动，从而实现接合与分离。接合时靠轴向力将主、从动摩擦片相互压紧，在接触面间产生摩擦力矩来传递转矩。

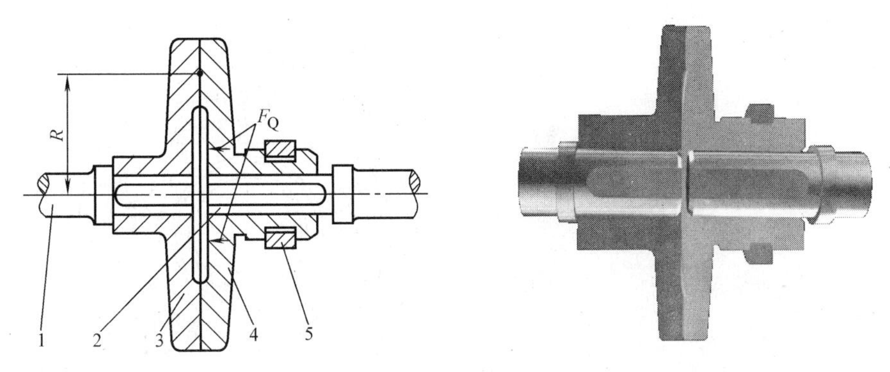

图7-49 单片摩擦离合器

1—主动轴 2—从动轴 3—主动摩擦片 4—从动摩擦片 5—操纵环

② 多片摩擦离合器（图7-50）。为了增加单片摩擦离合器的摩擦力矩，设计出了多片离合器。多片摩擦离合器有两组摩擦片：一组是外摩擦片，一组是内摩擦片。外摩擦片组与主动轴上的半离合器联接（类似花键联接），内摩擦片组与从动轴上的套筒外缘相嵌合，故可随从动轴一起转动，也可沿轴向移动。当滑环左移时，曲臂压杆通过压板将所有内、外摩擦片压紧在调节螺母上，离合器即处于接合状态。调节螺母可调节内、外摩擦片的压力。内摩擦片可以制成碟形，使其具有一定的弹性，接合时在轴向压力的作用下可被压紧，与外摩擦片贴紧；脱开时，由于内摩擦片的弹力作用可以迅速与外摩擦片分离。

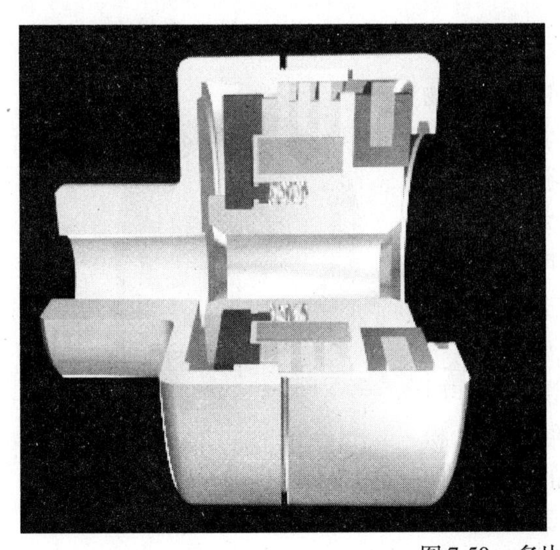

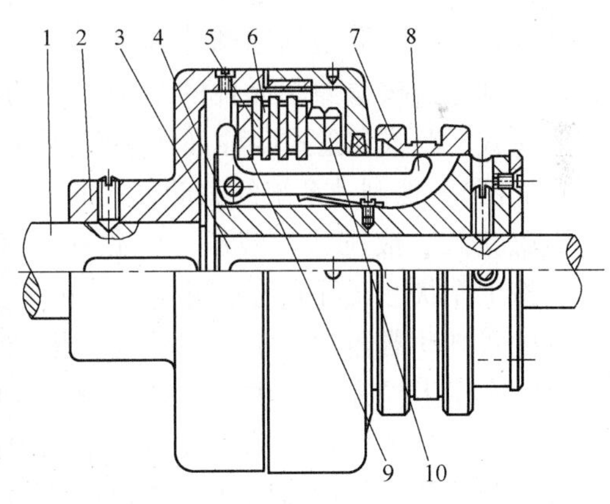

图7-50 多片摩擦离合器

1—主动轴 2—鼓轮 3—从动轴 4—套筒 5—外摩擦片
6—内摩擦片 7—滑环 8—曲臂压杆 9—压板 10—调节螺母

2. 自控离合器

自控离合器有3种：离心离合器、安全离合器和超越离合器。离心离合器是靠离心力工作的，由转速决定分离或接合。安全离合器一般由转矩的大小决定分离或接合。图7-51所示为超越离合器的一个常用类型：内星轮滚柱超越离合器。

内星轮滚柱离合器的工作原理：当星轮作为主动件并顺时针转动时，滚柱受摩擦力作用而滚向星轮与外环空隙的收缩部分，被楔紧在星轮和外环间，从而带动外环随星轮一起转

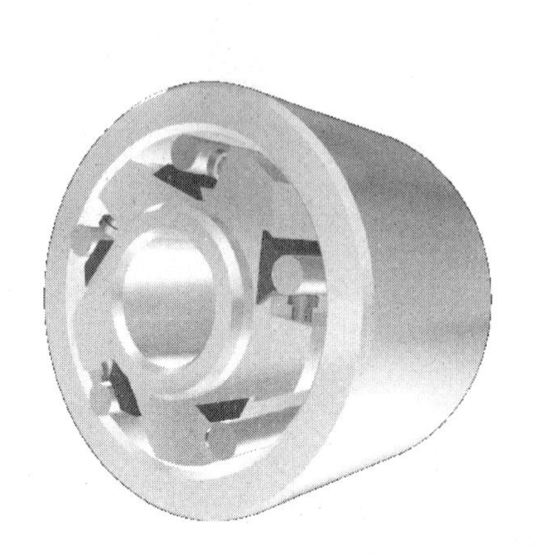

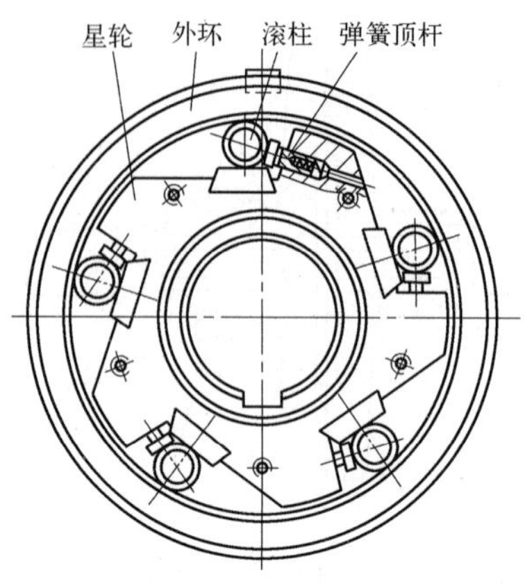

图 7-51 内星轮滚柱超越离合器

动，离合器处于接合状态。当星轮逆时针转动时，滚柱滚向楔形间隙大的一端，离合器处于分离状态。如果外环与星轮同时作顺时针转动，并且外环的角速度大于星轮的角速度时，离合器也处于分离状态，外环并不能带动星轮转动，即从动件外环可以超越主动件星轮转动，因而称为超越离合器。这种特性可以用于内燃机的起动装置中。自行车的后轮因为安装了超越离合器（飞轮）才能保证后轮（从动轮）的转速可以超过小链轮（主动轮）的转速。

7.4.3 制动器

制动器具有减速、停止机械运转和制动时支持重物等功能。机械制动器是利用摩擦副中产生的摩擦力矩来工作的。制动器按摩擦副元件的结构形式的不同可分为块式、带式、蹄式和盘式四种（图 7-52 所示为带式制动器结构简图）；按制动系统的驱动方式的不同可分为手动式、电磁铁式、液压式、液压—电磁式、气压式几种；此外，按工作状态又可分为常闭式和常开式。

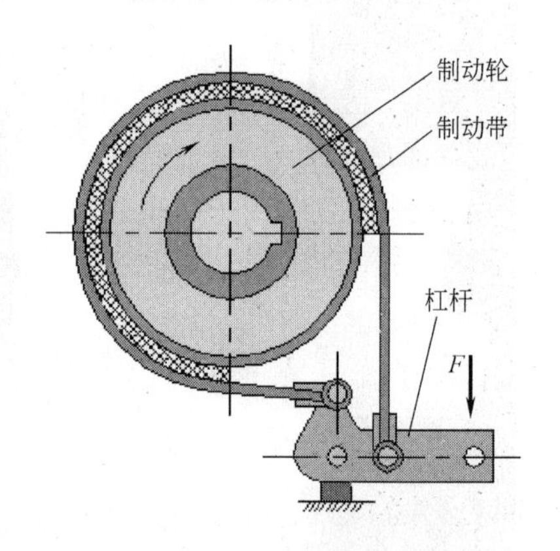

图 7-52 带式制动器结构简图

常闭式制动器经常处于紧闸状态，机械设备工作时再松闸，常用于提升机构中；常开式制动器经常处于松闸状态，需要时才抱闸制动，大多数车辆中的制动器即为常开式制动器。制动器的选择应根据使用要求与工作条件确定。选择时应考虑以下几点：

1）足够的制动力矩。

2）制动动作平稳、可靠、迅速。

3）构造简单、外形紧凑。

4）主要工作零件有较高的强度和耐磨性。

5）调整维修方便。

下面简要介绍几种常用的制动器。

1. 外抱块式制动器

外抱块式制动器有许多不同型式，多为常闭式，一般用于起重运输设备。图 7-53 所示

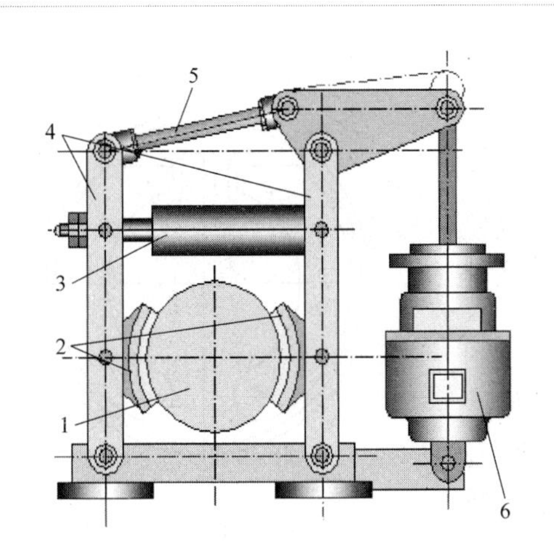

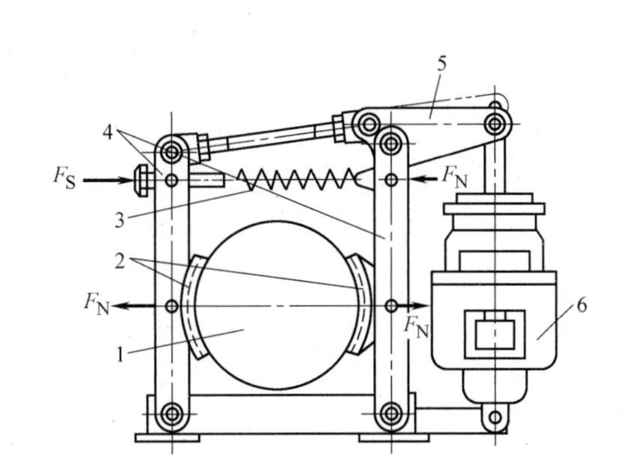

图 7-53 外抱块式制动器

1—制动轮 2—闸瓦 3—弹簧 4—制动臂 5—推杆 6—松闸器

的外抱块式制动器中弹簧3通过制动臂4使闸瓦块2压紧在制动轮上，使制动器紧闸。当松闸器6通入电流时，推杆5向上推开制动臂4，使制动器松闸。闸瓦块的材料可用铸铁，也可在铸铁上覆以皮革或石棉带。闸瓦块磨损后可调节推杆的长度。

电磁外抱块式制动器制动和开启动作快，体积小，重量轻，易于调整维修。但制动时冲击大，电能消耗大，包角和制动力矩小，结构比带式制动器的复杂。

2. 带式制动器

带式制动器的结构形式有简单式、差动式和综合式3种，其中综合式可用于双向制动。

简单带式制动器（图7-54）主要由制动轮、制动带、制动杠杆和重锤组成。在重锤的重力作用下，制动带抱紧在制动轮上处于制动状态，用电磁铁实现松闸。为了增加摩擦力，在制动钢带的内表面铆有制动衬片（石棉带或木块等）。此外，为了防止制动带从制动轮上滑脱可以将制动轮制成有轮缘的结构（图7-55a），但更多的是采用卡爪来挡住制动带（图7-55b）。

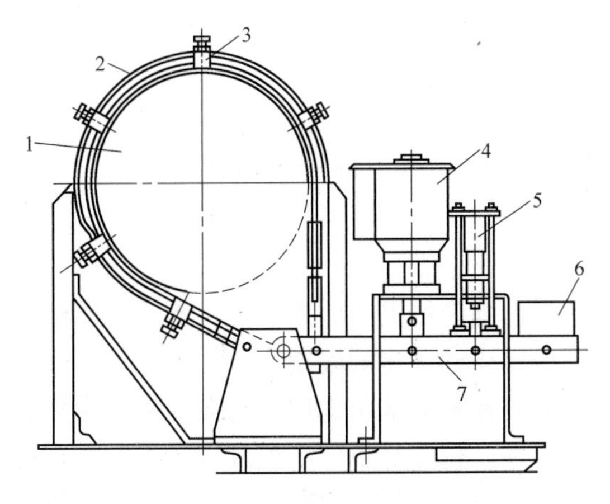

图 7-54 简单带式制动器

1—制动轮 2—制动带 3—卡爪 4—电磁铁

5—缓冲器 6—重锤 7—制动杠杆

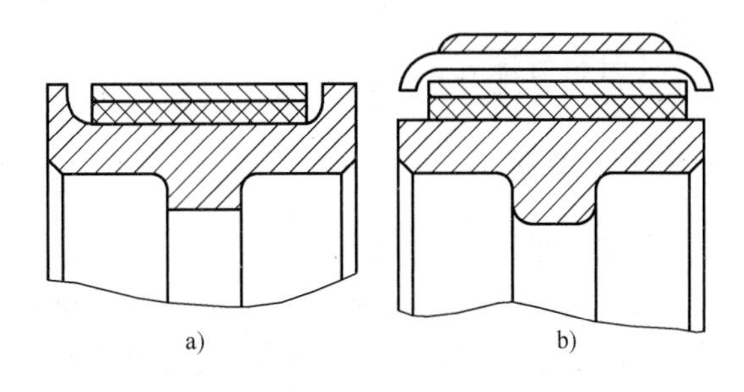

图 7-55 带式制动器的制动轮与制动带

a）具有轮缘的结构 b）用卡爪来挡住制动带

3. 内涨蹄式制动器

内涨蹄式制动器有双蹄、多蹄和软管多蹄等形式，其中双蹄式应用较广。

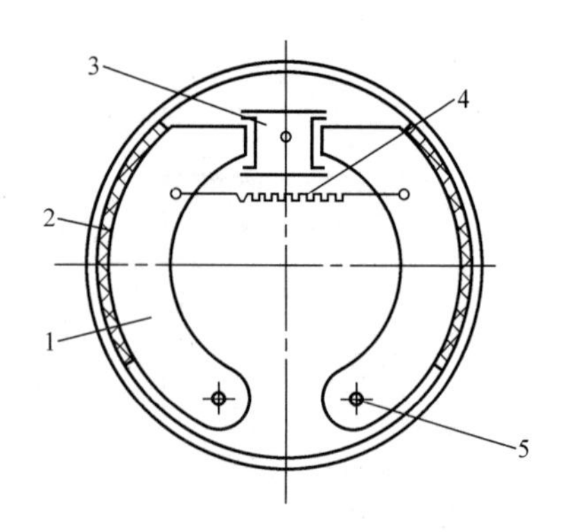

图 7-56 内涨双蹄式制动器

1—制动蹄 2—制动鼓 3—液压缸 4—弹簧 5—支承销

内涨双蹄式制动器（图 7-56）的左、右两制动蹄分别通过两支承销与制动底板相联接，制动鼓与需制动的轴相联接。当压力油进入液压缸时，推动左、右两个活塞分别向左、右移动，带动两制动蹄压紧在制动鼓的内表面上，实现抱闸制动。油路卸压后，弹簧弹力使两制动蹄与制动鼓分开，制动器处于松闸状态。内涨蹄式制动器结构紧凑、散热好、密封容易，广泛应用于各种车辆和安装空间受到限制的场合。

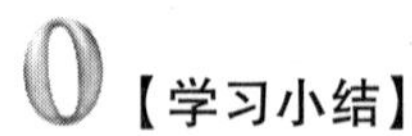
【学习小结】

联轴器、离合器是将两轴直接联接起来的轴间联接部件。制动器是用于迫使机器迅速停转或减低转速的机械装置。机器的工作特点、工作要求和轴端尺寸是选择联轴器的依据。

7.5 不可拆联接

不可拆联接包括焊接、铆接、胶接和过盈配合联接。不可拆联接一般具有用途广泛、被联接件加工量少、联接表面质量好等优点，但也有不可反复使用、拆卸困难、通用性较差等缺点。由于其自身的特点，不可拆联接也得到了大量应用。

【学习目标】

1）了解不可拆联接的应用。
2）了解不可拆联接的种类。
3）会选用不可拆联接。

【分析与探究】

7.5.1 焊接

焊接具有工艺简单、接头强度高、重量轻、适用性强等特点，应用非常广泛。新焊接方法的发展也很迅速。对于焊接性能不好的材料，其应用受到一定的限制。

同一焊接结构件可以采用不同的材质或按工作需要在不同部位选用不同强度和不同性能的材料拼组而成，对结构件的设计提供了很大的灵活性。特别是单件小批量生产或形式有较多变化的，或要经常更新设计的成批生产零部件，采用焊接结构常常可以缩短生产准备周期、减轻重量、降低成本。特大零、部件采用焊接结构可以以小拼大，大幅度降低所需铸锻件的重量并减小运输困难。常用的焊接类型及应用特点见表 7-10。

表7-10 常用的焊接类型及应用特点

类别	焊接方法	图例	特点	应用
熔化焊	焊条电弧焊 （手工电弧焊）	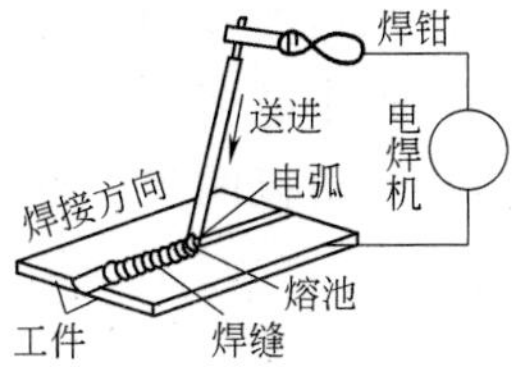	具有灵活、机动、适应性广泛，可进行全位置焊接，所用设备简单、耐用性好、维护费用低等优点。但劳动强度大，质量不够稳定，决定于操纵者水平	在单件、小批量、零星、装配中广泛应用，适用于焊接3mm以上的碳钢、低合金钢、不锈钢和铜、铝等非铁合金
	气焊 （氧-乙炔焊）	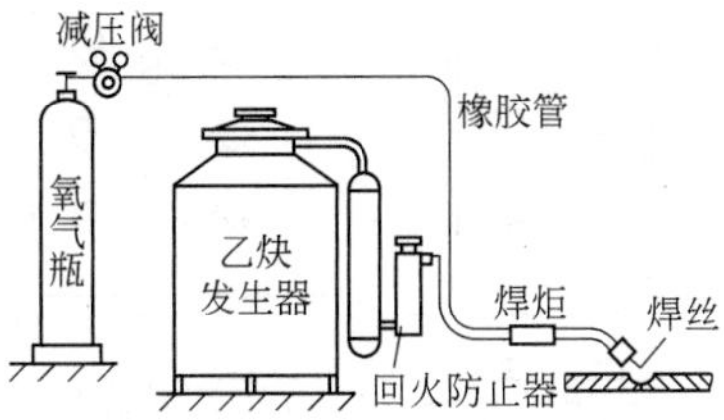	火焰温度和性质可以调节，与电弧焊相比热影响区宽，热量不如电弧焊集中，生产率比较低	应用于薄壁结构和小件的焊接，可焊钢、铸铁、铝、铜及其合金、硬质合金等，也可用于切割
压力焊	点焊	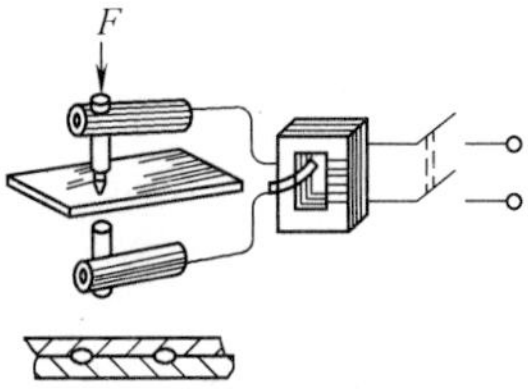	低电压大电流，生产率高，变形小，限于搭接。不需填加焊接材料，易于实现自动化，但设备较一般熔化焊复杂，耗电量大，缝焊过程中分流现象较严重	点焊主要适用于焊接各种薄板冲压结构及钢筋，目前广泛用于汽车制造和飞机、车厢等轻型结构，利用悬挂式点焊枪可进行全方位焊接。缝焊主要用于制造油箱等要求密封的薄壁结构
	缝焊	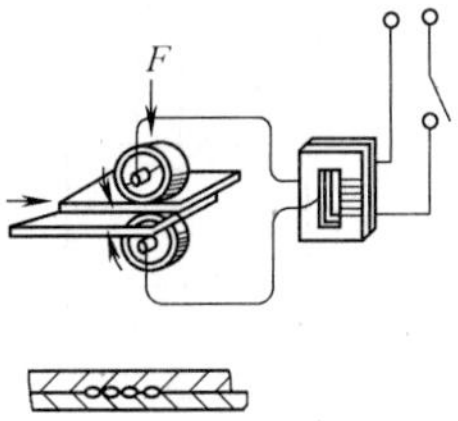		
	接触对焊	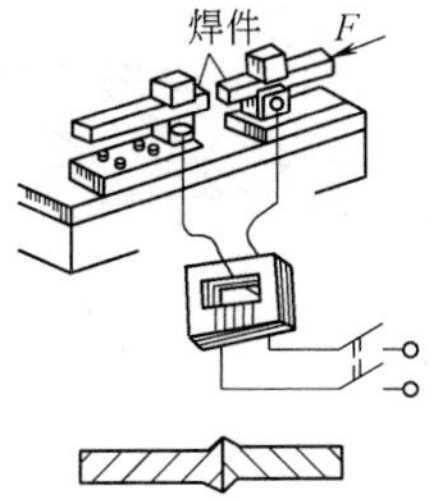	接触（电阻）对焊，焊前对被焊工件表面清理工作要求较高，一般仅用于断面简单、直径小于20mm和强度要求不高的工件	
钎焊	软钎焊		通常使用锡、铜、银等低熔点金属做钎料。焊件加热温度低、组织和力学性能变化很小，变形也小，接头平整光滑，工件尺寸精确。软钎焊接头强度较低，硬钎焊接头强度较高。焊前工件需清洗、装配要求较严格	广泛应用于机械、仪表、航空、空间技术所用装配中如电真空器件、导线、蜂窝和夹层结构、硬质合金刀具等
	硬钎焊			

7.5.2 铆接

铆接联接可靠、工艺简单、抗振动、耐冲击，目前多用于航天飞行器蒙皮、不同材料的联接和日常生活中。新出现的拉铆钉联接应用也越来越多。使用空心铆钉有利于穿线。

根据被联接件的配置关系，铆缝可分为搭接和对接两类。每一类又根据主板上铆钉的排数可分为单排、双排、多排等，如图 7-57 所示。

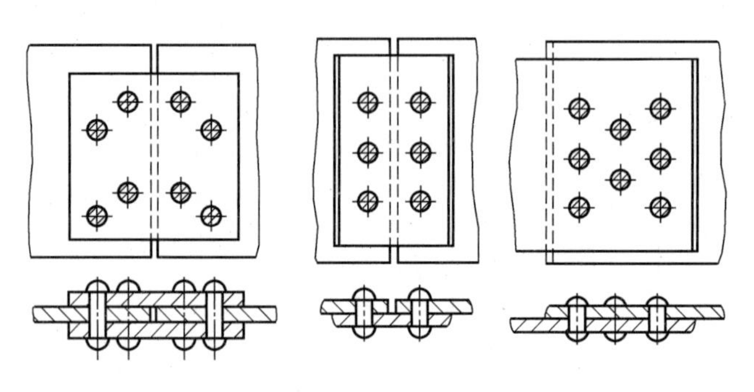

图 7-57 常用铆缝形式

7.5.3 胶接

胶接是利用胶接剂在一定条件下将被联接件结合在一起的一种不可拆联接，其具有一定的联接强度。胶接适用于极薄的金属材料、复合材料及各种夹层材料的联接，也适用于金属与非金属之间的联接，还适用于难以应用焊接、铆接或螺纹联接的场合。胶接可以简化制造工艺，提高构件的动态性能。胶接具有接头抗疲劳性好，接合面密封性能好，并具有耐腐蚀和绝缘性能；工艺简便，可避免铆、焊、螺纹联接引起的应力集中和变形，易于实现大面积联接；可取消机械紧固件，不需联接孔；工艺过程易实现机械化和自动化。但胶接的强度会随温度的升高而显著降低，可靠性不如铆接和焊接。其应用实例如图 7-58 所示。

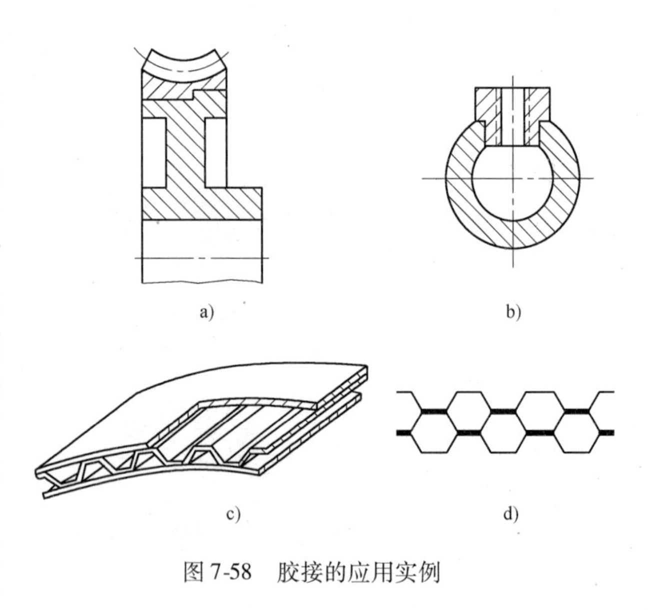

图 7-58 胶接的应用实例

7.5.4 过盈配合联接

过盈配合联接是利用零件间的过盈配合形成的紧联接，是一种介于可拆联接与不可拆联接之间的联接。在多数情况下，过盈配合是不可拆的，因拆开这种联接将会引起表面损坏或配合松动；但在过盈量不大的情况下，如对于滚动轴承套圈，即使多次装拆轴承对联接损伤也不大，此时又可视为可拆联接。

过盈配合联接具有结构简单、对中性好、对轴的强度削弱小、在冲击振动载荷下工作可靠等优点。缺点是对配合尺寸的精度要求高，装拆困难。

过盈配合联接的配合面一般为圆柱面或圆锥面。圆柱面过盈联接的装配方法有压入法和温差法。压入法是利用压力机将被包容件（轴）直接强力压入包容件（毂），使两者联接。为避免压入过程擦伤配合表面，可在配合表面加润滑剂或采用如图7-59所示的轴与轮毂结构。压入法一般用在配合尺寸和过盈量较小的联接。温差法是利用金属热胀冷缩的性质，加热包容件或冷冻被包容件后进行装配，待恢复到常温即可达到过盈联接。优点是联接零件表面无损伤，常用于要求配合质量高的过盈联接。圆锥面过盈联接是利用被包容件的轴向位移压紧包容件的装配方法来实现过盈联接的。近年来还有采用液压装拆法的，使过盈联接能多次装拆（图7-60）。

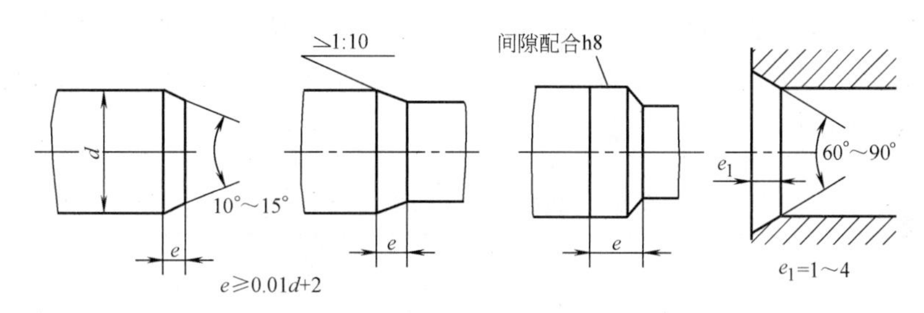

图7-59　过盈配合联接压入端的结构

工作中选用何种联接主要取决于使用要求和经济性要求。一般来说，采用可拆联接是由于结构、安装、维修和运输上的需要；而采用不可拆联接，多数是由于工艺和经济上的要求。更具体的联接方法和选用、设计详见机械设计手册及有关技术资料。

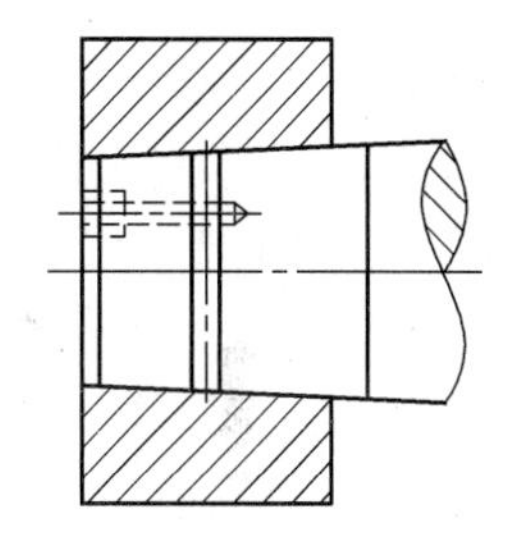

图7-60　液压装拆结构

【学习小结】

焊接、铆接、胶接和过盈配合联接等不可拆联接以其各自的特点得到了广泛的应用。注意结合书本知识在生产实践、生活实际中观察、实践，丰富知识、提高能力。

项目 8　机 械 传 动

机器一般由三部分组成：原动部分→传动部分→执行（工作）部分。在图 7-45 所示的机械压力机中，电动机是原动部分，曲柄连杆滑块机构是执行部分，而 V 带和带轮、大齿轮和小齿轮则是传动部分。在汽车中，发动机是原动部分，车轮是执行部分，而从发动机到驱动车轮之间的变速器、差速器等都是传动部分。

传动可以采用多种形式，如机械传动、液压传动、气压传动等。它们都因自身的特点得到了广泛的应用。机械传动的主要类型有带传动、链传动、齿轮传动、摩擦轮传动等，每一种类型还可以细分。为便于学习，将本项目分解成为 10 个子项目进行研究，其分解结果与推荐学习顺序见表 8-1。

表 8-1　机械传动学习项目分解表

项　目	分　项　目	子　项　目	推荐学习顺序
机械传动	摩擦轮传动	摩擦轮传动	1
	带传动	摩擦型带传动	2
		啮合型带传动	3
	链传动	链传动	4
	齿轮传动	减速器	5
		直齿圆柱齿轮传动	6
		斜齿圆柱齿轮传动	7
		直齿圆锥齿轮传动	8
		蜗杆传动	9
		齿轮系	10

【学习总目标】

1）了解主要机械传动的类型、特点和应用。

2）了解主要机械传动的组成与工作原理。

3）了解主要机械传动的失效形式和维护方法。

4）能对传动比进行简单的计算。

【学习建议】

1）为便于学习，将项目分解后再进行研究。

2）参阅其他《机械基础》或《机械设计基础》教材中的有关内容。

3）登录互联网，通过搜索网站查找到“机械设计基础网络课程”后参看有关内容。

4）参看教学课件中的有关内容。

8.1　摩擦轮传动

图8-1所示为最简单的摩擦轮传动。其中图a）为外接传动，图b）为内接传动。

问题1：摩擦轮传动出现打滑而不能正常工作怎么办？

问题2：摩擦轮传动可以作为安全保护装置保证过载后其他零件不被破坏吗？

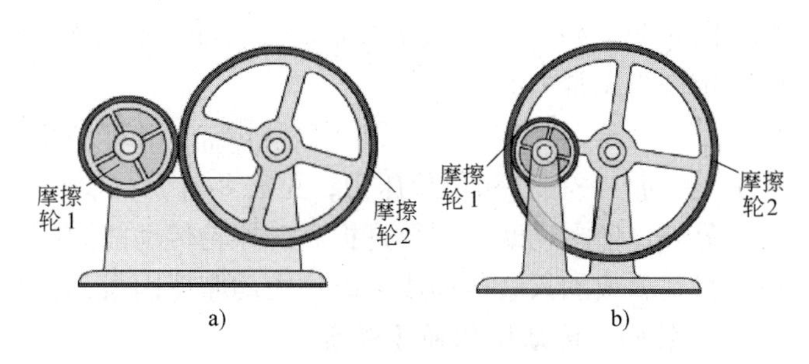

图8-1　摩擦轮传动
a）外接传动　b）内接传动

【学习目标】

1）了解摩擦轮传动的工作原理。

2）理解摩擦轮传动的基本理论，增强工程意识，为后续学习和今后工作打好基础。

3）了解摩擦轮传动的特点和应用。

【分析与探究】

8.1.1　摩擦轮传动理论

1. 工作原理与传力

如图8-2所示，摩擦轮工作时，摩擦轮1和摩擦轮2相互压紧后，在接触处会产生压紧力F_Q。当主动轮1逆时针回转时，由F_Q产生的摩擦力带动从动轮2顺时针回转。如果从动轮所需的工作圆周力为F，保证正常工作的条件为：摩擦力不小于工作圆周力，即

$$F_Qf \geq F$$

式中　f——材料副的动摩擦因数，它的值与材料副和工作情况有关，见表8-2。

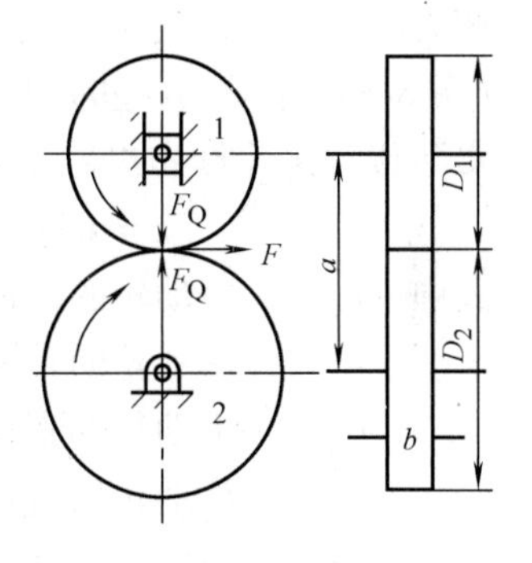

图　8-2

表8-2　动摩擦因数f和许用单位压力［q］

轮面材料	工作条件	f	［q］/（N·mm^{-1}）
钢与钢或铸铁	在油润滑下	0.05～0.10	～
钢与夹布胶木	在干燥条件下	0.20～0.25	～
铸铁与塑料	在干燥条件下	0.10～0.18	3.92～7.85
铸铁与纤维制品	在干燥条件下	0.15～0.30	24.5～44.1
铸铁与皮革	在干燥条件下	0.15～0.30	29.4～34.3
铸铁与特殊橡胶	在干燥条件下	0.50～0.75	2.45～4.00

如果不满足此式的条件，主动轮就不能带动从动轮，从而出现打滑现象。不能正常工作，即为失效。

上式也说明：摩擦轮所能传递的圆周力与压紧力成正比。压紧力越大，传递的圆周力越大，但带来的问题是材料的磨损加剧、轴和轴承的受力也变大，因此，压紧力要适当，能满足工作需要即可。考虑到便于比较，引入单位压力 $q = F_Q/b$（式中的 b 为摩擦轮的接触宽度，图8-2）。再考虑到工作可靠，引入可靠系数 K（K 根据实际情况取 1.2～3）。工程上实际确定许用压紧力的公式是：

$$[F_Q] = K[q]b$$

式中　$[q]$——许用单位压力，见表8-2。

另外，增大动摩擦因数是提高摩擦轮传动能力的最好措施，应给予充分的重视。选择合适的材料副或加入某些物质可能增大动摩擦因数，在摩擦面滴上油质则会减小动摩擦因数。

2. 转向、传动比和弹性滑动

由图8-1可知，外接传动时两轮的转向相反，内接传动时两轮的转向相同；小轮带动大轮转动为减速，大轮带动小轮转动为增速。可以用传动比衡量减（增）速的效果。

传动比（转速比）：两传动件的转速之比，用 i 表示，即 $i_{12} = n_1/n_2$。式中的 n_1、n_2 分别表示轮1、轮2的转速。如果传动时两摩擦轮之间没有滑动，只作纯滚动（即两轮在接触点上的线速度大小相等），则理论上有 $i_{12} = n_1/n_2 = D_2/D_1$。式中 D_2、D_1 分别表示摩擦轮2、1的直径（图8-2）。但对已有的摩擦轮传动进行多次实测发现，从动轮的实际转速与理论转速不一致。究其原因是由于摩擦轮材料有一定弹性，正常工作时在摩擦力的作用下，其接触点附近的表面会出现切向弹性变形（图8-3），由此引起的相对滑动造成的。故摩擦轮传动的实际传动比计算公式为：

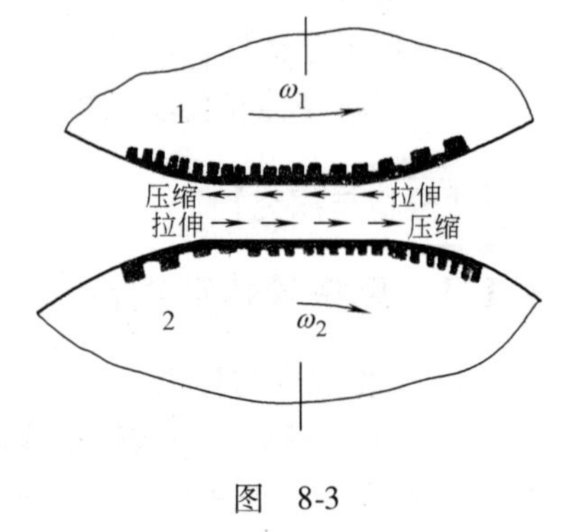

图　8-3

$$i_{12} = n_1/n_2 = D_2/D_1(1-\varepsilon) \tag{8-1}$$

式中　n_1——主动轮的转速，单位为 r/min；

n_2——从动轮的转速，单位为 r/min；

D_1——主动轮的直径，单位为 mm；

D_2——从动轮的直径，单位为 mm；

ε——摩擦轮传动的弹性滑动率（速度损失率），钢对橡胶的 $\varepsilon \approx 0.03$、钢对夹布胶木的 $\varepsilon \approx 0.01$、钢对钢的 $\varepsilon \approx 0.002$。

如果进行粗略计算，可忽略弹性滑动的影响，则有传动比近似计算公式：

$$i_{12} = n_1/n_2 \approx D_2/D_1 \tag{8-2}$$

这种传动件正常工作时存在的相对滑动称为弹性滑动。弹性滑动在摩擦传动中是不可避免的，它使传动比不准确。

两摩擦轮轴线之间的距离称为中心距 a。工作时应保证：

$$a = (D_2 + D_1)/2 \tag{8-3}$$

摩擦轮的中心距是可调的。通过调整中心距，可以调整压紧力。

3. 机械效率

机械效率是从动件与主动件的功率之比，用 η 表示。由于存在着功率损失（如摩擦损失），从动件的功率一定小于主动件的，故有 $\eta < 1$。效率值可以通过实验得出。

8.1.2 摩擦轮传动的优、缺点

1. 优点

1）传动平稳，运转时没有噪声。

2）结构简单，制造比较方便。

3）由于过载时会产生打滑现象，可防止重要零件损坏。

4）传动形式多样（两轴可任意角度布置），适用范围广。

2. 缺点

1）由于存在弹性滑动，不能保证准确的传动比。

2）传动效率低，工作表面容易损坏，不宜传递较大的力矩。

3）由于需要足够的压紧力，因而作用在轴和轴承上的力较大。

【学习小结】

1）摩擦轮传动机构由两个相互压紧的摩擦轮及压紧装置等组成。它是靠两轮接触面间的摩擦力传递运动和动力的。

2）摩擦轮运动的优点在于传动平稳，运转时无噪声；结构简单，制造方便；具有过载保护功能。

3）摩擦轮运动的缺点在于存在弹性滑动，不能保证准确的传动比；机械效率低，工作表面易损坏，易发热、不宜传递较大的力矩；作用在轴和轴承上的力较大。

8.2 摩擦型带传动

将外接摩擦轮传动（图8-1a）的中心距拉开，再套上平带，即成为最简单的摩擦型带传动（图8-4）。传动带常用胶帆布制成，带轮常用钢或铸铁制成。

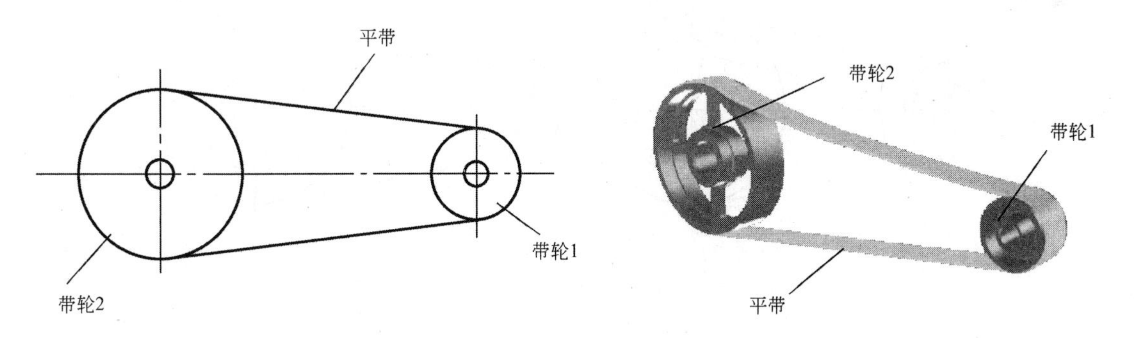

图8-4 摩擦型带传动

【学习目标】

1）理解摩擦型带传动的工作原理，了解其分类和应用。

2）了解V带的结构、标准和标记。

3）初步具有安装、调试、维护带传动的能力。

4）会计算传动比。

【学习建议】

1）与摩擦轮比较着进行学习。

2）注意观察摩擦型带传动的实际应用。

【分析与探究】

8.2.1 摩擦型带传动的基本理论

1. 依靠摩擦力工作

传动带在工作前和工作中都必须张紧，这就会在传动带与带轮之间产生压紧力。当主动带轮有运动趋势时就会有摩擦力，摩擦型带传动就是依靠摩擦力使从动轮转动并传递圆周力的。

2. 摩擦型带传动中的外力和包角

如图 8-5a 所示，带传动在工作前必须进行传动带的张紧，此时传动带的两边会产生相等的张紧力，称为初拉力，以 F_0 表示。

如图 8-5b 所示，当主动轮 1 顺时针转动并传递工作所需要的圆周力时，下面部分的传动带的拉力由初拉力 F_0 增至紧边拉力 F_1（拉力增大，因而形成紧边），上面部分的传动带的拉力由初拉力 F_0 降至松边拉力 F_2（拉力减小，形成松边）。紧边和松边的拉力之差即为传动带所能传递的圆周力 F_t，称为有效拉力。此时有效拉力等于摩擦力，带传动正常工作。当带速一定时，传递的功率增大，则传动带所传递的圆周力也随之增大，当有效圆周力超过传动带与带轮之间摩擦力的极限值时，传动带将在带轮上全面滑动，使从动轮转速下降，传动不能正常进行，而且会加速带的磨损。为了避免这种打滑失效，要求带传动传递的有效圆周力不大于其极限摩擦力，即 $F_t \leqslant F_{fmax}$。

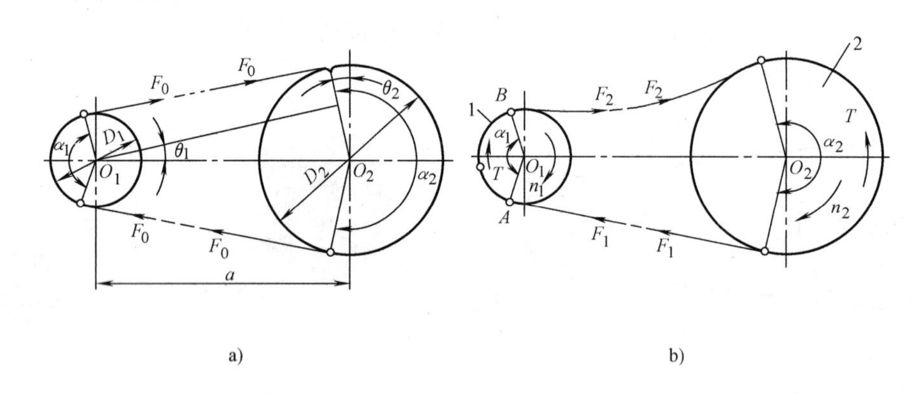

图 8-5 摩擦型带传动工作原理
a）初始状态 b）工作状态

1）初拉力 F_0。增大初拉力 F_0 可使传动带与带轮之间的摩擦力增大，有效拉力也随之增大，但过大的初拉力 F_0 也增大了传动带内部的应力，从而影响传动带的寿命。此外，传动带工作一段时间后由于产生残余伸长，初拉力 F_0 会降低。因此，应该保持合理的初拉力 F_0。

2）小带轮包角。如图 8-5b 所示，传动带与带轮接触弧所对的中心角称为包角，用 α 表示。包角越小，接触弧就会越短，接触面间产生的总摩擦力也就越小，因而能传递的圆周力也越小。如果包角过小，就容易产生打滑现象，因此，带轮的包角不能太小。由于小带轮的包角 α_1 总比大带轮的包角 α_2 小，所以只要求小带轮的包角 $\alpha_1 \geqslant 120°$即可。

3. 传动比和弹性滑动

在理想状态下，即传动带与带轮无相对滑动时，其传动比为：$i_{12}=n_1/n_2=D_2/D_1$（n_1、n_2 分别为主动轮、从动轮的转速；D_1、D_2 分别为主动轮、从动轮的计算直径）。

实际上，传动带是有一定弹性的，且其伸长量与拉力成正比。正常工作时，传动带的伸长量随拉力的逐渐变化而变化，但带轮的表面基本没有变形，则产生了弹性滑动。因此，两带轮的线速度 v_1、v_2 不相等。摩擦型带传动的实际传动比计算公式为

$$i_{12}=n_1/n_2=D_2/D_1(1-\varepsilon) \tag{8-4}$$

式中 n_1、n_2——主动轮、从动轮的转速，单位为 r/min；

D_1、D_2——主动轮、从动轮的计算直径，单位为 mm；

ε——带传动的滑动系数，$\varepsilon=0.01\sim0.02$。

工程上可忽略弹性滑动的影响，则有摩擦型带传动的传动比近似计算公式：

$$i_{12}=n_1/n_2\approx D_2/D_1 \tag{8-5}$$

与摩擦轮类似，摩擦型带传动的传动比也不准确。

例题 8-1

已知：两带轮的计算直径分别为 400mm、600mm，大轮为从动件、转速为 40r/min。

求：小轮转速 n_1。

解：依题意，$D_1=400\text{mm}$、$D_2=600\text{mm}$，$n_2=40\text{r/min}$

由式（8-5）可得：$n_1/n_2\approx D_2/D_1$

所以 $n_1\approx n_2\times D_2/D_1\approx 40\times600/400\text{r/min}\approx60\ \text{r/min}$。

8.2.2 摩擦型带传动的常见类型

摩擦型带传动可以按不同的分类方式分为以下几类。

1. 按传动形式分

1）开口传动。如图 8-6 所示，其特点为两轴平行，两轮同向回转。

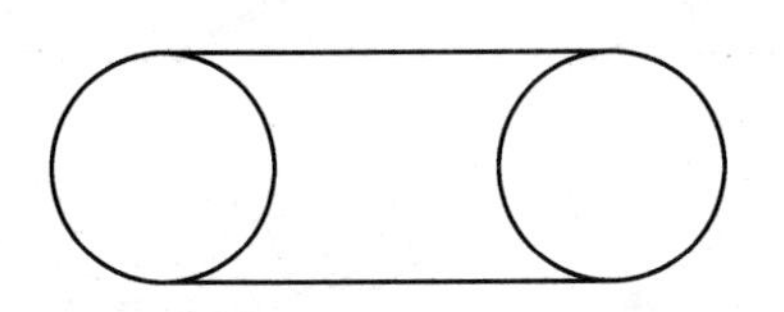

图 8-6 开口传动

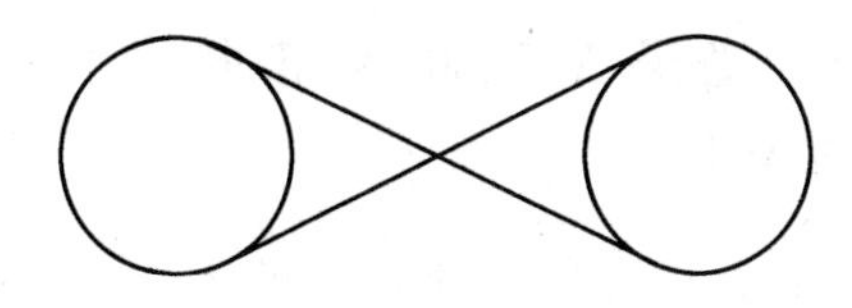

图 8-7 交叉传动

2）交叉传动。如图 8-7 所示，其特点为两轴平行，两轮反向回转。

3）半交叉传动。如图 8-8 所示，其特点为两轴交错，不能逆转。

4）多路传动。如图 8-9 所示，其特点为容易实现多路运动的输出。

2. 按传动带的横剖面的形状分

1）平带传动。如图 8-10a 所示，其传动带的横剖面为矩形，底面是工作面，可实现两轴任意布置的传动，能适应高速，易弯曲、寿命较长。常用的平带有挂胶帆布平带、纤维编

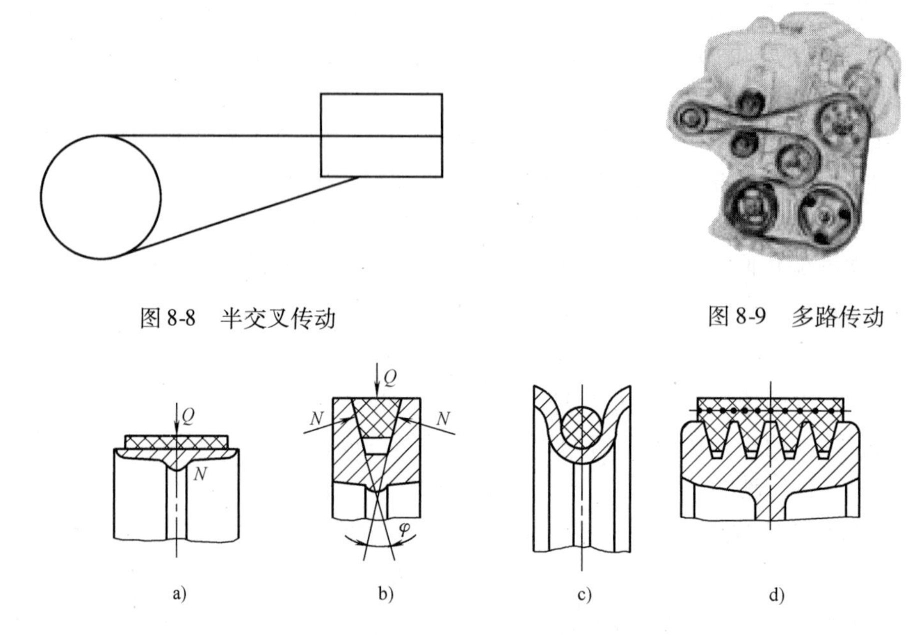

图 8-8 半交叉传动

图 8-9 多路传动

图 8-10 摩擦型带传动的主要传动类型

织平带、复合平带（一般是外层为锦纶片、内层为橡胶）等。

2）V 带传动。如图 8-10b 所示，其传动带的横剖面为梯形；两个侧面是工作面；因楔角 φ 的作用，相同条件下比较，传动摩擦力比平带约大 3 倍，故能传递较大负荷；受形状限制，只能用于开口传动。一个带轮上通常使用 3～5 根同型号的 V 带。有的 V 带在底部制有横向齿，使其更易弯曲、传动能力更强。

3）圆带传动。如图 8-10c 所示，其传动带的横剖面为圆形，用于轻负荷传动。

4）多楔带传动。如图 8-10d 所示，其传动结合了平带与 V 带的优点且带体受力均匀，应用越来越多。

8.2.3 普通 V 带和 V 带轮的基本结构

V 带是由专门厂家生产的无接头环形带。V 带又可分为普通 V 带、窄 V 带、汽车风扇带、双面 V 带（六角带）、大楔角带等。它们的横剖面形状基本一样，但尺寸有所不同。一种 V 带必须与规定的同种 V 带轮相匹配。目前应用最多的是普通 V 带，其结构有帘布和线绳（图 8-11）两类。

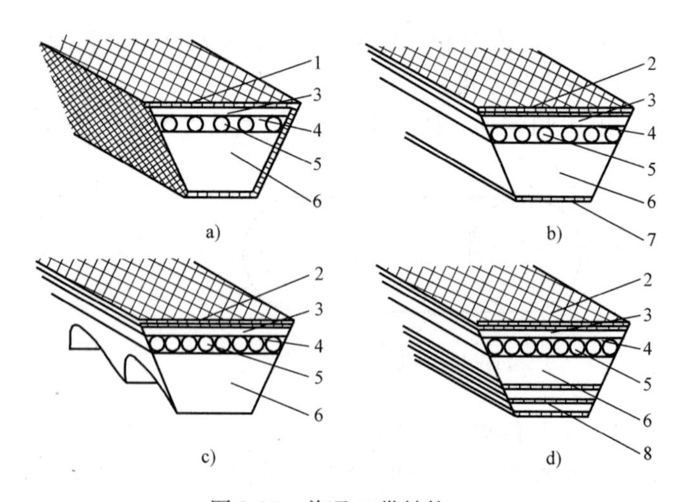

图 8-11 普通 V 带结构

a）包边 V 带 b）普通切边 V 带

c）有齿切边 V 带 d）底胶夹布切边 V 带

1—胶帆布 2—顶布 3—顶胶 4—缓冲胶

5—芯绳 6—底胶 7—底布 8—底胶夹布

按 GB/T 1171—2006 的规定，普通 V 带只有线绳结构，但目前帘布结构还有大量应用。

V 带在工作时的拉力主要由线绳或帘布承受。

V 带已标准化。普通 V 带有 Y、Z、A、B、C、D、E 七种型号。其截面尺寸见表 8-3。

表 8-3　普通 V 带剖面基本尺寸　（单位：mm）

型号	Y	Z	A	B	C	D	E
顶宽 b	6.0	10.0	13.0	17.0	22.0	32.0	38.0
节宽 b_P	5.3	8.5	11.0	14.0	19.0	27.0	32.0
高度 h	4.0	6.0	8.0	10.5	13.5	19.0	23.5
楔角 θ	40°						
剖面面积 A/mm^2	47	81	138	230	470	682	1170
每米质量 $m/(kg \cdot m^{-1})$	0.04	0.06	0.1	0.17	0.3	0.6	0.78

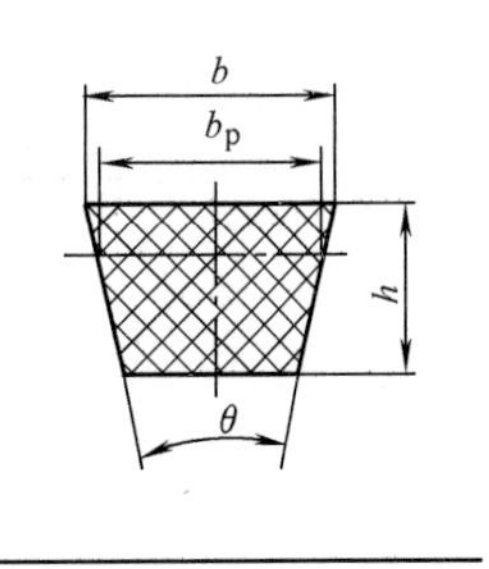

当 V 带在规定的张紧力下弯绕在带轮上时，在弯曲平面内保持原长度不变的周线称为节线。由全部节线构成的面称为节面，V 带的节面宽度称节宽 b_P。在带轮上，与所配用 V 带的节面处于同一位置的槽形轮廓宽度称为基准宽度 b_d，基准宽度处的带轮直径称为基准直径 d（图 8-12）。

在规定的张紧力下，V 带位于带轮基准直径上的周线长度称为基准长度 L_d，这是 V 带的公称长度。普通 V 带的基准长度系列见表 8-4。

V 带的标记方法为：型号　基准长度　标准号。例如：A 1400 GB/T 1171。

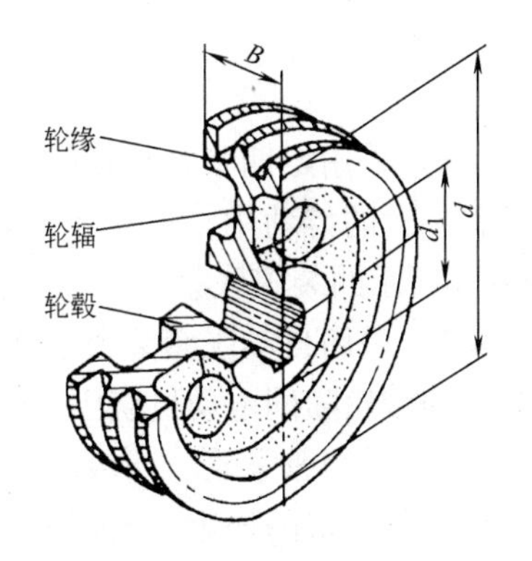

图 8-12　V 带轮基本结构

表 8-4　普通 V 带的基准长度系列

L_d /mm	Y	Z	A	B	C	D	E
200	+						
224	+						
250	+						
280	+						
315	+						
355	+						
400	+	+					
450	+	+					
500	+	+	+				
560		+	+				
630		+	+				
710		+					
800		+					

L_d /mm	Y	Z	A	B	C	D	E
900		+	+	+			
1000		+	+	+			
1120		+	+	+			
1250		+	+	+			
1400		+	+	+			
1600		+	+	+	+		
1800			+	+	+		
2000			+	+	+		
2240			+	+	+		
2500			+	+	+		
2800			+	+	+	+	
3150				+	+	+	
3550				+	+	+	

L_d /mm	Y	Z	A	B	C	D	E
4000				+	+	+	
4500				+	+	+	+
5000				+	+	+	+
5600					+	+	+
6300					+	+	+
7100					+	+	+
8000					+	+	+
10000					+	+	+
11200						+	+
12500						+	+
14000						+	+
16000							+

8.2.4　摩擦型带传动的使用与维护

1. 张紧

传动带运行一段时间后会产生磨损和塑性变形，使其松弛而初拉力减小，达不到工作能力，因此需将传动带重新张紧。常用张紧方法有以下几种。

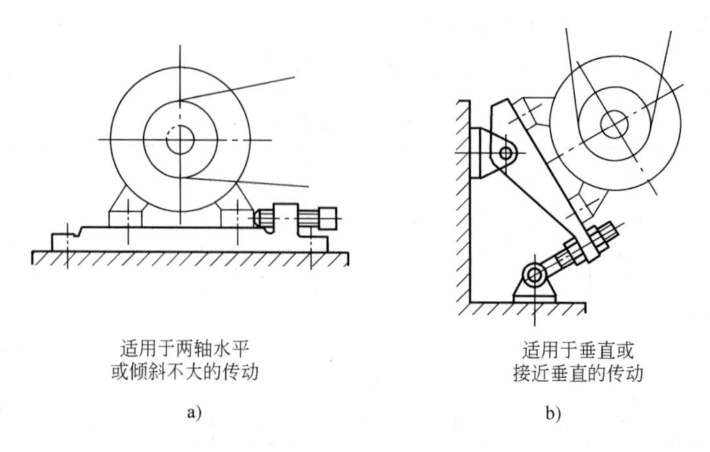

图 8-13　定期张紧装置
a）滑道式　b）摆架式

1）采用定期张紧装置。采用定期改变中心距的方法来调节传动带的初拉力。在水平或倾斜不大的传动中，可用图 8-13a 所示的装置张紧。在垂直或接近垂直的传动中，可用图 8-13b所示的装置张紧。

2）采用自动张紧装置。将装有带轮的电动机安装在浮动的摆架上，利用电动机的自重，使带轮随同电动机绕固定轴摆动，以自动保持初拉力（图 8-14）。

3）采用张紧轮。当传动中心距不能调节时，可采用张紧轮张紧（图 8-15 ）。张紧轮应设置在传动带的松边。平带传动宜设置在松边外侧靠近小带轮处，以增加小带轮包角，提高传动能力；V 带传动宜设置在松边内侧靠近大带轮处，以减小对小带轮包角造成的影响。

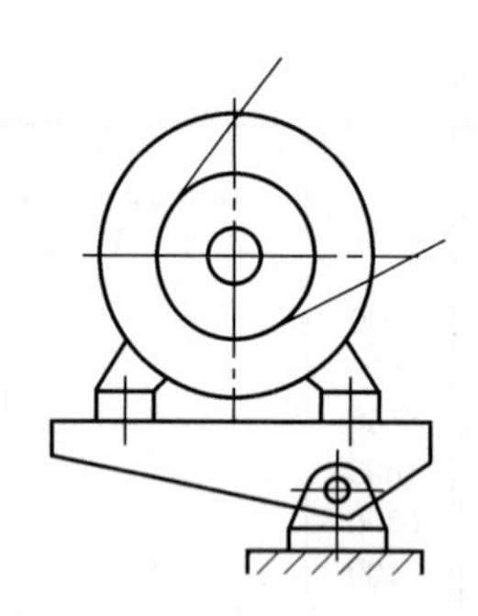

图 8-14　利用电动机重量自动张紧

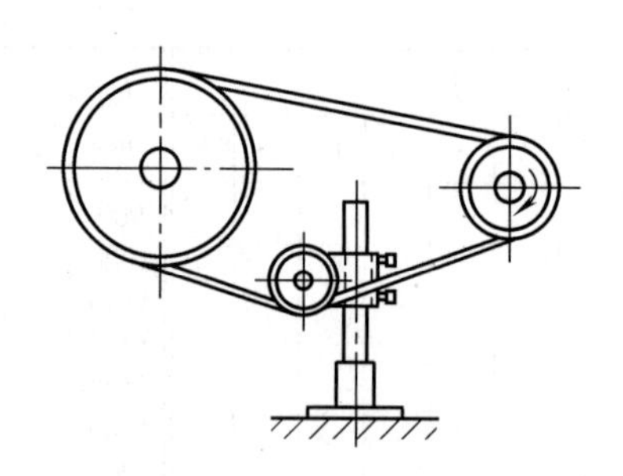

图 8-15　V 带张紧轮

2. 带传动的使用与维护

为了延长传动带的使用寿命，保证传动的正常运行，必须正确地使用和维护摩擦型带传动。

1）选用 V 带时要注意其型号和长度，型号要和带轮轮槽尺寸相符合。新旧不同的 V 带不能同时使用。

2）安装传动带不能硬撬，应先缩短中心距，然后再装传动带。

3）安装 V 带时应按规定的初拉力张紧（见表 8-5），也可凭经验。对于中等中心距的带

表 8-5　单根普通 V 带的初拉力 F_0

型号	Z		A		B		C		D		E	
小带轮计算直径 d_1/mm	63 ~ 83	≥90	90 ~ 112	≥125	125 ~ 160	≥180	200 ~ 224	≥250	315	≥355	500	≥560
F_0	55	70	100	120	165	210	275	350	580	700	850	1050

传动，传动带的张紧程度以用手按下 15mm 左右为宜，如图 8-16 所示。

4）传动带安装后应保证两轮轴线平行、相对应轮槽的中心线重合（图 8-17）。其偏差 Δe、$\Delta\theta$ 不能超过有关规定。

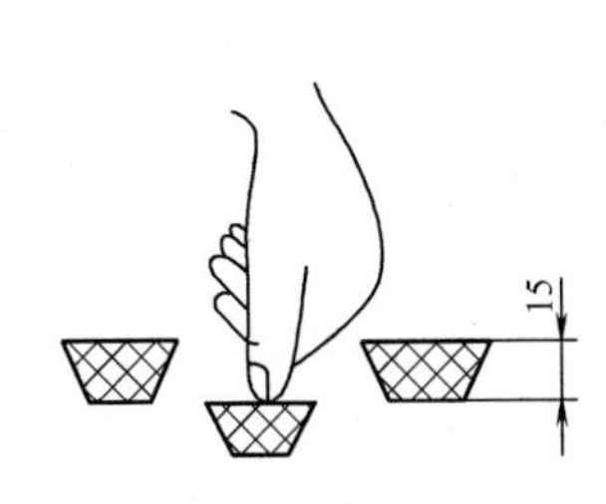

图 8-16　传动带张紧度的手工判定

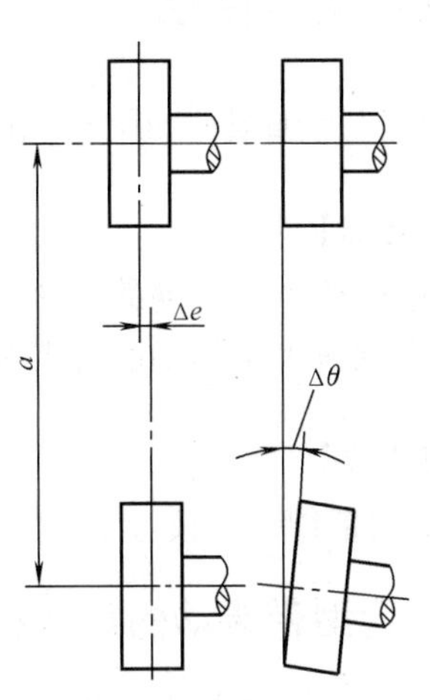

图 8-17　带轮安装

5）水平布置的摩擦型带传动应保证紧边在下、松边在上。

6）多根 V 带传动应采用配组带。使用中应定期检查，如发现有 V 带出现疲劳撕裂现象时，应及时更换全部 V 带。

7）为确保安全，带传动应设防护罩。

8）传动带的工作温度不应超过 60°C。

9）传动带与带轮之间不能有油脂。

8.2.5　摩擦型带传动的主要特点

1）能缓和冲击和吸收振动，转动平稳，噪声小。

2）过载时传动带在带轮上打滑，可防止其他零件损坏。

3）结构简单，维护方便，成本低。

4）传动尺寸较大，适用于中心距离较大的传动。

5）传动比不准确。

从运动分析看，传动比不准确是其主要缺点。

【学习小结】

1）摩擦型带传动是用传动带做中间体、靠摩擦力工作的一种传动方式。它由两个带轮及紧套在轮上的一条弹性带构成。

2）摩擦型带传动的特点有：能缓和冲击和吸收振动，转动平稳，噪声小；有过载保护功能；结构简单，维护方便；适用于中心距离较大的传动；传动比不准确；传动寿命较短。

3）摩擦型带传动的传动比为：$i_{12}=n_1/n_2\approx D_2/D_1$。

4）摩擦型带传动在正常工作时会产生弹性滑动，而当传递的圆周力超过传动带与带轮之间摩擦力的极限值时，将产生打滑失效，但也会起到过载保护作用。

5）摩擦型带传动需张紧、正确使用与维护。

8.3 啮合型带传动

摩擦型带传动具有传动比不准确的缺点，要克服这个缺点，采用啮合带传动是一种好方法。

【学习目标】

1）掌握啮合型带传动的概念及分类。

2）掌握啮合型带传动的特点及应用。

【学习建议】

与摩擦型带传动比较着学习。

8.3.1 啮合型带传动的定义和类型

用工作面有齿或有孔的传动带作为中间件，通过啮合的方式将主动带轮的运动和动力传递给从动带轮的形式就是啮合型带传动。

啮合型带传动可分为两类：同步带传动（图8-18）和齿孔带传动（图8-19）。应用最多的是前者。

同步带由基体和强力层构成，基体上有带背和带齿（图8-20）。强力层主要用来承受载荷并保证同步带工作时节距不变，常用钢丝绳或玻璃纤维制成。基体材料常采用聚氨酯或氯丁橡胶。同步带传动又有梯形齿和圆形齿之分（图8-20）。

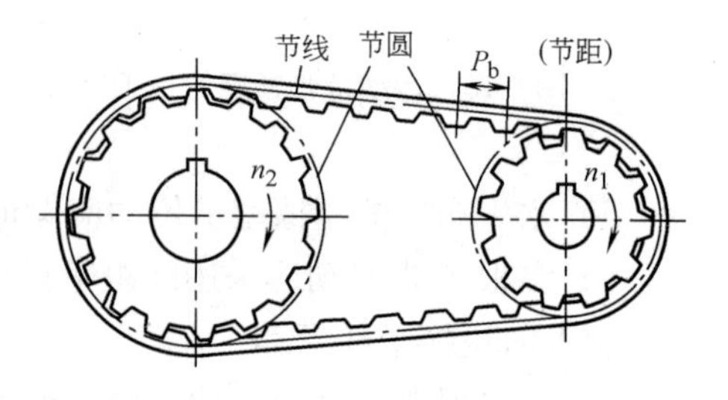

图8-18　同步带传动图

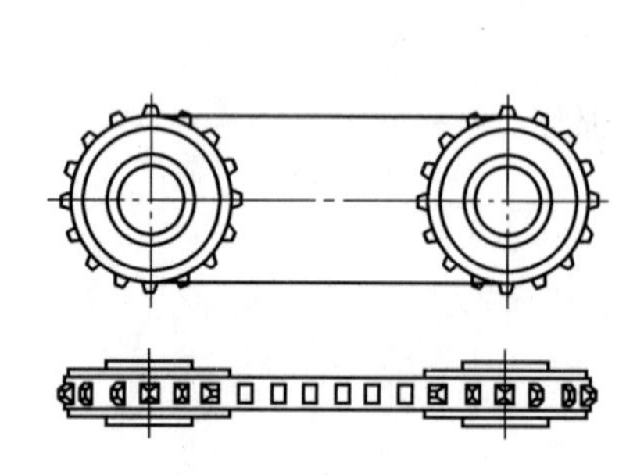
图8-19　齿孔带传动

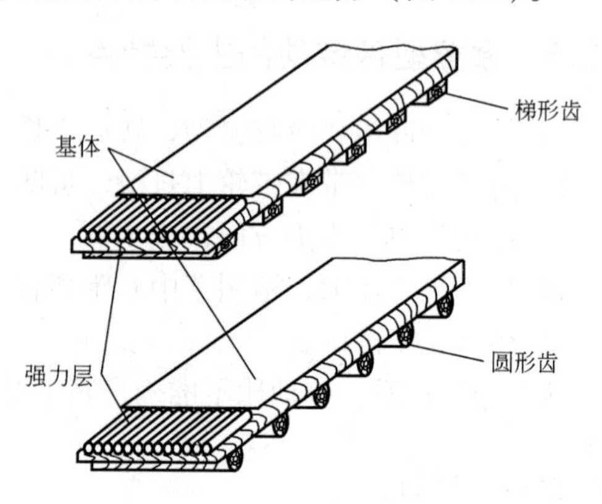

图8-20　同步带结构与齿形

8.3.2 同步带传动的重要参数

同步带是无接头环形带，其强力层的中心线即为传动带的节线。节线周长是同步带的公称长度。节圆直径是带轮的公称直径（图8-18）。

同步带的一个重要参数是节距 P_b。它是在规定张紧力下，相邻两齿在节线上对应点之间的直线距离。同步带的节距已经标准化，标准节距及其代号见表8-6。

表8-6 同步带的标准节距及其代号

节距代号	XXL	XL	L	H	XH	XXH
节距 p_b/mm	2.032	5.080	9.525	12.700	22.225	31.750

啮合型带传动的传动比计算公式为

$$i_{12}=n_1/n_2=D_2/D_1=z_2p_b/z_1p_b=z_2/z_1 \qquad (8\text{-}6)$$

式中 z_2、z_1——从动带轮和主动带轮的齿数。

因 z_2、z_1 为整数，故 i 为常数，表明传动比准确。

8.3.3 啮合型带传动的特点及应用

啮合型带传动是在摩擦型带传动的基础上发展起来的，既保持了摩擦型带传动的主要优点，又克服了摩擦型带传动传动比不准确的缺点，除了过载保护能力不明显外，传动平稳、噪声小；能够吸收振动、减少冲击；中心距变化范围大等都是其主要优点。与摩擦型带传动相比，啮合型带传动的传动比准确；不需要张紧，维护成本低且对轴和轴承的作用力也小，机械效率更高；传递的功率更大、转速更高。啮合型带传动对制造和安装的要求较高，制造成本也较高。

啮合型带传动的应用越来越广泛，在汽车、办公机械、计算机、自动化设备、纺织机械、磨床中都有应用。

同步带传动的主要失效形式是带的疲劳断裂、带齿的切断及齿侧边或带侧边的磨损。发现失效后要及时更换同一规格的同步带。更换同步带时要严格按操作规程进行，认真调整中心距和带轮位置，以达到技术要求。

【学习小结】

1）啮合型带传动是摩擦型带传动与齿形传动相结合的一种新型传动形式，因此具有两者的优点且传动比准确。其应用日益广泛。

2）啮合型带传动应用最多的是同步带传动。

3）同步带传动的重要参数有节距 P_b、节线周长、节圆直径和中心距。

4）同步带传动的主要失效形式有带的疲劳断裂、带齿切断及齿侧边或带侧边磨损。

8.4 链传动

链传动的应用广泛，如自行车就采用链传动（图8-21）。

【学习目标】

1）了解链传动的概念、分类、工作原理。

2）掌握链传动的优、缺点。

3）会计算链传动的传动比。

【学习建议】

与带传动对比着学习。

【分析与探究】

图 8-21　自行车采用链传动

8.4.1　链传动定义

链传动由装在平行轴上的主、从动链轮和绕在链轮上的环形链条所组成，以链条作中间挠性件，靠链条与链轮轮齿的啮合来传递运动和动力的传动方式。其中，应用最广泛的是滚子链传动，如图8-22所示。

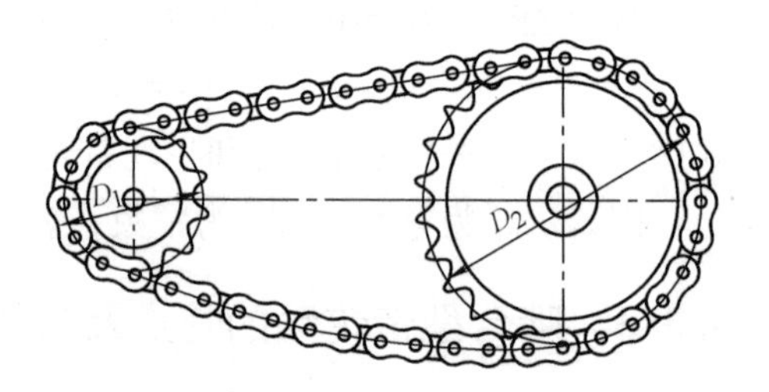

图 8-22　滚子链传动

8.4.2　链传动的优、缺点

优点：

1）没有打滑现象，传动比准确。

2）传动效率较高。

3）传递的功率大。

4）对环境要求低，能在恶劣条件下工作。

5）轴间距离远近均可。

缺点：

1）当速度较快时，容易产生摆动及噪声，因此不适合高速运转。

2）制造成本较高。

8.4.3　链传动的分类

链传动按链条结构的不同可分为滚子链传动和齿形链传动两种类型。

1. 滚子链传动

滚子链的结构如图 8-23 所示。它由内链板 1、外链板 2、销轴 3、套筒 4 和滚子 5 组成。工作时，套筒上的滚子沿链轮齿廓滚动，可以减轻链和链轮轮齿的磨损。链条相邻两滚子轴线的距离称为链节距，用 p 表示，它是链传动的主要参数。

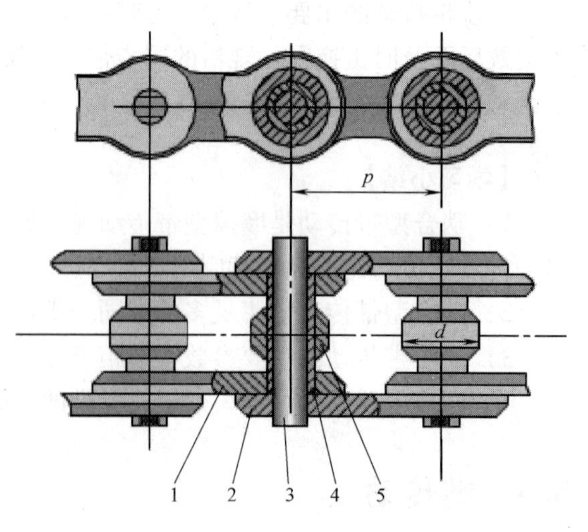

图 8-23　滚子链的结构
1—内链板　2—外链板　3—销轴　4—套筒　5—滚子

2. 齿形链传动

与滚子链传动类似，齿形链传动是利用带特定齿形的链板与链轮相啮合来实现传动的。齿形链由彼此用铰链联接起来的齿形链板组成，相邻链节的链板左右错开排列，并用销轴、轴瓦或滚柱将链板联接起来。按铰链结构的不同，可将其分为圆销铰链式、轴瓦铰链式和滚柱铰链式三种，如图 8-24 所示。

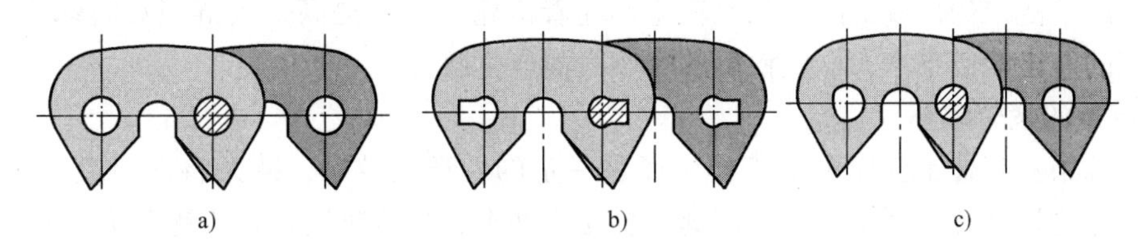

图 8-24　齿形链传动
a）圆销铰链式　b）轴瓦铰链式　c）滚柱铰链式

与滚子链传动相比，齿形链传动具有工作平稳、噪声较小、链速可以较高、承受冲击载荷能力较好和轮齿受力较均匀等优点；但结构复杂、装拆困难、价格较高、重量较大并且对安装和维护的要求也较高，多用于传递功率大、冲击载荷大的场合。

8.4.4　链传动的传动比

链传动的传动比计算公式为

$$i_{12} = n_1/n_2 = D_2/D_1 = pz_2/pz_1 = z_2/z_1 \tag{8-7}$$

式中　D_1——主动轮节圆直径；
D_2——从动轮节圆直径；
n_1——主动轮转速，单位为 r/min；
n_2——从动轮转速，单位为 r/min；
z_1——主动轮齿数；
z_2——从动轮齿数；
p——链条节距。

例题 8-2

有一辆自行车，已知其前、后链轮的齿数分别为 54、18，骑车者每分钟蹬 75 转，后轮轮胎直径为 0.6m，试求该自行车每小时可行多少 km?

解：设前轮齿数为 z_1，转数为 n_1；后轮齿数为 z_2、转数为 n_2、轮胎直径为 d_2、线速度为 v_2（m/min）。

则　$z_1 = 54$、$z_2 = 18$、$n_1 = 75\text{r/min}$、$d_2 = 0.6\text{m}$。

因为 $n_1/n_2 = z_2/z_1$，

所以 $n_2 = n_1 z_1/z_2 = 75 \times 54/18\text{r/min} = 225\text{r/min}$

又因为 $v_2 = \pi d_2 n_2 = \pi \times 0.6 \times 225\text{m/min} = 135\pi\ \text{m/min}$

所以每小时行程为：$135\pi \times 60/1000\text{km/h} = 8.1\pi\text{km/h} = 25.4\text{km/h}$

8.4.5　链传动的失效形式

在工作中，链传动也会出现各种失效现象导致不能正常工作。其失效形式有以下几种。

1. 铰链的磨损

链条工作时，销轴与套筒相对转动，因而引起铰链磨损。磨损增大了销轴与套筒的配合、间隙，使链节距和链长度变大，因而会产生跳齿或脱链现象。

2. 铰链的胶合

由于滚子链结构使铰链润滑状况较差，随着链轮转速的提高，铰链相对转动速度加快，链节受到的冲击能量也增大，使铰链的摩擦表面产生胶合。

3. 链条的疲劳破坏

由于链条一直处于变应力下工作，经过一定的循环次数后，链条将发生疲劳断裂。另外，链条与轮齿啮合过程中，滚子和套筒会受到冲击，当转速较高时，就容易发生冲击疲劳破坏。

除上述这些失效形式外，链轮轮齿的磨损和塑性变形等也会影响链传动的正常工作。一般来说，链轮的使用寿命比链条要长得多。所以，链传动的承载能力主要取决于链条。

8.4.6 链传动的张紧与维护

1. 链传动中如果松边垂度过大，会引起啮合不良及链条振动，所以链传动张紧的目的在于调整垂度的大小。张紧的方法很多，最常见的是移动链轮来增大两轮的中心距。如果中心距不可调，也可以采用张紧轮张紧。
2. 水平布置时，应使链传动的紧边在上、松边在下。
3. 安装两个链轮时要尽量保证不歪斜、不错位。
4. 经常清洗链条和链轮，去除灰尘杂物，减轻磨粒磨损。
5. 良好的润滑可以大大提高链传动的寿命。
6. 为了安全，链传动也要安装保护罩。

【学习小结】

1）链传动的优点：没有滑动现象，传动比准确，传动效率高；能在恶劣环境下工作；寿命长；轴间距离远近均可。

2）链传动的缺点：不适合高速运转且制造成本高。

3）在链传动中，按链条结构的不同可分为滚子链传动和齿形链传动两种类型。

4）传动比等于链轮齿数的反比，即 $n_1/n_2 = z_2/z_1$。

5）链传动的失效形式有：铰链的磨损，链条的疲劳破坏及铰链的胶合等。

6）链传动张紧的目的在于调整垂度的大小；张紧的方法很多，最常见的是移动链轮来增大两轮的中心距；如果中心距不可调时，也可以采用张紧轮张紧。

8.5 减速器

减速器是一种广泛应用于机器的动力部分和工作部分之间的闭式传动装置。

减速器的功用是使动力机减小运动速度、提高转矩，以满足工作部分的要求。一般的减速器只输出一个转速。如果工作部分需要多个转速，就要使用变速器。

常用的减速器有齿轮减速器（图8-25）、蜗杆减速器、齿轮—蜗杆减速器等。

【学习目标】

1）了解什么是减速器及其功用。

2）认识减速器中的主要零部件。

3）初步了解减速器的拆、装步骤和注意事项。

4）初步学会拆、装减速器。

【学习建议】

1）通过参加减速器拆、装实训，在实践中达到学习目标。

2）联系所学专业学习减速器（或变速器）和其他机械知识。

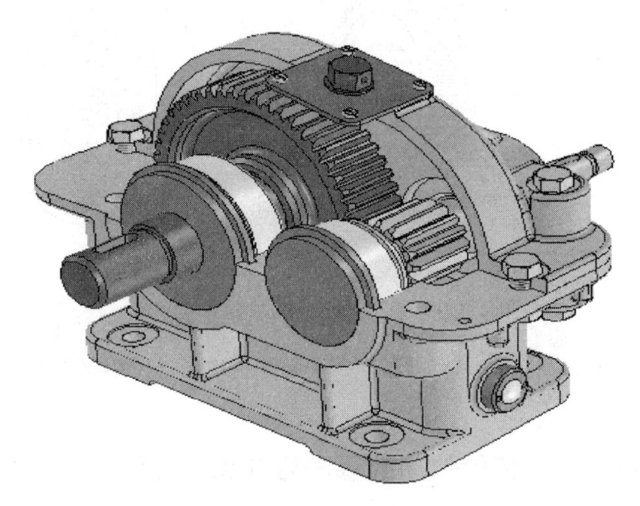

图8-25　圆柱齿轮减速器（去掉部分机盖）

8.6　直齿圆柱齿轮传动

【学习目标】

1）了解直齿圆柱齿轮的传动类型和特点。

2）理解渐开线直齿圆柱齿轮的主要参数并会计算几何尺寸。

3）掌握渐开线直齿圆柱齿轮的正确啮合条件。

4）掌握齿轮失效形式和预防措施。

5）了解齿轮常用材料和圆柱齿轮的结构。

6）建立变位齿轮概念。

【学习建议】

1）运用已经学过的知识循序渐进地学习。

2）借助图形和课件理解。

【分析与探究】

8.6.1　直齿圆柱齿轮传动的含义与分类

直齿圆柱齿轮传动是指用齿向与轴线平行的齿轮完成平行轴传动的一种齿轮传动形式。

圆柱齿轮传动按啮合情况可分为3种类型：外啮合、内啮合、齿轮齿条啮合（图8-26a、b、c，请自己分析主动件与从动件的运动形式和方向）。

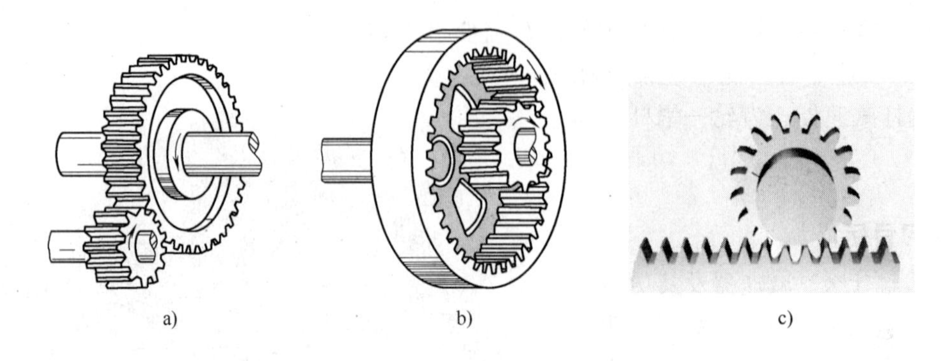

图 8-26 圆柱齿轮传动类型

a）外啮合 b）内啮合 c）齿轮齿条啮合

8.6.2 齿轮传动的基本要求和渐开线

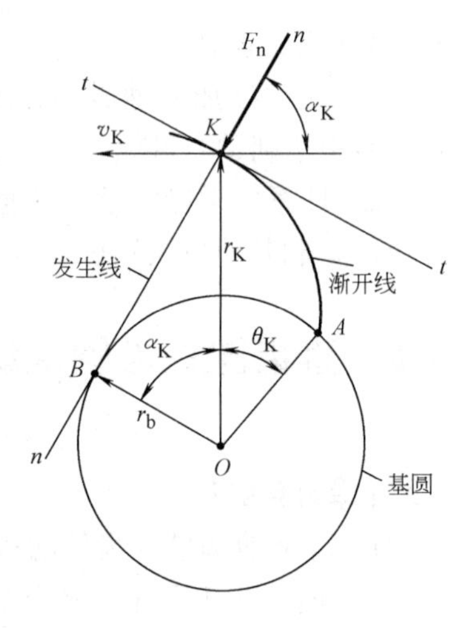

图 8-27 渐开线

1. 齿轮传动的基本要求

1）传动准确、连续，即瞬时传动比恒定（角速度之比 ω_1/ω_2 = 常数）且能保证在前一对齿脱离啮合之前，后一对齿已经进入啮合。

2）具有足够的承载能力，即在规定的载荷下工作能达到预期寿命。

按有关标准正确设计和制造的渐开线齿轮能够满足上述基本要求。

2. 渐开线

一直线 n—n 在一圆周上作纯滚动时，直线上任一点 K 的轨迹 AK 即为圆的渐开线（图 8-27），简称渐开线。

8.6.3 渐开线直齿圆柱齿轮的齿形、主要参数和几何尺寸

1. 渐开线直齿圆柱齿轮的齿形

渐开线直齿圆柱齿轮的齿廓曲线由 4 部分组成：齿顶圆弧 $\overset{\frown}{A'A}$、渐开线 AB、过渡曲线 BC 和齿根圆弧 $\overset{\frown}{CC'}$（图 8-28）。其齿形左右对称、比例合理且均匀分布在齿轮的整个圆周上。

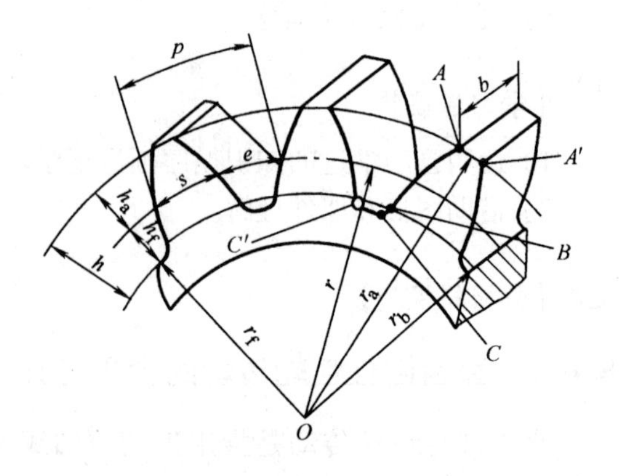

图 8-28 直齿圆柱外齿轮各部分名称与几何尺寸

2. 主要参数和几何尺寸

1）直齿圆柱外齿轮各部分名称及其符号（图 8-27）：

① 齿顶圆，其半径为 r_a；

② 齿根圆，其半径为 r_f；

③ 分度圆，渐开线齿廓上压力角为20°处的圆，是齿轮加工、几何尺寸计算的基准（其

上的几何尺寸符号一律不加下角标），其半径为 r；

④ 基圆（形成渐开线齿廓曲线的圆），其半径为 r_b；

⑤ 齿顶高 h_a；

⑥ 齿根高 h_f；

⑦ 齿高 h；

⑧ 齿距（是弧长）p；

⑨ 分度圆齿槽宽（是弧长）e；

⑩ 分度圆齿厚（是弧长）s；

⑪ 齿宽 b。

2）渐开线直齿轮主要参数及其符号：

① 齿数 z。齿数指形状相同、沿圆周方向均匀分布的轮齿个数。

② 压力角 α。压力角指渐开线齿廓某点 K 的受力方向与运动方向所夹的锐角 α。国家标准规定：渐开线齿廓在分度圆处的压力角为标准压力角，用 α 表示，其值为20°。

③ 模数 m。模数是反映齿廓大小的参数，有标准系列，见表8-7。

表8-7　齿轮模数系列

第一系列	… 1 1.25 1.5 2 2.5 3 4 5 6 8 10 12 16 20 25 32 …
第二系列	… 0.9 1.75 2.25 2.75 (3.25) 3.5 (3.75) 4.5 5.5 (6.5) 7 9 (11) …

注：1. 本表适用于渐开线圆柱齿轮，对于斜齿轮是指法向模数。
2. 优先用第一系列，括号内的模数尽可能不用。

④ 齿顶高系数 h_a^* 和顶隙系数 c^*。

h_a^*——齿顶高系数，以保证轮齿有合理的高度。我国标准规定：$m>1\text{mm}$ 时，正常齿制 $h_a^*=1$，短齿制 $h_a^*=0.8$；

c^*——顶隙系数（称 $C=c^*m$ 为顶隙），防止一齿顶与另一齿根卡住。我国标准规定：$m>1\text{mm}$ 时，正常齿制 $c^*=0.25$，短齿制 $c^*=0.3$；

一般情况多采用正常齿制。

3）标准直齿圆柱外齿轮的几何尺寸计算公式见表8-8。

标准齿轮是指分度圆齿厚与齿槽宽相等且齿顶高与齿根高符合标准的齿轮。

表8-8　标准直齿圆柱外齿轮的几何尺寸计算公式

名　称	计算公式
分度圆直径	$d=mz$
齿顶圆直径	$d_a=d+2h_a=m(z+2h_a^*)$
齿根圆直径	$d_f=d-2h_f=m(z-2h_a^*-2c^*)$
齿距	$p=m\pi$
齿厚与齿槽宽	$s=e=m\pi/2$
基圆直径	$d_b=d\cos\alpha=mz\cos\alpha$

8.6.4　渐开线直齿圆柱齿轮的啮合

一对渐开线直齿圆柱齿轮互相啮合（图8-29）时会涉及到以下问题。

1. 正确啮合的条件

$$\left.\begin{aligned} m_1 = m_2 = m \\ \alpha_1 = \alpha_2 = \alpha \end{aligned}\right\} \qquad (8\text{-}8)$$

2. 实际中心距 a'

节点：过齿轮啮合点作齿廓公法线与两轮连心线的交点。

节圆：分别以两轮轮心为圆心过节点所作的圆。其半径用 r_1'、r_2'表示。

外啮合齿轮传动：$a' = r_1' + r_2'$

内啮合齿轮传动：$a' = r_2' - r_1'$

3. 标准中心距 a

无侧隙啮合，让渐开线两节圆与两分度圆重合的安装方式称为正确安装，又称标准安装。

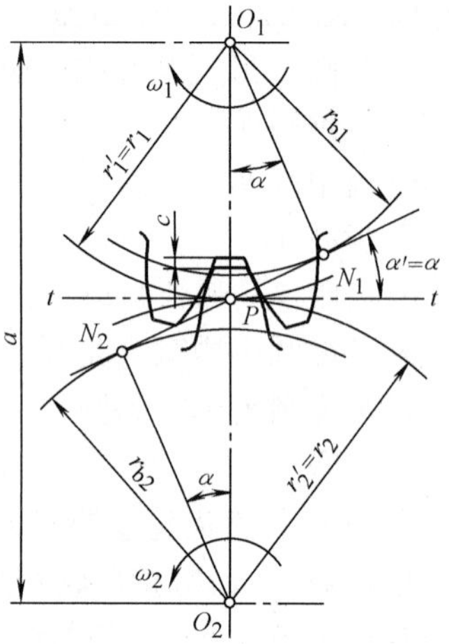

图 8-29 渐开线直齿圆柱齿轮的啮合

标准中心距：标准安装时的中心距，用 a 表示

外啮合齿轮传动：$a = r_1' + r_2' = r_1 + r_2 = m\ (z_1 + z_2)\ /2$ (8-9)

内啮合齿轮传动：$a = r_2' - r_1' = r_2 - r_1 = m\ (z_2 - z_1)\ /2$ (8-10)

4. 传动比 i_{12}

$$i_{12} = n_1/n_2 = z_2/z_1 = r_2/r_1 \qquad (8\text{-}11)$$

8.6.5 圆柱齿轮加工基本方法与变位齿轮概念

按原理的不同，圆柱齿轮加工有两类基本方法：仿形法和展成法。

仿形法是因为用与被加工齿轮齿廓相同或极其相似的铣刀铣削齿槽而得名的。仿形法可用于铣床上加工齿轮（图 8-30）。

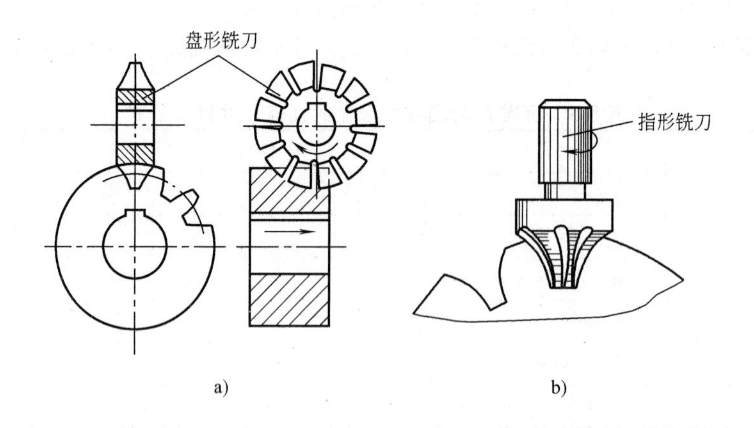

图 8-30 在铣床上用仿形法加工齿轮

展成法（范成法）常用于大批量地加工齿轮，如图 8-31 所示。

a)

b)

c)

图 8-31 用展成法加工渐开线圆柱齿轮

a）用齿轮插刀 b）用齿条插刀 c）用齿轮滚刀

展成法是以一对互相啮合的齿轮齿廓互为包络线为基础形成的。其原理是将刀具制成渐开线齿轮（条）形状，按设计齿数确定传动比并调试机床，然后去切削圆柱形齿轮毛坯。

如果是切制标准齿轮，则要保证两轮的分度圆直径与节圆直径重合（参见图 8-29）；如果将刀具相对于标准位置靠近或远离齿轮毛坯移动一个微小距离后再切削，加工出来的齿轮即为变位齿轮。刀具外移切出正变位齿轮（$x>0$），反之切出负变位齿轮（$x<0$）。

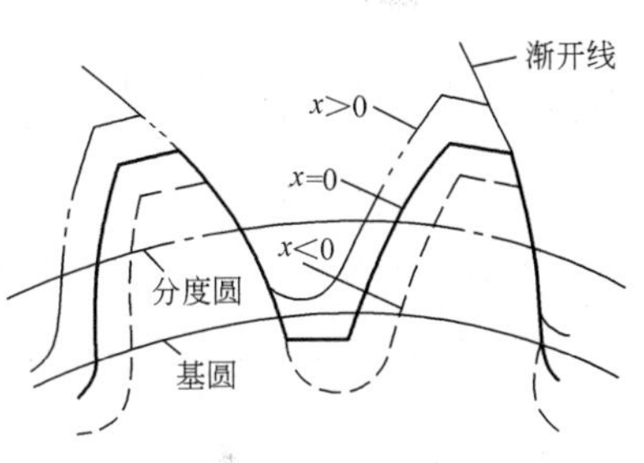

图 8-32 变位齿轮齿形

变位齿轮除了分度圆、基圆和渐开线形状不变外，齿形有所变化，分度圆上齿厚与齿槽宽不等，或齿顶高与齿根高不符合标准（图 8-32）。

正变位齿轮多用于提高齿轮强度和修配齿轮，负变位齿轮一般只用于配凑中心距。

8.6.6 齿轮常用材料和圆柱齿轮结构

齿轮常用材料见表 8-9。圆柱齿轮结构见图 8-33。

表 8-9 齿轮常用材料和力学性能

材 料	牌 号	热处理	力学性能					应用范围
			硬度	抗拉强度 σ_b/MPa	屈服点 σ_s/MPa	疲劳极限 σ_{-1}/MPa	极限循环次数	
优质碳素钢	45	正火 调质	170～200HBW 220～250HBW	610～700 750～900	360 450	260～300 320～360	10^7	一般传动
		整体淬火	40～45HRC	1000	750	430～450	$(3～4)10^7$	体积小的闭式传动、重载、无冲击
		表面淬火	45～50HRC	750	450	320～360	$(6～8)10^7$	体积小的闭式传动、重载、有冲击

（续）

材料	牌号	热处理	力学性能					应用范围
			硬度	抗拉强度 σ_b/MPa	屈服点 σ_s/MPa	疲劳极限 σ_{-1}/MPa	极限循环次数	
合金结构钢	35SiMn	调质	200～260HBW	750	500	380	10^7	一般传动
	40Cr 42SiMn 40MnB	调质	250～280HBW	900～1000	800	450～500		
		整体淬火	45～50HRC	1400～1600	1000～1100	550～650	$(4\sim6)10^7$	体积小的闭式传动、重载、无冲击
		表面淬火	50～55HRC	1000	850	500	$(6\sim8)10^7$	体积小的闭式传动、重载、有冲击
	20Cr 20SiMn	渗碳淬火	56～62HRC	800	650	420	$(9\sim15)10^7$	冲击载荷
	20CrMnTi 20MnVB	渗碳淬火		1100	850	525		高速、重载、大冲击
	$12CrNi_3$	渗碳淬火		950		500～550		
铸钢	ZG270—550 ZG340—640	正火 正火	140～176HBW 180～210HBW	500 600	300 350	230 260	10^7	$v<6\sim7$m/s 的一般传动
铸铁	HT200 HT300		170～230HBW 190～250HBW	200 300		100～120 130～150		$v<3$m/s 的不重要传动
	QT400—15 QT600—3	正火 正火	156～200HBW 200～270HBW	400 600	300 420	200～220 240～260		$v<4\sim5$m/s 的一般传动
夹布胶木			30～40HBW	85～100				高速、轻载
塑料	MC 尼龙		20HBW	90	60			中、低速，轻载

注：因小齿轮齿根较大齿轮薄，单位时间受载次数又较多，故一般小齿轮的材料比大齿轮的好。

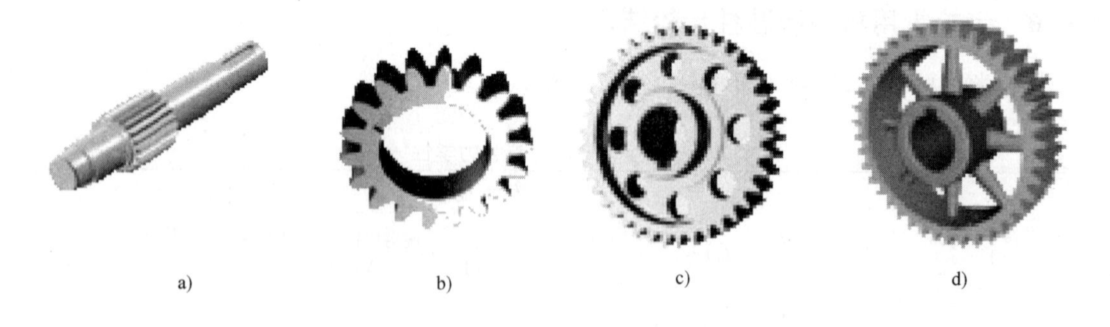

a)　b)　c)　d)

图 8-33　圆柱齿轮结构

a）齿轮轴（轮轴一体）　b）实心式　c）腹板式　d）轮辐式

8.6.7　齿轮的失效与预防

零件失去正常工作的能力称为失效。

正确设计、制造和使用的齿轮能够保证在达到设计寿命之前不会失效。如果不按有关要求使用和保养，齿轮可能提前失效。齿轮的主要失效形式有五种（图8-34）。

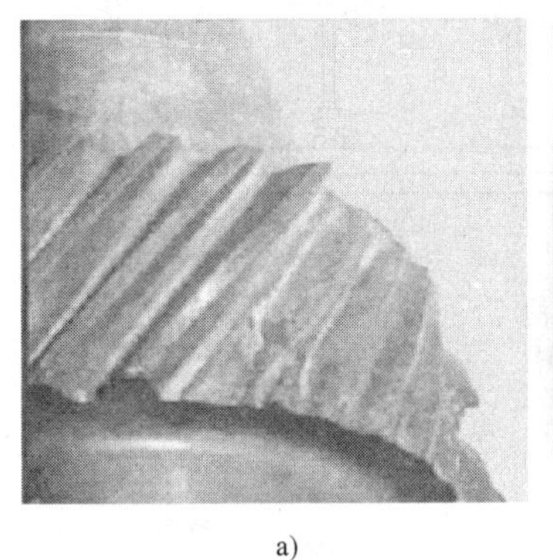

a)

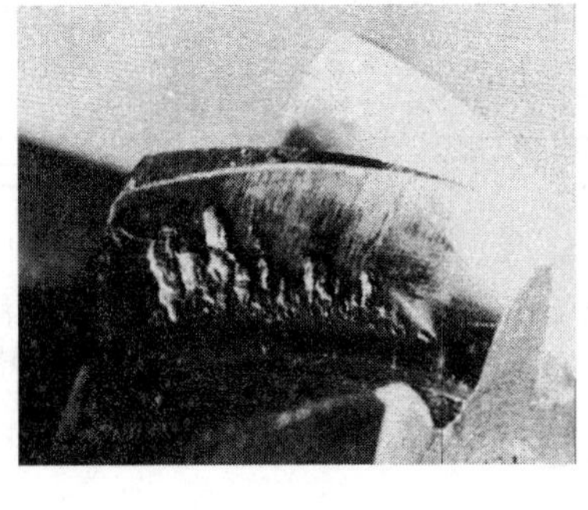

b)

c)

d)

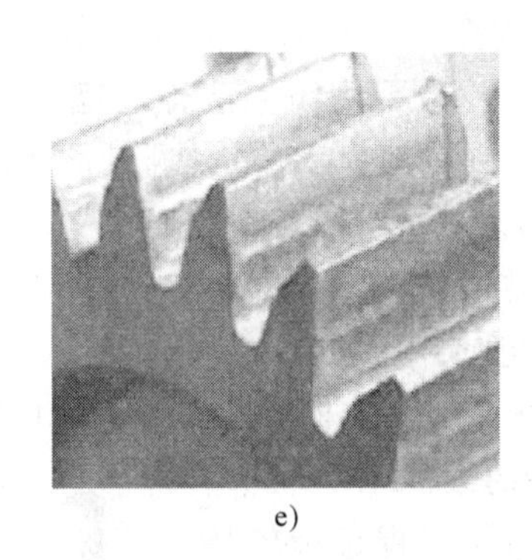

e)

图8-34 齿轮的失效形式

a）轮齿折断 b）齿面点蚀 c）齿面胶合 d）齿面磨粒磨损 e）齿面塑性变形

受到冲击载荷或长期使用后突然加载可能发生断齿。长期工作的齿轮可能会出现齿面点蚀。润滑不良的高速重载或低速重载齿轮齿面可能胶合。开式传动或不换润滑油的闭式传动齿轮齿面可能出现磨粒磨损。过载使用可能会导致齿面塑性变形。

预防失效的办法主要是严格按使用说明书的要求正确使用，加强平时维护和定期保养，加强润滑，不超载，发现问题及时解决。如果发现一个齿轮已经失效应及时更换这对齿轮副。

8.6.8 齿轮传动的装拆与维护

1．齿轮与轴的装配

对于间隙配合的连接，在去除毛刺和污物的基础上进行手工装配，以达到技术要求。

对于过盈配合和过渡配合的连接，去除毛刺和污物后可采用手工装配、压力机装配、温差装配等方法进行（参见轴承的装配方法）。

对于高精度要求的齿轮传动，装配后要进行径向跳动和端面跳动检测（图8-35）。如果超差，花键联接可拆开换位后重装，其他联接一般需要更换零件。

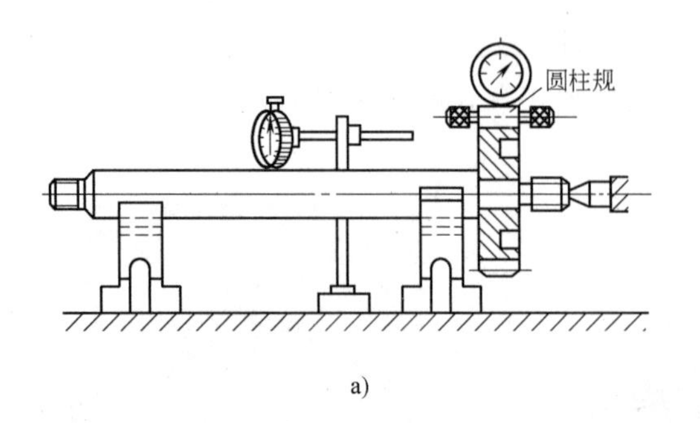

a)

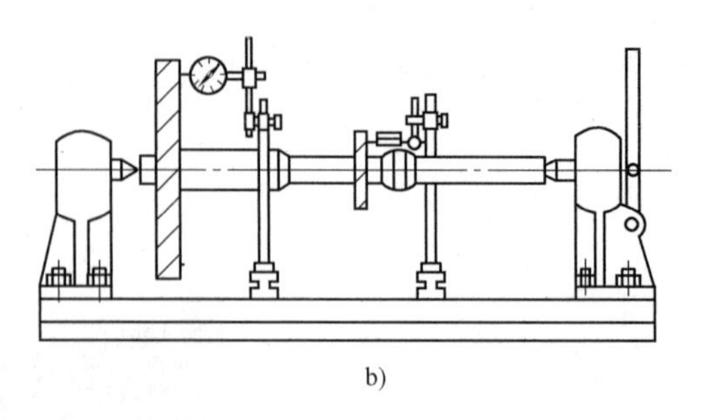

b)

图 8-35　齿轮径向跳动和端面跳动检测
a）径向跳动的检测　b）端面跳动的检测

2. 齿轮传动的啮合侧隙检验

从理论上讲，一对齿轮啮合传动时齿侧无间隙，但实际上要考虑到热膨胀和良好润滑，利用齿厚公差使轮齿之间产生了合适的啮合侧隙。一对齿轮的啮合侧隙是否满足要求，装配后需要检验。一般采用压铅法检验啮合侧隙，即在齿面上均布放置软铅丝（一般为 2 个），测量被挤压过的铅丝的最小厚度（图 8-36）。

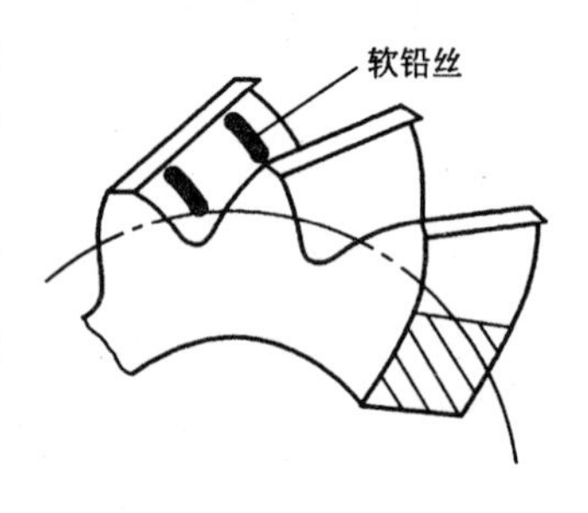

图 8-36　压铅法检验啮合侧隙

3. 齿轮的拆卸

齿轮的拆卸可使用顶拔器（俗称拉马、捋子，图 8-37）或压力机加套筒来完成。较松的配合也可使用锤子加铜棒完成。

4. 齿轮传动的维护

齿轮传动的维护是保证齿轮传动正常工作、延长使用寿命、防止意外事故的重要技术措施。齿轮传动维护的具体内容有：

1）建立并遵守科学的润滑管理制度，做到“定点、定质、定量、定期、定人”。

2）保持良好的工作环境。齿轮通常采用闭式传动，以防尘土和异物进入传动内部，同时保护操作者的安全。注意防止酸、碱的侵入。对有精密要求的特殊机械，为防止高温、低温和潮湿的影响，要加装空调设备。

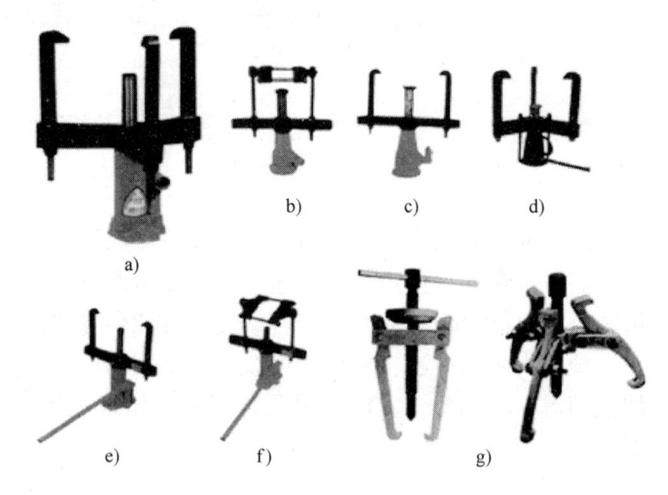

图 8-37　顶拔器
a）螺旋式拉顶多用机　b）海壳式顶拔器　c）二爪式顶拔器
d）三爪式顶拔器　e）两爪式液压拉顶多用机
f）海壳式拉顶多用机　g）丝杆机械拉马

3）遵守操作规程、严防超载使用。严格遵守机械设备的使用注意事项、操作规程，以防事故发生。使用时不得超速、超载；过载保护装置保持灵敏状态；违规操作机器发出警告时，必须停止运行，进行检查。

4）经常观察、定期检修。平时勤看、勤听、勤摸，及时发现异常，加以排除。定期进行检查、小修、中修，及早排除故障，以防突然损坏，影响正常工作。

【学习小结】

1）渐开线齿轮能够满足传动准确、连续，具有足够的承载能力的基本要求。

2）直齿圆柱齿轮正确啮合的条件：

$$\left.\begin{aligned} m_1 = m_2 = m \\ \alpha_1 = \alpha_2 = \alpha \end{aligned}\right\}$$

3）传动比 $i_{12} = n_1/n_2 = z_2/z_1 = r_2/r_1$。

4）要正确拆装与维护。

*8.7　斜齿圆柱齿轮传动

由于直齿圆柱齿轮传动的齿面接触线是与轴线平行的直线，进入或退出啮合时会突然加载或卸载，容易引起冲击和噪声（特别是在高速重载情况下）。采用斜齿圆柱齿轮传动（图8-38）能够减小这种冲击和噪声。

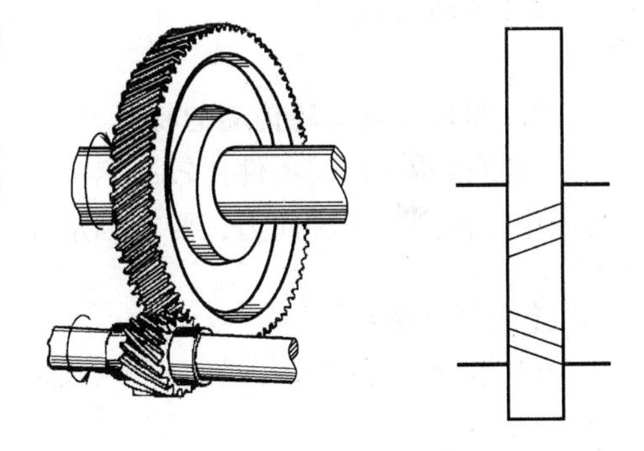

图8-38　斜齿圆柱齿轮传动

【学习目标】

1）了解斜齿圆柱齿轮的基本参数。

2）了解斜齿圆柱齿轮的正确啮合条件。

3）掌握斜齿圆柱齿轮传动的特点。

【学习建议】

1）与直齿轮比较着学习。

2）通过课件加深理解。

【分析与探究】

8.7.1　斜齿圆柱齿轮传动的定义与基本参数

斜齿圆柱齿轮传动是指用齿向与轴线有倾斜角度的齿轮完成平行轴传动的一种齿轮传动。它也有外啮合、内啮合、齿轮齿条啮合3种传动类型。

斜齿圆柱齿轮的基本参数：

1）螺旋角：如图8-39所示，将斜齿轮沿其分度圆柱面展开，分度圆柱面与齿廓曲面的交线称为齿线，展开后齿线与轴线的夹角为 β，称为螺旋角。

2）法向模数 m_n 和法向压力角 α_n 是标准参数（与直齿轮的一样）。

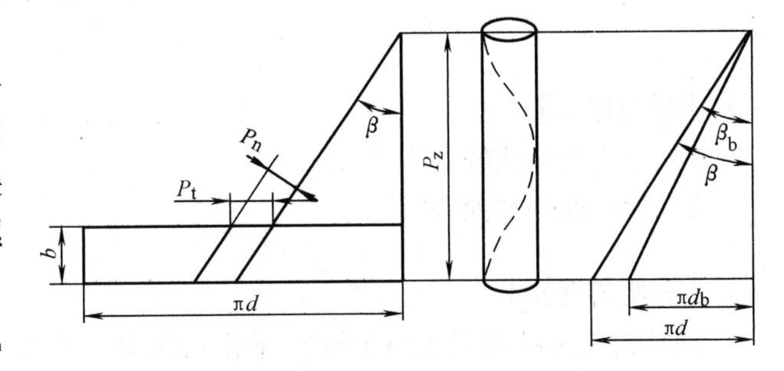

图8-39　斜齿轮分度圆柱面展开图

3）端面模数 m_t 和端面压力角 α_t 用来进行尺寸计算便于理解。

4）法面参数与端面参数的关系：$m_n = m_t\cos\beta$，$\tan\alpha_n = \tan\alpha_t \cos\beta$。

5）螺旋线方向有左旋和右旋之分。将轴线竖起易判定螺旋线方向，图 8-39 中所示齿轮为右旋。

8.7.2 斜齿圆柱齿轮传动的正确啮合条件和特点

1. 渐开线斜齿圆柱齿轮传动的正确啮合条件

$$\left.\begin{array}{l} m_{n1} = m_{n2} = m \\ \alpha_{n1} = \alpha_{n2} = \alpha \\ \beta_1 = -\beta_2 \text{（外啮合）} \\ \beta_1 = \beta_2 \text{（内啮合）} \end{array}\right\} \tag{8-12}$$

2. 传动比 i_{12}

$$i_{12} = n_1/n_2 = z_2/z_1 \tag{8-13}$$

3. 斜齿圆柱齿轮传动的特点

与直齿轮传动同条件比较，斜齿轮传递的功率可以更大，转速可以更高，传动更平稳、噪声小；但产生了轴向力，要求轴承能够承受轴向力。

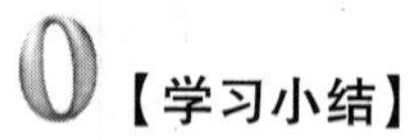

1）斜齿圆柱齿轮传动用于平行轴传动，如果应用在两轴交错情况则称交错轴斜齿轮传动。

2）斜齿轮传递的功率较大，转速较高，传动平稳、噪声小；但有轴向力。

3）斜齿圆柱齿轮的法面参数为标准值，应按法面参数选择加工刀具（与直齿轮的相同）。

8.8 直齿锥齿轮传动

如何实现相交轴传动？采用直齿锥齿轮传动能够实现（图 8-40）。

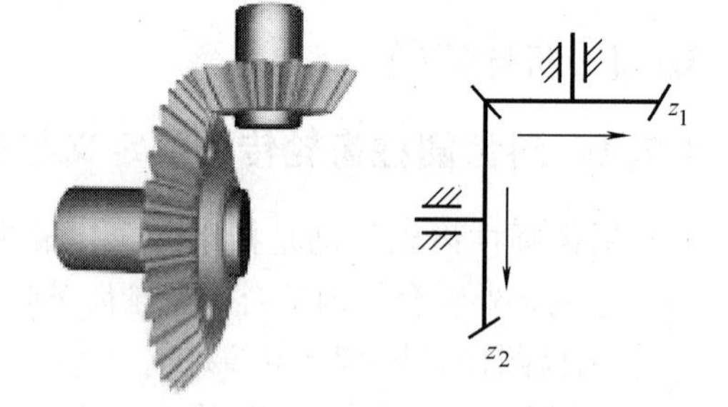

图 8-40 直齿锥齿轮传动

【学习目标】

1）了解直齿锥齿轮的基本参数。

2）了解直齿锥齿轮传动的正确啮合条件和特点。

【学习建议】

1）与直齿轮比较着学习。

2）通过课件加深理解。

【分析与探究】

圆柱齿轮传动相当于两个圆柱做作纯滚动，锥齿轮传动相当于两个截头圆锥作纯滚动（图 8-41）。

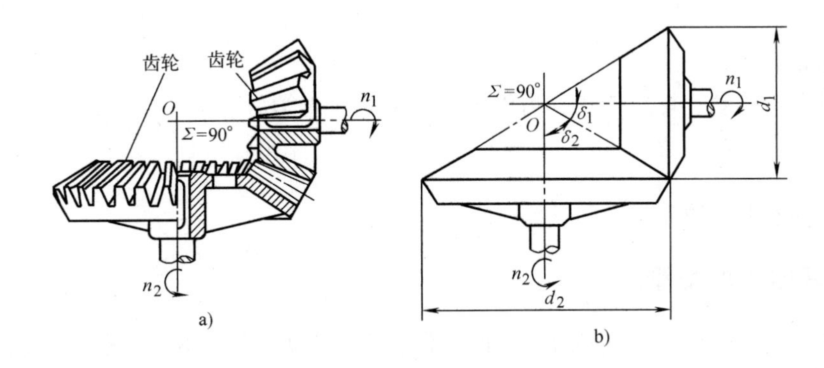

图 8-41　锥齿轮参数与啮合

锥齿轮的大、小端齿廓均为渐开线。

直齿锥齿轮的基本参数：因为测量较大尺寸时相对误差较小，故以锥齿轮的大端参数为基本参数。基本参数有大端模数 m，齿数 z_1、z_2，压力角 α，分度圆锥角 δ_1、δ_2（图 8-41）。

直齿锥齿轮的正确啮合条件：

1）大端模数相等，即 $m_1=m_2$。

2）压力角相等，即 $\alpha_1=\alpha_2$。

3）轴交角等于两个分度圆锥角 δ_1、δ_2 之和，即 $\sum=\delta_1+\delta_2$。最常用的是 $\sum=90°$。

直齿锥齿轮的传动比 i_{12}：

$$i_{12}=n_1/n_2=z_2/z_1 \tag{8-14}$$

【学习小结】

1）圆锥齿轮传动广泛用于交叉轴传动。

2）圆锥齿轮传动相当于两个截头圆锥作纯滚动。

3）参数相同的两个圆锥齿轮才能正确啮合传动。圆锥齿轮的大端参数为标准值。

8.9　蜗杆传动

蜗杆传动如图 8-42a 所示，蜗杆为主动件，蜗轮为从动件，用于传递空间两交错轴的运动和动力。通常两轴交角 $\Phi=90°$。图 8-42b 所示为其简图。

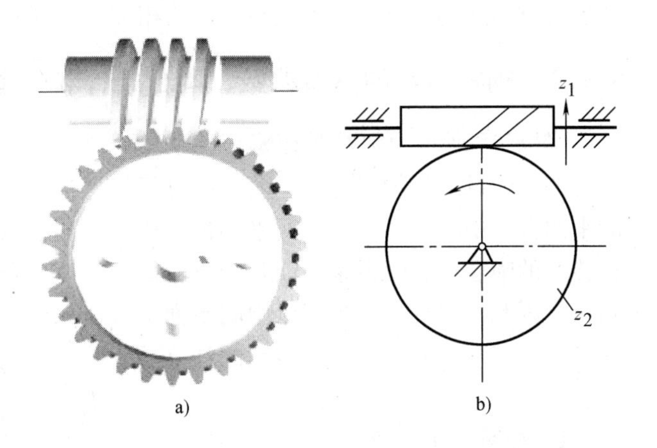

图 8-42　蜗杆传动

【学习目标】

1）了解蜗杆传动的组成和类型。

2）了解蜗杆传动的基本参数和正确啮合条件。

3）会计算蜗杆传动的传动比。

4）了解蜗杆传动的特点和维护。

【学习建议】

1）与斜齿轮传动、螺旋传动、齿轮齿条传动对比着学习。

2）通过课件加深理解。

【分析与探究】

8.9.1 蜗杆传动的类型

根据蜗杆形状可分为圆柱蜗杆传动和圆环面蜗杆传动，如图8-43所示。圆柱蜗杆加工方便，圆环面蜗杆承载能力较强。圆柱蜗杆又分为阿基米德蜗杆和渐开线蜗杆。某种类型的蜗杆只能和与其相配的同类型的蜗轮啮合。本书只讨论应用最广的阿基米德蜗杆传动。

蜗杆形似螺杆，有单头、双头、多头之分，也有左、右旋之分，常用右旋蜗杆。

加工阿基米德蜗杆与车制螺纹方法相同。刀具切削刃平面通过蜗杆轴线，蜗杆轴向齿廓呈直边齿条形，两侧边夹角 $2\alpha=40°$（图8-44），垂直于轴线的截面上，齿廓为阿基米德螺旋线，法向截面齿形为曲线。

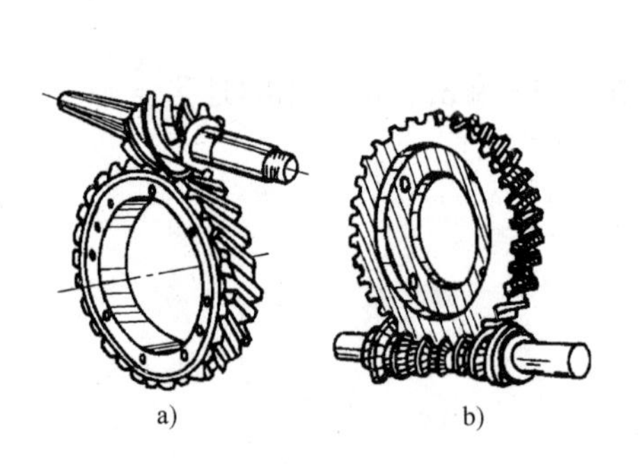

图8-43 两种蜗杆传动
a）圆柱蜗杆传动 b）圆环面蜗杆传动

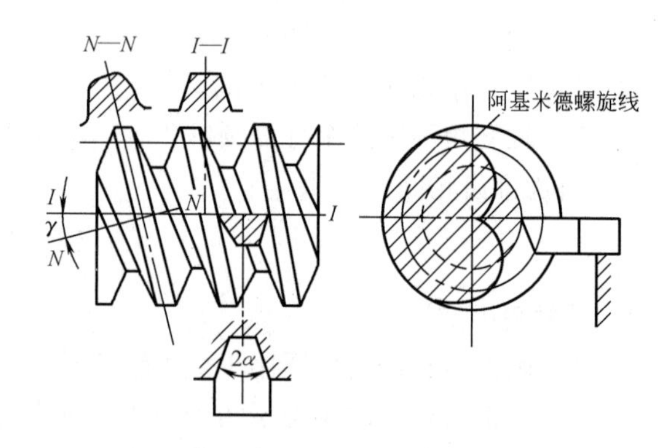

图8-44 阿基米德蜗杆的加工

蜗轮的形状似斜齿轮，在齿宽方向有弧形轮缘。蜗轮是用蜗轮滚刀在滚齿机上按展成法原理切制而成的，滚刀的形状与和蜗轮相配的蜗杆基本相同。

8.9.2 蜗杆传动的基本参数、啮合条件和传动比

图8-45所示为阿基米德蜗杆传动的啮合图。通过蜗杆轴线并与蜗轮轴线垂直的平面称为中间平面。在中间平面内，蜗杆传动的啮合相当于齿条与渐开线齿轮的啮合。因此，蜗杆传动规定以中间平面上的参数为基准，并沿用齿轮传动的计算关系。

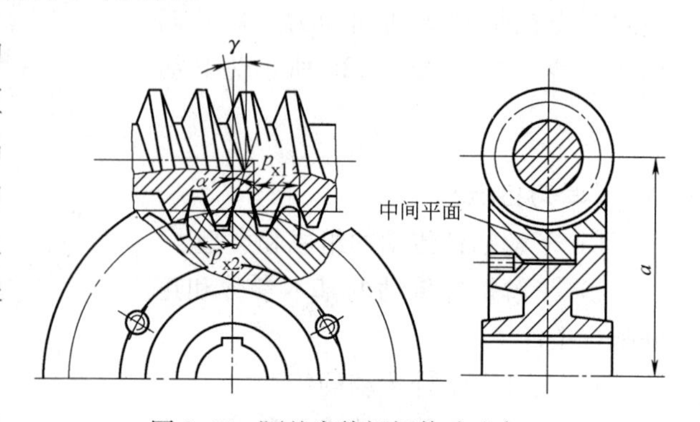

图8-45 阿基米德蜗杆传动啮合

1. 模数和压力角

蜗杆蜗轮啮合时，在中间平面上，蜗

杆的轴向模数 m_{x1} 和轴向压力角 α_{x1} 应分别与蜗轮的端面模数 m_{t2} 和端面压力角 α_{t2} 相等，亦取标准值。由于两轴线正交，所以蜗杆分度圆上导程角 γ 应与蜗轮分度圆上的螺旋角 β 大小相等、旋向相同，即蜗杆传动的正确啮合条件为：

$$\left.\begin{aligned} m_{x1} &= m_{t2} = m \\ \alpha_{x1} &= \alpha_{t2} = \alpha = 20^\circ \\ \gamma &= \beta \end{aligned}\right\} \tag{8-15}$$

2．蜗杆头数 z_1、蜗轮齿数 z_2 和传动比 i

当蜗杆回转一周时，蜗轮被蜗杆推动转过 z_1 个齿（或 z_1/z_2 圈），因此，其传动比为

$$i = n_1/n_2 = z_2/z_1 \tag{8-16}$$

蜗杆头数通常为1、2、4和6。单头蜗杆可获得大传动比且能够自锁的蜗杆传动，但传动效率较低。多头蜗杆传动效率较高，但制造困难。

8.9.3　蜗杆、蜗轮的材料与结构

1．蜗杆材料与结构

蜗杆通常与轴制成一体，称蜗杆轴。蜗杆轴一般采用碳钢或合金钢制造，并经过淬火或调质处理。蜗杆轴分为车制和铣制两种形式（图8-46）。

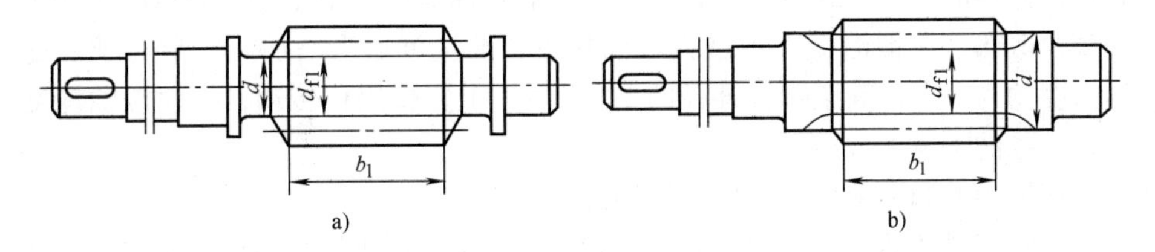

图8-46　蜗杆结构

a）车制 $d = d_{f1}(2\sim4)$mm　b）铣制 $d > d_{f1}$

2．蜗轮材料与结构

蜗轮常用青铜和铸铁制造，在仪器仪表中也经常看到塑料蜗轮。蜗轮结构形式常有以下几种：

1）整体式（图8-47a）。整体式结构用于铸铁蜗轮及直径小于100mm的青铜蜗轮。

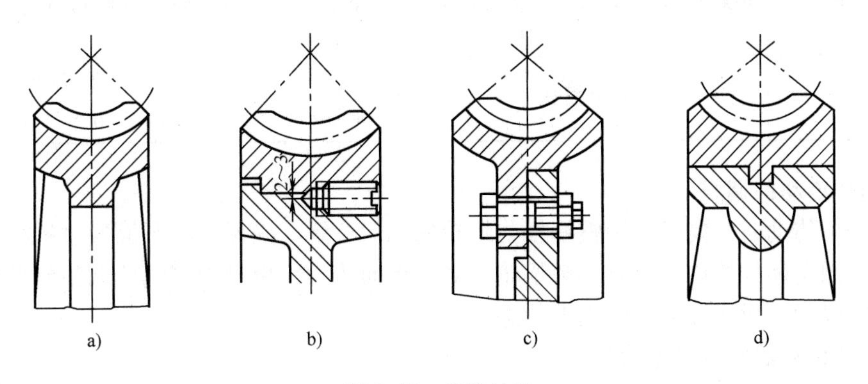

图8-47　蜗轮结构

2）齿圈式。蜗轮直径较大时，为节省贵重材料，可将齿圈和轮心分别用青铜与铸铁制造，然后用$\frac{H7}{S6}$或$\frac{H7}{r6}$的配合方式联接，为了增加过盈配合的可靠性，沿接缝拧上4~8个紧定螺钉（图8-47b）。当蜗轮直径很大时，可采用螺栓联接（图8-47c）。

3）镶铸式（图8-47d）。镶铸式结构是将青铜轮缘浇铸在铸铁轮心上，常用于批量生产的蜗轮。

8.9.4 蜗杆传动的特点与维护

1. 蜗杆传动的特点

1）单级传动比大，结构紧凑。单级传动比范围为8~1000。

2）传动平稳，噪声低。

3）可以自锁，蜗轮不能带动蜗杆运动。此特点常用于起重装置中。

4）效率低、成本较高。为了提高减摩性和耐磨性，蜗轮通常采用价格较贵的有色金属制造。

2. 蜗杆传动的润滑

蜗杆传动齿面间有较大的滑动速度，为提高传动效率，降低齿面工作温度，避免胶合及减少摩擦、磨损，蜗杆传动的润滑就显得特别重要。

闭式蜗杆传动的润滑方式有两种：浸油润滑和喷油润滑。采用浸油润滑时，为了利于形成动压油膜及散热，在搅油损失不过大的前提下，油量可适当增加。通常对于下置蜗杆传动，浸油深度约为一个齿高至蜗杆外径的1/2；对于上置式蜗杆传动，蜗轮浸油深度为一个齿高至蜗轮外径的1/3。

开式蜗杆传动的润滑采用手工周期性润滑。

蜗杆传动对润滑油的油性要求较高，一般情况下可使用极压齿轮油，必要时应使用蜗杆传动专用油。润滑油的牌号可根据推荐的粘度值（见表8-10）查有关资料确定。

表8-10 蜗杆传动润滑油粘度推荐值和润滑方式

滑动速度 $v_s/m\cdot s^{-1}$	<1	<2.5	<5	5~10	10~15	15~25	>25
工作条件	重负荷	重负荷	中负荷	—	—	—	—
40℃（100℃）运动粘度/$mm^2\cdot s^{-1}$	1000（50）	460（32）	220（20）	100（12）	150（15）	100（12）	68（85）
润滑方式	浸油润滑			浸油或喷油润滑	喷油润滑的表压力/MPa		
					0.07	0.2	0.3

3. 蜗杆传动的调整

安装蜗杆传动时，要仔细调整蜗杆与蜗轮的相对位置，确保中间平面通过蜗杆轴线。一般情况下先固定蜗杆的位置，再调整蜗轮。对于单向传动，也可以将蜗轮调整到稍稍偏向啮出区一侧，以利于形成液体动压润滑状态。

4. 蜗杆传动的跑合（磨合）

安装好的蜗杆传动必须先在空载低速下跑合1h后再逐步加载到额定值。跑合5h后要停机检查接触斑点是否达到要求，若达到要求，就要在蜗杆与蜗轮的对应位置同时做上记号，以便今后拆装调整时易于找正。然后冲洗零件、更换润滑油。蜗杆传动一般每运转2000～4000h应更换润滑油，注意要使用原牌号油，以免不同润滑油产生化学反应，改变油性。如果要改变润滑油的牌号，需彻底清洗后再进行。

5. 蜗杆传动的降温措施

由于蜗杆传动齿面间相对滑动速度大，所以发热量大，如果不及时散热，会引起润滑不良而产生胶合。

当工作温度过高（大于75～85℃）时，可采取下列措施降温：

1）在箱体上铸出或焊上散热片以增加散热面积。

2）在蜗杆轴端安装风扇强制通风（图8-48a）。

3）在箱体油池内加装蛇形冷却水管（图8-48b）或用循环油冷却（图8-48c）。

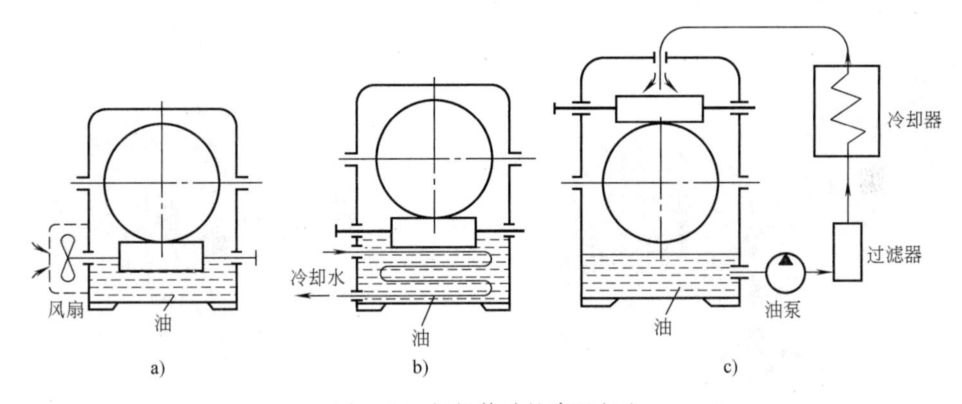

图8-48 蜗杆传动的降温方法
a）风扇强制通风 b）蛇形冷却水管 c）循环油冷却

【学习小结】

1）蜗杆传动的特点有：①单级传动比大，结构紧凑；②传动平稳，噪声低；③可以自锁，蜗轮不带动蜗杆运动；④效率低、成本较高；⑤可应用于交错轴传动。

2）蜗杆传动一般只用于减速，其传动比为蜗轮齿数与蜗杆头数之比。

3）类型相同的蜗杆和蜗轮，在满足啮合条件的情况下才能工作。

4）在中间平面上分析，蜗杆传动相当于齿条与齿轮啮合传动。

5）蜗杆传动要加强润滑与降温。

8.10 齿轮系

许多传动不能只靠一对齿轮来完成，经常需要采用多对齿轮传动才能实现。齿轮减速器和变速器就是典型实例。由多对齿轮（含蜗轮）组成的传动系统称为齿轮系，简称轮系。

【学习目标】

1）了解轮系的概念与类型。

2）学会定轴轮系的传动比计算。

3）了解轮系的主要功用。

【学习建议】

1）在齿轮传动和蜗杆传动学习的基础上进行。

2）多看实物、课件等，帮助学习。

【分析与探究】

8.10.1 轮系的分类与简图

轮系按是否有运动的轴线可分为定轴轮系（图8-49）和行星轮系（图8-50），其简图分别如图8-51、图8-52所示。在行星轮系中轴线不动的齿轮称为太阳轮，轴线运动的齿轮称为行星轮，支撑行星轮的构件称为行星架。

图8-49 定轴轮系

图8-50 行星轮系

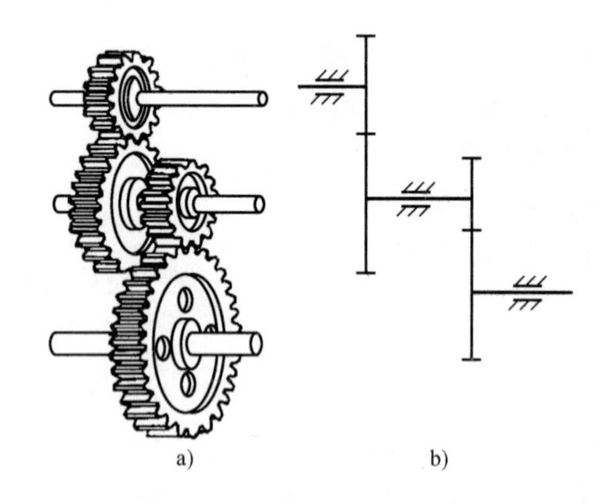

图8-51 定轴轮系简图

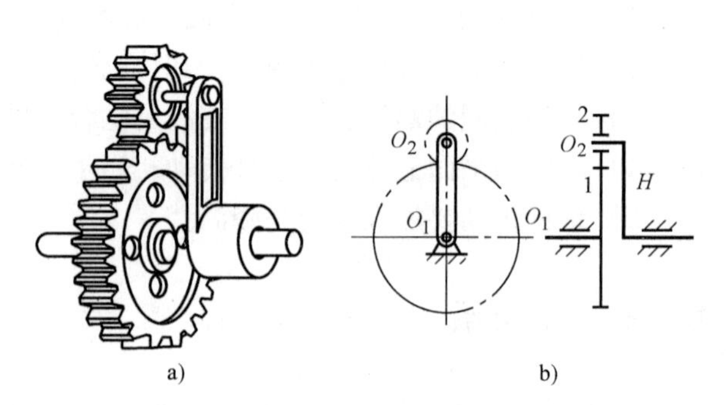

图8-52 行星轮系简图

8.10.2 定轴轮系的传动比计算

定轴轮系的传动比计算用下例分析（图8-53）。

该定轴轮系的传动比计算如下：

$$i_{15}=n_1/n_5=n_1n_2n_3n_4/n_2n_3n_4n_5$$
$$=(-z_2/z_1)(z_3/z_2{'})(-z_4/z_3{'})(-z_5/z_4)$$
$$=(-1)^3z_2z_3z_5/z_1z_2{'}z_3{'}$$

则定轴轮系传动比的大小 $i_{1k}=n_1/n_k$，即所有从动轮的齿数乘积/所有主动轮的齿数乘积。

定轴轮系的转向判断有两种方法：1）用 $(-1)^n$ 计算，n 为外啮合次数（仅用于平行轴传动）。2）画箭头（图8-53）。

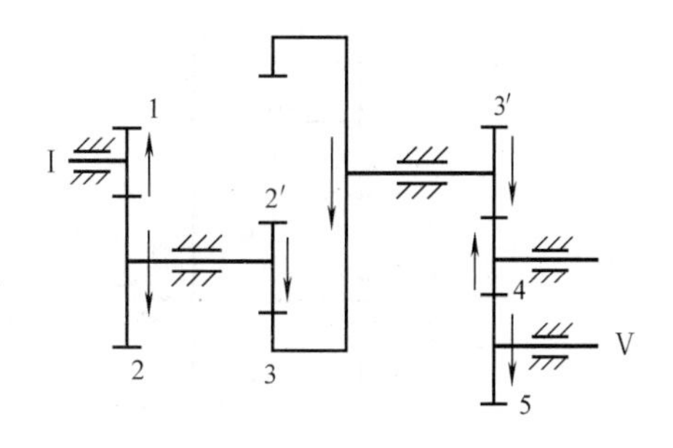

图8-53　定轴轮系的传动比

8.10.3　轮系的功用

轮系的功用非常多，主要有：

1）实现较远距离、小尺寸的传动。如图8-54所示，1、2的传动可用 a、b、c、d 来代替，传动比相同但后者的传动尺寸较小。

2）实现分路传动。例如机械式钟表（图8-55），1输入，S、H、M 三路输出。

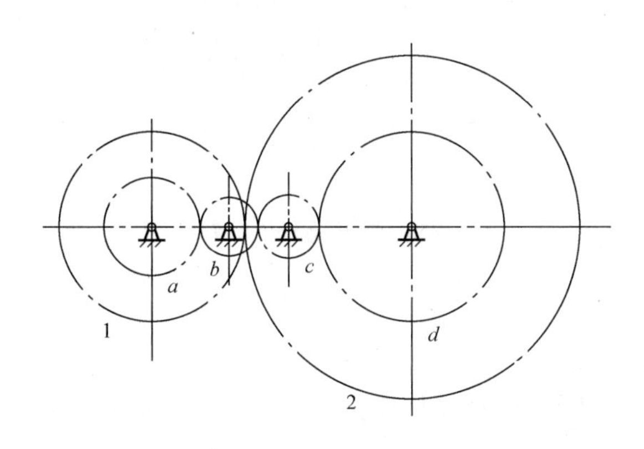

图8-54　远距离传动

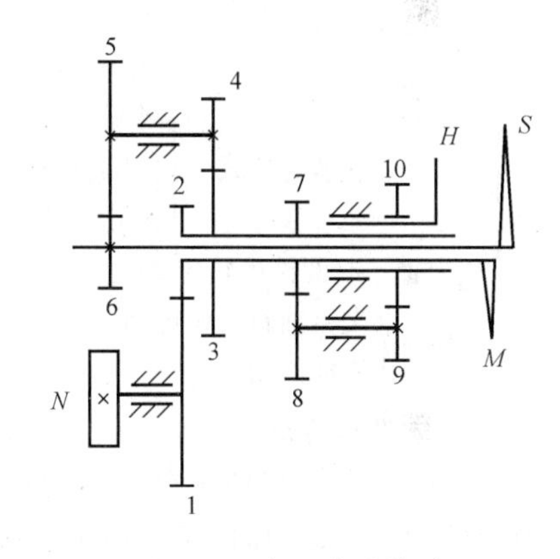

图8-55　实现分路传动

3）实现变速传动。例如汽车变速器（图8-56）、车床主轴箱等。

4）获得超大传动比。如图8-57所示轮系，当 $z_1=100$、$z_2=101$、$z_2{'}=100$、$z_3=99$ 时，$i_{H1}=10000$。

5）实现运动的合成。如图8-58所示轮系，输入1、3、H 中任意两构件的转速可合成第三构件转速。

6）实现运动的分解。例如汽车的后桥差速器（图8-59），1输入一个转速，3、4可输出不同转速，并且3、4的转向也可以改变。

图8-56　实现变速传动

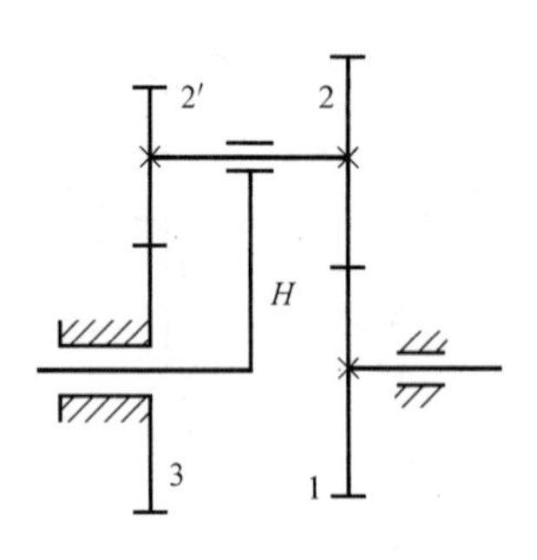

图 8-57　获得超大传动比

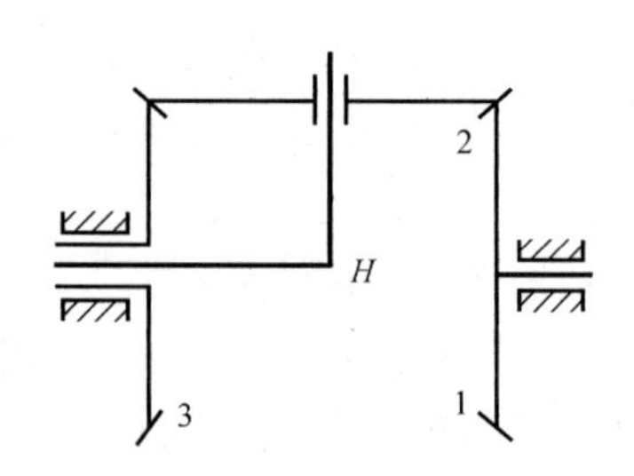

图 8-58　实现运动的合成

【学习小结】

1. 齿轮传动的类型

齿轮传动的类型可根据两齿轮轴线的相对位置、啮合方式和齿向的不同分类如下：

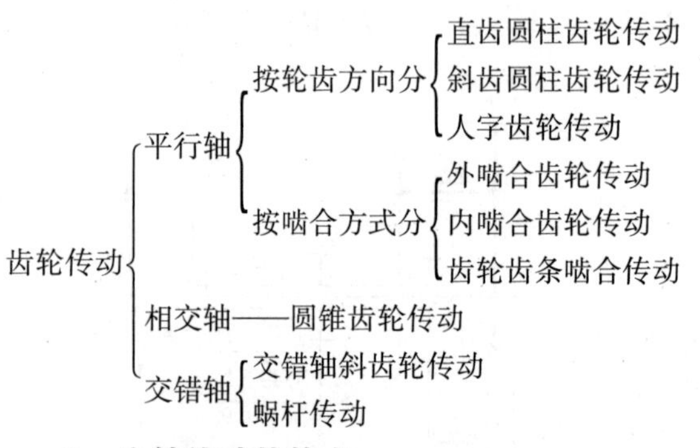

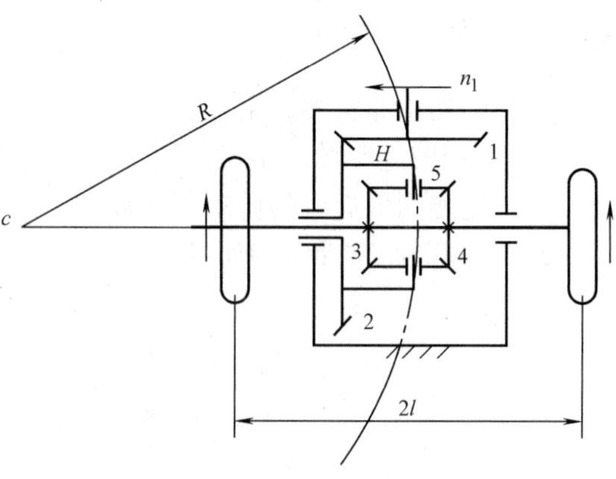

图 8-59　实现运动的分解

2. 齿轮传动的特点

1）主要优点：能实现任意位置的两轴传动，瞬时传动比恒定，工作可靠，寿命长、效率高，结构紧凑，速度和功率的适用范围广。

2）主要缺点：制造和安装精度要求较高，加工齿轮需要专用机床和设备，成本较高。

3）齿轮系可以实现较远距离、小尺寸的传动，分路传动，变速传动，超大传动比传动，以及运动的合成与分解等。

4）一对齿轮能够正确啮合的基本条件是模数相等、压力角相等。

5）一对齿轮的传动比大小均为 $i_{12}=n_1/n_2=z_2/z_1$，即从动轮齿数与主动轮齿数（或蜗杆头数）之比。

6）齿轮传动的日常维护非常重要，其中最重要的是润滑。

项目9　支承零部件

轴和轴承都是传动机构中的重要零件，它们在机构中起到支承其他零件的作用，因此我们将轴和轴承统称为支承零部件。轴直接支承旋转零件（如齿轮、风扇叶、带轮、链轮等）和其他轴上零件以传递运动和动力。轴承能够支撑轴及轴上零件，保证轴的回转精度，减少回转轴与支承零部件间的摩擦和磨损。

【学习总目标】

1）了解轴的作用、种类、应用。

2）能初步分析轴与轴上零件是如何定位、固定的。

3）了解轴承的种类、结构、代号、应用场合。

4）了解轴承的安装、拆卸、调整和轴系的调整。

【学习建议】

1）把本项目分为轴、滚动轴承、滑动轴承三个子项目进行研究。

2）参阅其他《机械基础》或《机械设计基础》教材中的有关内容。

3）登录互联网，通过搜索网站查找到“机械设计基础网络课程”后参看有关内容。

4）参看教学课件中的有关内容。

9.1　轴

【实际问题】

1）自行车的车轮安装在什么零件上?

2）汽车前置发动机输出的旋转运动是如何传递到后桥的?

【学习目标】

1）掌握轴的作用及分类。

2）了解心轴、转轴和传动轴的载荷和应力特点。

3）了解阶梯轴的典型结构。

4）掌握轴的周向固定方法和轴向固定方法。

【分析与探究】

9.1.1　轴的作用

轴类零件是机械零件中的关键零件之一，在机器中起到支承传动零件以传递运动或转矩的作用，并保证装在轴上的零件能实现自己的功能（图9-1、图9-2、图9-3、图9-4）。

图 9-1　自行车

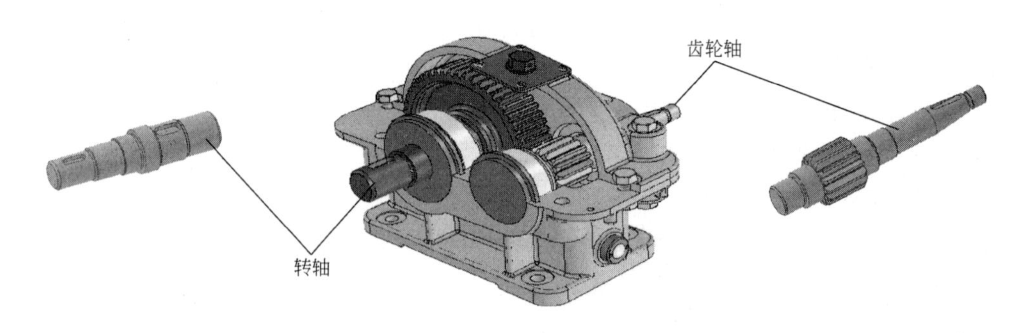

图 9-2　减速器

图 9-3　电风扇

图 9-4　汽车发动机

9.1.2　轴的分类与应用特点

按照轴线形状的不同，可将轴分为曲轴（图 9-5）、直轴（图 9-6）和软轴（图 9-7）。曲轴常用于往复式机械（如曲柄压力机、内燃机等，图 9-8）。软轴用于有特殊需要的

图 9-5　曲轴

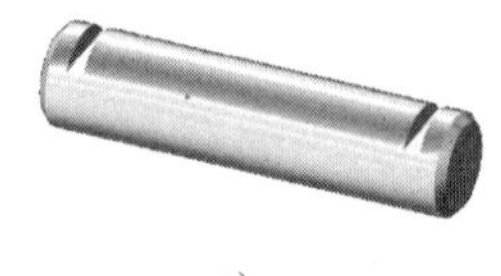

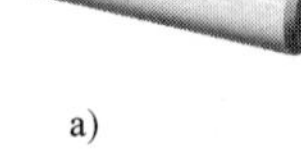

a)

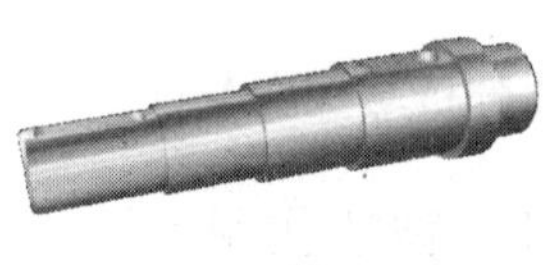

b)

图 9-6　直轴

场合（如在管道疏通机、电动工具中的应用，图 9-7）。直轴在各种机器上被广泛应用。本节主要讨论常用的直轴。

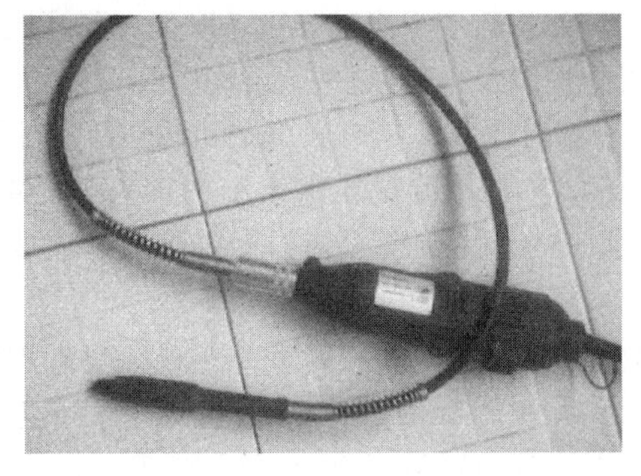
图 9-7　安装在电动工具上的软轴

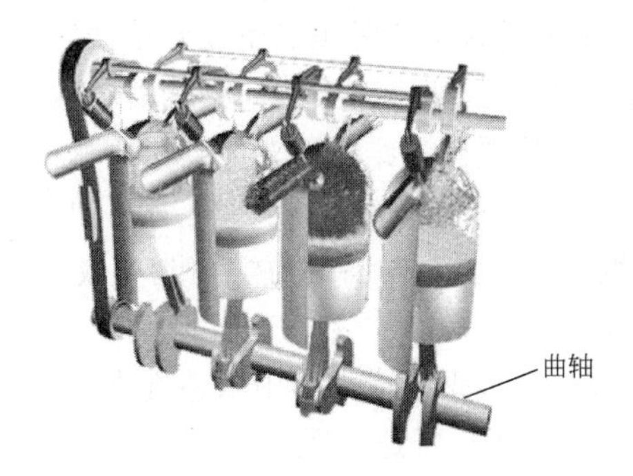

图 9-8　内燃机气缸

直轴按其外形不同可分为光轴（图 9-6a）和阶梯轴（图 9-6b），在一般机械中阶梯轴的应用最为广泛。直轴按其承载情况不同又可分为心轴、传动轴和转轴三种类型。

1. 心轴

心轴指只承受弯矩的轴（仅起支承转动零件的作用，不传递动力），按其是否转动又分为转动心轴（图 9-9 中）和固定心轴（图 9-10 中）。

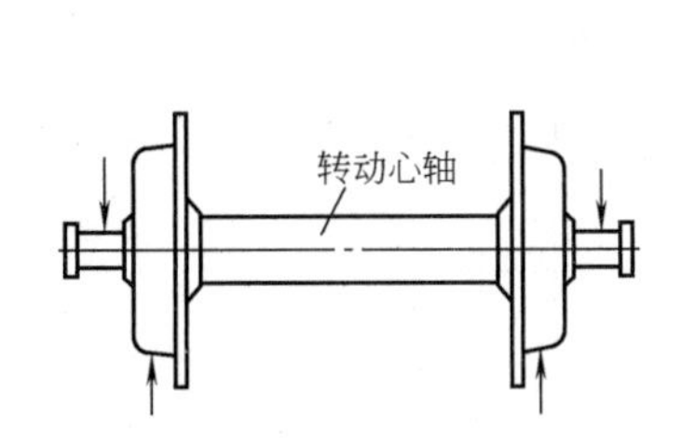

图 9-9　火车车轮与轴

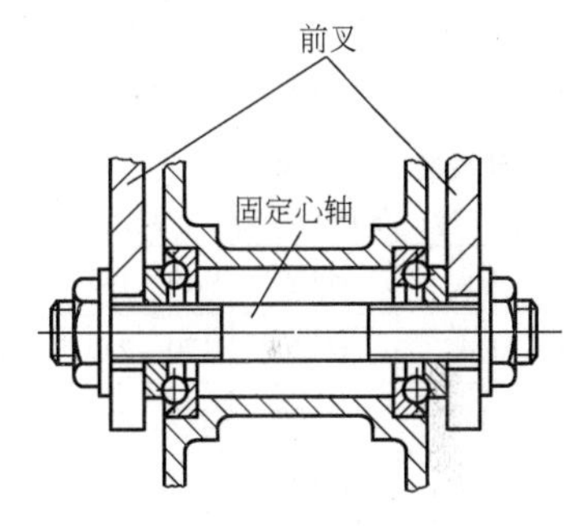

图 9-10　自行车前轴

2. 传动轴

传动轴指只承受转矩的轴（只传递运动和动力）。例如将汽车前置变速器的运动和动力传至后桥从而使汽车轮子转动的轴就是传动轴（图 9-11）。

3. 转轴

转轴指既承受弯矩又承受转矩的轴（既支承转动零件又传递运动和动力）。例如齿轮减速器的轴就是转轴（图 9-12）。

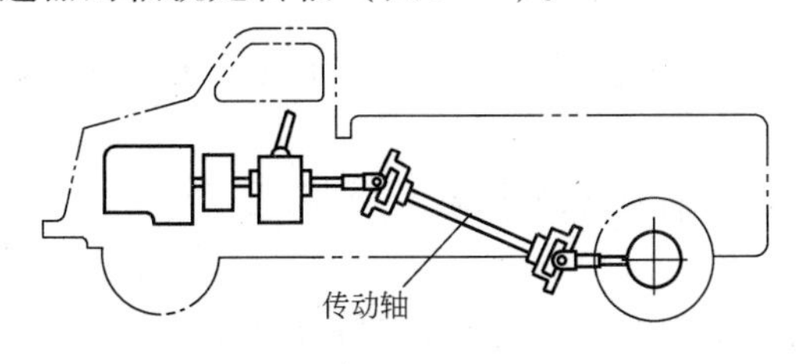

图 9-11　传动轴

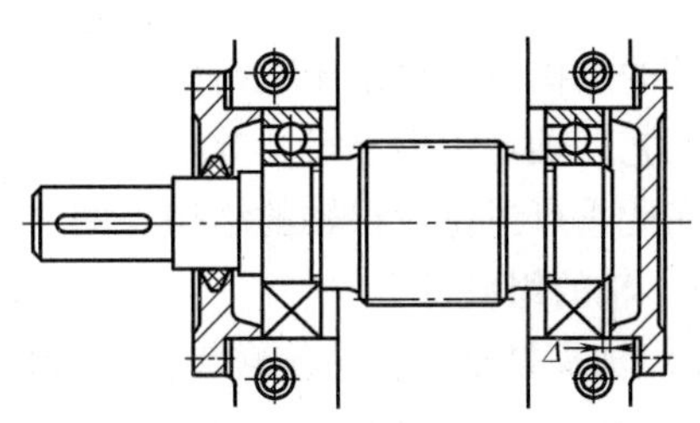
图 9-12　转轴

9.1.3 轴的材料与毛坯

轴的材料主要采用优质碳素结构钢和合金钢。轴的材料应当满足强度、刚度、耐磨性和耐腐蚀性等的要求，采用何种轴材料取决于轴的工作性能及工作条件。

1）优质碳素结构钢对应力集中敏感性小，价格相对便宜，具有较好的机械强度，主要用于制造不重要的轴或受力较小的轴，应用最为广泛。常用的优质碳素结构钢有 35、40、45 钢。为了提高材料的力学性能和改善材料的可加工性，优质碳素结构钢要进行调质或正火热处理。

2）合金钢对应力集中敏感性强，价格较碳素钢贵，但机械强度较碳素钢高，热处理性能好，多用于高速、重载和耐磨、耐高温等特殊条件的场合。常用的合金钢有 40Cr、35SiMn、40MnB 等。

轴的毛坯一般采用热轧圆钢和锻件。对于直径相差不大的轴通常采用热轧圆钢，对于直径相差较大或力学性能要求高的轴采用锻件，对于形状复杂的轴也可以采用铸钢或球墨铸铁。

轴的常用材料及力学性能见表 9-1。

表 9-1　轴的常用材料及其主要力学性能

材料牌号	热处理方法	毛坯直径/mm	硬度HBW	抗拉强度 σ_b/MPa	屈服点 σ_s/MPa	许用弯曲应力/MPa			备注
				不小于		$[\sigma_{+1}]_b$	$[\sigma_0]_b$	$[\sigma_{-1}]_b$	
Q235A	热轧或锻后空冷	≤100 >100~250		400~420 375~390	225 215	125	70	40	用于不重要的轴
35	正火	≤100	149~187	520	270	170	75	45	用于一般轴
45	正火	≤100	170~217	600	300	200	95	55	用于较重要的轴
	调质	≤200	217~255	650	360	215	108	60	
40Cr	调质	≤100	241~286	750	550	45	120	70	用于载荷较大，但冲击不太大的重要轴
	调质	>100~300		700	500				
35SiMn	调质	≤100	229~286	800	520	270	130	75	用于中、小型轴，可代替 40Cr
42SiMn	调质								
40MnB	调质	≤200	241~286	750	500	245	120	70	用于小型轴，可代替 40Cr

9.1.4 轴的结构

轴的结构主要决定于载荷情况、轴上零件的布置、定位及固定方式、毛坯类型、加工和装配工艺、轴承类型和尺寸等条件。

在此重点讨论阶梯轴的结构。图 9-13 所示为阶梯轴的典型结构。

1. 轴的组成部分

1）轴头是轴上安装旋转零件的轴段；用于支承传动零件，是传动零件的回转中心。

2）轴肩是轴两段不同直径之间形成的台阶端面；用于确定轴承、齿轮等轴上零件的轴向位置。

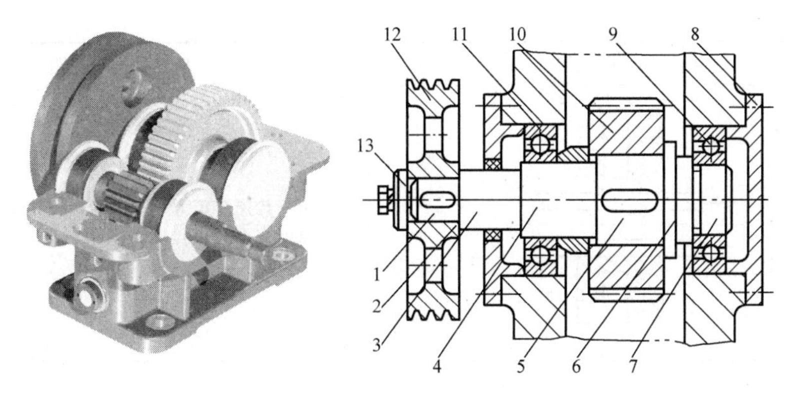

图9-13　阶梯轴的典型结构

1、5—轴头　2—轴肩　3—轴身　4、7—轴颈　6—轴环　8—轴承盖
9—滚动轴承　10—齿轮　11—套筒　12—带轮　13—轴端挡圈

3）轴颈是轴上安装轴承的轴段；用于支承轴承，并通过轴承将轴和轴上零件固定于机身上。

4）轴身是连接轴头和轴颈部分的非配合轴段。

5）轴环是直径大于其左右两个直径的轴段；其作用与轴肩相同。

2. 轴上零件的固定方法

1）轴上零件的周向定位与固定。周向定位与固定是为了限制轴上零件与轴之间的相对转动和保证同心度，以准确地传递运动与转矩。常用的周向定位与固定的方法有销、键、花键、过盈配合和紧定螺钉联接等，见表9-2。

2）轴上零件的轴向定位与固定。轴向定位与固定是为了使轴上零件准确地位于规定的位置上，以保证机器的正常运转。常用的轴向定位与固定的方法有轴肩、轴环、套筒、圆螺母、止动垫圈、弹性挡圈、螺钉锁紧挡圈、轴端挡圈和圆锥面，见表9-3。

表9-2　零件的周向固定方法

方式	结构图形	应用说明
过盈配合		轴向、周向同时固定，对中精度高。一般用在传递转矩小，不便开键槽，或要求零件与轴心线对中性高的场合
平键联接		加工容易，拆卸方便。轴向不能限位，不承受轴向载荷。适用于传递转矩较大、对中性要求一般的场合，使用最为广泛

（续）

方式	结构图形	应用说明
花键联接	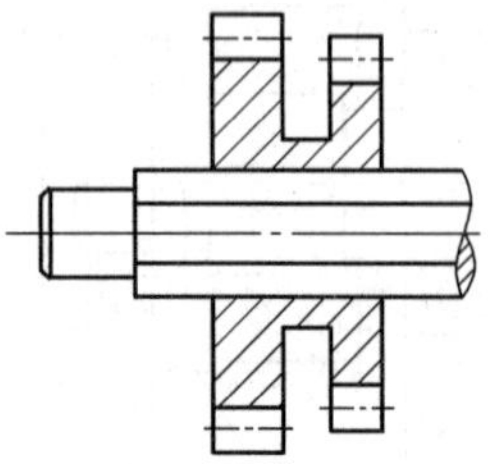	适用于传递转矩大、对中性要求高或零件在轴上移动时要求导向性良好的场合
销联接	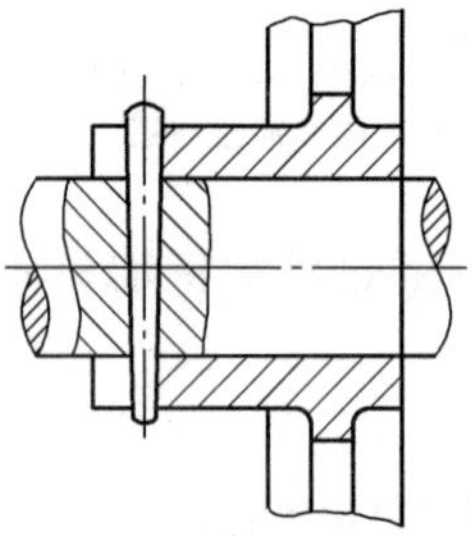	轴向、周向都固定，不能承受较大载荷。按极限载荷设计的圆柱销可以作为过载时被剪断以保护其他重要零件的安全装置

表 9-3 轴上零件的轴向固定方法

固定方式	结构图形	应用说明
轴肩或轴环	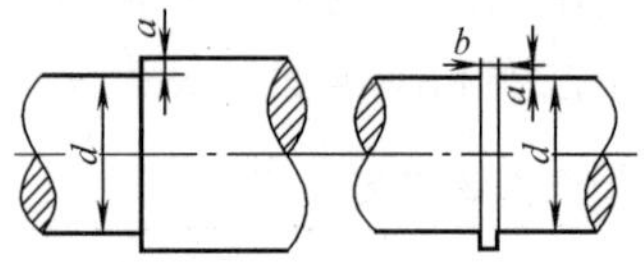 a　d　b　a　d	固定可靠，承受的轴向力大
套筒	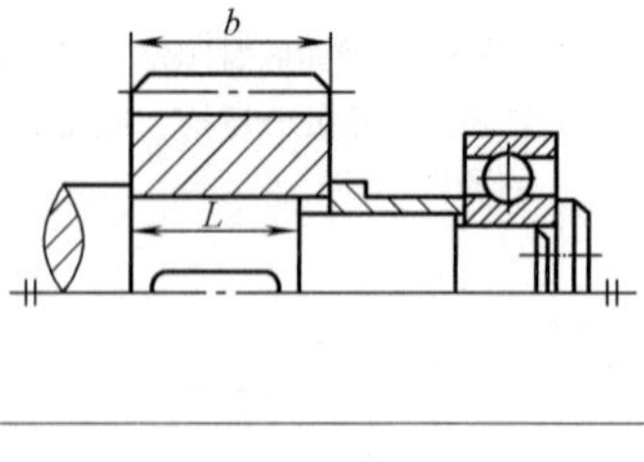 b　L	固定可靠，承受轴向力大，多用于轴上相邻两零件相距不远的场合
锥面	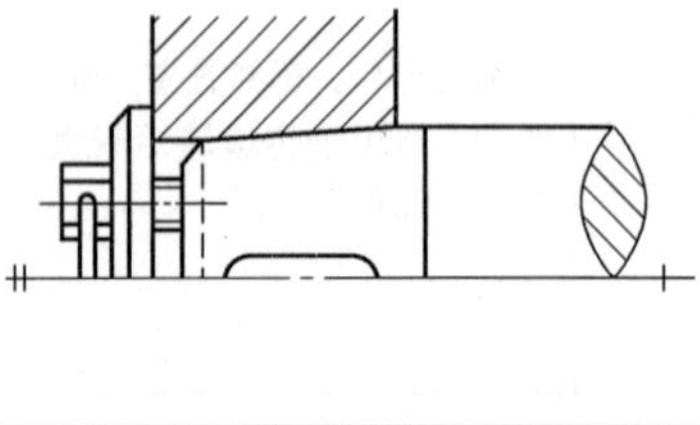	对中性好，常用于调整轴端零件位置或需经常拆卸的场合

（续）

固定方式	结构图形	应用说明
圆螺母与止动垫圈	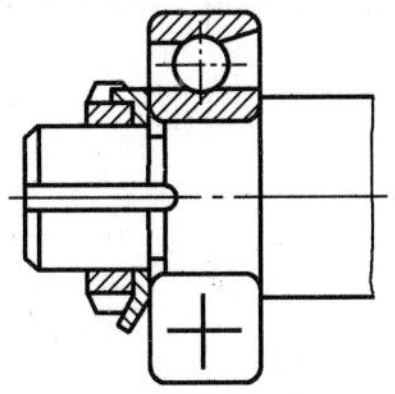	常用于零件与轴承之间距离较大，轴上允许车制螺纹的场合
双圆螺母	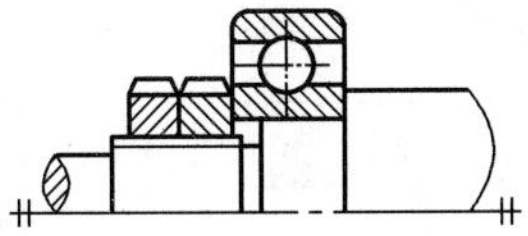	可以承受较大的轴向力，螺纹对轴的强度削弱较大，应力集中严重
轴用弹性挡圈	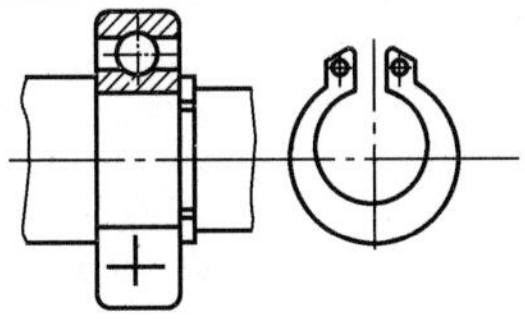	尺寸小，重量轻，只能承受较小的轴向载荷
轴端挡圈	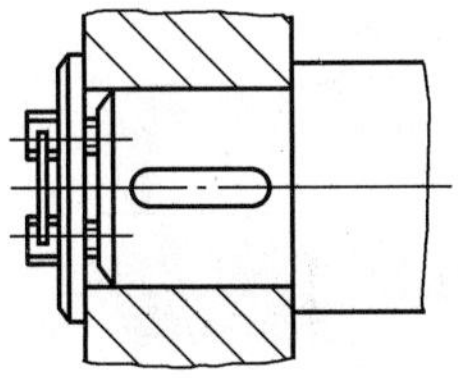	承受轴向力小或不承受轴向力的场合
紧定螺钉	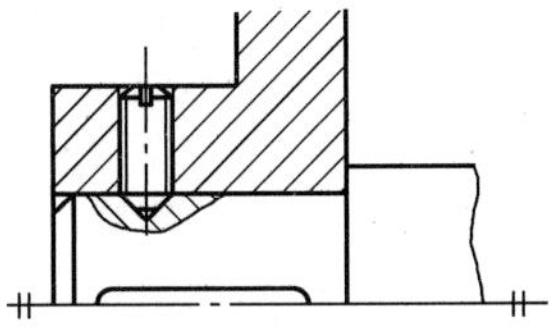	只能承受非常小的载荷

【学习小结】

轴的作用是支承轴上零件并传递运动与转矩。

轴分为曲轴、直轴和软轴三大类。直轴又可分为光轴和阶梯轴，其中阶梯轴应用最多。

轴上零件可以采用多种方式进行轴向固定和周向固定。

轴使用的材料多为中碳钢或中碳合金钢，都需要经过正火或调质处理。

9.2　轴承的作用与分类

【学习目标】

1）了解轴承的作用。

2）了解轴承的分类与应用。

【分析与探究】

轴承的作用是支撑轴，保证轴的回转精度，避免回转轴与轴承座直接摩擦、磨损。

轴承按是否有滚动体分为滑动轴承和滚动轴承。

9.2.1 滚动轴承

带滚动体的轴承是滚动轴承（图9-14）。此类轴承摩擦阻力小，润滑方便，可长时间运转。滚动轴承已标准化，应用范围非常广泛。滚动轴承的制造成本较高，磨损后易产生较大的噪声和振动。

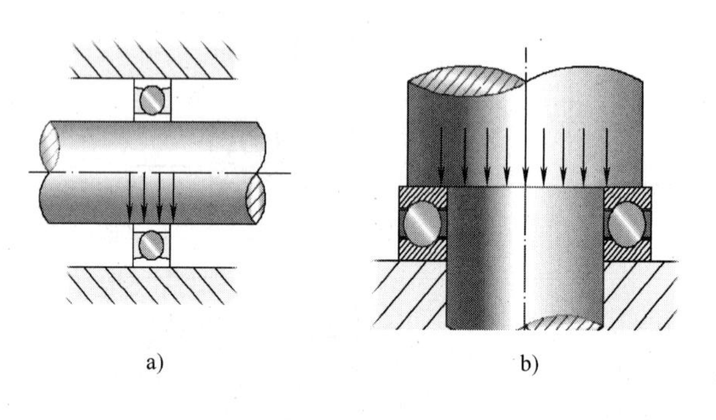

a)　　b)

图 9-14

9.2.2 滑动轴承

没有滚动体的轴承是滑动轴承（图9-15）。滑动轴承按其润滑状态的不同分为液体润滑滑动轴承和不完全液体润滑滑动轴承。前者效率高、寿命长，能够满足高速、重载或旋转精度高等要求，常用在汽轮机、大型电机、内燃机、磨床的主轴上；后者结构简单，便于制造，安装和维护，成本低，运转噪声小，可承受较大的冲击和振动，但磨损较快，多用在低速且带有冲击的机械（如水泥搅拌机、破碎机等）中和许多只有一般要求的场合。

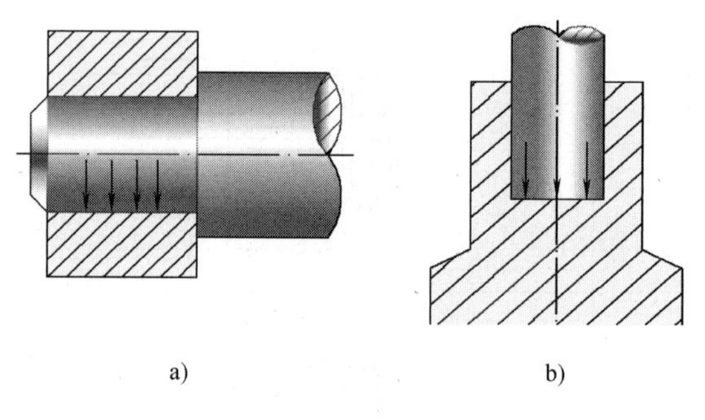

a)　　b)

图 9-15

9.3 滚动轴承

【学习目标】

1）了解滚动轴承的作用。

2）理解滚动轴承的类型、代号、特点、应用。

3）了解滚动轴承的固定方法。

4）了解滚动轴承的装拆与调整以及轴系的调整。

【分析与探究】

9.3.1 滚动轴承的构造

滚动轴承的基本构造如图9-16所示。它是由内圈、外圈、滚动体和保持架组成的。内圈固定在轴颈上，外圈固定在机座或壳体的轴承座孔中，内、外圈工作表面有滚道，当内、外圈相对转动时，滚动体沿滚道滚动，保持架使滚动体均匀分布、互相不接触。

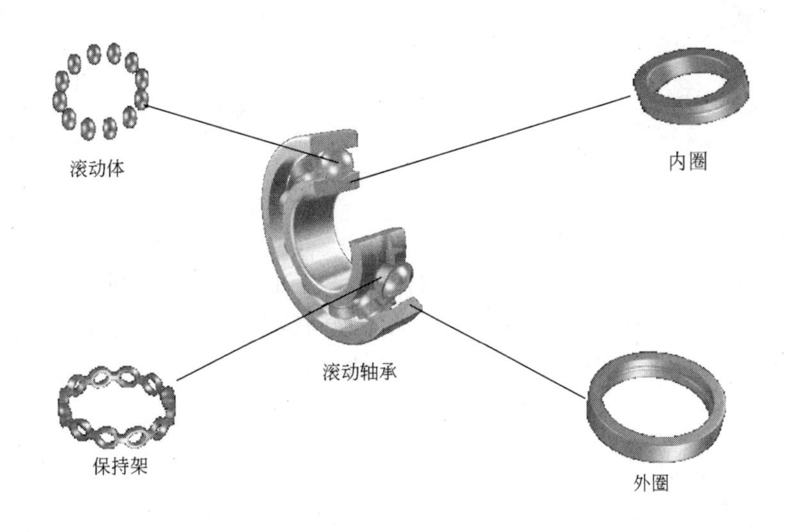

图9-16　滚动轴承的组成

滚动体的形状分为球形、圆柱形、圆锥形、鼓形、滚针形等（图9-17）。

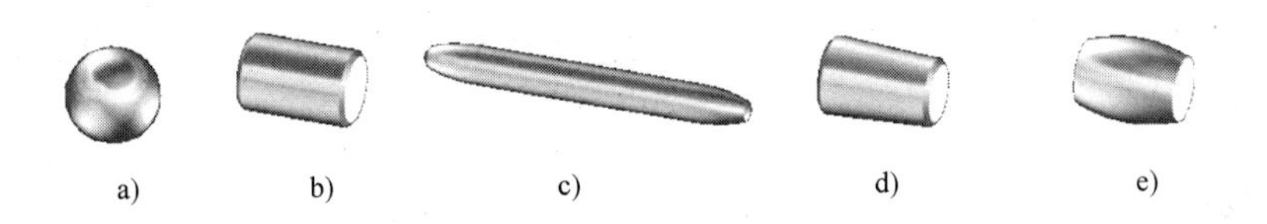

图　9-17

a）球　b）圆柱滚子　c）滚针　d）圆锥滚子　e）球面滚子

9.3.2　滚动轴承的类型及其特点

滚动轴承按其滚动体形状的不同，可分为球轴承和滚子轴承两大类。滚子轴承的滚动体与内、外圈的接触是线接触，而球轴承的滚动体与内、外圈为点接触，故滚子轴承的承载能力比球轴承的大。

1. 球轴承

常用的球轴承有以下几种：

1）深沟球轴承（图9-18）。此种轴承主要承受径向载荷，也能承受部分轴向载荷，采用单列或双列设计，应用广泛，常用于机床主轴箱、小功率电动机等。

2）调心球轴承（图9-19）。这种轴承采用双列设计，具有自动调心的作用，既承受径向载荷，也能承受不大的轴向载荷，适用于长轴、多支点传动轴或刚度较小、难以对中的轴。

3）角接触球轴承（图9-20）。此种轴承可承受径向载荷，也可承受轴向载荷。单列角接触球轴承只能承受单方向的轴向载荷，双列角接触球轴承可承受双方向的轴向载荷。其内部接触角有15°、25°、40°之分。为了承受双方向轴向载荷，亦可成对使用单列角接触球轴

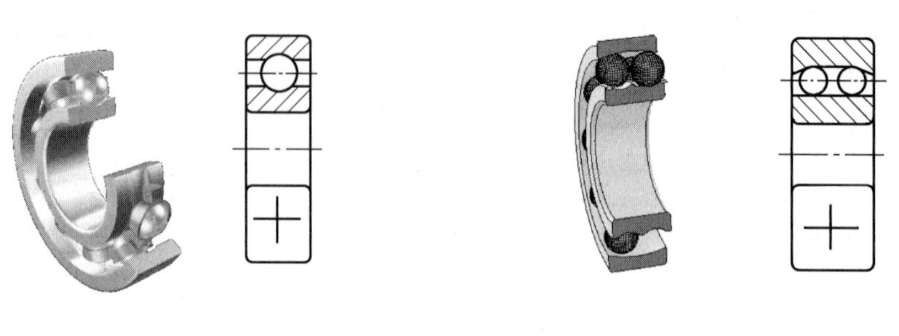

图 9-18　　图 9-19

承。角接触球轴承常用在斜齿轮减速器、蜗杆减速器、小型工具钻的轴上。

4）推力球轴承（图 9-21）。此种轴承可承受轴向载荷，不能承受径向载荷。单列推力球轴承只能承受单方向的轴向载荷，双列推力球轴承能承受双方向的轴向载荷。

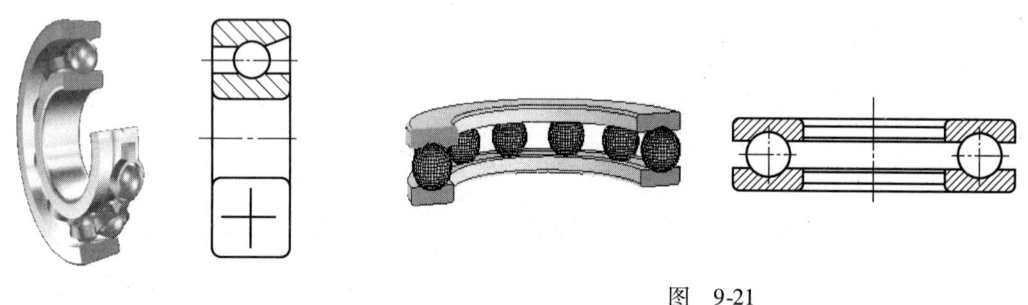

图 9-20　　图 9-21

2. 滚子轴承

常用的滚子轴承有以下几种：

1）圆柱滚子轴承（图 9-22）。此种轴承可承受较大的径向载荷，承载能力比深沟球轴承大，适用于刚度较大、对中性好、高速运转的轴。圆柱滚子轴承常用于大功率电机、人字齿轮减速器、车床或铣床的主轴。

2）圆锥滚子轴承（图 9-23）。此种轴承可同时承受较大径向载荷和轴向载荷。单列圆锥滚子轴承只能承受单方向的轴向载荷。圆锥滚子轴承常用于斜齿轮轴、锥齿轮轴。

3）滚针轴承（图 9-24）。此种轴承只能承受径向载荷，因滚动体是细而长的滚针，直径小，适用于径向尺寸小且转速不高的场合。

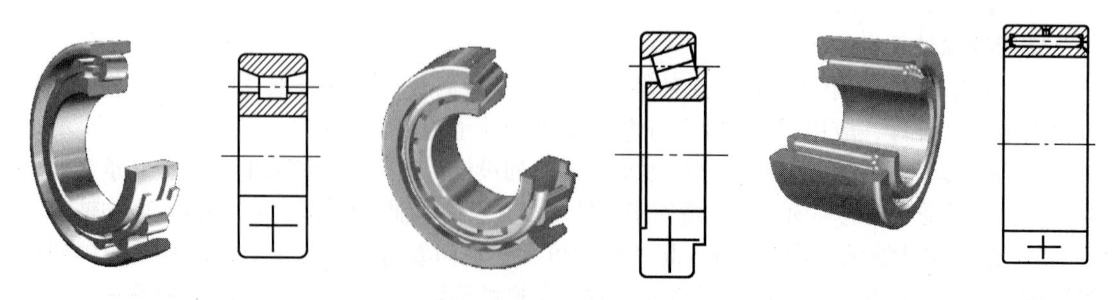

图 9-22　　图 9-23　　图 9-24

9.3.3　滚动轴承代号

为了表示各类滚动轴承的结构、尺寸、公差等级、技术性能等特征，GB/T272 规定了滚动轴承代号。代号打印在轴承的端面上，以便于识别。

滚动轴承代号由前置代号、基本代号和后置代号三部分组成（表9-4）：

表9-4　滚动轴承代号

前置代号	基本代号			后置代号
	类型代号	尺寸系列代号	内径代号	
字母	数字或字母	数字×× └直径系列代号（右边×） └宽度或高度系列代号（左边×）	两位数字 ××	多个字母（或字母加数字）

1. 基本代号

多数轴承只标注基本代号。基本代号由三部分组成，从右向左排列的顺序是：内径代号、尺寸系列代号、类型代号。

1）内径代号。一般用两位数字表示，代表轴承的内径尺寸，其表示方法见表9-5。

表9-5　轴承内径代号

内径代号	00	01	02	03	04~99
轴承内径	10	12	15	17	数字×5

2）尺寸系列代号。尺寸系列代号由直径系列代号和宽（高）度系列代号两项构成。直径系列代号在右边，表示同一内径而其他尺寸不同的轴承（图9-25），用一位数字表示；其中1、2、3、4分别表示特轻系列、轻系列、中系列、重系列，直径系列代号不能省略。宽（高）度系列代号表示内、外径相同而宽（高）度不同的轴承（高度用于推力轴承），也用一位数字表示；其中0、1、2、3分别表示向心轴承的窄系列、正常系列、宽系列、特宽系列。大多数窄系列轴承的代号0可以省略，但窄系列的圆锥滚子轴承和调心滚子轴承不可省略。

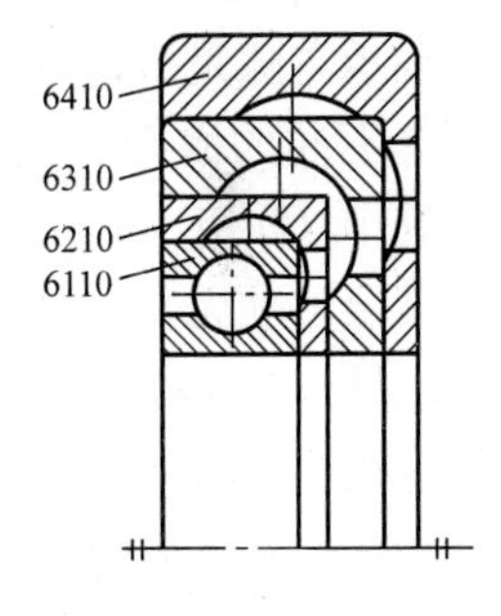

图9-25　直径系列比较

3）类型代号。用右起第五位数字或字母表示，代表轴承的类型。各类轴承的名称、代号、国家标准见表9-6。

表9-6　滚动轴承的类型代号、名称、国家标准

类型代号	类型名称	标准号
1	调心球轴承	GB/T281—1994
2	调心滚子轴承	GB/T288—1994
	推力调心滚子轴承	GB/T585—1994
3	圆锥滚子轴承	GB/T297—1994
5	推力球轴承	GB/T301—1994

（续）

类型代号	类型名称	标准号
6	深沟球轴承	GB/T276—1994
7	角接触球轴承	GB/T292-1994
N	圆柱滚子轴承	GB/T283—1994
NA	滚针轴承	GB/T5801—1994

2. 前置代号和后置代号

前置代号表示成套轴承分部件，用字母表示，例如：L 表示可分离的内圈或外圈；K 表示滚子和保持架组件等。没有分部件的不用标出。

后置代号是轴承在结构形状、尺寸公差、技术要求等方面有改变时，在基本代号后面增加的补充代号。后置代号的排序和含义见表 9-7。要特别注意内部结构、公差等级、游隙这三项。

表 9-7 后置代号排序和含义

位置 1	位置 2	位置 3	位置 4	位置 5	位置 6	位置 7	位置 8
内部结构	密封与防尘套圈变型	保持架及其材料	轴承材料	公差等级	游隙	配置	其他

对于内部结构代号，角接触球轴承有 C、AC、B 之分，分别表示内部接触角 $\alpha=15°$、25°、40°。

滚动轴承公差共分六个精度等级，其代号顺序为/P0、/P6、/P5 、/P6X 、/P4、/P2 ，其中 P0 为普通级，其余各级精度依次提高。标注轴承公差代号时，/P0 可省略。

轴承游隙是滚动轴承内部的内、外圈与滚动体之间留有的相对位移量。同一类型的轴承可以有不同的游隙，共分为六个组，其代号分别用/C1、/C2、/C0 、/C3 、/C4、/C5 表示，其中/C0 组为常用的基本游隙，标注时可省略。

其余各项无特殊情况都不用标出。

以轴承 7216B/P6 为例，说明滚动轴承各项代号的含义：分析顺序从右向左，/P6 表示公差等级为 6 级（其右边的游隙代号省略了，可判断为基本游隙）；B 表示接触角为 40°，两位数字 16 表示内径为 80mm；一位数字 2 表示直径系列为轻系列；宽度系列代号省略（为 0）表示是窄系列；一位数字 7 表示类型为角接触球轴承。

9.3.4 滚动轴承的公差与配合

滚动轴承的公差与配合是指轴承与其他零件的配合关系。滚动轴承是标准件，内径为基准孔、外径为基准轴，故其内圈与轴颈的配合采用基孔制，外圈与轴承座孔的配合采用基轴制。轴的公差带与轴承内圈形成的配合，要比它与一般基准孔形成的配合紧得多。这主要是考虑轴承配合的特殊需要，使用轴承在多数情况下要求内圈和轴联接在一起旋转，因此它们之间有较紧的配合。

轴承配合种类的选择，应根据轴承的类型和尺寸，负荷的性质和大小，转速的高低，外圈是否回转等情况来决定。对于转速高、负荷大、振动大、温度高或外圈回转的轴，应选用较紧的有过盈的配合，如 n6、m6、k6、js6 等；反之可选用较松的配合。轴承外圈固定时，与其相配合的轴承孔可选用 G7、H7、J7、M7 等。标注轴承的配合时，不需要标注轴承内径及外径的公差符号，只标注轴颈直径及轴承孔直径的公差符号即可，如图 9-26 所示。

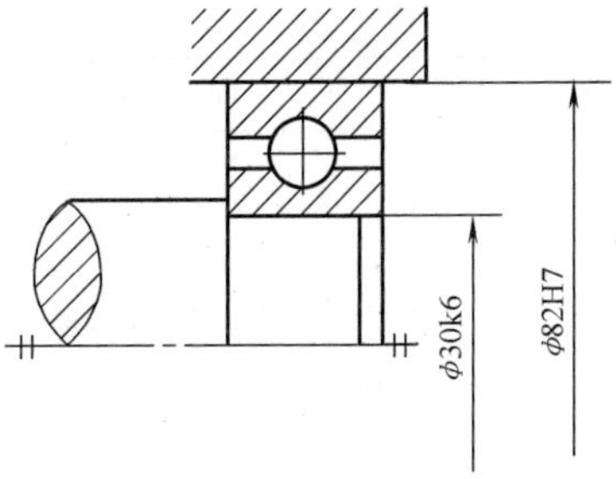

图 9-26　滚动轴承配合的标注

9.3.5　滚动轴承的装拆与轴系的调整

首先了解有关滚动轴承的组合结构，然后再讨论装拆与调整。

1．轴承的定位和固定

为了保证轴和轴上零件的轴向位置并能承受轴向力，轴承内圈与轴之间以及外圈与轴承座孔之间均应有可靠的轴向固定。轴承内圈的轴向固定方式参见表 9-3 中有关内容。轴承外圈的轴向固定方式见表 9-8。

表 9-8　轴承外圈轴向固定方式

名　称	固定方式	简　图	特　点
端盖固定	利用端盖窄端面 *A*，顶住轴承外圈端面	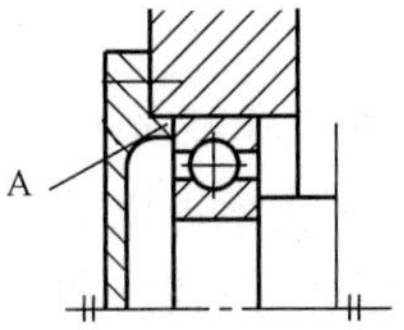 A	结构简单，紧固可靠，调整方便
弹性挡圈固定（孔用）	用弹性挡圈嵌在箱体槽中，以固定轴承外圈	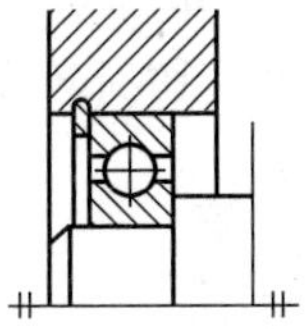	结构简单，装拆方便，占用空间小，多用于向心轴承，能承受较小的轴向载荷
箱体挡肩固定	用箱体上的挡肩 *A*，固定轴承外圈一端	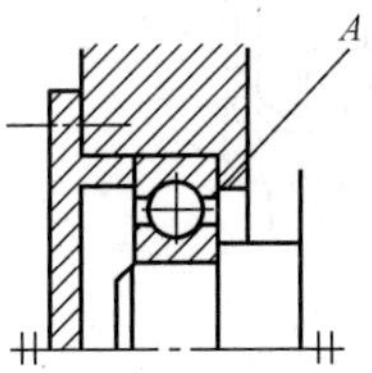 *A*	结构简单，工作可靠，箱体加工较为复杂
套筒挡肩固定	用套筒上的挡肩和轴承端盖双向轴向定位	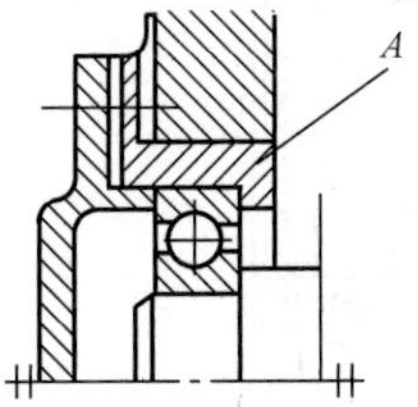 *A*	结构简单，箱体可不通孔，易加工，用垫片可调整轴系的轴向位置，装配工艺性好。但增加了一个加工精度要求较高的套筒零件

（续）

名　　称	固定方式	简　　图	特　　点
调节压盖固定	外圈用调节压盖和螺钉轴向固定		便于调节轴承游隙，用于角接触轴承的轴向固定和调节

2. 滚动轴承轴系的支承结构形式

滚动轴承的支承结构有以下三种基本类型。

1）双支点单向固定支承。这种支承结构如图 9-27 所示。每个轴承内、外圈沿轴向只有一个方向受约束，两个轴承对称布置以防止轴的轴向窜动。此种结构适用于工作温度≤70℃的短轴（支点跨距≤400mm）。考虑到轴工作时受热膨胀，在安装深沟球轴承时一侧轴承盖与轴承外圈之间应留有间隙，一般取间隙 $\Delta=0.25\sim0.4$mm（制图时不要画出）。对于角接触轴承应将间隙留在轴承内部，一般还要在轴承盖和机座间加调整垫片，以便调整轴承的游隙和轴的轴向位置。

2）单支点双向固定支承。这种支承结构如图 9-28 所示。一个支承限制轴的双向轴向位移，这个支承称作固定支承；另一个支承可以沿轴向移动，称作游动支承。单支点双向固定支承属一端固定，一端游动即固游式支点形式。图 9-28a 所示结构的游动面在圆柱滚子与外圈接触处，图 9-28b 所示结构的游动面在外圈与座孔接触面处。这种支承结构适用于工作温度较高或支承点跨距较大的场合。对于图 9-28b 所示结构，一般游动端轴承的外圈与座孔采用较松的配合，轴承外圈端面与轴承端面之间应留有较大间隙（3～8mm），制图时应画出。

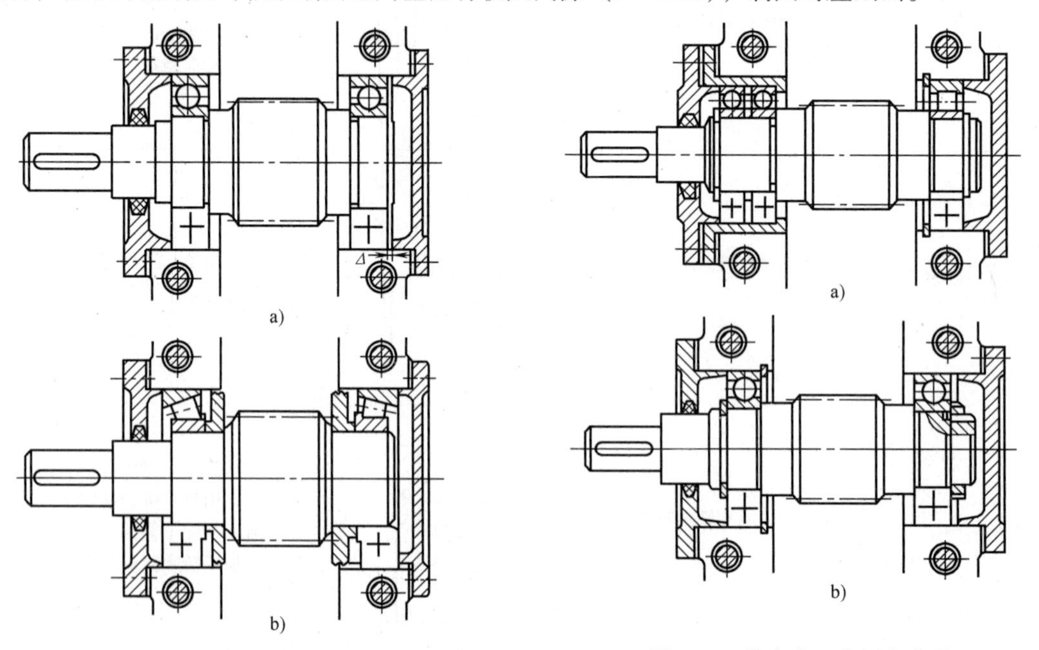

图 9-27　双支点单向固定支承

图 9-28　单支点双向固定支承

3）双支点游动支承。双支点游动支承结构如图9-29所示。两个支承均无轴向约束，故又称双端游动支承，多用于人字齿轮传动的高速轴。该轴系的轴向位置由低速轴限制，高速轴采用双支点游动支承，起到自动调位的作用，以保证人字齿轮的啮合。

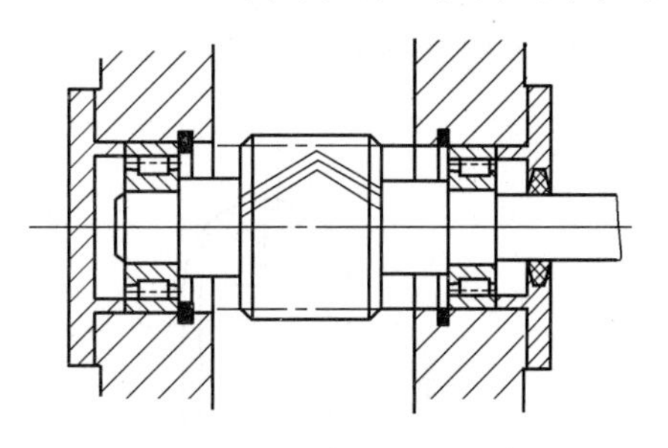
图9-29　双支点游动支承

3. 滚动轴承的拆装

滚动轴承是一种比较精密的组件，拆装时一定要小心，方法要合理。

1）拆卸。要先分析定位和固定方式后再拆卸。拆卸用肩、环或套筒定位的轴承时要用顶拔器（俗称拉马、捋子）或压力机。使用顶拔器时要注意钩头应钩住轴承内圈的端面，不要接触外圈或滚动体（图9-30）。拆卸用弹性挡圈定位的轴承时要使用卡环手钳（图9-31）。

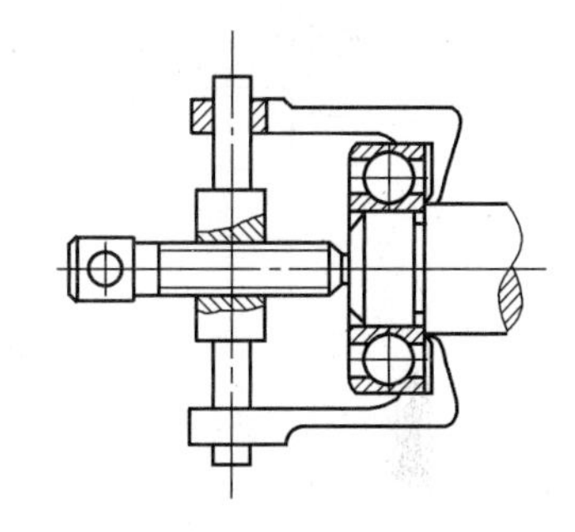
图9-30　用顶拔器拆卸轴承

2）装配。对于配合较松的轴承，要用锤子轻轻地均匀敲击紧靠内圈的铜棒或装配用套筒（图9-32）；对于配合较紧的轴承可使用压力机和装配用套筒装配。有时为了便于安装，可将轴承在油池中加热至80～100℃后进行热装。

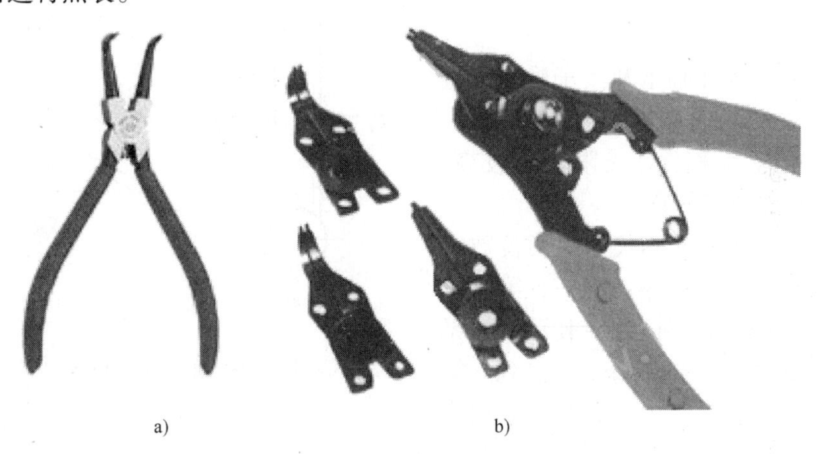

图9-31　卡环手钳
a）孔用　b）轴用

不论采用何种拆装方法，都不允许在结构不明的情况下拆装。

4. 滚动轴承支承的调整

1）轴承轴向间隙的调整。在双支点单向固定支承和单支点双向固定支承中，轴承端面和轴承端盖之间应留有一定的间隙，以保证轴承受热伸长以后不会被卡死。在装配时，为了保证间隙的形成，而又不提高轴系零件的加工精度，一般在装配后采用以下一些调整措施。

① 调整垫片组。增减轴承端盖与机座结合面之间的垫片组的厚度进行调整，如图9-27、图9-28所示。

② 调节压盖。用螺钉调节可调压盖的轴向位置。

③ 采用螺纹端盖。如图9-33所示，端盖上有外螺纹、轴承孔内有内螺纹，可调整轴承游隙。

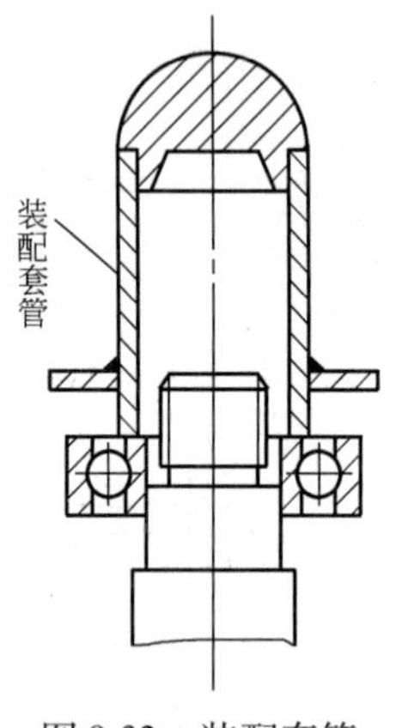

图9-32 装配套筒

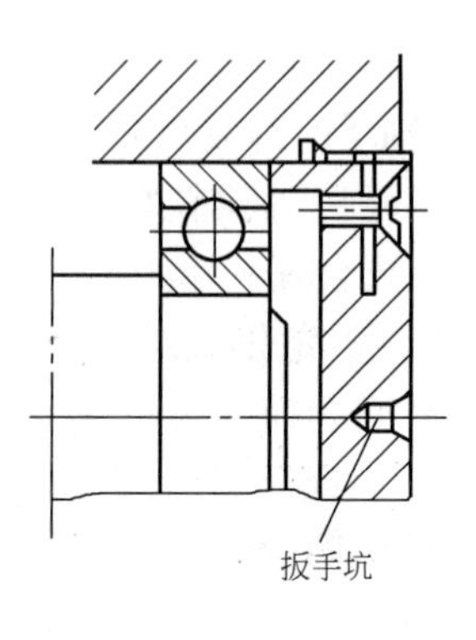

图9-33 螺纹端盖

2）轴系轴向位置的调整。为了保证轴上零件获得正确的位置，必要时要能调整整个轴系的轴向位置。如锥齿轮传动要求两锥齿轮的节锥顶点重合，蜗杆传动要求蜗轮的主平面通过蜗杆轴线（图9-34）。为了达到上述要求，可通过在轴两端的轴承盖处一端增加垫片，一端减少垫片的方法来实现。

【学习小结】

滚动轴承分为球轴承和滚子轴承，按其承载情况又分为向心轴承和推力轴承。球轴承与滚子轴承相比，极限转速较高，承载能力较低，价格便宜。

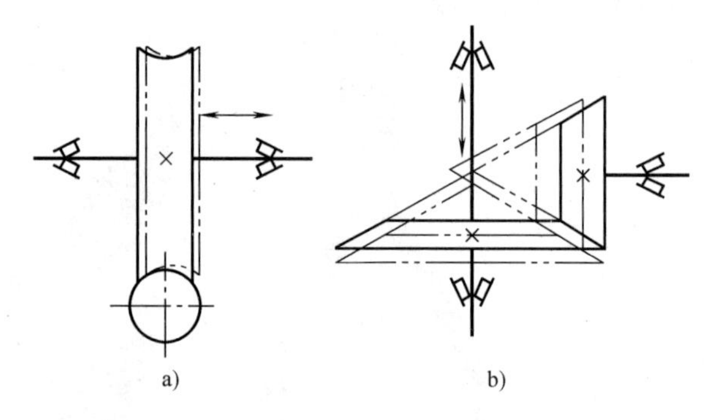

图9-34 轴系轴向位置的调整
a）蜗杆传动 b）锥齿轮传动

常用滚动轴承的基本代号由五位数字组成：按从右向左的顺序：第一、第二位数字表示内径值；第三位数字表示直径系列；第四位数字表示宽（高）度系列；第五位数字表示类型。其中只有宽度系列代号有可能被省略。

滚动轴承的装拆要满足技术要求，安装要用铜棒或套筒，拆卸要用拆卸器，均不能敲打滚动体。

安装滚动轴承后必须调整轴承间隙，必要时还要调整轴系的位置。

9.4 滑动轴承

【学习目标】

1）了解滑动轴承的组成。

2）理解滑动轴承的类型、形式、特点、应用。

3）了解轴瓦材料。

【分析与探究】

滑动轴承由轴承座、轴瓦（或轴套）、润滑和密封装置等部分组成。轴瓦或轴套必须经过刮研才能使用。

滑动轴承按承受载荷方向的不同，可分为向心滑动轴承和推力滑动轴承。向心滑动轴承只能承受径向载荷，推力滑动轴承只能承受轴向载荷。

9.4.1　向心滑动轴承

向心滑动轴承按结构的不同可分为整体式和对开式（剖分式）两种形式。

1. 整体式滑动轴承

如图9-35所示，整体式滑动轴承结构简单，轴承座的孔中加有轴套，以便于磨损后更换。它的缺点是轴在安装时，只能从轴承的端部装入，不方便；整体的轴套过度磨损后无法通过刮研进行修复。常用于低速、轻载而不需要经常装拆的场合。

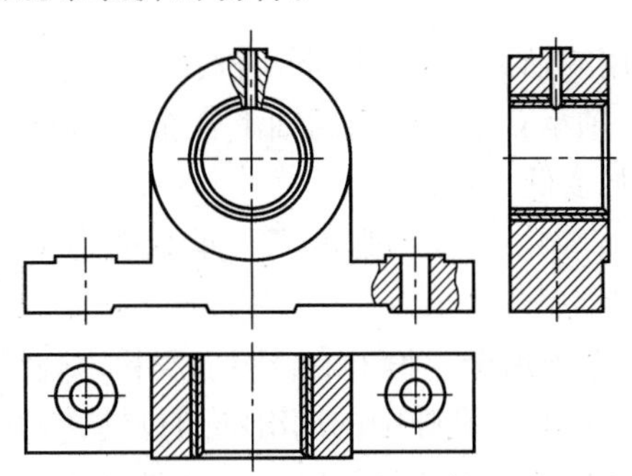

图9-35　整体式滑动轴承

2. 对开式滑动轴承

如图9-36所示，对开式滑动轴承分为盖和座两大部分。为了保证轴承润滑，可在轴承盖上注油孔处加润滑油。对开式滑动轴承的轴瓦分为两片，装配时，盖和座、上轴瓦和下轴瓦都要准确定位，固定可靠。

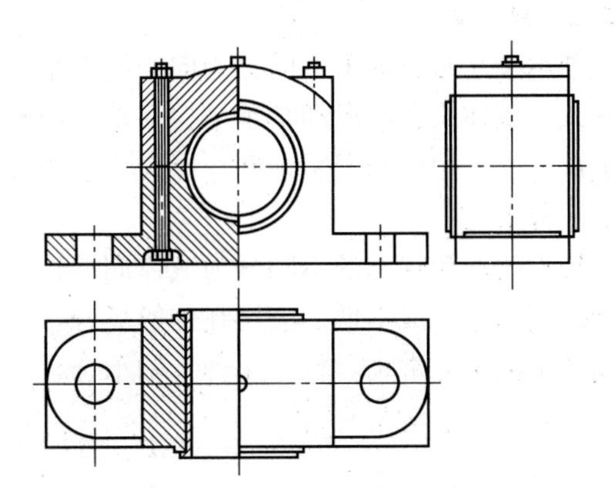

图9-36　对开式滑动轴承

此种轴承装拆方便、维修简单、应用广泛，常用于工具机的主轴或曲轴上。

为了良好接触，装配滑动轴承时要用涂色法检查接触斑点并进行多次刮研。

9.4.2 推力滑动轴承

推力滑动轴承可承受轴向载荷，按推力轴颈支承面的不同，可将其可分为实心式、空心式和多环式等形式（图9-37）。

实心式推力滑动轴承的轴颈端面的中部压强比周边的大，油液不易进入，润滑条件差。空心式推力滑动轴承的润滑条件好，磨损均匀。多环式推力滑动轴承的总承载面积大，能承受更大的载荷，但对制造精度要求较高。

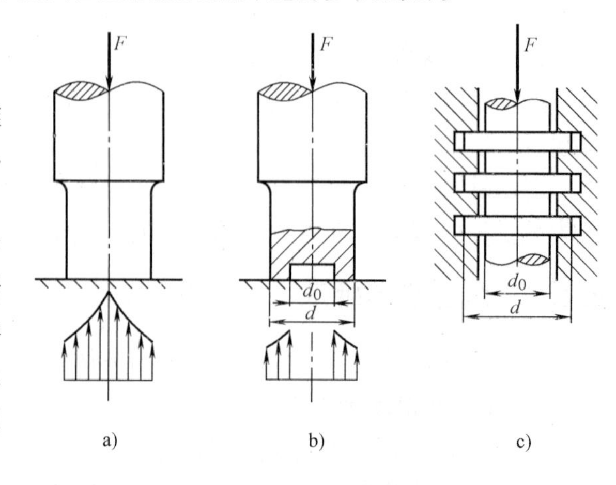

图9-37 推力滑动轴承
a）实心式 b）空心式 c）多环式

9.4.3 轴瓦材料

常用的轴瓦材料有以下几种：

1）轴承合金。常用的轴承合金有锡基和铅基两种，它们的减摩性、抗胶合性和塑性好，但强度低、价格贵。

2）青铜。青铜的强度高，承载能力大，导热性好，可在较高温度下工作，但塑性差，不易磨合。

3）粉末冶金。粉末冶金用金属粉末烧结而成，具有多孔性组织，孔隙中能吸储大量润滑油。工作时，孔隙中的润滑油通过轴转动的抽吸和受热膨胀的作用，能自动进入滑动表面起润滑作用。轴停止运转时，油又自动吸回孔隙中被储存起来，故又称为含油轴承。粉末冶金材料的价格低廉，耐磨性好，但韧性差。

4）非金属材料。用作轴瓦材料的非金属材料主要有塑料、硬木、橡胶等，其中塑料的应用最广。塑料的优点是耐磨、耐腐蚀、摩擦因数小，具有良好的吸振和自润滑性能；缺点是承载能力低，热变形大，导热性和尺寸稳定性差。

【学习小结】

滑动轴承按承载方向的不同分为向心滑动轴承和推力滑动轴承。向心滑动轴承分为整体式和对开式。整体式向心滑动轴承结构简单，但装拆时需要做轴向相对移动；对开式向心滑动轴承装拆方便，但结构稍复杂些，能应用在曲轴上。推力滑动轴承分为实心式、空心式和多环式等三种形式。

滑动轴承按润滑状态的不同分为液体润滑轴承和不完全液体润滑轴承，前者能适应高要求，后者结构简单，成本低，应用在一般场合。

滑动轴承的轴瓦常用材料有4种：轴承合金、青铜、粉末冶金和非金属材料。

轴承需要良好润滑与密封。

项目 10　弹　　簧

弹簧是靠弹性变形工作的弹性零件（图 10-1），亦称弹性元件。在外载荷作用下，弹簧能够产生较大弹性变形并吸收一定的能量；当外载荷卸除后，又能迅速地速恢复原来的形状，并放出吸收的能量。由于弹簧具有这种变形和储能的特点，因此被广泛应用于各种机械和日常用品当中。

【实际问题】

1）弹簧断裂。由于载荷过大，超过材料的抗拉强度，导致弹簧发生断裂。

2）弹簧失去弹性。弹簧承载后能产生相当大的变形，但卸载后不能恢复原状。

3）压缩弹簧失稳，见图 10-2。

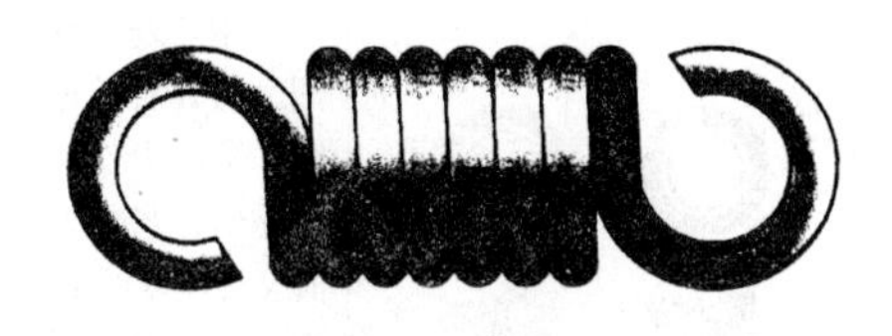

图 10-1　弹簧

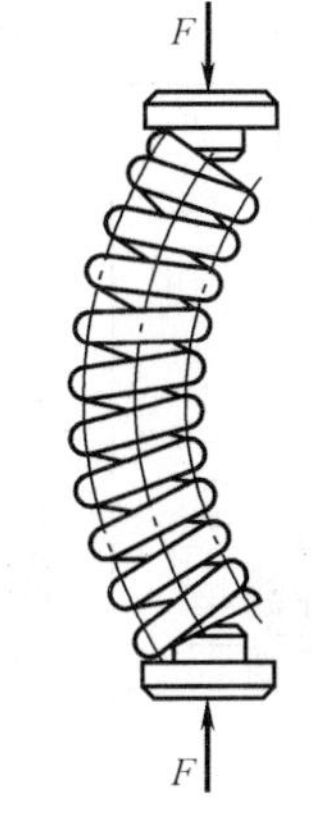

图 10-2　压缩弹簧失稳

【学习目标】

1）熟悉弹簧的功用。

2）掌握弹簧的类型及其特点和应用。

3）了解弹簧的材料和热处理工艺。

4）了解螺旋弹簧的尺寸、特性线、失稳。

【学习建议】

联系实际看书、查资料，逐步了解弹簧的功用、类型、特点、应用，了解弹簧的材料和基本热处理工艺，了解弹簧的尺寸、特性线和失稳。

【分析与探究】

10.1　弹簧的功用

弹簧的常用功能一般有 4 种：

1）缓冲和吸振。如汽车底盘弹簧、飞机着陆轮上的弹簧、火车轮支架上的弹簧和各种缓冲器用弹簧等。

2）储存、释放能量。如钟表发条、枪的扳机弹簧和各种玩具的动力弹簧等。

3）测量力的大小。如弹簧秤和各种功率指示器上的弹簧等。

4）控制构件运动。如制动器、离合器、锅炉的安全阀和凸轮机构中的复位弹簧。

10.2 弹簧的主要类型及其特点和应用

弹簧的种类非常多，可以依承受载荷情况分为压缩弹簧、拉伸弹簧、扭转弹簧和弯曲弹簧四大类；又可以依材料横截面的形状不同分为线弹簧与板片弹簧两大类；还可以依外形进行分类。每一大类又可以细分。

弹簧的主要类型及其特点和应用见表10-1。装拆大弹簧时要使用专用器具。装拆小弹簧时要注意防止其弹飞丢失。弹簧的调整多采用螺旋结构。

表10-1 弹簧的主要类型及其特点和应用

类型	外形图	简图	常用端部结构或固定方式	特点及应用
螺旋压缩弹簧	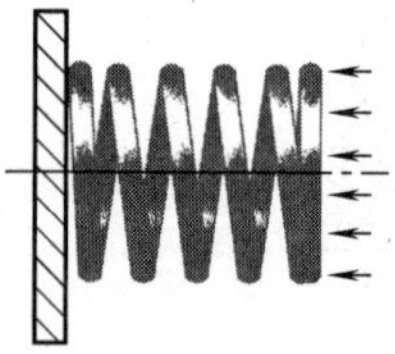	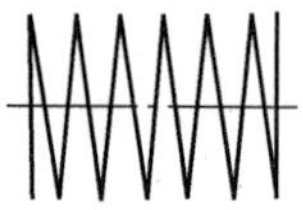	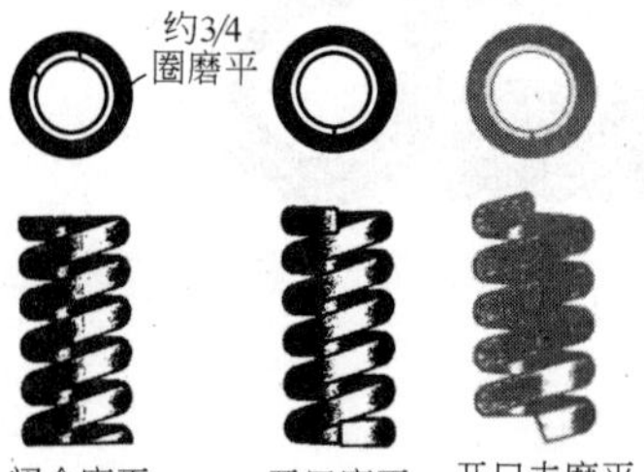 约3/4圈磨平 闭合磨平 开口磨平 开口未磨平	应用广泛。弹簧每圈之间具有足够的间隙，受压力作用后可以缩短，当外力消失时又会恢复原来长度。为了使弹簧承受压力的接触面积增加，常把弹簧两端磨平，应用在不重要场合时可以不磨平端部（左图）
螺旋拉伸弹簧	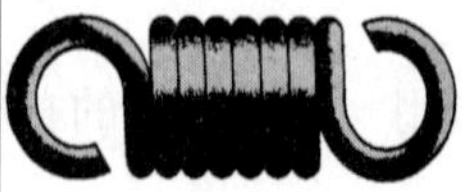	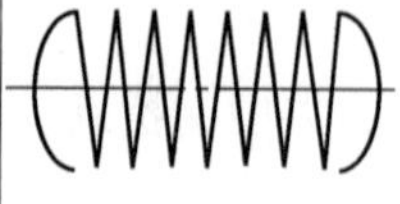	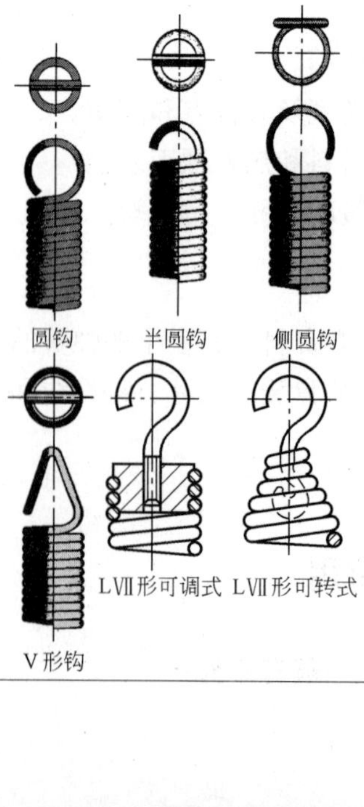 圆钩 半圆钩 侧圆钩 LⅦ形可调式 LⅦ形可转式 V形钩	又称为拉力弹簧，应用广泛。初始状态时簧丝紧密排列，受外力的拉伸作用后伸长，当外力消失时又会恢复原来长度。一般两端各有一环圈，以供钩挂使用（左图）

（续）

类型	外形图	简图	常用端部结构或固定方式	特点及应用
扭力弹簧	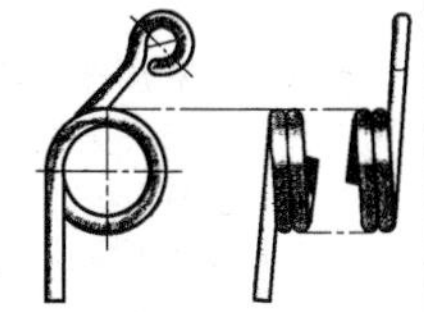 螺旋扭力弹簧  扣环	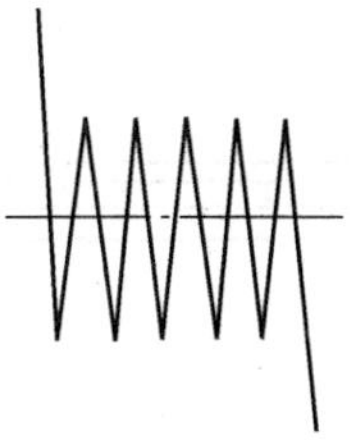	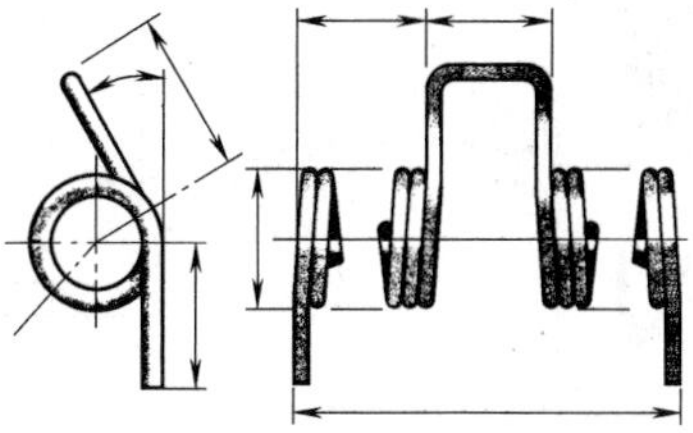 其他参见外形图	扭力弹簧有两种：一为螺旋扭力弹簧，把簧丝绕制成螺旋状，利用径向绕轴传动的扭力来控制机件，如使纱门能自动关闭的弹簧及枪的扳机弹簧，其中只有一圈的又称为扣环，多用于软管和硬管的连接处；二为平面蜗卷弹簧，用长而窄的薄片金属绕成螺旋形，能储存能量，如钻床上的弹簧、玩具的回动弹簧，在钟表机构中可作为动力源
	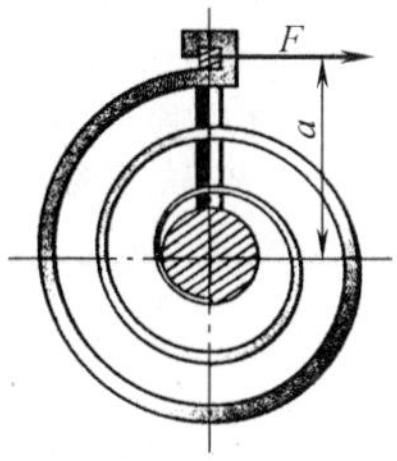 F a 平面蜗卷弹簧	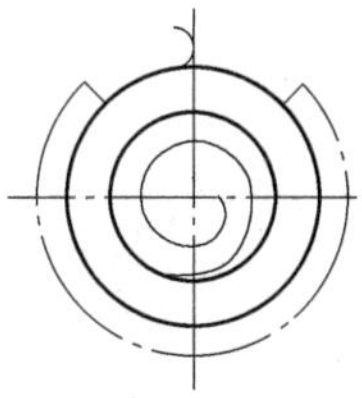	参见外形图	
螺旋锥形弹簧	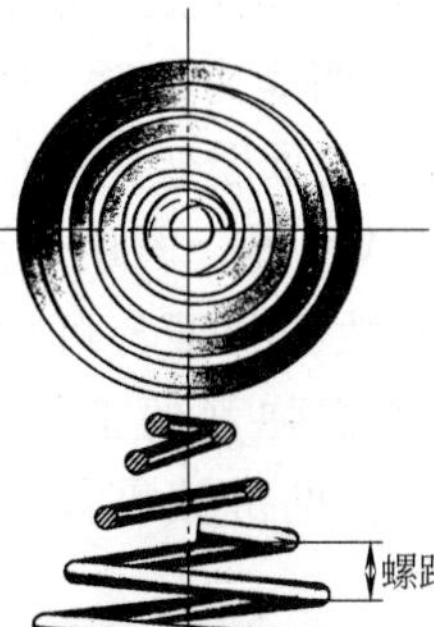 螺距	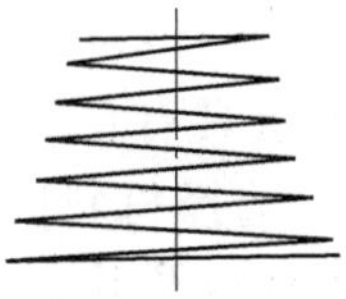	参见螺旋压缩弹簧	用簧丝绕成圆锥形螺旋圈，为变刚度簧，可承受压力或拉力。受拉力时的最大拉伸长度有限，受压力时可将弹簧压至最低点而成为圆形板状。多用于弹簧床、沙发椅及手电筒后盖上压紧电池
皿形弹簧	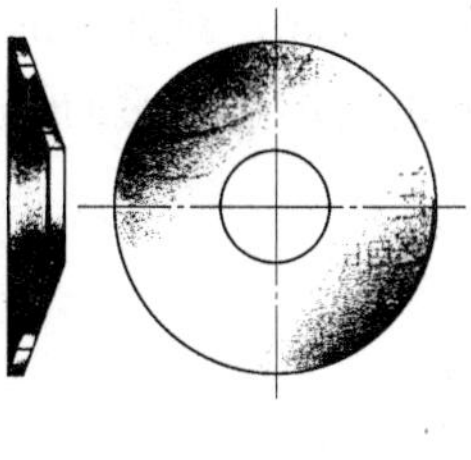	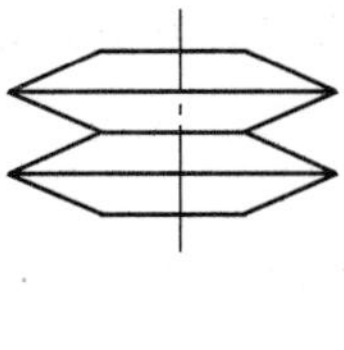	外部加套筒定位	又称碟形弹簧，使用薄片材料冲压而成，其形状如盘，承受压缩，刚度可变，用于大负荷、空间狭小受到限制的场合。如使用在离合器上的弹簧

（续）

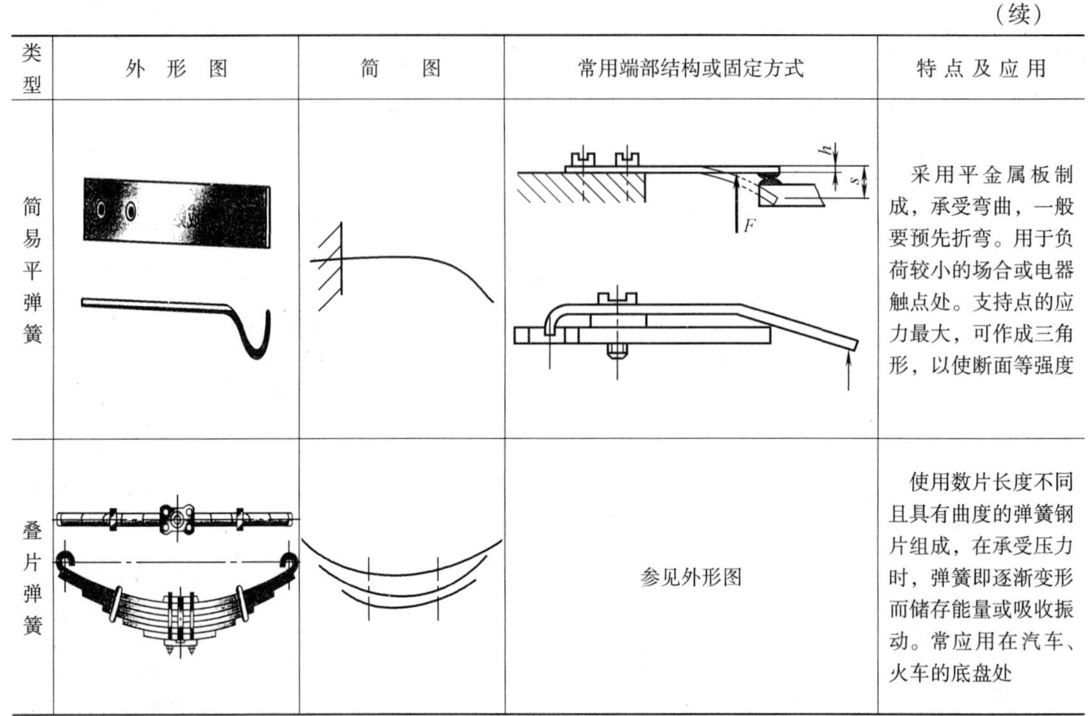

类型	外形图	简图	常用端部结构或固定方式	特点及应用
简易平弹簧				采用平金属板制成，承受弯曲，一般要预先折弯。用于负荷较小的场合或电器触点处。支持点的应力最大，可作成三角形，以使断面等强度
叠片弹簧			参见外形图	使用数片长度不同且具有曲度的弹簧钢片组成，在承受压力时，弹簧即逐渐变形而储存能量或吸收振动。常应用在汽车、火车的底盘处

10.3 弹簧材料及热处理方法

弹簧在工作时所受载荷通常具有变化和冲击的特性，所以弹簧材料必须保证一定的化学成分；经热处理后有经久不变的弹性；有足够的静强度、冲击韧度和防腐能力。对一般用途的弹簧，常用冷拉碳素弹簧钢丝制造。若弹簧丝直径较粗（$d>8$mm）或承受变化载荷和冲击载荷时或工作温度高时，则采用合金弹簧钢65Mn、60Si2Mn、50CrVA等。若用于潮湿、腐蚀性环境中，其材料可用不锈钢、铜合金等。要求具有良好导电性的弹簧，可用锡磷青铜、锡锌青铜、硅锰青铜或铍青铜等合金制造。选择材料时应考虑弹簧的工作条件、功用及经济性等因素，一般优先选用碳素钢。弹簧材料及其力学性能见机械零件设计手册。

弹簧的卷绕方法有冷卷法和热卷法两种。冷卷法用于绕制钢丝直径较小的弹簧。对常用的冷拉碳素弹簧钢丝，只在弹簧冷卷成形后进行低温回火，以消除内应力，工艺较简单；用热卷法及用合金钢制造的弹簧，则在卷绕成形后，须进行淬火和回火处理。

弹簧的疲劳强度及抗冲击能力在很大程度上与弹簧表面状况有关。因此，对弹簧的表面要求较高，应表面粗糙度值小、没有裂纹和伤痕。此外，热处理缺陷也会影响弹簧的强度和寿命。

弹簧所受载荷按性质分为三类：

Ⅰ类——受变载荷作用次数在10^6次以上或重要的弹簧。

Ⅱ类——受变载荷作用次数在$10^3\sim10^5$次及承受冲击载荷的弹簧。

Ⅲ类——受变载荷作用次数在10^3以下的，基本上可看作静载荷的弹簧。

10.4　螺旋弹簧的尺寸、特性线和失稳

1. 圆柱螺旋弹簧的主要参数和几何尺寸

圆柱螺旋压缩弹簧的主要参数为弹簧钢丝直径 d、弹簧中径 D_2 和有效圈数 n，其中 d、D_2 已系列化。其几何尺寸如图10-3所示。

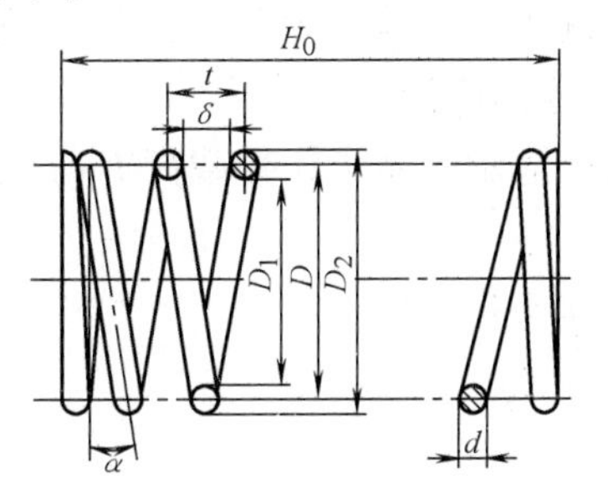
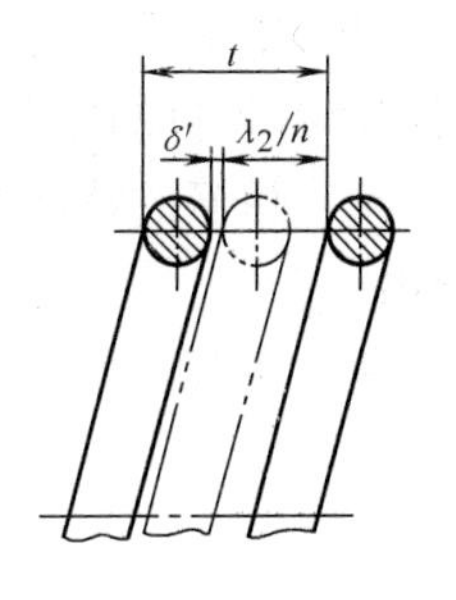

图10-3　圆柱螺旋弹簧的几何尺寸

圆柱形螺旋拉伸弹簧没有间距 δ，计算展开长度 L 与自由长度 H_0 时，应计入钩环部分的尺寸，其余尺寸与压缩弹簧相同。

2. 弹簧的特性线

弹簧的特性线是表示弹簧工作时载荷 F 与变形量 λ 之间的关系曲线（图10-4），其纵坐标表示载荷，横坐标表示变形量或弹簧长度。弹簧载荷 F 与变形量 λ 的比值称为弹簧刚度，用 k 表示。刚度越大，弹簧越硬。一般的弹簧其刚度为一定值，特性线为斜直线。有的弹簧是变刚度的，特性线为曲线，可以满足某些特殊要求。

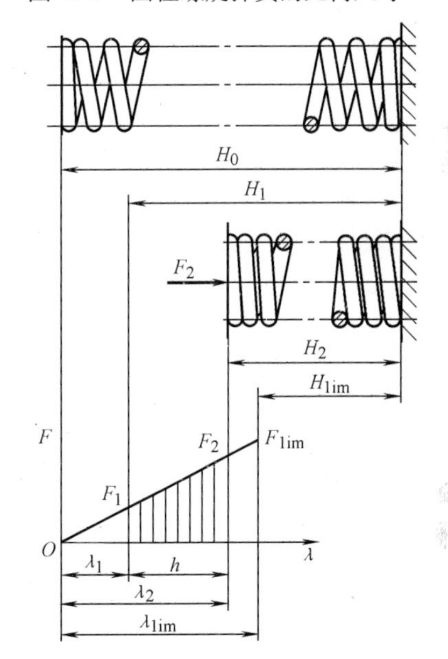

图10-4　弹簧的特性线

弹簧承受最大工作载荷 F_2 时，弹簧丝内的应力不得超过弹簧材料的许用应力［τ］。承受极限载荷 F_{lim} 时，应力不得超过剪切弹性极限，以免出现塑性变形，故对 F_{lim} 有一定限制：Ⅰ类载荷 $F_{lim}=1.25F_2$；Ⅱ类载荷 $F_{lim}=1.2F_2$；Ⅲ类载荷 $F_{lim}=F_2$。最小载荷 F_1 一般取（0.2～0.5）F_2。在弹簧的工作图中，应绘有弹簧的特性曲线，以便检验。

3. 螺旋压缩弹簧的稳定性

螺旋压缩弹簧的自由长度 H_0 与弹簧中径 D_2 的比值称为细长比。如果细长比过大，弹簧承压时就会丧失稳定（图10-2），一般取 $H_0/D_2\leqslant 3.7$，否则，应在弹簧内侧加导向心杆或在外侧加导向套（图10-5）。

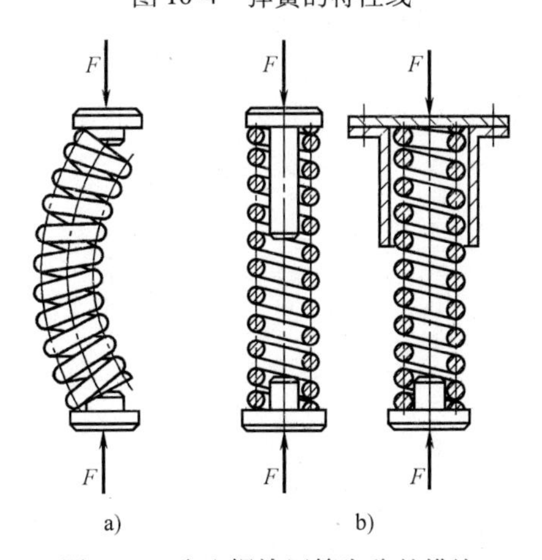

图10-5　防止螺旋压簧失稳的措施

【学习小结】

1）弹簧的常用功能有：缓冲和吸振；储存、释放能量；测量力的大小；控制构件运动。

2）依承受载荷情况可将弹簧分为压缩弹簧、拉伸弹簧、扭转弹簧和弯曲弹簧四大类。它们都有各自的特点，应用广泛。

3）弹簧的特性线是表示弹簧工作时载荷 F 与变形量 λ 之间的关系曲线，应在工作图中画出。

4）螺旋压缩弹簧要防止失稳。

项目 11　常 用 机 构

在生产和生活中，会使用到各种各样的机器。从运动的观点看，机器是由一个或几个基本机构所组成的。本项目主要研究用途较为广泛的三种常用机构：平面连杆机构、凸轮机构和间歇运动机构。

【实例 1】　牛头刨床的进给机构（图 11-1）

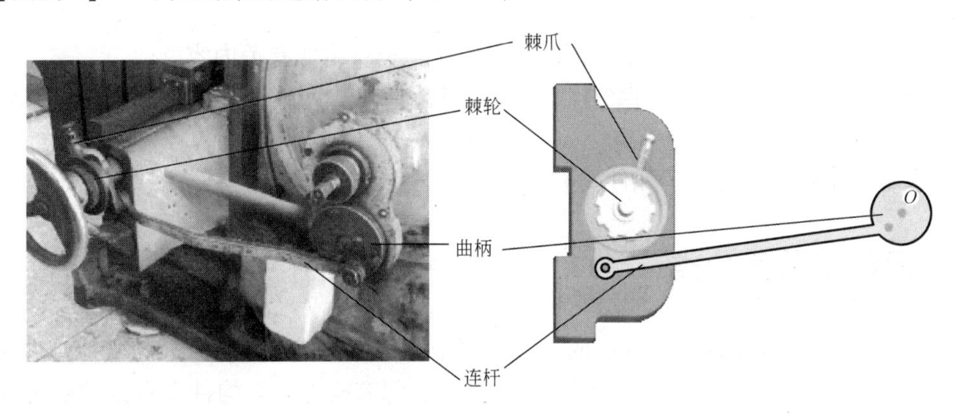

图 11-1　牛头刨床的进给机构

图 11-1 所示为牛头刨床的进给机构。工作台与一螺母固定联接，棘轮与一螺杆固定联接。工作时主动件曲柄绕定点 O 作匀速转动，通过连杆带动棘爪作往复摆动，从而带动棘轮作间歇转动，进而使工作台作间歇进给运动。这个过程可以由本项目中的平面连杆机构和间歇运动机构来实现。

【实例 2】　绕线机（图 11-2）

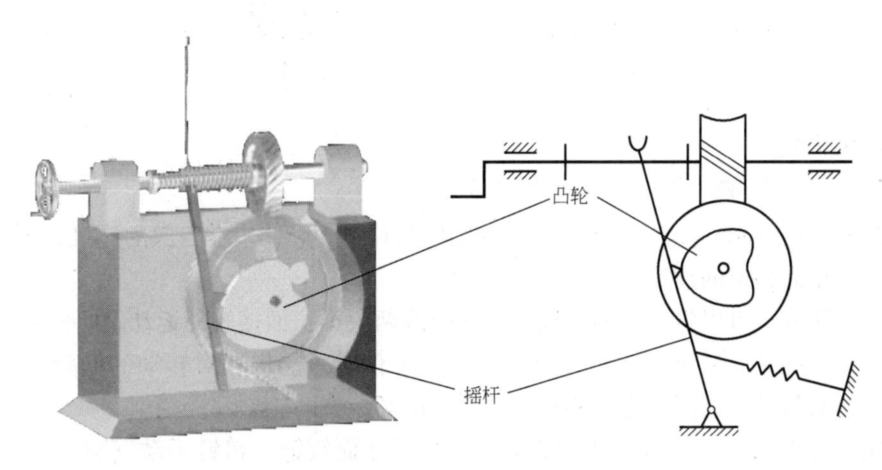

图 11-2　绕线机

图 11-2 所示为绕线机。在其工作过程中，需要摇杆作往复摆动，使线均匀地缠绕在绕线轴上。这个过程可由本项目中的凸轮机构来实现。

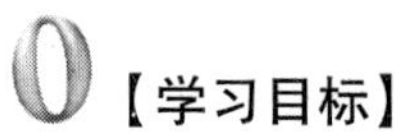

【学习目标】

1）理解常用机构的工作原理及在实际工作中的应用。

2）初步掌握常用机构的性质。

3）能够根据本项目所学知识，分析实际生产、生活中机构的工作原理并进行维护。

【学习建议】

1）将本项目分为平面连杆机构、凸轮机构、间歇运动机构和运动副及其分类 4 个子项目分别进行研究。

2）参阅其他《机械基础》或《机械设计基础》教材中的有关内容。

3）登录互联网，通过搜索引擎查找“机械设计基础”网络课程、精品课程等，参看有关内容。

4）参看与本书配套的教学课件。

11.1 运动副及其分类

各种机构都是由许多构件组合而成的，而每个构件又都以一定的方式与其他构件相互连接。如在图 11-3、图 11-4 和图 11-5 所示运动副中，都有构件 1 与构件 2 直接接触组成的有相对运动的连接。由于构件与构件之间接触部分的几何特点不同，在应用上也有所不同。

【学习目标】

1）了解运动副的概念及分类，并能分析运动副的类型。

2）了解各运动副的特点、应用和维护。

【学习建议】

在学习本项目内容的基础上，尝试分析生产、生活、教具中运动副的类型和特点。

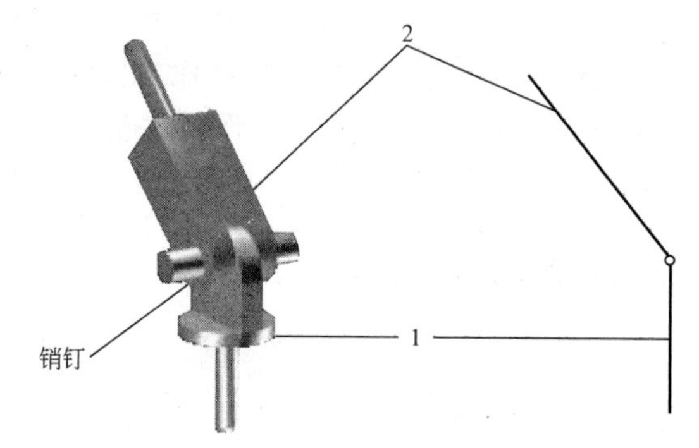

图 11-3 转动副

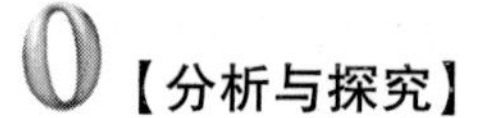

【分析与探究】

两个构件直接接触产生一定形式的相对运动的连接称为运动副。如图 11-3 中所示的销钉将构件 1 和 2 串在一起的连接；图 11-5b 中所示的轮齿与轮齿构成的连接等等。

为了便于研究，可以将运动副按接触情况分成两大类：面接触的运动副叫低副，点或线接触的运动副叫高副。低副和高副还可以细分：工作时只能作相对转动的低副称之为转动副，只能作相对移动的低副称之为移动副。常见的高副有凸轮副和齿轮副。

转动副又称为铰链。图 11-3 所示的运动副为圆柱面铰链，销钉不动（只是一个零件而不是一个构件），构件 1 与 2 组成转动副。球面铰链也是转动副。

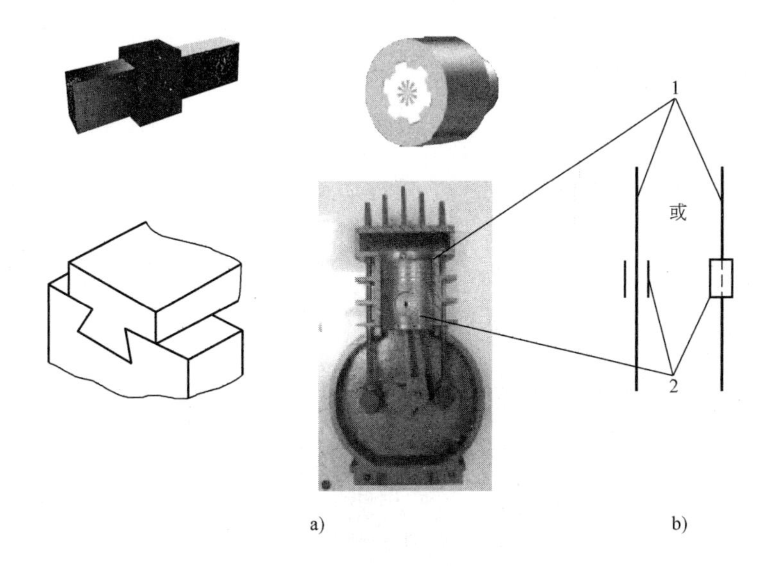

图 11-4 移动副

移动副的具体结构各式各样，常见的有作相对滑动的矩形槽连接、燕尾槽连接、花键连接、滑键连接、导向键连接、活塞与缸体的连接等。图 11-4a 所示为含有活塞与缸体连接的结构简图，图 11-4b 所示为它的机构简图的两种表达。

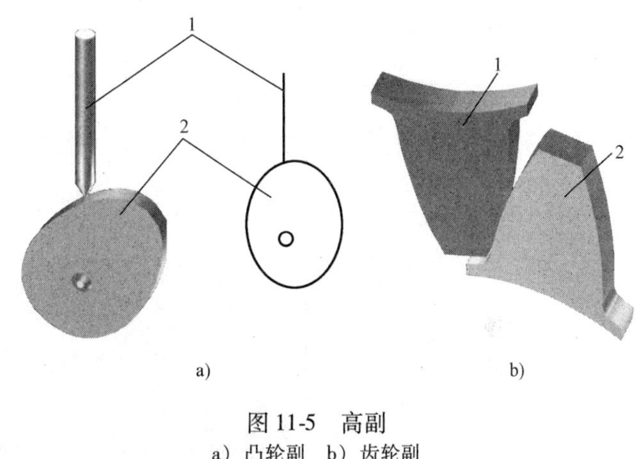

图 11-5 高副
a）凸轮副 b）齿轮副

图 11-5 所示为凸轮副和齿轮副。

低副和高副由于接触部分的几何特点不同，在应用上也不同。低副的接触表面一般是平面或圆柱面，制造和维修方便，能承受较大载荷；但低副是滑动摩擦，摩擦损耗大，效率低。高副由于是点或线的接触，承载能力较低，构件接触处易磨损；但高副能传递较复杂的运动。

运动副的维护：一是要经常在接触处填加润滑剂；二是要尽量防止磨料（泥砂、磨屑等）进入或存留在运动副处；三是要经常检查运动副的磨损情况，必要时更换零件。

【学习小结】

1）两个构件直接接触产生一定形式的相对运动的连接称为运动副。注意理解这个概念有两点：其一是直接接触，其二是产生一定形式的相对运动，落脚点是“连接”二字。

2）运动副按接触情况不同分为低副和高副。

低副是指两构件间为面接触的运动副，常用的有移动副和转动副。高副指两构件间为点或线接触的运动副，常用的有凸轮副和齿轮副。

3）运动副的维护要点是要经常润滑。

11.2 平面连杆机构

【实例1】 缝纫机的踏板机构（图11-6）

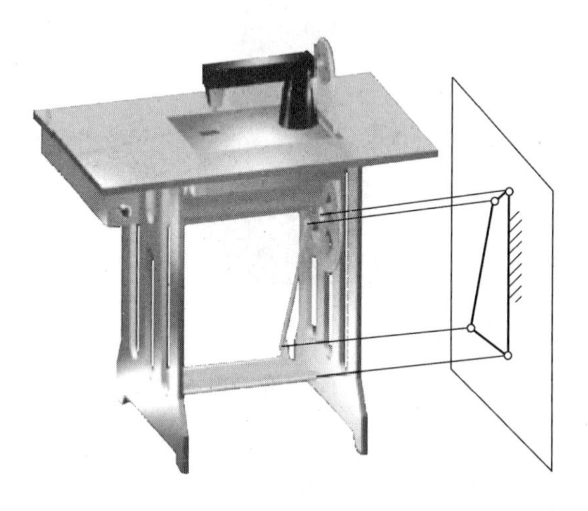

图11-6 缝纫机的踏板机构

【实例2】 汽车发动机的曲柄滑块机构（图11-7）

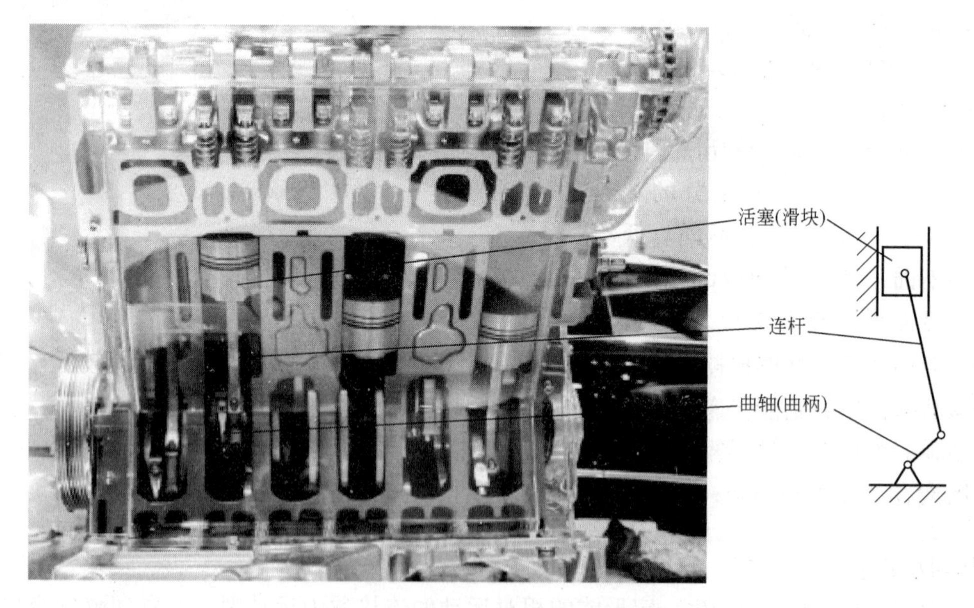

图11-7 汽车发动机的曲柄滑块机构

各构件的运动平面互相平行的机构称为平面机构（即在某一个平面上可完全表达出其运动形式的机构）。如图11-6所示的缝纫机的踏板机构、图11-7所示的汽车发动机的曲柄滑块机构和图11-1所示的牛头刨床的进给机构等都是平面机构，其中前两种机构的运动副均为低副。运动副均为低副的平面机构称为**平面连杆机构**。

平面连杆机构的类型很多，其中最简单、应用最广泛的是由四个构件组成的平面四杆机构。当平面四杆机构中的运动副都是转动副时，将其称为**铰链四杆机构**。

11.2.1　铰链四杆机构

【学习目标】

1）能分析铰链四杆机构中各杆件的名称及作用。

2）理解铰链四杆机构的工作原理及在实际工作中的应用。

3）能够判别铰链四杆机构的基本类型。

【学习建议】

1）利用教具分析归纳出铰链四杆机构的三种基本类型的判别方法。

2）在能够正确区分三种铰链四杆机构的基础之上，仔细观察机构中是利用哪个杆件的运动来满足工作需要的，并注意观察自己身边有哪些这样的机构，它们是如何工作的。

【分析与探究】

在铰链四杆机构中，固定不动的构件称为**机架**；与机架直接相连的构件称为**连架杆**，其中能作整周转动的连架杆称为**曲柄**，不能作整周回转、只能摆动的连架杆称为**摇杆**；不与机架直接连接的构件称为**连杆**。在图11-8所示的铰链四杆机构中，构件4为机架，构件1和3均为连架杆，构件2为连杆。

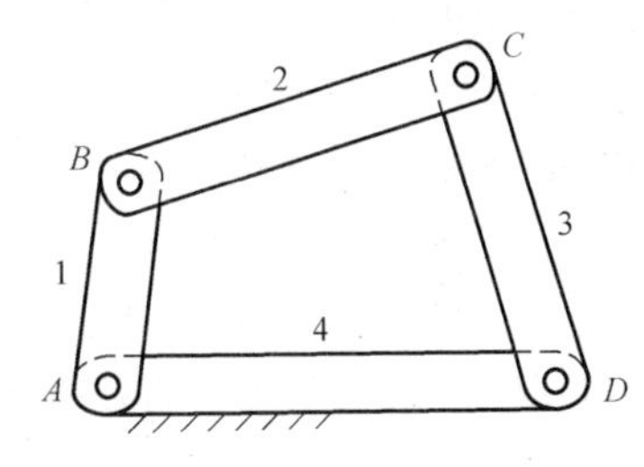

图11-8　铰链四杆机构

在铰链四杆机构中，两个连架杆可以一个是曲柄一个是摇杆，也可以都是曲柄或都是摇杆，因此，铰链四杆机构有三种基本类型：曲柄摇杆机构、双曲柄机构、双摇杆机构。

1. 曲柄摇杆机构

图11-9所示为曲柄摇杆机构，其中*AB*为曲柄，*CD*为摇杆。此机构可以实现转动与摆动的转换。连杆*BC*作平面运动，其上各点有各种形状的轨迹可以利用，如图11-10所示的搅拌器。

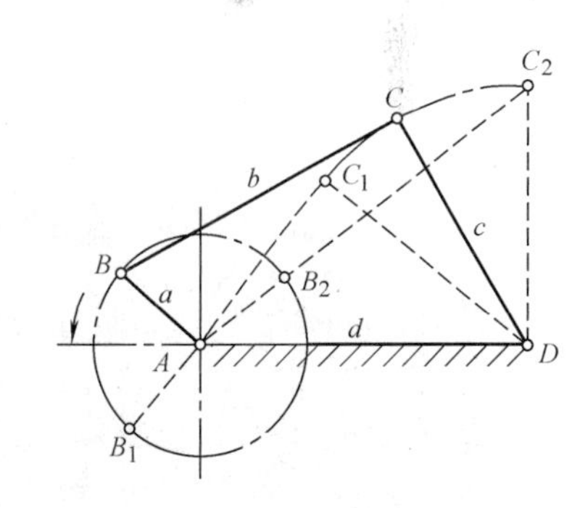

图11-9　曲柄摇杆机构

曲柄摇杆机构通常以曲柄*AB*为主动件，并作等速转动，通过连杆*BC*带动从动件摇杆*CD*作变速往复摆动。如颚式破碎机（图11-11），当构件*AB*（曲柄）等速转动时，连杆*BC*带动颚板*CD*（摇杆）作往复摆动压碎石块。当以摇杆*CD*作为主动件，而曲柄*AB*为从动件时，则可将摇杆的往复摆动变为曲柄的连续转动。如缝纫机的踏板机构（图11-6），当用脚踏板（摇杆*CD*）上下摆动时，通过连杆使曲柄（从动件曲柄*AB*）连续转动，并带动带轮转动，达到输出动力的目的。

图11-10　搅拌器

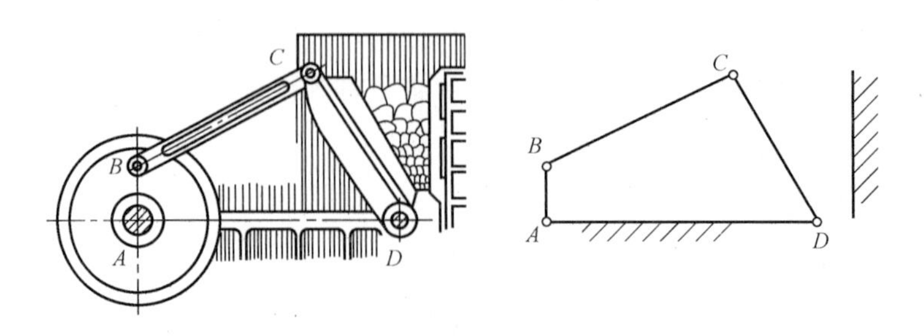

图 11-11　颚式破碎机

2. 双曲柄机构

在铰链四杆机构中，若两连架杆均为曲柄，则该机构为双曲柄机构。

双曲柄机构能将主动曲柄的整周旋转运动转换成从动曲柄的整周旋转运动。一般双曲柄机构中的两曲柄的长度不相等，连杆与机架的长度也不相等，因而，当主动曲柄等速旋转一周时，从动曲柄变速旋转一周。如果将图 11-9 所示机构中的机架由 *AD* 改为 *AB* 便是双曲柄机构。

当两曲柄及连杆与机架的长度分别相等且平行时，该机构称为平行双曲柄机构，如图 11-12 所示。平行双曲柄机构的运动特点是两曲柄旋转方向相同且角速度相等和连杆平动。图 11-13 所示的机车车轮联动机构应用了两曲柄旋转方向相同且角速度相等的特点，而货物升降机（图 11-14）、路灯更换车的升降臂则应用了连杆平动的特点。

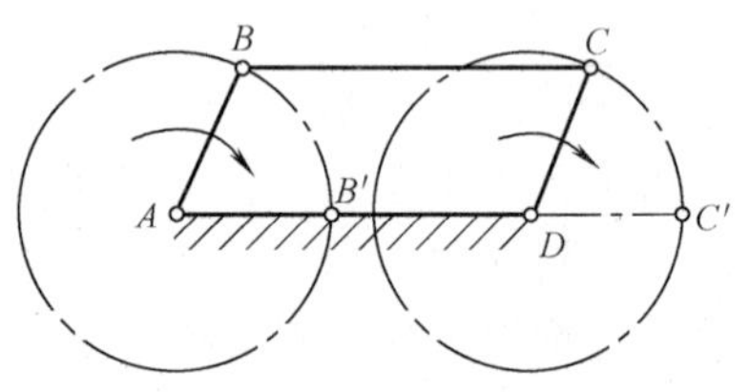

图 11-12　平行双曲柄机构

图 11-13　机车车轮联动机构

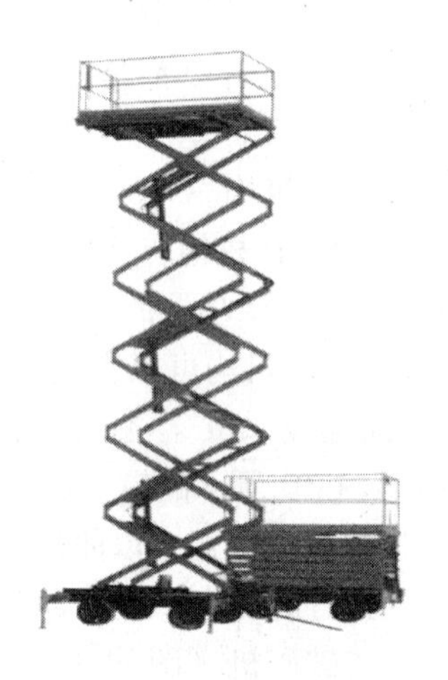

图 11-14　货物升降机

3. 双摇杆机构

在铰链四杆机构中，若两连架杆均为摇杆，则该机构为双摇杆机构。双摇杆机构能将主动摇杆的往复摆动转换成从动摇杆的往复摆动。图 11-15、图 11-16 所示均为双摇杆机构。

图 11-15 所示为港口起重吊车。当主动摇杆 *AB* 摆动时，从动摇杆 *CD* 也随之摆动，可使连杆 *BC* 上的重物作近似水平直线移动，以避免重物不必要的升降而消耗能量。

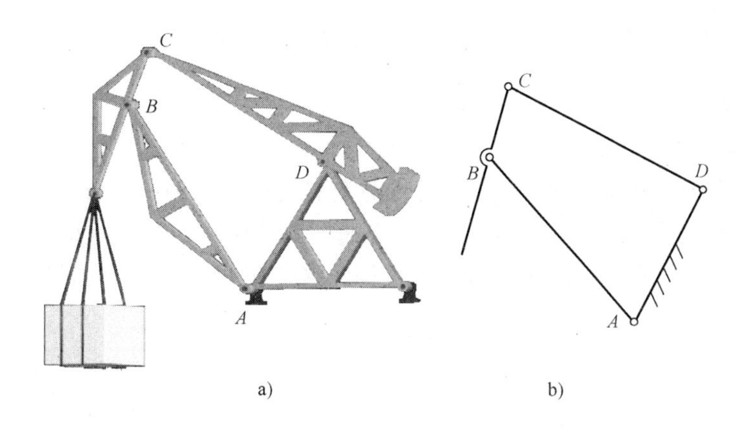

图 11-15　港口起重吊车

图 11-16 所示为一种飞机起落架，其中 AB 与 CD 均为摇杆。

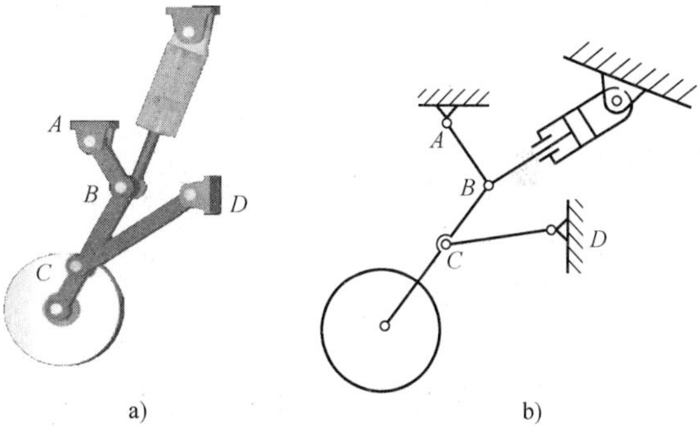

4. 铰链四杆机构基本类型的判别

通过对铰链四杆机构的运动形式分析可知，**铰链四杆机构有曲柄的必要条件是：最短杆与最长杆的长度之和≤其余两杆长度之和**。若不满足此条件，则机构无曲柄。即当铰链四杆机构中最短杆与最长杆长度之和大于其余两杆长度之和时，只能是双摇杆机构。

图 11-16　一种飞机起落架

铰链四杆机构的基本类型与组成机构的各杆长度有关，也与机架的选取有关。铰链四杆机构在满足有曲柄的必要条件时，可按下述方法判定其基本类型：

1）当最短杆为连架杆时，该机构为曲柄摇杆机构。

2）当最短杆为机架时，该机构为双曲柄机构。

3）当最短杆为连杆时，该机构为双摇杆机构。

11.2.2　含有一个移动副的四杆机构

前面分析的曲柄摇杆机构可以实现转动与摆动的转换。如果需要实现转动与移动的转换怎么办（如冲床和汽车发动机的主机构）？可以考虑采用含有一个移动副的四杆机构。常见的含有一个移动副的四杆机构有曲柄滑块机构、曲柄导杆机构和移动导杆机构。

【学习目标】

1）了解常见的含有一个移动副的四杆机构及其特点。

2）理解对心曲柄滑块机构的运动形式、行程和应用。

【学习建议】

在理解常见的含有一个移动副的四杆机构的特点的基础上，分析其在实际生产中的应用。注意观察实际机械设备，认清各种机构及各构件的功能。

【分析与探究】

1. 曲柄滑块机构

图 11-17 所示为曲柄滑块机构，其中一个连架杆是曲柄，另一个连架杆相对于机架作往复直线移动而成为滑块。图 11-17a 所示为对心曲柄滑块机构，其滑块的行程正好为曲柄长度的两倍。图 11-17b 所示为偏置曲柄滑块机构。这类机构广泛用于内燃机、空气压缩机、冲床等机器中。

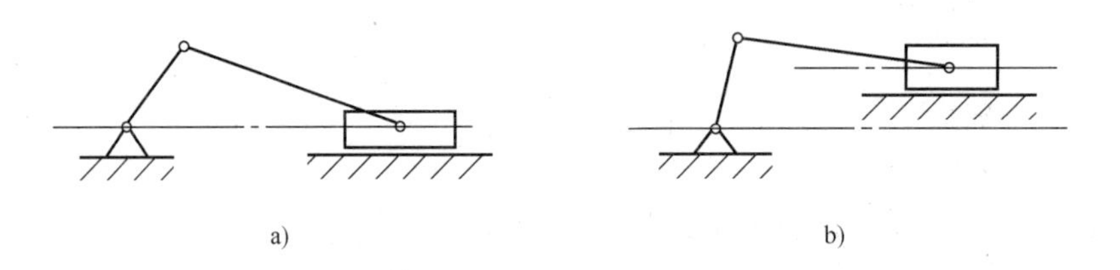

图 11-17 曲柄滑块机构

图 11-18 所示为冲床。曲柄轴旋转时，通过连杆带动压头（即滑块）作往复直线运动，使工件受到挤压。

2. 曲柄导杆机构

在图 11-19 a 所示的四杆机构中，杆件 2 的长度小于机架 1 的长度，可以相对于机架 1 作整圆周转动，但导杆 4 只能作摆动，此机构称为曲柄摆动导杆机构。在图 11-19 b 所示的四杆机构中，杆件 2 的长度大于机架 1 的长度，杆件 2 和导杆 4 都可以相对于机架 1 作整周转动，此机构称为曲柄转动导杆机构。

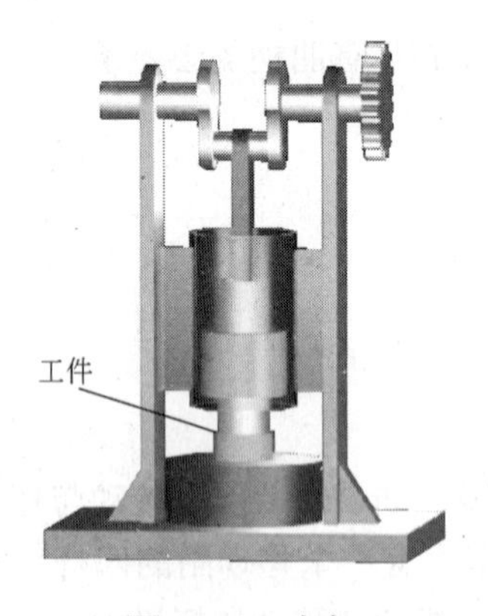

图 11-18 冲床

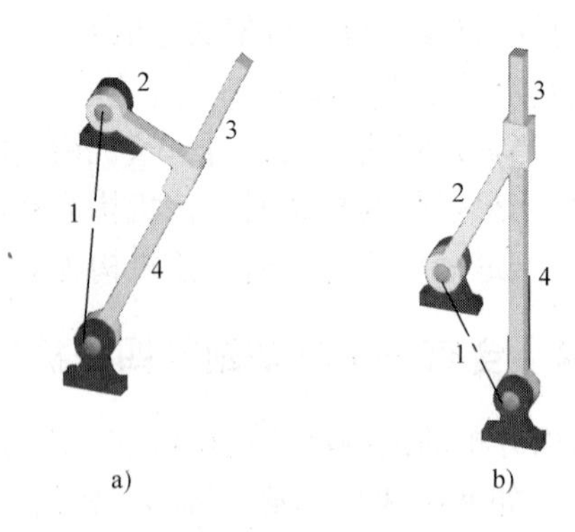

图 11-19 曲柄导杆机构

3. 移动导杆机构

在图 11-20 所示的四杆机构中，杆件 1 的长度小于杆件 2 的长度。这种机构一般以杆件 1 为主动构件，杆件 2 绕 C 点摆动，导杆 4 相对于构件 3 作往复移动，构件 3 为机架，即固定块，故也称为定块机构。图 11-20a 所示为移动导杆机构在一种抽水机中的应用。图11-20c 是图 11-20a 的简图。

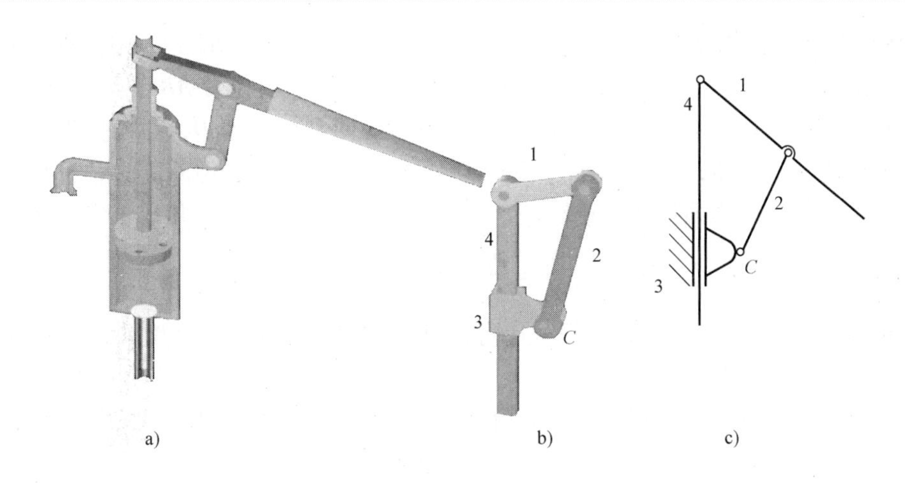

图11-20 移动导杆机构

11.2.3 平面四杆机构的急回特性、压力角和死点

【实际问题】

1）图11-21所示为牛头刨床。我们希望刨刀在生产中空回行程的平均速度大于其工作行程的平均速度，这样可以提高生产效率。如何实现？

2）我们希望连杆机构在其工作中能够实现预定的运动规律，同时有较好的传力性能（即运转灵活、轻便、效率高）。这与哪些因素有关，如何实现？

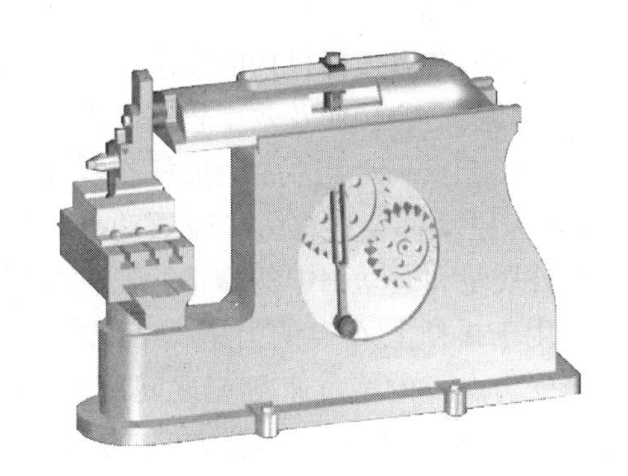

图11-21 牛头刨床

【学习目标】

1）了解机构的急回特性，并了解急回特性在实际生产中的应用。

2）了解机构的压力角及其大小对机构传动的影响。

3）了解机构出现死点位置的条件及如何克服死点。

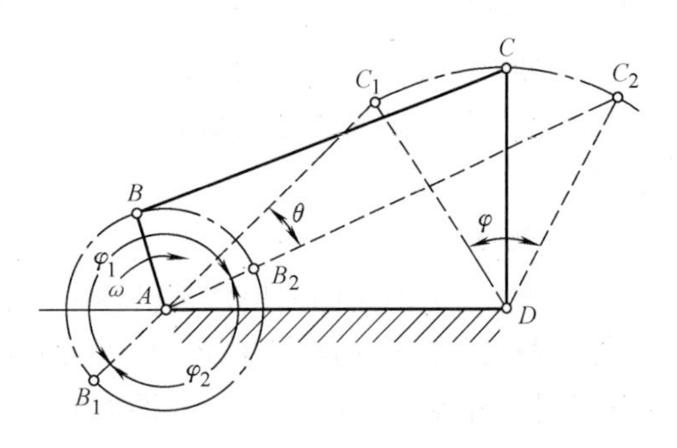

图11-22 曲柄摇杆机构的急回特性

【分析与探究】

1. 急回特性

在图11-22所示的曲柄摇杆机构中，曲柄AB为主动件并作等速转动，摇杆CD作变速的往复摆动。曲柄AB转动一周会两次与连杆BC共线，分别在B_1AC_1和AB_2C_2位置，它们之间所夹的锐角θ称为极位夹角；这时摇杆CD分别处于两极限位置C_1D和C_2D，摇杆的两极限位置之间的夹角φ称为摇杆摆角。

当曲柄 AB 由位置 AB_1 顺时针转过角度 $\varphi_1=180°+\theta$ 至位置 AB_2 时，则摇杆 CD 由位置 C_1D 摆动到位置 C_2D，摆角为 φ，所需时间为 t_1；当曲柄 AB 由位置 AB_2，继续转过角度 $\varphi_2=180°-\theta$ 回至位置 AB_1 时，摇杆 CD 由位置 C_2D 又摆回到位置 C_1D，摆角仍为 φ，所需时间为 t_2。由上述分析可知，虽然摇杆来回摆动的角度和弧长相等，但所需的时间不等，而曲柄的转角也不相等。因为曲柄作等速转动，故需要的时间与相应的转角成正比，即：

$$\frac{t_1}{t_2}=\frac{\varphi_1}{\varphi_2}=\frac{180°+\theta}{180°-\theta} \tag{11-1}$$

由此可得 $t_1>t_2$，即摇杆的返回过程比行进过程所需的时间短、速度快，这种特性称为机构的急回特性。

为了表达急回特性的相对程度，一般用急回特性系数（或称行程速比系数）K 表示：

$$k=\frac{t_1}{t_2}=\frac{\varphi_1}{\varphi_2}=\frac{180°+\theta}{180°-\theta} \tag{11-2}$$

由上式可知，当 $\theta=0$ 时 $K=1$，说明机构没有急回特性；当 $\theta\neq0$ 时，$K>1$，机构有急回特性。K（或 θ）值越大，机构的急回作用也越明显。

在牛头刨床中的导杆机构、插床中的曲柄摇杆机构等都具有急回特性。这样可以使从动件作急回运动，缩短非生产时间、提高生产效率。

2. 压力角

实际生产对连杆机构的要求，一是能实现预定的运动规律，二是有较好的传力性能，使机构运转灵活、轻便及效率较高。而机构的传力性能与其压力角有关。

在图 11-23 所示的曲柄摇杆机构中，取曲柄 AB 为原动件，摇杆 CD 为从动件。若忽略各构件质量和运动副中的摩擦，则曲柄通过连杆作用于摇杆上 C 点的力 $\boldsymbol{F}$ 是沿 BC 方向的，它与受力点 C 的绝对速度 v_c 之间所夹的锐角 α 称为压力角。力 $\boldsymbol{F}$ 沿 v_c 方向的分力 $F_t=F\cos\alpha$，是推动从动件运动的有效分力；而沿摇杆轴心线方向的分力 $F_n=F\sin\alpha$，会增大运动副中的摩擦和磨损，对机构传动不利，故称为有害分力。显然，压力角的大小是判别机构传力性能好坏的一个重要参数。压力角的大小随从动件位置的变化而变化。压力角小对传力有利。

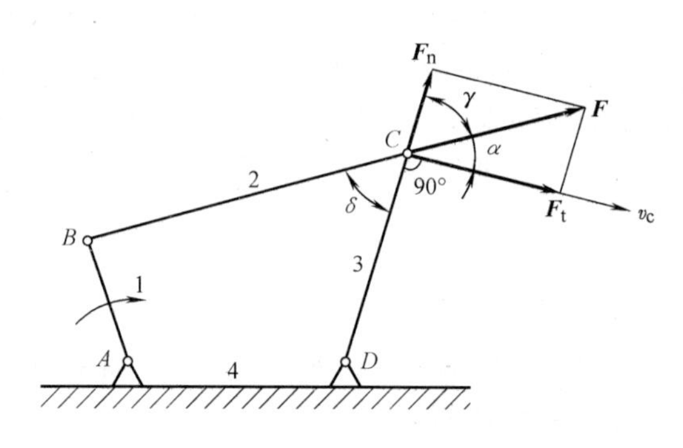

图 11-23 曲柄摇杆机构的压力角

3. 死点

在图 11-22 所示的曲柄摇杆机构中，若以摇杆 CD 作为主动件，曲柄为从动件，则当摇杆处于两极限位置 C_1D 和 C_2D 时，连杆 BC 与曲柄 AB 仍将出现两次共线。这时，由于摇杆 CD 通过连杆 BC 施加给曲柄 AB 的力通过铰链 A 的中心，因此，无论施多大的力也不能使曲柄转动，机构出现“卡死”现象或从动曲柄的转动方向不能确定。机构处在连杆与从动曲柄共线的位置称为死点位置，简称死点。

对于传递运动和动力的机构来说，死点是有害的。为了使机构顺利通过死点，而又不改变从动件原有的运动方向，一般是利用机构的惯性力加以克服（如安装飞轮），也可采用多组相同的机构错开排列方式（如汽车的多缸发动机）或增设辅助机构等方法来解决。

工程中有时也利用机构的死点进行工作。如图11-24所示的钻床夹具，当工件被夹紧后，连杆与摇杆呈一直线，机构处于死点位置。当手柄上向下的外力去掉后，无论工件的反作用力多大，都不能使摇杆摆动。只有在手柄上施加向上的外力时，才能松开工件。

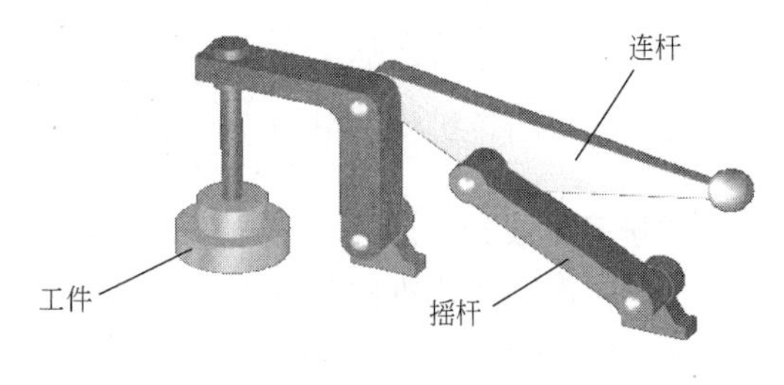

图11-24 一种钻床夹具

【学习小结】

1）在铰链四杆机构中，固定不动的构件称为机架；与机架相连的构件称为连架杆，其中能作整周转动的连架杆称为曲柄，不能作整周回转的连架杆称为摇杆；不与机架直接连接的构件称为连杆。

2）铰链四杆机构有三种基本类型：曲柄摇杆机构、双曲柄机构、双摇杆机构。

3）铰链四杆机构类型的判别。铰链四杆机构有曲柄的必要条件是：最短杆与最长杆的长度之和≤其余两杆长度之和。铰链四杆机构若不满足有曲柄的必要条件则一定是双摇杆机构；若满足，则进行如下判断：①最短杆为连架杆时，该机构为曲柄摇杆机构；②当最短杆为机架时，该机构为双曲柄机构；③当最短杆为连杆时，该机构为双摇杆机构。

11.3 凸轮机构

【实例】 车削特形面的靠模机构（图11-25）

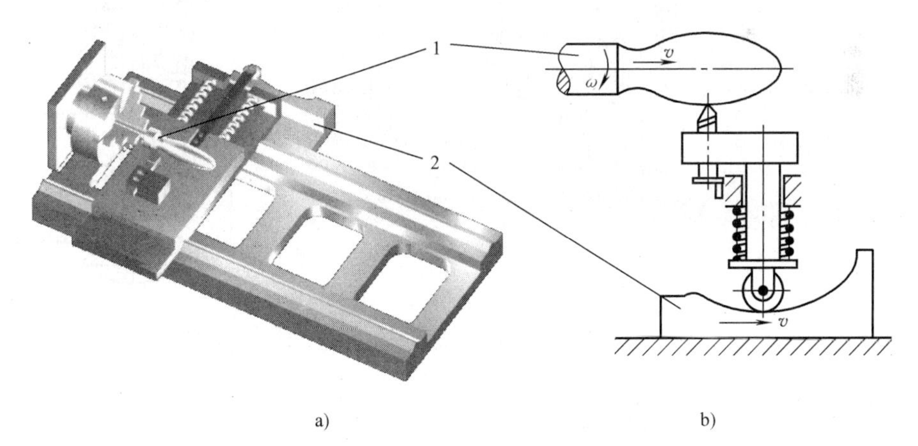

图11-25 车削特形面的靠模机构

图11-25所示为车削特形面的靠模机构。当要在车床上车削工件手柄1时，车刀的运动为一复杂的运动。如用平面连杆机构来实现，一般难以精确地满足要求，而且平面机构的设计方法也较复杂。在这种情况下，特别是当从动件需按复杂的运动规律运动时，通常采用凸轮机构。现让凸轮靠模2的理论廓线和工件1的素线形状完全一样，当横刀架沿靠模2移动时，刀具的轨迹就符合靠模2的理论廓线，车制出来的工件1的外形就可满足设计的形状要求。

【学习目标】

1）理解凸轮机构的工作原理及应用。

2）了解凸轮机构的分类。

【学习建议】

1）在理解凸轮机构工作原理的基础上，了解其在机械中的应用。

2）分解学习。

【分析与探究】

11.3.1 凸轮机构的应用和特点

凸轮机构是一种常用的高副机构，广泛用于各种机械和自动控制装置中。

图 11-26 所示为内燃机的配气机构。凸轮是一个具有变化向径的盘形构件，当它以等角速度回转时，通过凸轮的轮廓驱使气门杆作有规律的往复直线运动，从而使气门按设计要求启、闭，并保证气门启、闭的时间和开度。

图 11-27 所示为凸轮送料机构。当带凹槽的圆柱凸轮转动时，通过槽中的滚子可驱使从

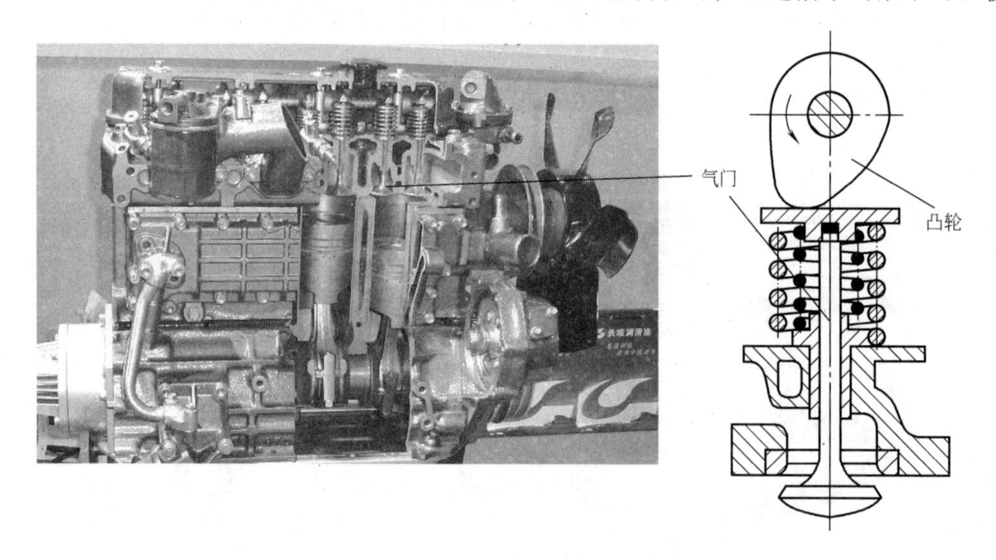

图 11-26 内燃机的配气机构

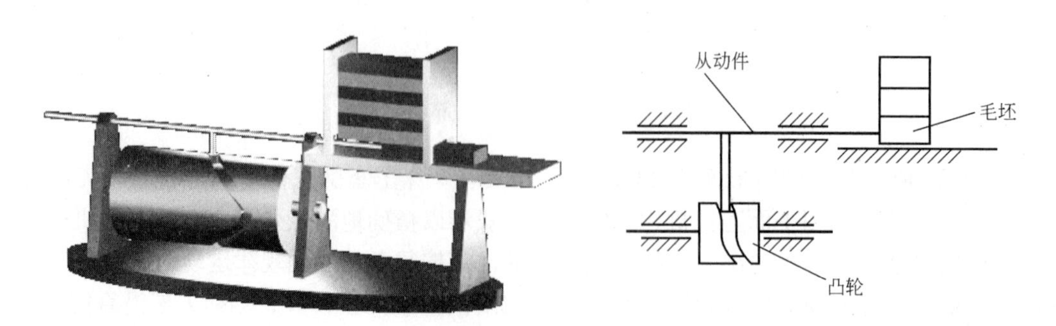

图 11-27 凸轮送料机构

动件作往复运动。凸轮每转一周，一个毛坯就被从动件从储料器中推出，送到加工位置。

从以上例子可以看出，凸轮机构主要由凸轮、从动件及机架三个基本构件组成。其主要优点是结构简单、工作可靠、设计方便，只要凸轮轮廓设计正确，就可以使从动件获得所需要的运动。缺点是凸轮轮廓加工较为困难，而且凸轮副是点接触或线接触的高副，接触应力较大，易磨损。所以，凸轮机构通常用于传力不大的调节机构或控制机构中。

11.3.2　凸轮机构的基本类型

凸轮机构的类型很多，其基本类型如下所述。

1．按凸轮的形状和运动分类

1）盘形凸轮　这种凸轮是一个具有变化半径的圆盘，其从动件在垂直于凸轮回转轴的平面内运动。它是凸轮的最基本型式，如图11-26所示结构中的凸轮。

2）移动凸轮　当盘形凸轮的回转中心趋于无穷大时，即成为移动凸轮。移动凸轮作往复直线运动，如图11-28所示结构中的凸轮。

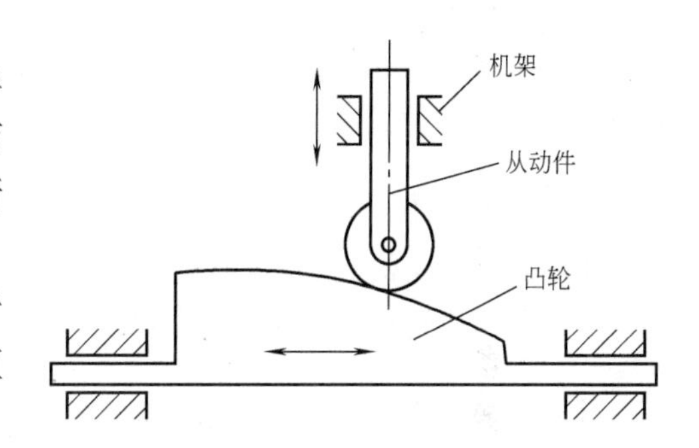

图11-28　移动凸轮

3）圆柱凸轮　这种凸轮为一具有凹槽或曲面端面的圆柱体，如图11-27所示机构中的凸轮。将圆柱凸轮的圆柱体表面展开即可成为移动凸轮的一个表面。

2．按从动件结构形式及运动形式分类

凸轮机构按从动件结构形式及运动形式的分类见表11-1。

表11-1　凸轮机构从动件的形式、特点及应用

从动件结构形式	从动件运动形式		主要特点及应用
	移动	摆动	
尖顶从动件			结构最简单，且尖顶能与各种形式的凸轮轮廓保持接触，可实现任意的运动规律。但尖顶易磨损，故只适用于低速、轻载的凸轮机构
滚子从动件			滚子与凸轮为滚动摩擦，磨损小，承载能力较大，但运动规律有一定限制，且滚子与转轴之间有间隙，故不适用于高速的凸轮机构
平底从动件			结构紧凑，润滑性能和动力性能好，效率高，故适用于高速的凸轮机构。但要求凸轮轮廓曲线不能呈凹形，因此从动件的运动规律受到限制

【学习小结】

1）凸轮机构主要应用于运动规律复杂、轻载、半自动和自动化机械中，作为控制机构。

2）凸轮机构的分类：①按凸轮的形状和运动可分为盘形凸轮、移动凸轮和圆柱凸轮；②按从动件结构形式可分为尖顶从动件、滚子从动件和平底从动件；③按从动件运动形式可分为移动从动件和摆动从动件。

3）凸轮机构中从动件能获得较复杂的运动规律。从动件的运动规律取决于凸轮的轮廓曲线形状。在应用中只要根据从动件的运动规律来设计凸轮的轮廓曲线就可以了。

11.3.3 凸轮机构中从动件的常用运动规律

【实际问题】

设计凸轮机构时，首先是根据工作要求确定从动件的运动规律，然后再按照这一规律绘制出相应的凸轮轮廓曲线。

【学习目标】

1）了解凸轮机构中从动杆的等速运动规律。

2）了解凸轮机构中从动杆的等加速等减速运动规律。

【学习建议】

学习此单元内容时，应注意：①了解凸轮机构的工作过程；②理解基本概念；③应用数学知识。

【分析与探究】

在设计或维修凸轮轮廓时，首先要根据工作要求确定从动件的运动规律，然后再按照这一规律绘制出相应的凸轮轮廓曲线。所谓运动规律是指从动件在运动过程中，其位移 s、速度 v 和加速度 a 随运动时间 t 变化的规律。因凸轮为匀速转动，其转角 δ 与时间成正比，故可以认为也是凸轮转角的函数。

图 11-29a 所示为一对心直动尖顶从动件盘形凸轮机构。图中以凸轮轮廓的最小向径 γ_b 为半径所作的圆称为凸轮的基圆，γ_b 称为基圆半径。当凸轮逆时针转过 δ_0 角时，从动件尖顶被凸轮轮廓推动，以一定运动规律由距回转中心最近位置 A 到达最远位置 B，这个过程称为推程，δ_0 称为推程角。这时，从动件所走过的距离 h 称为升程。当凸轮继续回转 δ_1 角时，从动件的尖顶由 B 到 C，在最远位置停留不动，δ_1 称为远休止角。凸轮继续转 δ_2 角时，从动件在重力或弹簧的作用下，以一定运动规律由 C 下降至最低点 D，这个过程称为回程，δ_2 称为回程角。当凸轮再继续转 δ_3 角

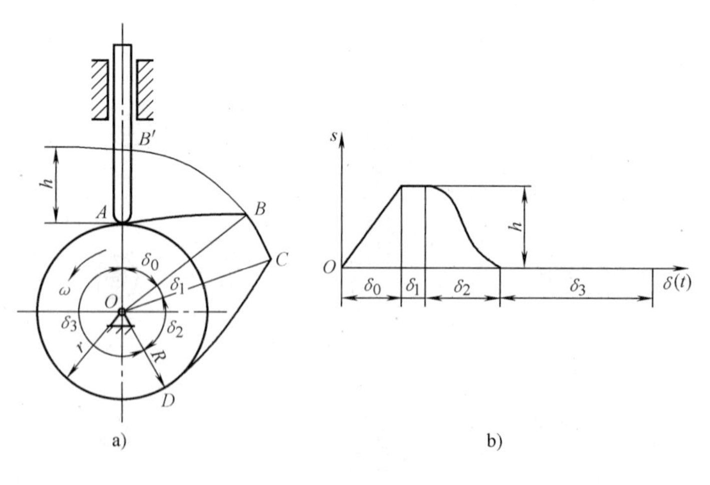

图 11-29

时，从动件在最近位置停下来，δ_3 称为近休止角。凸轮每转一周，从动件均重复上述过程。

如果以纵坐标分别表示从动件的位移 s、速度、加速度 a，横坐标分别表示凸轮转角 δ（时间 t），则可以画出凸轮的转角与从动件位移、速度和加速度的关系曲线，并分别称为位移曲线（s—δ 曲线）、速度曲线（v—δ 曲线）及加速度曲线（a—δ 曲线）。这些曲线统称为从动件的运动线图。绘制上述曲线时，需选择适当的比例尺，用线段的长度来代表位移、速度、加速度或转角等。图 11-29b 所示为从动件的位移线图。

1. 等速运动规律

当凸轮以等角速度 ω 转动时，从动件在推程或回程中的运动速度为一常数，这种运动规律称为等速运动规律。此时，凸轮的转角 δ 与时间 t 的关系为

$$\delta = \omega t$$

同样，从动件的位移 s 与时间 t 的关系为

$$s = vt$$

由以上两式可得

$$s = \frac{v}{\omega}\delta$$

因为 ω、v 为常数，所以从动件的位移 s 与 δ 成正比。因此，等速运动规律下的从动件的位移线图为一斜直线，如图 11-30a 所示。由于速度为常数，从动件的速度线图为一与横坐标平行的水平线，如图 11-30b 所示。从动件在运动开始时，速度由零突变为一常数，故瞬时加速度在理论上为无穷大；在运动终止时，速度又突变为零，此时的瞬时加速度在理论上也为无穷大；而在运动过程中加速度为零，如图 11-30c 所示。这样在始点 A 和终点 B 产生很大的冲击，称为刚性冲击。因此，这种运动规律只适用于低速轻载的场合。

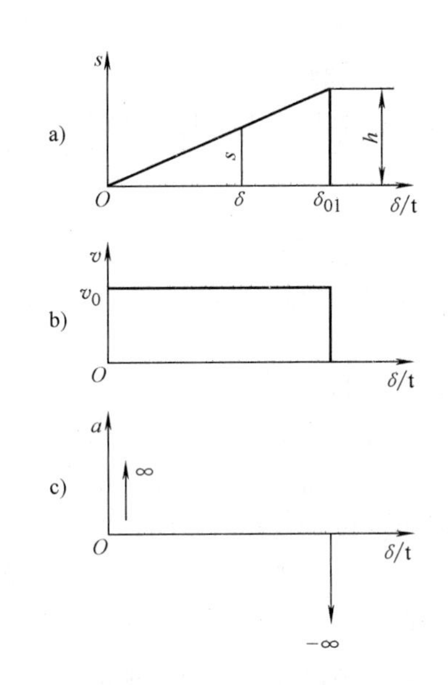

图 11-30　等速运动规律

2. 等加速等减速运动规律

从动件在推程或回程中，前半行程作等加速运动，后半行程作等减速运动。这种运动规律称为等加速等减速运动规律，如图 11-31 所示。图中的位移曲线由两段抛物线光滑连接而成。由运动线图可以看出，该种运动规律在行程的起点、中点及终点的加速度均有突变，但其值并非无穷大，所产生的冲击称为柔性冲击。这种运动规律适用于中、低速轻载的场合。

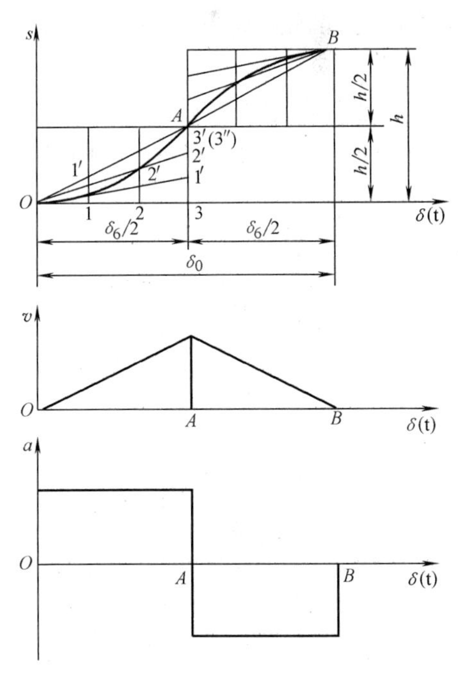

图 11-31　等加速等减速运动规律

除上述从动件常用的运动规律以外，为了减少冲击，工程上有时还应用余弦加速度、正弦加

速度、高次多项式等运动规律或将几种运动规律组合使用。

【学习小结】

凸轮机构中从动件能获得较复杂的运动规律，即从动件的运动规律取决于凸轮的轮廓曲线。在应用中只要根据从动件的运动规律来设计凸轮的轮廓曲线就可以了。

*11.3.4 对心移动从动件（推杆）盘形凸轮的绘制

【实际问题】

设计盘形凸轮机构时，在确定了从动件的运动规律和凸轮基圆半径后，即可绘制凸轮的轮廓形状。

【学习目标】

了解对心移动从动件盘形凸轮的绘制。

【分析与探究】

根据选定的推杆运动规律来设计盘形凸轮的轮廓曲线时，通常用图解法和解析法。图解法简便易行，而且直观，在精度要求不很高时，一般能满足使用要求。在此分析图解法。

图解法设计盘形凸轮的轮廓曲线的基本原理是相对运动原理。即假设凸轮静止不动，而推杆与导路（机架）一起以“$-\omega$”的角速度绕凸轮轴心 O 转动，同时又在凸轮廓线的推动下沿导路移动。现结合一例题分析如何设计对心尖顶推杆盘形凸轮。

例题：试设计一对心尖顶推杆盘形凸轮的轮廓曲线。已知推杆升程和回程均采用等速运动规律，升程 $h=10$mm，推程角 $\delta_0=135°$，远休止角 $\delta_1=75°$，回程角 $\delta_2=60°$，近休止角 $\delta_3=90°$，且凸轮以匀角速度逆时针转动，凸轮基圆半径 $r_b=20$mm。

作图：

1）选取适当的比例尺作 s-δ 曲线（图 11-32a），图中长度比例尺 =1mm/mm，角度比例尺 =6°/mm（若问题直接给出位移曲线图 s-δ 曲线，则省去此步）。

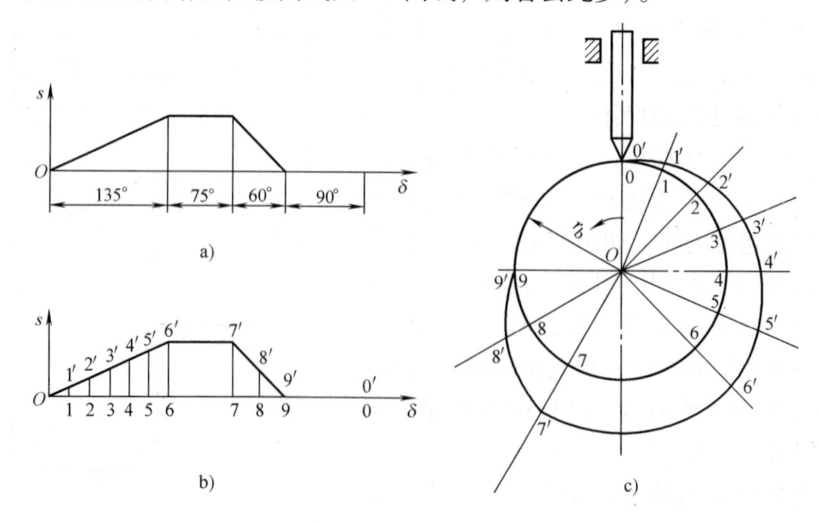

图 11-32 凸轮轮廓

2）将位移曲线的升程角和回程角分别分成若干等分（等分数越多，则设计出的凸轮轮廓越精确），这里将升程角分成6等分，每等分为22.5°，回程角分成2等分，每等分30°，于是得分点1、2…9、0和对应位移11′、22′、…99′、00′（图11-32b）。

3）以 $r_b = 20\text{mm}$ 为半径画出基圆（见图11-32c），然后按“$-\omega$”方向从0点起，按 s-δ 曲线上划分的角度，顺次作出凸轮相应运动角时的径向线 $O0$、$O1$、$O2$…$O9$；并在各径向线上分别量取00′、11′、22′、…99′与 s-δ 曲线中的对应位移相等；再分别光滑连接0′、1′、2′、…6′（升程段廓线）和7′、8′、9′（回程段廓线）以及作圆弧6′7′（远休止段廓线）和9′0′（近休止段廓线），则各段曲线所围成的封闭图形，即为所需设计的凸轮廓线。

11.4　间歇运动机构

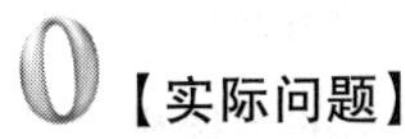

【实际问题】

图11-33所示为电影放映机卷片机构。为了适应人的视觉停留，播放影片时需要每张胶片在镜头前有一短暂停留时间，这就需要胶片作间歇运动。在实际工作中，需要作时动时停间歇运动的机构有很多，如自动化生产线上的送料运动、牛头刨床工作台的横向进给运动等，均可通过间歇运动机构来完成。

图11-33　电影放映机卷片机构

间歇运动机构类型很多，这里只分析常用的棘轮机构和槽轮机构。

【学习目标】

1）了解棘轮机构和槽轮机构的组成及工作原理。

2）了解棘轮机构和槽轮机构的应用。

3）初步了解棘轮机构和槽轮机构的特点。

【学习建议】

1）分解为棘轮机构与槽轮机构两个问题来学习。

2）观察棘轮机构与槽轮机构的工作过程，理解其工作原理。

3）对比学习。

【分析与探究】

11.4.1　棘轮机构

1. 棘轮机构的组成与工作原理

棘轮机构如图11-34所示。该机构由棘轮、驱动棘爪、摇杆、止回棘爪和机架等组成。当摇杆向左摆动时，装在摇杆上的棘爪嵌入棘轮的齿槽内，推动棘轮逆时针转过一角度；当摇杆向右摆动时，棘爪便在棘轮的齿背上滑过，棘轮静止不动。为了使棘轮的静止可靠和防止棘轮的反转，安装有止回棘爪。这样，当摇杆连续作左右摆动时，棘轮便作单向的间歇运动。为了使棘爪紧贴棘轮，往往要加上弹簧。

2. 棘轮机构的特点和应用

棘轮机构的优点是结构简单、制造方便、运动可靠，棘轮转角大小可在一定范围内调节。其缺点是在回程时，棘爪在棘轮齿背上滑过会产生噪声；在运动开始和终止时产生冲击，运动平稳性较差，且轮齿易磨损，故常用在低速、轻载的场合。

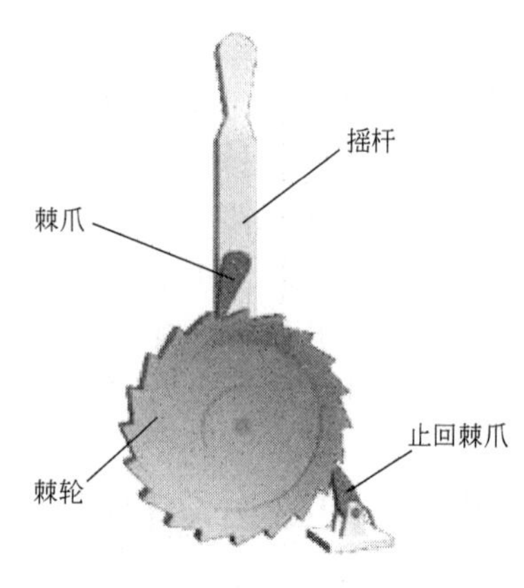

图 11-34 棘轮机构

棘轮机构的单向间歇运动特性常用于机械的送进、制动、超越和转位分度等机构中。例如牛头刨床的工作台横向进给，是利用棘爪与曲柄摇杆机构中的摇杆一起作往复摆动，驱动棘轮作间歇的单向回转运动，使与棘轮固定联接的进给螺杆也作间歇转动，并间歇传动紧固在工作台内的螺母，从而带动工作台作横向的间歇送进运动（图 11-1）。又如图 11-5 所示的卷扬机提升机构，为防止在提升过程中重物 Q 意外地落下造成事故，采用棘轮机构阻止卷筒倒转，起到安全保护作用及制动作用。

棘轮机构也可完成超越运动（即从动件的速度超过了主动件的运动）。如自行车后轴处的飞轮实际上就是一个内啮合的棘轮机构（图 11-36）。当蹬动自行车的踏板时，链条带动内圈具有棘齿的链轮顺时针转动，通过棘爪使后轴转动，从而驱使自行车前进。当自行车前进时，如果不蹬踏板（即链轮的转速为 0），后轮轴则借助惯性超越链轮而转动，同时带动棘爪在棘轮齿背上滑过，实现自行车自动滑行。

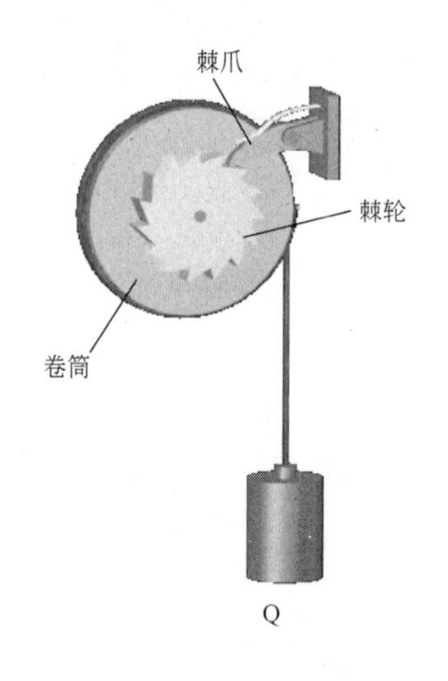

图 11-35 卷扬机提升机构

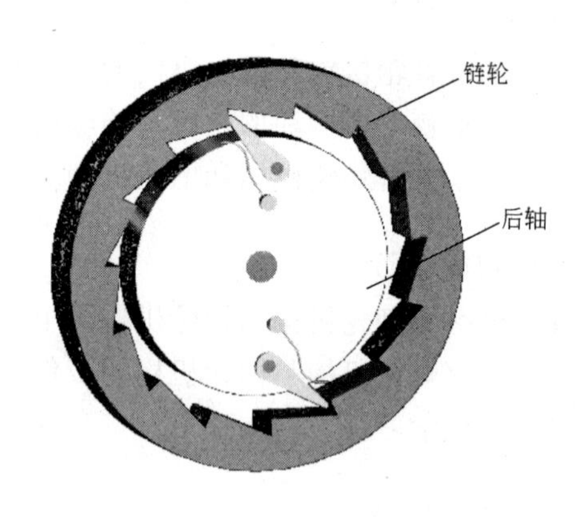

图 11-36 自行车后轴处的飞轮

11.4.2 槽轮机构

1. 槽轮机构的组成与工作原理

槽轮机构又称马尔他机构（图 11-37）。它是由带圆柱销的拨盘（两者固定联接）与带径向槽的槽轮及机架组成。拨盘为主动件，槽轮为从动件。拨盘以等角速度作连续回转，槽轮则时而转动，时而静止。当圆柱销未进入槽轮的径向槽时，由于槽轮的内凹圆弧被拨盘的外凸圆弧卡住，故槽轮静止不动。当圆柱销刚刚进入槽轮径向槽时，槽轮的内凹弧开始被松开，槽轮受圆柱销的驱使而转动，如图 11-37a 所示。当圆柱销在另一边离开径向槽时，槽轮的内凹弧开始被卡住，槽轮静止不动，直至圆柱销再一次进入槽轮的另一个径向槽时，又重复上述的运动。

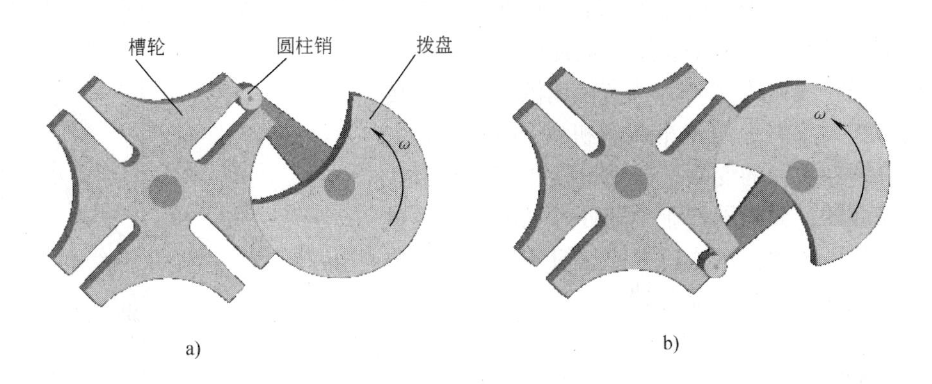

图 11-37 槽轮机构

a）圆柱销开始进入径向槽 b）圆柱销开始脱离径向槽

2. 槽轮机构的特点和应用

槽轮机构一般用于各种自动机构中，如图 11-33 所示的电影放映机卷片机构就是一槽轮机构。槽轮上开有 4 个径向槽，当传动轴每转过一周时，槽轮转过 90°，可以使影片的画面做短暂停留。

图 11-38 刀架转位机构

图 11-38 所示为槽轮机构在自动机床刀架转位装置中的应用。为了按照零件加工工艺的要求自动地改变所需要的刀具，采用了槽轮机构。此槽轮上开有 6 条径向槽，圆柱销进、出槽轮一次，则可推动槽轮转 60°，这样刀架上就可以装 6 种刀具，因而可以间歇地将下一工序需要的刀具，依次转换到工作位置上。

槽轮机构具有结构简单、转位迅速、工作可靠、传动平稳、效率较高以及从动件能在较短时间内转过较大角度等优点。其缺点是转角大小不能调节，制造与装配精度要求较高，高速时机构产生冲击与振动，不适用于高速及重载的场合。

【学习小结】

1）棘轮机构与槽轮机构都是常用的间歇运动机构。

2）棘轮机构的优点是结构简单、制造方便、运动可靠、棘轮转角可调整。缺点是噪声大、运动平稳性较差、轮齿易磨损。常用在低速、轻载的场合。

3）槽轮机构结构简单、转位迅速、工作可靠、传动平稳、效率较高、从动件能在较短时间内转过较大角度，但其转角大小不能调节、制造与装配精度要求较高、高速时会有冲击与振动，不适用于高速及重载的场合。

项目 12　液压与气压传动

日常生产、生活中的机器一般由原动部分、传动部分、执行部分、控制部分和辅助部分组成。机器的传动部分除了使用机械传动系统（如齿轮、凸轮、连杆机构等）外，也有使用液压或气压传动系统的，如大家熟悉的汽车起重机（图 12-1），它的支腿起降，起重臂的变幅、伸缩等动作都是由液压传动系统完成的；在电子行业中随处可见的气动机械手则采用了气压传动。本项目主要学习液压与气压传动（简称气动）的一些基础知识。

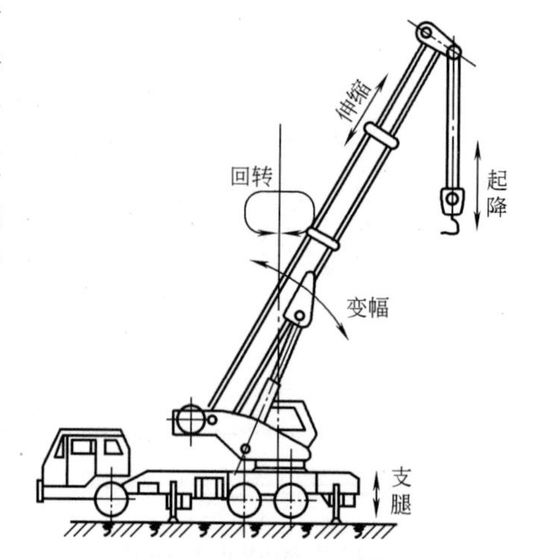

图 12-1　汽车起重机

【学习目标】

1）了解液压与气动的基本工作原理。

2）了解液压与气动系统各组成元件的结构、工作原理和应用。

3）掌握常用元件的图形符号，能初步看懂回路图并能分析简单的液压与气动系统。

4）能正确运用液压与气动系统知识进行简单液压与气压系统的调试与维护。

【学习建议】

1）将本项目分为液压与气动系统的工作原理及组成、液压与气动系统的组成元件和液压与气动系统的基本回路等三大部分并按顺序进行研究。

2）结合实例和实验进行学习。

3）参看教学课件中的有关内容。

4）参阅其他液压、气动类教材中的有关内容。

12.1　液压与气动系统的工作原理及组成

液压传动与气压传动都属于流体传动，都是以有压流体（压力油或压缩空气）为工作介质进行能量传递、转换和控制的传动形式。二者实现传动和控制的方法基本相同，都是利用各种元件组成所需要的各种回路，再由若干回路有机组合成能完成一定功能的传动系统，以此来进行能量的传递、转换及控制的。

【学习目标】

1）了解液压与气动系统传动的基本工作原理。

2）比较液压与气动系统各自的工作特点。

【学习建议】

1）学习液压与气动的工作原理与系统组成时，应理解它们都是以流体的压力来传递动力的，重点掌握液压系统与气动系统的工作原理。

2）通过分析实例或实验观察理解此部分内容。

12.1.1　液压与气动系统的工作原理

【实例 1】　液压千斤顶的工作原理（图 12-2）

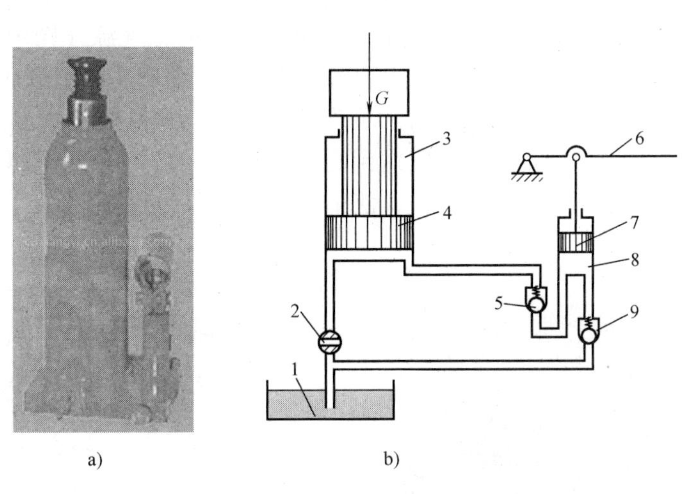

图 12-2　液压千斤顶的工作原理

a）外型图　b）工作原理图

1—油箱　2—放油阀　3—大缸体　4—大活塞　5—单向阀

6—杠杆手柄　7—小活塞　8—小缸体　9—单向阀

问题 1：在汽车维修中，经常需要使用液压千斤顶。请分析千斤顶是如何工作的。

问题 2：图 12-2 中所示的阀 2、阀 5 和阀 9 各起什么作用？

问题 3：图中重物 *G* 的大小与作用在杠杆 6 上的力的大小有什么关系？

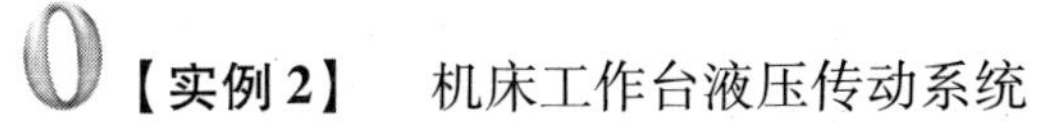

【实例 2】　机床工作台液压传动系统

图 12-3 所示为机床工作台液压传动系统。其中液压泵 2 用来将机械能转换成系统中需要的液压能，溢流阀 6 用来控制系统中的最高压力，节流阀 7 用来调节进入系统的油液流量，换向阀 8 用来控制油液流动的方向，液压缸 9 用来将液压油液的压力能转换为所需的机械能，推动工作台 10 带动工件往复运动。当如图示系统工作时，电动机带动液压泵旋转，经过

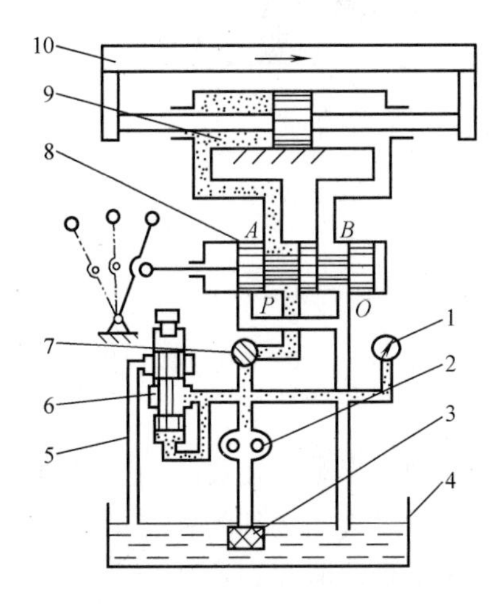

图 12-3　机床工作台液压系统图

1—压力表　2—液压泵　3—过滤器

4—油箱　5—输油管　6—溢流阀

7—节流阀　8—换向阀

9—液压缸　10—工作台

过滤器3从油箱吸油，经过节流阀7调节流量后，再通过换向阀8的图示位置进入液压缸的左腔，迫使活塞带动工作台向右移动。

问题1：当换向阀8处于图中所示的虚线位置时，工作台的运动方向又将如何？

问题2：系统中液体压力的大小由什么元件决定？工作台的移动速度靠哪个元件进行调整？

【实例3】 公共汽车车门开启气动系统的工作原理

图12-4所示为公共汽车车门开启气动系统的工作原理。车门的开关靠气缸7来实现，气缸由双气控换向阀4来控制，而阀4又由 $A \sim D$ 的按钮阀来操纵，气缸运动速度的快慢由单向速度控制阀5或6来调节。当操纵按钮换向阀 A 或 B 时，气源（图中的三角形）的压缩空气经阀 A 或阀 B 到阀1，把控制信号送到阀4的 a 侧，使阀4向车门开启方向切换。气源压缩空气经阀4和阀5到气缸的有杆腔，使车门开启；当操纵按钮阀 C 或 D 时，气源压缩空气经阀 C 或阀 D 到阀2，把控制信号送到阀4的 b 侧，使阀4向车门关闭方向切换。气源压缩空气经阀4和阀6到气缸的无杆腔，使车门关闭。

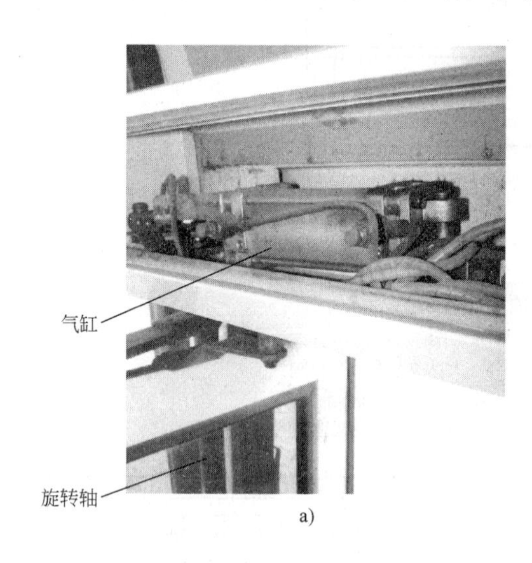

a)

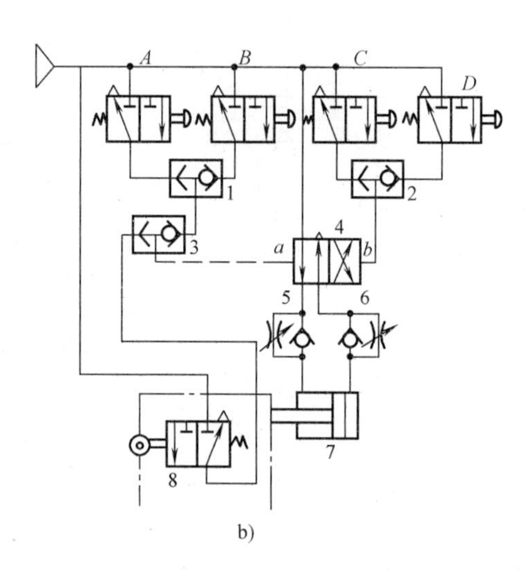

b)

图12-4 公共汽车车门开启气动系统的工作原理

a）外型图 b）工作原理图

$A \sim D$—按钮换向阀 1～3—梭阀 4—双气控换向阀

5、6—单向速度控制阀 7—推动车门开启、关闭的气缸 8—自动开启车门的安全阀

问题：当车门在关闭的过程中碰到障碍物，便推动阀8，此时气源压缩空气经阀8把控制信号通过阀3送到阀4的 a 侧，车门自动开启。但如果阀 C 或阀 D 仍然保持在压下状态，则阀8是否还能起到自动开启车门的安全作用？

【实例4】 气动剪切机系统（图12-5）

图12-5所示为气动剪切机系统。工作时，空气压缩机1产生压缩空气，经过减压阀6减压，通过气控换向阀9进入气缸10。此时换向阀 A 腔的压缩空气将阀芯推到上位，使气

缸上腔充压，活塞处于下位，剪切机的剪口张开，处于预备工作状态。当送料机构将工料 11 送入剪切机的规定位置，工料将行程阀 8 的阀芯向右推动，行程阀将换向阀的 A 腔与大气连通，换向阀的阀芯在弹簧的作用下移，将气缸上腔与大气连通，下腔与压缩空气连通。压缩空气推动活塞带动剪刀快速向上运动将工料 11 切下。

问题： 剪切机每次切下的工料长度一样吗？工料的长短与剪切机的动作有什么关系？

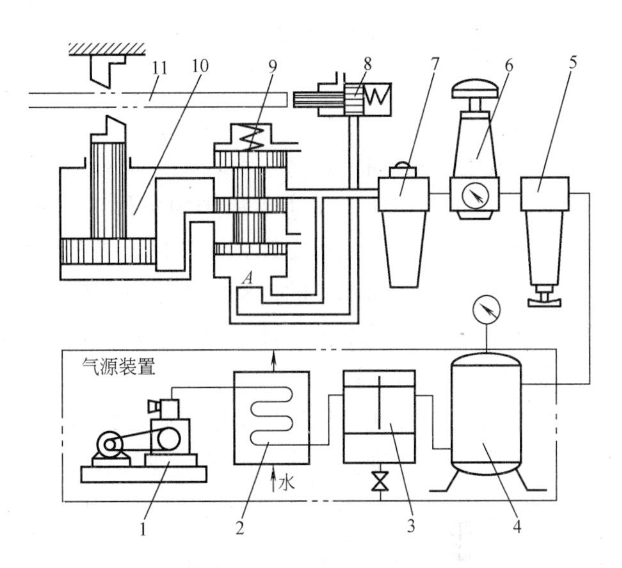

图 12-5　气动剪切机系统

1—空气压缩机　2—冷却器　3—油水分离器　4—储存罐　5—分水滤气器　6—减压阀　7—油雾器　8—行程阀　9—气控换向阀　10—气缸　11—工料

12.1.2　几个基本概念

在分析液压和气动系统时经常要用到以下几个基本概念：

（1）流量　单位时间内流过管路或缸体某横截面的流体体积，或表达为流体横截面与其移动速度（流速）的乘积。

（2）流体连续性原理　考虑到物质不灭定律和忽略液体工作时的被压缩量，液体在无分支管路中流动时，通过某一管路横截面的流量始终不变。因此，液体流经不同横截面管路时，其平均流速与管路的横截面积成反比。即管路细流速快，管路粗流速慢。

（3）压力及其分级　压力是指单位面积上所受的法向力（即物理学中的压强）。液压系统通常分为五级：低压（≤2.5MPa）、中压（2.5～8MPa）、中高压（8～16MPa）、高压（16～32MPa）、超高压（>32MPa）。气动系统的工作压力一般为 0.4～0.8MPa。

（4）静压传递原理（帕斯卡原理）　在密闭连通器中的静止液体，当一处受到压力的作用时，这个压力将通过液体传递到连通器的任意一点，且压力值处处相等。

液体压力的大小取决于负载的大小。如果某处有几个并联负载时，液体压力的大小取决于几个并联负载中的最小者的值。

12.1.3　液压与气压传动系统的组成

【分析与探究】

由上面的例子可以看出，液压与气动系统主要由以下几个部分组成：

1）动力元件　把机械能转换成流体的压力能，如液压泵、空气压缩机。

2）执行元件　把流体的压力能再转换成机械能，如液压缸、气缸、液压马达、气马达。

3）控制元件　对液（气）压系统中流体的压力、流量和流动方向进行控制，如溢流阀、节流阀、换向阀等。

4）辅助元件　除以上三种以外的其他元件，如油箱、过滤器、分水滤气器、油雾器、蓄能器等，它们对保证液（气）压系统可靠和稳定地工作有重大作用。

5）传动介质　传递能量的流体，即液压油或压缩空气。

12.1.4　液压传动与气压传动的特点

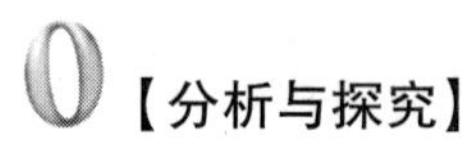

【分析与探究】

1．液压传动的特点

与机械传动相比，在功率相同的条件下，液压系统体积小，质量轻，惯性小，动作灵敏，运行平稳，能方便地实现无级变速，易于实现过载保护，元件能自行润滑，寿命长。但油液容易泄漏，传动系统的传动比不准确且传动效率低。另外，液压系统的性能受温度影响大，价格高，对使用维护的技术要求较高。

2．气压传动的特点

与液压传动相比，气压传动的工作介质提取方便，用后可排入大气，成本低廉，工作时压力低，阻力小，动作迅速，易于实现过载保护及自动控制，能源可储存，工作环境适应性强，系统内的元件成本低。但气动系统输出的动力不大，系统动作稳定性稍差。

12.1.5　液压与气压传动的应用与发展

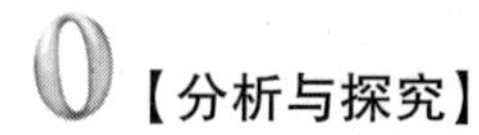

【分析与探究】

由于液压与气压传动各自的特点，在工业生产的不同领域使用液压与气压传动的情况也不同。在工程机械、矿山机械、压力机械和航空工业中以应用液压传动为主，在电子工业、包装机械、印染机械、食品机械等方面以应用气压传动为主。

【学习小结】

本部分介绍了液压与气动的概念、工作原理及系统的组成，液压和气动系统的特点等。

12.2　动力元件

液压泵和空气压缩机（也称气泵）是液压系统和气动系统中的动力元件，它们能将原动机（电动机、内燃机）输出的机械能转换为液压油（或空气）的压力能。

【学习目标】

1）理解液压泵和空气压缩机的工作原理。

2）了解液压泵和空气压缩机的类型和结构。

3）掌握液压泵和空气压缩机的分类和工作特点，掌握它们的图形符号。

【学习建议】

学习中重点理解液压泵和空气压缩机的基本工作原理；依靠泵体内形成的密封容积周期性地变化来实现吸油或压油、吸气或排气；其次，了解常用液压泵和空气压缩机的种类及其结构特点，掌握它们的工作原理和性能特点。

12.2.1　液压泵和空气压缩机的基本工作原理和类型

【分析与探究】

液压泵和空气压缩机都是利用容积变化来工作的，所以它们都是容积泵。图 12-6 所示为容积泵的工作原理。偏心轮 1 旋转时，柱塞 2 在偏心轮 1 和弹簧 3 的作用下左右往复移动。柱塞向右移动时，柱塞 2 和缸体形成的密封腔 4 容积增大形成真空，在大气压的作用下经单向阀 5 将油箱中的油液吸入；当柱塞向左移动时，密封腔 4 容积减小，将已吸入的油液经单向阀 6 排到液压系统中。偏心轮不停地转动，泵就不断地吸油和压油。如果将图 12-6 所示装置中的油箱去掉，将工作介质换为空气，则该装置就成为容积式空气压缩机。

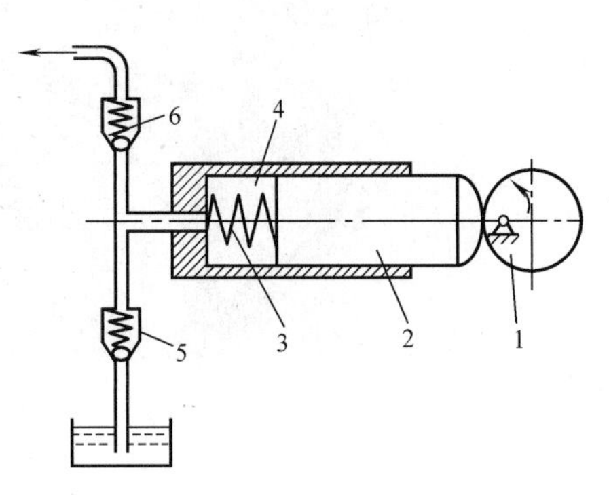

图 12-6　容积泵的工作原理
1—偏心轮　2—柱塞　3—弹簧
4—密封腔　5、6—单向阀

综上所述，容积式液压泵和空气压缩机工作的基本条件为：

1）必须具有一个可以变化的密封容积。这是液压泵或空气压缩机进行工作的根本条件。单位时间内密封容积变化的大小决定液压泵或空气压缩机流量的大小。

2）必须具有配流装置。如图 12-6 中所示的单向阀 5 和 6，它们是液压泵或空气压缩机完成吸油或吸气、压油或排气的必备装置。

3）吸油或吸气时，要保证所供油液或空气的压力高于密封容积内的即时压力。一般情况下使油箱或气管与大气相通。这是吸油或吸气的必要条件。

液压泵按结构的不同，可分为齿轮泵、叶片泵和柱塞泵等；按流量是否可调，可分为定量泵和变量泵；按压力的不同，可分为低压泵、中压泵和高压泵。空气压缩机按结构的不同，可分为活塞式、膜片式和滑片式空气压缩机；按工作压力的不同，可分为低压（0.2～1MPa）、中压（1～10MPa）、高压（10～100MPa）和超高压（>100MPa）空气压缩机。

12.2.2　液压泵

【分析与探究】

1. 齿轮泵

齿轮泵按结构的不同，分为外啮合齿轮泵和内啮合齿轮泵两类。外啮合齿轮泵由于结构简单，制造、维修方便，价格便宜，所以应用十分广泛。本书仅介绍外啮合齿轮。

图 12-7 所示为外啮合齿轮泵，它由一对齿数相等的外啮合齿轮，泵体，前、后端盖和传动轴等组成，齿轮的齿间槽、端盖及泵体组成密封腔，两齿轮的齿顶和啮合线将密封腔分为互不相通的两个油腔。

当齿轮按图示方向转动时，两轮齿在左侧脱离啮合，使密封腔增大，形成真空，油箱内的油液在大气压力作用下经吸油口进入吸油腔（左腔），完成吸油过程。吸油腔的油液随着齿轮的转动被带到啮合齿轮的右侧，在这一侧轮齿逐渐进入啮合，使密封腔减小，油液受挤

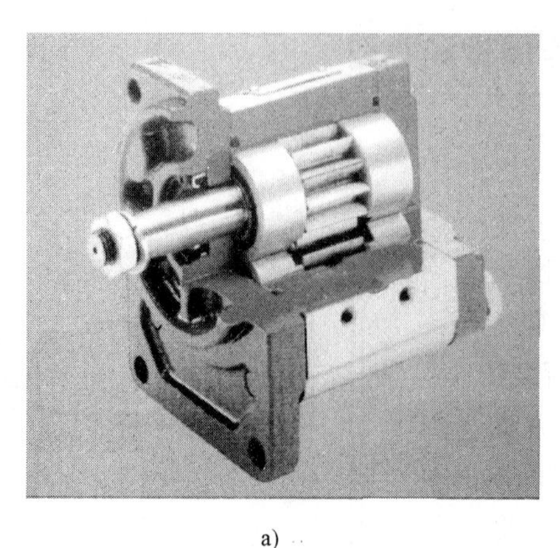

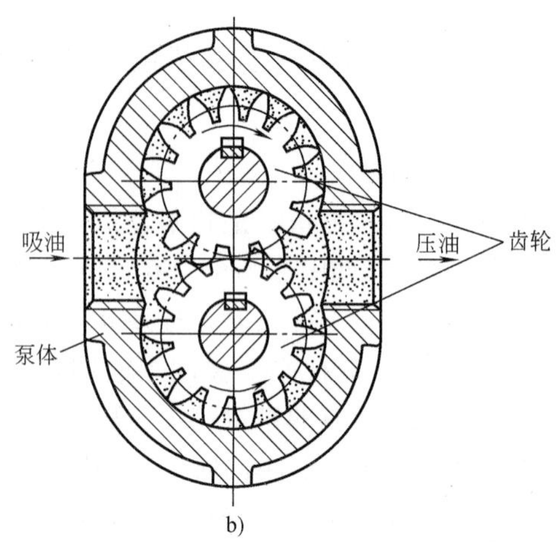

a)　　b)

图 12-7　外啮合齿轮泵

a）外啮合齿轮　b）结构原理图

压从压油腔（右腔）中挤出，完成压油过程。主动齿轮连续旋转时，左侧轮齿连续脱离啮合不断吸油，右侧轮齿连续进入啮合不断压油，从而实现油泵的连续供油。

由于齿轮的旋转方向决定齿轮泵吸油腔和压油腔的位置，而齿轮泵压油腔的压力总是高于吸油腔的压力，因此作用在齿轮轴上的径向力不平衡。为减小这种不平衡力，制造齿轮泵时，可使其出油口直径小于进油口直径。因此，齿轮泵的进、出油口不能调换，为单向泵。

齿轮泵多用于低压系统。特殊设计的齿轮泵也可以应用于中压或高压系统中。

2. 叶片泵

叶片泵按转子每转一周密封腔吸油和排油次数的不同，分为单作用叶片泵和双作用叶片泵两类。

1）单作用叶片泵。图 12-8b 所示为单作用叶片泵的结构原理图。单作用叶片泵由转子、定子、叶片和配油盘、端盖（图中未画出）、泵体等组成。定子的工作内表面为圆柱面，转

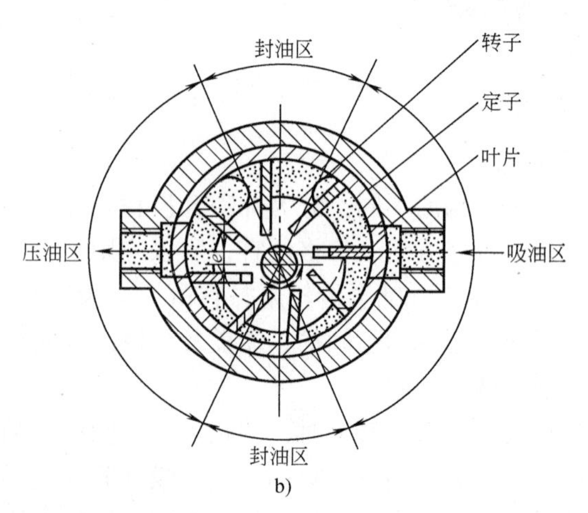

a)　　b)

图 12-8　单作用叶片泵

子安放在定子中间，与定子有一偏心距 e。叶片装在转子的径向槽内，并可沿径向滑动。转子由传动轴带动旋转时，由于离心惯性和叶片根部压力油的作用，叶片顶部紧贴在定子的内表面上，这样，在定子、转子、每两个叶片和两侧配油盘之间，就形成了一个密封的工作腔。

当转子沿逆时针方向旋转时，图中右边的叶片逐渐伸出，密封腔的容积逐渐加大，产生真空度，油箱中的油液由吸油口经配油盘的吸油窗口（图中的虚线弧形槽）被吸入密封工作腔中，完成吸油过程。随着转子的旋转，左边的叶片被定子内表面逐渐压回径向槽，密封腔的容积逐渐减小，腔内油液受压通过压油窗排出泵外，完成压油过程。在吸油区和压油区之间，各有一段封油区将它们相互隔开，以保证正常工作。这种泵在转子转动一周时，每个密封空间只完成一次吸油和一次压油，因此称为单作用叶片泵。由于单作用叶片泵只有一个吸油口和一个压油口，故其转子轴上的径向液压力不平衡。

由图 12-8b 可以看出，若改变该泵定子和转子间偏心距的大小，就可以改变泵内密封容积变化量的大小，从而改变泵的流量；若改变定子和转子间偏心的方向，可使其吸油区和压油区的方位互换。

2）双作用叶片泵。图 12-9b 所示为双作用叶片泵的结构原理图。双作用叶片泵的结构与工作原理与单作用叶片泵相似，不同之处在于定子内表面不是圆孔，而是两段长半径圆弧、两段短半径圆弧和四段过渡曲线组成的腰圆形，而且转子与定子中心重合。

a)

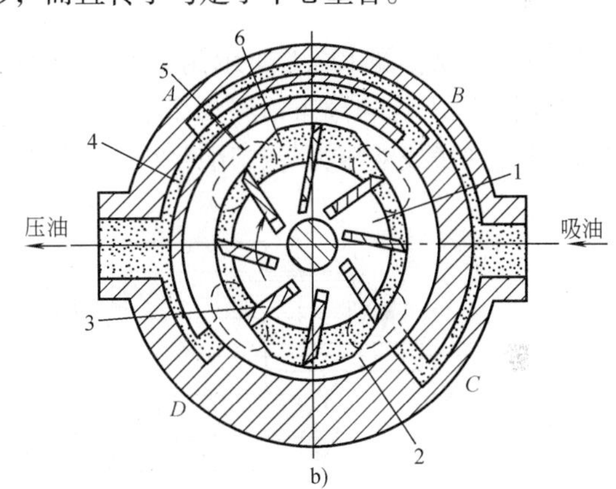

b)

图 12-9　双作用叶片泵

1—转子　2—定子　3—叶片　4—出油道　5—吸油道　6—配油盘

电动机带动转子顺时针旋转，则叶片在离心力作用下被甩出而贴在定子内表面上，定子、转子、两相邻叶片和配油盘组成密封腔。当密封腔进入 A 区时，叶片向外甩出，密封腔逐渐加大，形成真空，通过吸油道 5 经吸油窗将油液吸入。密封腔内的油液随转子继续旋转，进入 B 区时，叶片被压回径向槽，密封腔又开始逐渐减小，油液受压从出油道 4 通过压油窗压出，转子继续旋转，密封腔随之进入 C 区，则重复 A 区的过程，进行吸油；密封腔进入 D 区时，重复 B 区的过程，进行压油。转子旋转一周，每个密封腔完成二次吸油、二次压油，所以这种液压泵称为双作用叶片泵。由于吸油区和压油区对称，且叶片数为偶数，所以其转子轴上的径向液压力是平衡的。

在双作用叶片泵的工作过程中，密封腔的变化规律取决于定子内表面的曲线形状。所以，这种泵输出流量的均匀性、工作时的噪声和振动等由定子内表面的曲线形状决定。

与齿轮泵相比，叶片泵的特点是流量均匀，运转平稳，噪声小；但叶片泵的运动零件间的间隙小，所以对油的过滤要求较高，结构较复杂，价格较高，一般用于各类机床设备等中压液压系统。

3. 柱塞泵

柱塞泵按柱塞的排列方式和运动方式不同可分为轴向柱塞泵和径向柱塞泵两类（图 12-10）。

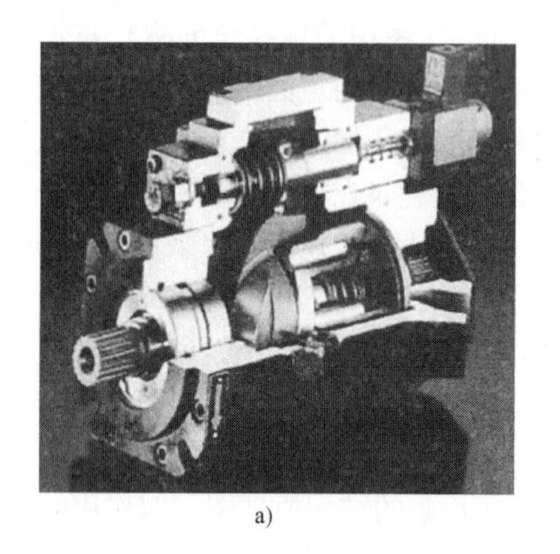

a)

b)

图 12-10 柱塞泵
a）轴向柱塞泵 b）径向柱塞泵

1）轴向柱塞泵。图 12-11 所示为轴向柱塞泵的结构。柱塞 3 装在缸体 4 的轴向孔内，沿轴向在圆周方向上均匀分布，斜盘 2 与配油盘 5 固定不动，斜盘法线与缸体轴线有一夹角 α，各柱塞通过弹簧或液压力等作用压在斜盘上。

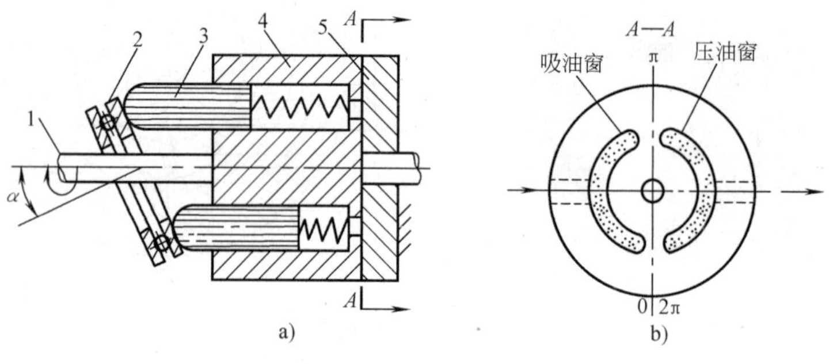

图 12-11 轴向柱塞泵结构
1—转动轴 2—斜盘 3—柱塞 4—缸体 5—配油盘

当转动轴 1 带动缸体 4 按图示方向旋转，柱塞随缸体从 0°转到 180°时，柱塞 3 被弹簧推出，由配油盘、缸体及柱塞组成的密封腔增大，形成真空，从配油盘的吸油窗吸油。缸体继续旋转，柱塞转角在 180° ~ 360°之间时，斜盘将柱塞压入缸体，密封腔减小，将油液从配油盘的压油窗压出。缸体旋转一周，每个柱塞往复运动一次，完成一次吸油和一次压油。传动轴带动缸体连续转动，柱塞泵不断地吸油和压油。

从图 12-11a 可以看出，斜盘法线与缸体轴线的夹角 α 决定柱塞往复运动的行程，从而决定柱塞泵的流量。在其他条件相同的情况下，改变 α 角大小可以改变泵的流量；改变斜盘的倾斜方向，可以改变泵进、出油口的位置，使泵成为双向泵。

2）径向柱塞泵。图 12-12 所示为径向柱塞泵。柱塞 3 装在转子 5 的径向孔内，转子 5 可以绕配油轴 6 转动，转子 5 与定子 4 偏心安装，偏心距为 e，柱塞、转子和配油轴组成密封腔。

工作时，转子 5 按图示方向旋转，柱塞 3 在离心力的作用下被甩出靠在定子 4 的内表面上，柱塞 3 随转子 5 在 0°～180°之间转动时，柱塞 3 伸出，使密封腔增大，形成真空，通过配油轴 6 的吸油口吸油。柱塞 3 随转子 5 在 180°～360°之间转动时，柱塞 3 被定子 4 的内表面压回，使密封腔减小，将油液通过配油轴 6 的压油口压出。转子连续转动，吸油、压油过程不断重复。径向柱塞泵的流量由偏心距 e 决定，改变偏心距的大小，可以改变泵的流量；改变偏心的方向，可以使吸油口、压油口互换位置。

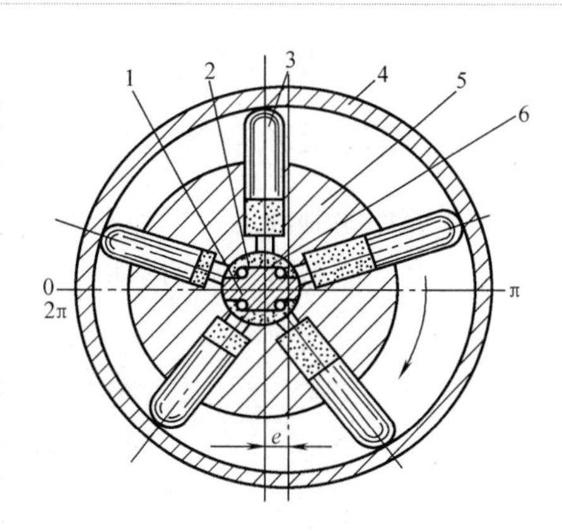

图 12-12　径向柱塞泵
1—压油口　2—吸油口　3—柱塞
4—定子　5—转子　6—配油轴

柱塞泵一般效率较高，压力可以较大，多用于高压液压系统。

问题：请分析齿轮泵、单作用叶片泵、双作用叶片泵、轴向柱塞泵和径向柱塞泵是定量泵还是变量泵。它们都可以作双向泵（进、出油口能反接）使用吗？

12.2.3　空气压缩机

空气压缩机的种类很多，一般有活塞式、膜片式、叶片式和螺杆式等类型。气压系统最常用的空气压缩机为活塞式空气压缩机。

【分析与探究】

图 12-13 所示为立式活塞式空气压缩机。它是利用曲柄连杆机构将原动机的回转运动转变为活塞的往复直线运动的。当活塞 1 向下运动时，气缸 2 的容积增大，压力降低而出现真空，排气阀 3 关闭。外界空气在大气压作用下，经过空气过滤器 5 和进气管 6，推开进气阀 7 进入气缸；当活塞向上运动时，气缸容积减小，空气压缩，压力升高使进气阀 7 关闭而排气阀 3 打开，压缩空气经排气管 4 进入储气罐。活塞就这样循环往复运动，不断产生压缩空气。图 12-14 所示为卧式活塞式空气压缩机。

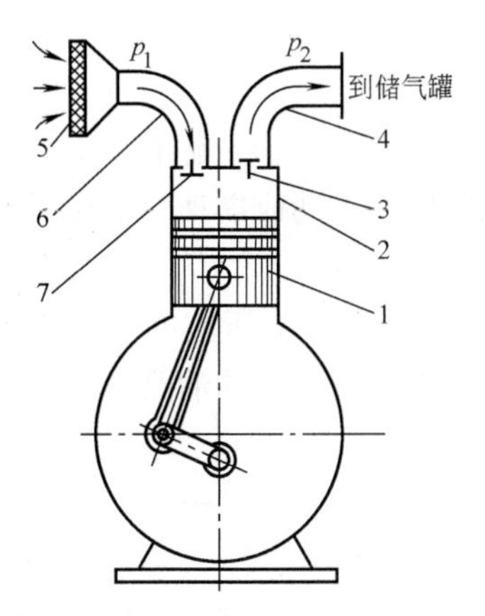

图 12-13　立式活塞式空气压缩机
1—活塞　2—气缸　3—排气阀　4—排气管
5—空气过滤器　6—进气管　7—进气阀

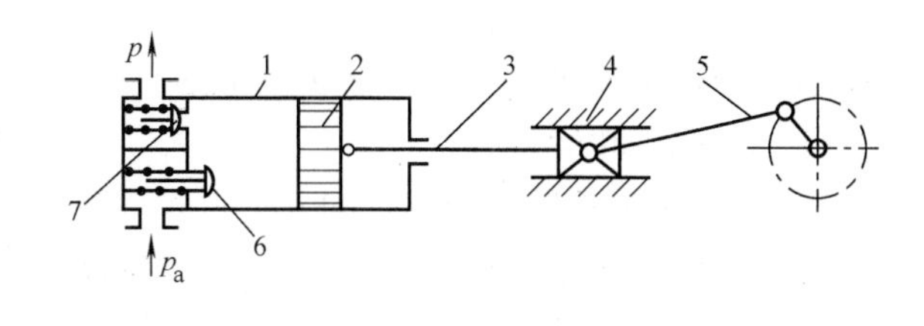

图 12-14　卧式活塞式空气压缩机
1—气缸　2—活塞　3、5—连杆
4—支座　6—进气阀　7—排气阀

问题：请分析卧式活塞式空气压缩机的工作原理。

12.2.4 液压泵和空气压缩机的图形符号

为了方便绘制液压、气动系统图，国家标准对液压、气动元件规定了统一的图形符号。液压泵和空气压缩机常见的图形符号如图 12-15 所示。

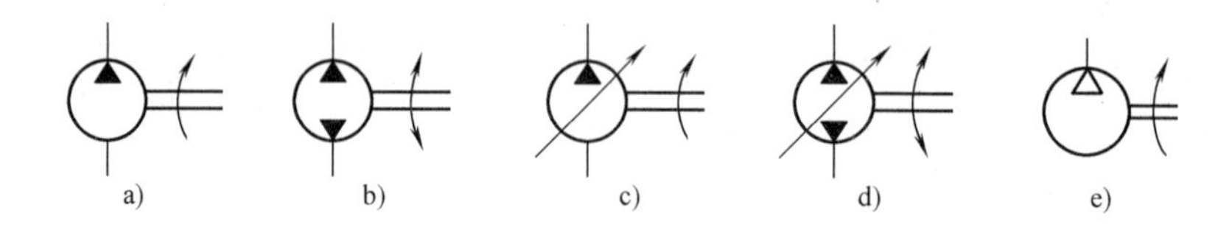

图 12-15 液压泵和空气压缩机常见的图形符号

a）单向定量 b）双向定量 c）单向变量 d）双向变量 e）空气压缩机

选用液压泵和空气压缩机时，应以系统中执行元件所需的最大流量和最大工作压力为依据，选用铭牌上标定的公称流量和额定压力大于系统要求的最大流量和最大压力的泵和压缩机。

【学习小结】

本部分的重点是理解液压泵和空气压缩机的工作原理，此外还应认识它们的图形符号。

12.3 执行元件

液压和气动系统的执行元件是将液体或气体的压力能转换为机械能的能量转换元件。液压系统的执行元件有液压缸和液压马达；气动系统的执行元件有气缸和气动马达。

【学习目标】

1）理解液压和气动系统执行元件的能量转换。

2）掌握双活塞杆液压缸和单活塞杆液压缸的结构特点，理解单出杆活塞式缸的三种连接方式。

【学习建议】

1）学习执行元件时，应理解液压缸、气缸、液压马达和气马达是将流体的压力能转换为机械能的能量转换元件；液压缸和气缸一般用于实现直线往复运动或摆动，液压马达和气马达用于实现旋转运动。

2）重点掌握活塞式液压缸的分类，双活塞杆液压缸和单活塞杆液压缸的运动特点，尤其是单活塞杆液压缸在实际应用中，通过控制阀来改变单活塞杆液压缸的油路连接，从而获得“快进（v_3）→工进（v_1）→快退（v_2）”的工作循环。

12.3.1 活塞式液压缸

液压缸的种类很多，按使用要求的不同，有实现往复直线运动的活塞式液压缸、柱塞式液压缸以及实现往复摆动的摆动液压缸等。活塞式液压缸在液压系统中应用最广，按作用方式不同分为单作用液压缸和双作用液压缸。双作用液压缸的活塞（或缸体）的两个运动方向均由压力油控制，而单作用液压缸的压力油只能使活塞（或缸体）朝一个方向运动，返程必须依靠外力。双作用活塞式液压缸根据活塞杆的数目又分为单活塞杆液压缸和双活塞杆液压缸。其外形与图形符号如图 12-16 所示。

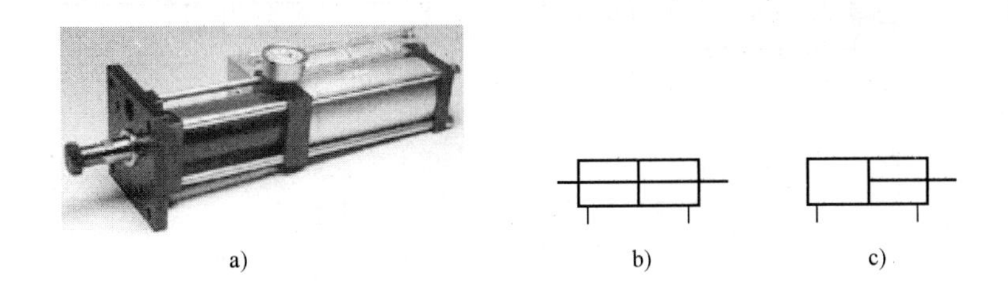

图 12-16　活塞式液压缸
a）单活塞杆缸外形照片　b）双活塞杆缸　c）单活塞杆缸

【分析与探究】

1. 双活塞杆液压缸

双活塞杆液压缸的结构如图 12-17 所示。当缸的左腔进压力油、右腔回油时，活塞 5 向右运动；反之，活塞向左运动。油液经孔 a（或 b）、导向套 3 的环形槽和端盖 8 上部的小孔进入（或流出）液压缸。压盖 1 可适当压紧 V 形密封圈 2，以保证活塞杆处的密封效果。密封垫 4 可防止油液从缸体 6 与端盖的结合面处泄露。

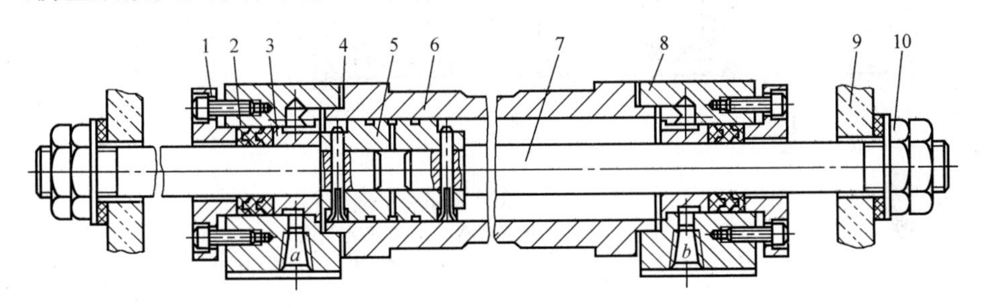

图 12-17　双活塞杆液压缸
1—压盖　2—密封圈　3—导向套　4—密封垫　5—活塞　6—缸体
7—活塞杆　8—端盖　9—支架　10—螺母

双活塞杆液压缸的活塞运动速度 v 和推力 F 为

$$v=\frac{q_V}{A}=\frac{4q_V}{\pi(D^2-d^2)} \tag{12-1}$$

$$F=pA=\frac{\pi(D^2-d^2)}{4}p \tag{12-2}$$

式中　q_V——液压缸的流量；

A——液压缸有效工作面积；

p——液压缸进油腔的工作压力；

D、d——液压缸内径和活塞杆直径。

双活塞杆液压缸的固定方式有缸体固定和活塞杆固定两种，如图 12-18 所示。

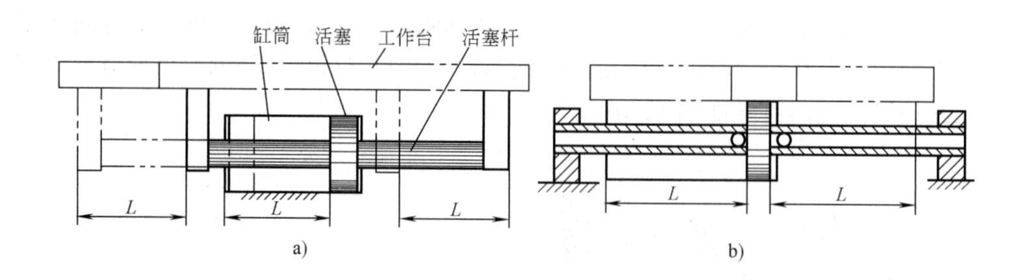

图 12-18　双活塞杆液压缸的固定方式

a）缸体固定　b）活塞杆固定

问题：在这两种固定方式中，工作台运动范围是液压缸有效行程 L 的几倍？

2. 单活塞杆液压缸

图 12-19 所示为单活塞杆液压缸，它主要由活塞、密封圈、缸体、活塞杆、导向套等组成。工作时，两端进、出油口都可以进、排油，实现双向的往复运动。

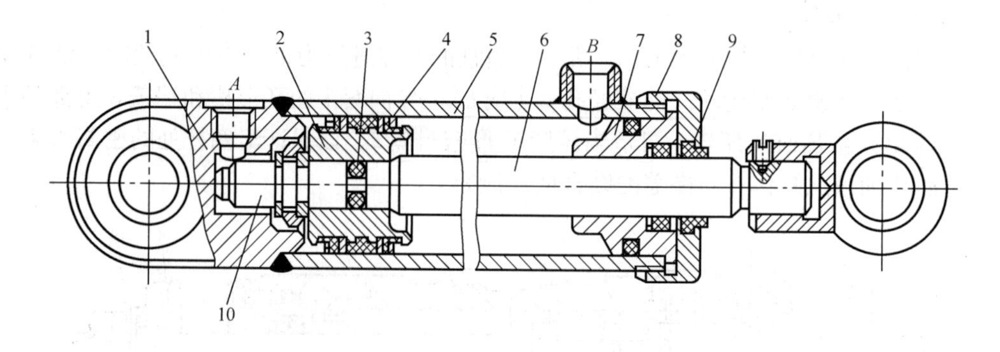

图 12-19　单活塞杆液压缸

1—缸底　2—活塞　3—O 型密封圈　4—Y 型密封圈　5—缸体

6—活塞杆　7—导向套　8—缸盖　9—防尘圈　10—缓冲柱塞

由于活塞两侧的有效面积不等，所以它在两个方向上产生的推力和活塞运动速度都不同。如图 12-20 所示的三种进油情况，活塞运动速度和产生的推力分别为

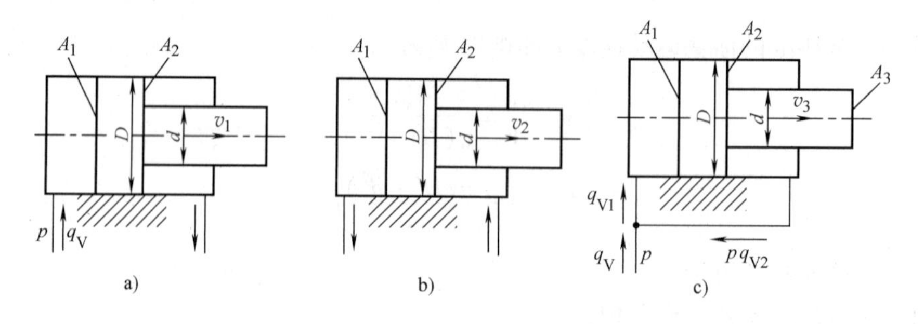

图 12-20　单活塞杆缸的运动

1）当压力油进入液压缸左腔（无杆腔）时

$$v_1 = \frac{q_V}{A_1} = \frac{4q_V}{\pi D^2} \tag{12-3}$$

$$F_1 = pA_1 = \frac{\pi D^2}{4} p \tag{12-4}$$

2）当压力油进入液压缸右腔（有杆腔）时

$$v_2 = \frac{q_V}{A_2} = \frac{4q_V}{\pi(D^2 - d^2)} \tag{12-5}$$

$$F_2 = pA_2 = \frac{\pi(D^2 - d^2)}{4} p \tag{12-6}$$

3）当将液压缸的无杆腔和有杆腔连接起来（这种连接方式称为差动连接）时，液压缸左右两腔的压力相等而有效工作面积不相等，活塞两端产生推力差 $F_3 = F_1 - F_2$，活塞以速度 v_3 向右运动。

设差动连接时，供给液压缸的流量仍为 q_V，流入无杆腔的流量为 q_{V1}，流出有杆腔的流量为 q_{V2}，则

$$q_{V1} = q_V + q_{V2} \tag{12-7}$$

$$q_V = q_{V1} - q_{V2} = A_1 v_3 - A_2 v_3 = (A_1 - A_2) v_3 = A_3 v_3 \tag{12-8}$$

$$v_3 = \frac{q_V}{A_3} = \frac{4q_V}{\pi d^2} \tag{12-9}$$

$$F_3 = F_1 - F_2 = \frac{\pi d^2}{4} p \tag{12-10}$$

上述式中　q_V——液压缸的流量；

p——液压缸进油腔的工作压力；

D、d——液压缸内径、活塞杆直径；

A_1——液压缸无杆腔的有效工作面积；

A_2——液压缸有杆腔的有效工作面积；

A_3——活塞杆的截面积。

从上述式中可以看出，当供给液压缸的流量不变时，无杆腔进油活塞的运动速度最慢，产生的推力最大。在组合机床中，常通过控制阀来改变单活塞杆液压缸的油路连接，从而获得“快进（v_3）→工进（v_1）→快退（v_2）”的工作循环。

问题：单活塞杆液压缸缸体固定和活塞杆固定时，其工作台的运动范围为液压缸有效行程的几倍？

12.3.2　气缸

气缸象液压缸一样，种类很多，应用最广泛的是活塞式气缸。

1. 双活塞杆气缸

双活塞杆气缸的结构和工作原理与双活塞杆液压缸相似，其图形符号也相同。其推力同样用 $F = pA$ 计算；但由于气缸工作时缸内空气的可压缩性及膨胀性不能忽略，所以气缸活

塞的运动速度计算与液压缸的不同。

2. 单活塞杆气缸

单活塞杆气缸的结构、工作原理、图形符号、运动及推力特点与单活塞杆液压缸的相同。

12.3.3 液压马达

从原理上来说，液压马达和液压泵是可逆的，有一种液压泵就对应有一种液压马达。但由于它们的用途不同，在设计上还是有区别的。液压马达的外形与图形符号如图 12-21 所示。

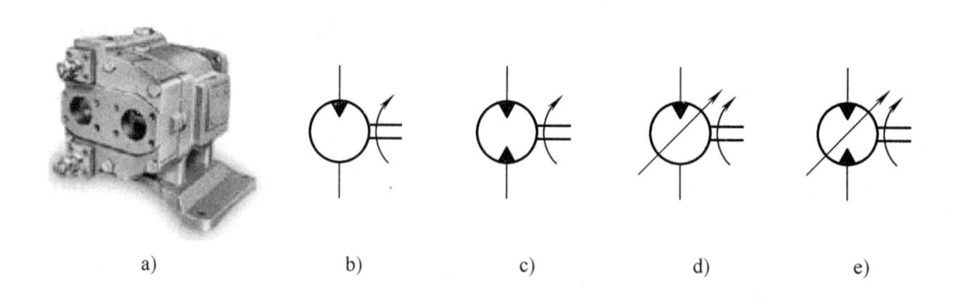

图 12-21 液压马达的图形符号

a）齿轮式液压马达 b）单向定量 c）双向定量 d）单向变量 e）双向变量

【分析与探究】

1. 叶片式液压马达

图 12-22 所示为叶片式液压马达的工作原理图。图示状态下通入压力油后，位于压油腔中的叶片 2、6 因两侧所受液压力平衡而不会产生转矩；叶片 1、3 和 5、7 的一个侧面作用有压力油，而另一个侧面则为回油，由于叶片 1、5 的伸出部分面积大于叶片 3、7，因而能产生转矩使转子顺时针方向旋转。为保证通入压力油后，液压马达的转子能立即旋转起来，必须在叶片底部设置预紧弹簧，并将压力油通入叶片底部，使叶片紧贴定子内表面，以保证良好的密封。

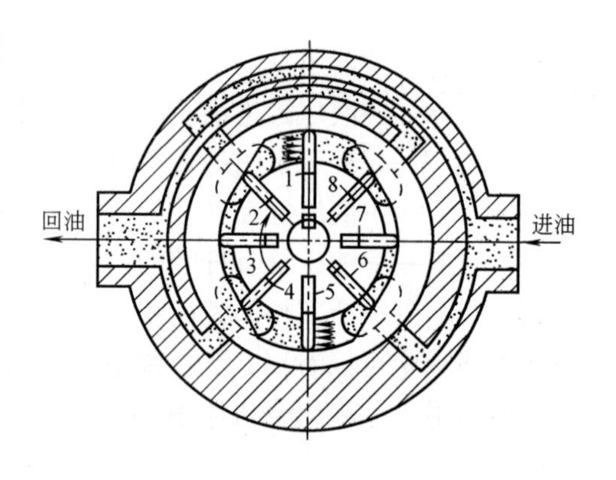

图 12-22 叶片式液压马达的工作原理图

叶片式液压马达体积小，动作灵敏，但泄漏较大，低速不稳定。因此叶片式液压马达一般用于高转速、低转矩、频繁换向和要求动作灵敏的场合。

2. 轴向柱塞式液压马达

图 12-23 所示为轴向柱塞式液压马达的工作原理图。当压力油通入液压马达时，处于压油腔的柱塞被顶出压在斜盘上。设斜盘作用在某一柱塞上的反作用力为 F，F 可分解为 F_x 和 F_y 两个分力。其中轴向分力 F_x 和作用在柱塞后端的液压力相平衡，其值为 $F_x = \pi pd^2/4$；

垂直于轴向的分力 $F_y = F_x \tan\gamma$，使缸体产生转矩。

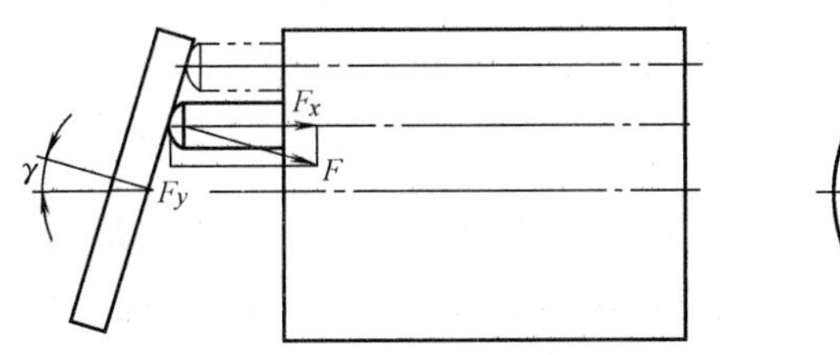

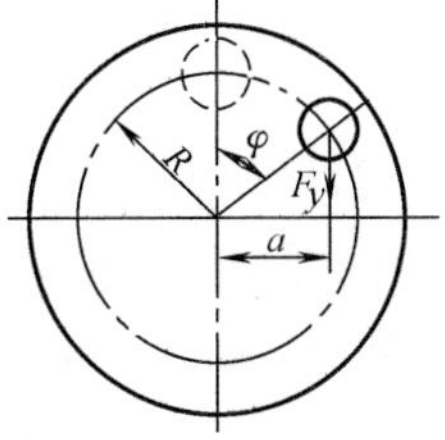

图 12-23　轴向柱塞式液压马达的工作原理图

问题： 对比叶片式液压马达和双作用叶片泵、轴向柱塞式液压马达和轴向柱塞式液压泵的工作原理，分析有何差异。

12. 3. 4　气动马达

气动马达有叶片式、活塞式、齿轮式等多种类型。在气动系统中使用最广泛的是叶片式气动马达和活塞式气动马达。

【实例】　双向旋转叶片式气动马达

图 12-24 所示为双向旋转叶片式气动马达的结构示意图。当压缩空气从进气口进入气室后立即喷向叶片，作用在叶片的外伸部分，产生转矩带动转子 作逆时针转动，输出机械能。若进气、出气口互换，则转子反转，输出相反方向的机械能。转子转动的离心力和叶片底部的气压力、弹簧力（图中未画出）使叶片紧贴在定子的内壁上，以保证密封，提高容积效率。叶片式气动马达主要用于风动工具、高速旋转机械及矿山机械等。

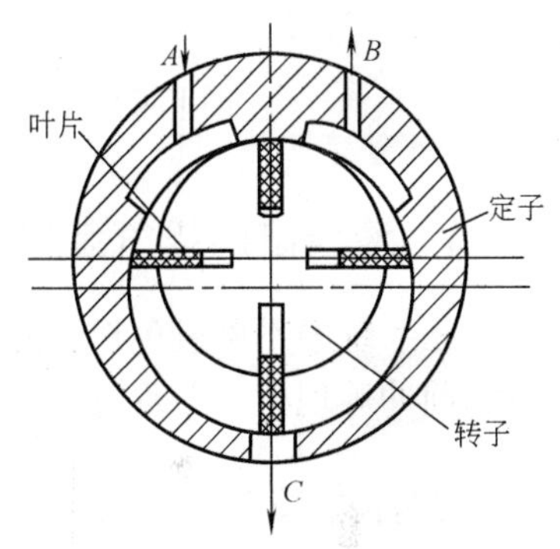

图 12-24　双向旋转叶片式气动马达的结构示意图

12. 3. 5　液压缸、气缸的密封和缓冲

液压缸和气缸密封的目的是为了尽量减少液压油、压缩空气的泄漏，阻止有害杂质侵入系统。常用的密封有间隙密封和密封元件密封两种。间隙密封一般采用在活塞上开有若干个环形小槽，依靠缸体和活塞相对运动的配合表面之间的微小间隙来防止泄漏。密封元件密封采用密封圈密封，常用的密封圈有 O 型、Y 型和 V 型。

【实例 1】　间隙密封

间隙密封如图 12-25 所示。

【实例 2】　密封元件密封

密封圈密封如图 12-26 所示。

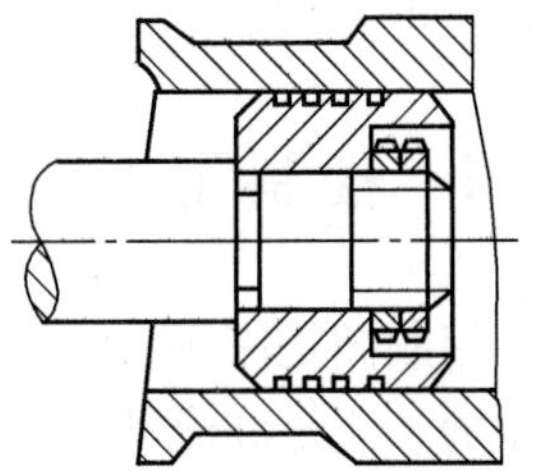

图 12-25　间隙密封

液压缸和气缸通常设有缓冲装置。因为工作时运动部件都有惯性，当活塞运动接近行程末端时，会以很大的冲击力撞击

缸的端盖，引起振动和产生噪声，甚至损坏液压缸、气缸。为防止活塞在运行到末端时的冲击，一般在缸体内设置缓冲装置，或在缸体外设置缓冲回路，以确保活塞在行程末端的平稳过渡，使系统正常工作。

【实例3】 缓冲结构

图12-27所示的缓冲结构由活塞凸台和端盖凹槽构成。当活塞运动接近行程末端时，凸台将凹槽内流体的回流通道关小，被封在凹槽内的油液或气体被压缩，只能从小缝隙中流出，从而产生较大的阻力，使活塞的运动速度降低，达到缓冲的目的。

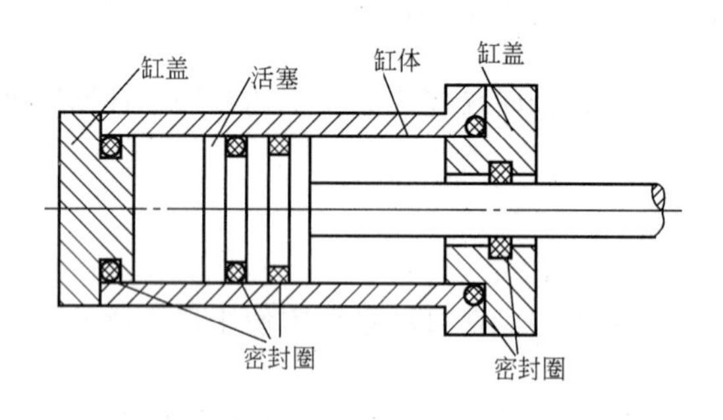

图12-26 密封圈密封

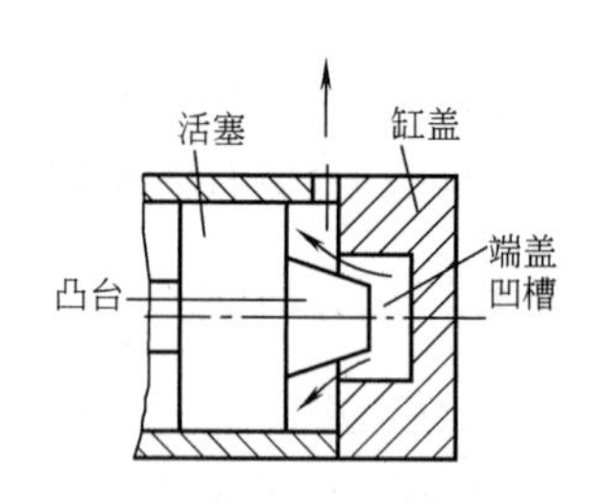

图12-27 缓冲结构

12.3.6 液压缸的排气装置

液压系统中不可避免地要混入空气，空气进入系统后会影响运动的平稳性，产生振动、爬行和前冲等现象，严重时会破坏系统的正常工作，所以液压缸要设置排气装置。

【实例】 常用排气阀的结构

排气阀一般设置在油缸的两端，需要排气时，拧开排气阀螺钉，使活塞全行程空载往返数次，空气便通过锥面间隙经小孔排出。排气完毕，再拧紧排气螺钉，使液压缸进入工作状态。排气阀的结构如图12-28所示。

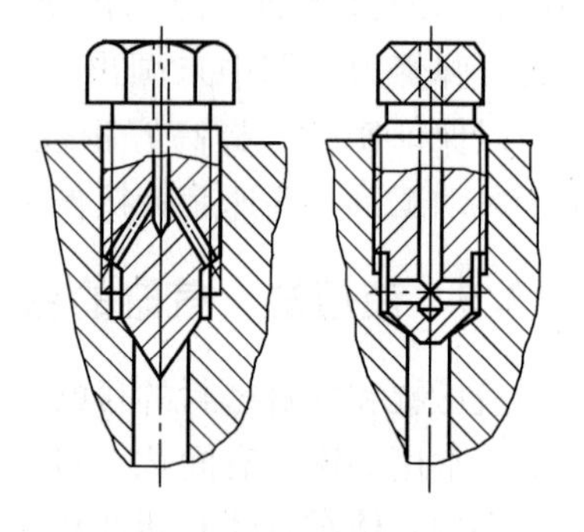

图12-28 排气阀的结构

【学习小结】

本部分分析了几种执行元件的结构特点和工作原理，其中的重点是单活塞杆液压缸的三种进油情况的受力和运动速度的分析。

12.4 控制元件

控制阀是液压系统和气动系统的控制元件，其作用是控制和调节液压和气动系统中的流体压力、流量和流动方向，以满足执行元件的启动、停止、运动方向、运动速度、动作顺序和克服负载等要求。控制阀根据其功能的不同，一般分为方向控制阀、压力控制阀和流量控制阀三大类。图12-29所示为各种液压控制阀。

【学习目标】

1）掌握各类控制阀的作用。

2）了解各类控制阀的结构，理解其工作原理。

【学习建议】

学习时结合实物和课件，了解各类控制阀的结构，在掌握其工作原理的基础上，分析它的实际应用。

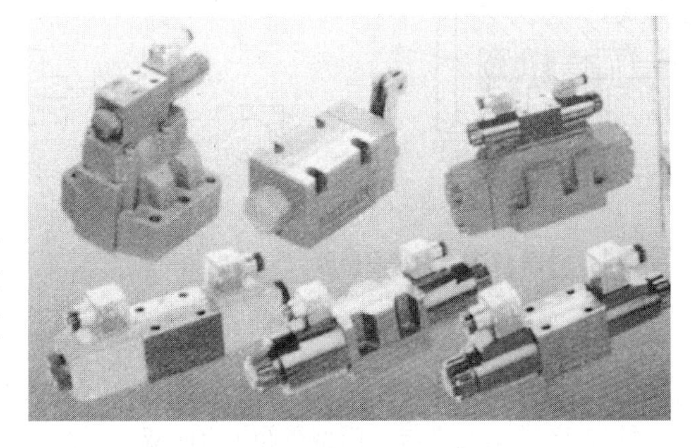

图 12-29　各种液压控制阀

12.4.1　方向控制阀

方向控制阀是用来控制流体流动方向或流体通断的阀，它分为单向型控制阀（简称单向阀）和换向阀两大类。

【分析与探究】

1. 单向阀

图 12-30a、b 所示分别为普通单向液流阀和普通单向气阀的结构图，图 12-30c 所示为单向阀的图形符号。单向阀都是由阀体、阀芯和弹簧组成的。工作时，流体由 P 口流入，流体压力克服弹簧弹力，顶开阀芯，压力流体从 A 口流出。流体反向流动时，阀芯在弹簧力和流体力作用下压紧在阀口上，封住通道，不允许流体反向流动。这种阀只能使压力流体沿一个方向流动，所以称为单向阀。为避免工作时产生过大的压力损失，普通单向阀中的弹簧一般较软。

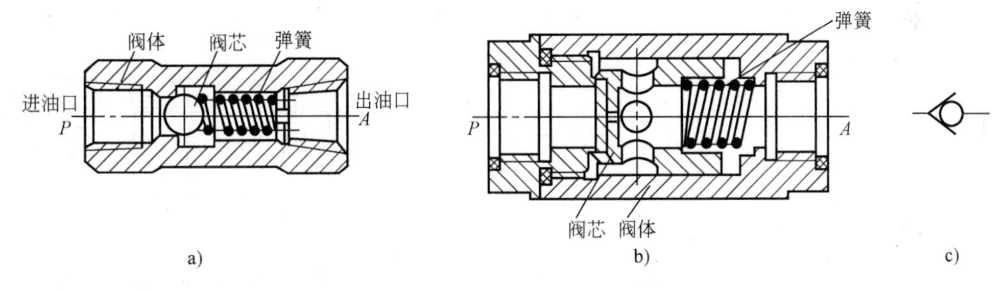

图 12-30　单向阀结构

a）单向液流阀　b）单向气阀　c）图形符号

除普通单向阀外，液压阀中还有液控单向阀，气动阀中还有“或”门型梭阀和“与”门型梭阀等也都是单向型控制阀。

图 12-31 所示为液控单向阀。液控单向阀由控制活塞 1、活塞杆 2、阀芯 3、阀体 4 和弹簧 5 组成，阀体上有控制油口 K、泄油口 L、进油口 A 和出油口 B。

图 12-32 所示为“或”门型梭阀。当气体从左端进入时，阀芯被推至右端，通路 P_2 被关闭，气流从 P_1 进入通路 A。反之，气流从 P_2 进入通路 A。此外，如果 P_1、P_2 同时进气，哪端压力高，A 就与哪端相通，另一端就自动关闭。由此可以看出 P_1 和 P_2 端只要有一端进

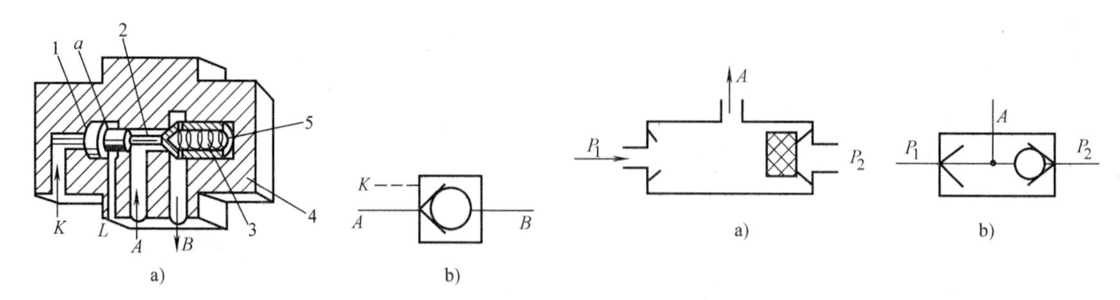

图 12-31 液控单向阀

a）结构图 b）图形符号

1—控制活塞 2—活塞杆 3—阀芯 4—阀体 5—弹簧

图 12-32 “或”门型梭阀

a）结构简图 b）图形符号

气，*A* 口就有输出，这是一种“或”的逻辑关系，故称为“或”门型梭阀。

图 12-33 所示为“与”门型梭阀（也叫双压阀）。该阀只有当左、右两端同时输入流体时，*A* 口才有输出，若只有一端输人流体，则 *A* 口无输出，这是一种“与”的逻辑关系，故称为“与”门型梭阀。若左、右两端流体压力不等，则压力较低端的流体从 *A* 口输出。

问题：什么情况下液控单向阀中的油液可以双向自由流动，什么情况下只能单向流动？

2. 换向阀

1）换向阀的换向原理。换向阀是利用阀芯和阀体孔间相对位置的改变，来控制流体方向或使通路接通或断开，从而实现控制执行元件运动方向或启动、停止的目的。在图 12-34 所示状态下，液压缸不通压力油，活塞处于停止状态。若使换向阀阀芯左移，则阀体的油口 *P* 和 *A*、*B* 和 *T* 相通，则压力油经 *P*、*A* 进入液压缸左腔，右腔油液经 *B*、*T* 流回油箱，活塞向右运动；反之，若使阀芯右移，则油口 *P* 和 *B*、*A* 和 *T* 相通，活塞向左运动。

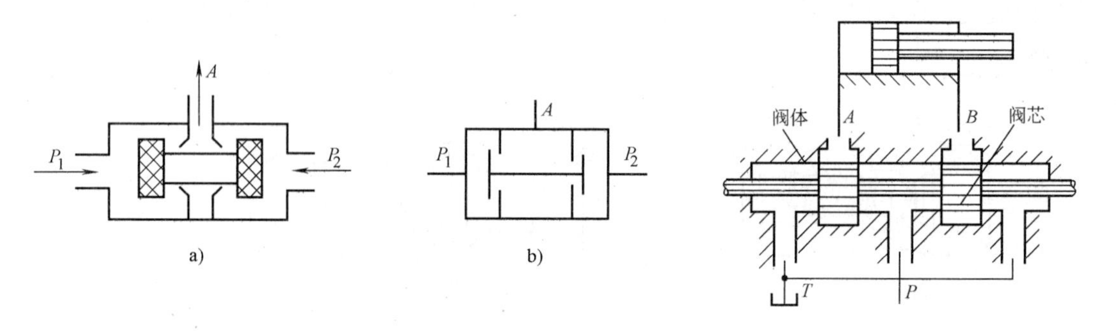

图 12-33 “与”门型梭阀

a）结构简图 b）图形符号

图 12-34 换向阀的工作原理

2）换向阀的分类。换向阀按其阀芯工作位置数目分为二位、三位或多位换向阀；按其阀体上的通口数分为二通、三通、四通或多通换向阀（表 12-1）；按控制阀芯移动的方式分为手动、机动、液动、气动、电动、电液动和电气动换向阀。

3）换向阀的图形符号。国家标准对换向阀的图形符号作了如下规定：

① 换向阀的“位”数用方框数表示，两个方框即二位，三个方框即三位。

② 在一个方框内，箭头或堵塞符号“⊥”与方框相交的数量为通路数，即“通”数，箭头表示通路连通，但不表示流体的流向，⊥表示该通路不通。

表 12-1　滑阀式换向阀的结构原理和图形符号

名　称	结 构 原 理	图 形 符 号
二位二通	A　P	A　P
二位三通	T　A　P	A　T　P
二位四通	A　P　B　T	A　B　P　T
三位四通	B　P　A　T	A　B　P　T
二位五通	T_1　A　P　B　T_2	A　B　T_1　P　T_2
三位五通	T_1　A　P　B　T_2	A　B　T_1　P　T_2

③ 控制方式和复位弹簧的符号画在方框的两侧。

④ P 表示进油口，T 表示回油口（液压阀 T 口通油箱是回油口，气动阀 T 口通大气是排气口），A 和 B 表示连接执行元件两个工作腔的通口。

⑤ 三位阀的中间方框、二位阀靠弹簧的那一个方框为常态位。二位二通阀有常通型和常断型两种，前者常态位的两阀口连通，后者则不通。

在液压及气动系统图中，换向阀的图形符号与油路的连接一般要画在常态位上。

4）电磁换向阀的工作原理。图 12-35 所示为电磁换向阀。

图 12-36a 所示为电磁换向阀的结构图。该阀由阀芯 1、阀体 2、电磁铁 3、弹簧 4 和衔铁 5 组成。在图示位置，两端电磁铁均为断电状态，阀芯在两端弹簧作用下处于中间位置。此时进口 P 被阀芯封闭，压力流体不能进入换向阀，换向阀的其他各通口也被阀芯封闭，彼此各不相通。若左侧电磁铁通电，吸合左侧衔铁，使阀芯右移，P、A，B、T 口分别两口相通，压力流体从 P 口进入换向阀，经 A 口进入执行元件的一腔，执行元件内另一

图 12-35　电磁换向阀

腔的流体自 B 口进入换向阀，从 T 口排出。若右侧电磁铁通电，会使阀芯左移，使 P、B，A、T 分别相通，此时就改变了压力流体进入执行元件的流动方向。由于该阀芯在阀体内有三个位置，阀体上有四个通口，且由电磁控制，所以这种阀称为三位四通电磁换向阀，其图形符号如图 12-36b 所示。

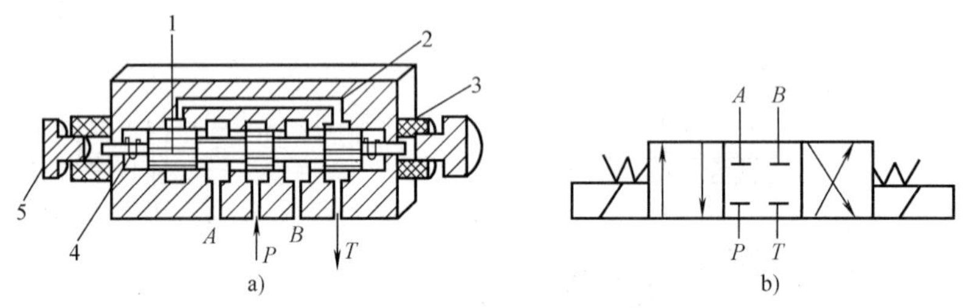

图 12-36　电磁换向阀结构原理

a）结构图　b）图形符号

1—阀芯　2—阀体　3—电磁铁　4—弹簧　5—衔铁

气动换向阀与液压换向阀的区别在于气动换向阀的 T 口直接通大气。

5）其他换向阀的图形符号。常用的液压换向阀除电磁阀外，还有机动阀、手动阀、液动阀、气动阀、电液阀等，其图形符号如图 12-37 所示。其中图 12-37a 所示为二位二通机动换向阀（行程阀），图 12-37b 所示为三位四通液动换向阀，图 12-37c 所示为三位四通手动换向阀，图 12-37d 所示为三位四通电液控换向阀。

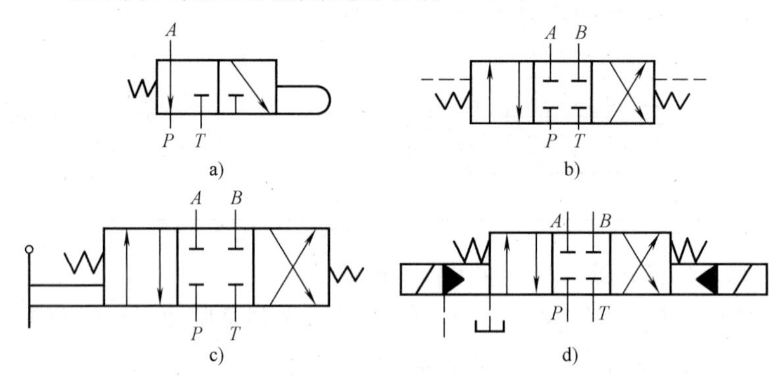

图 12-37　其他常用液压换向阀

图 12-38 所示为气动换向阀的图形符号。其中图 12-38a 所示为二位四通电磁换向阀，图 12-38b 所示为二位三通机动换向阀，图 12-38c 所示为三位四通气动换向阀。

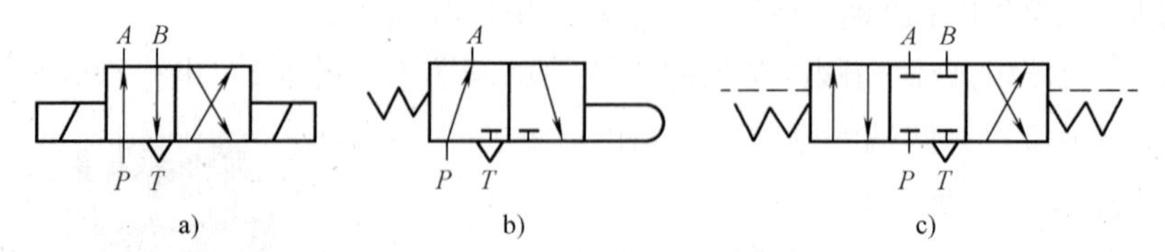

图 12-38　气动换向阀的图形符号

6）三位四通换向阀的中位机能。对于三位阀，当阀芯处于中位时，阀体上各通口 P、A、B、T 有各种不同的连通方式，我们把这种连通方式称为中位机能。三位四通换向阀常用的中位机能符号、代号见表 12-2。

表 12-2　三位四通换向阀的中位机能

代　号	结 构 简 图	符　号
O	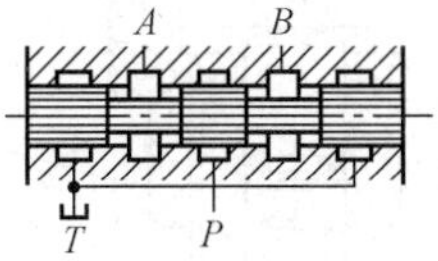 A B T P	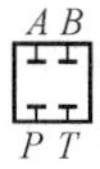 A B P T
H	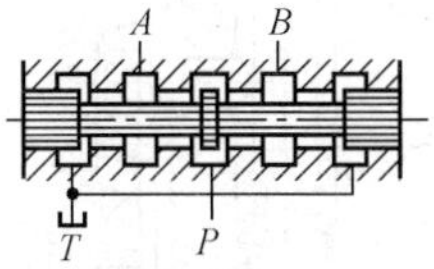 A B T P	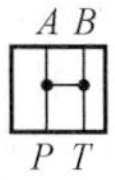 A B P T
P	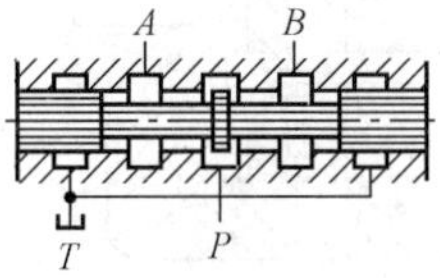 A B T P	 A B P T
Y	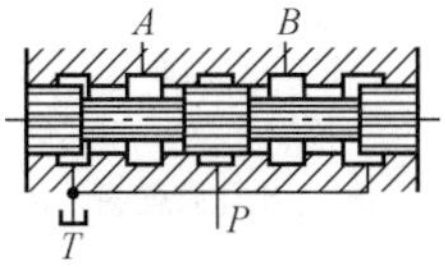 A B T P	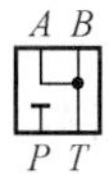 A B P T
M	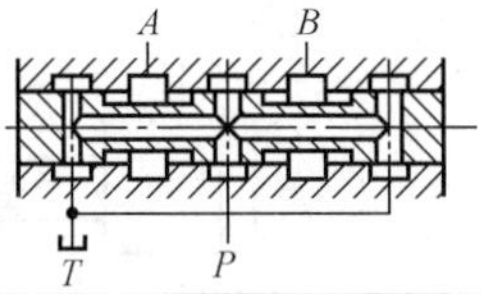 A B T P	 A B P T

问题：图 12-36 中所示的电磁阀属于哪种中位机能。

12.4.2　压力控制阀

在液压和气动系统中，用来控制流体压力高低或利用压力变化来实现某种动作的控制阀称为压力控制阀，简称压力阀。这类阀的种类很多，按其用途不同分为溢流阀、减压阀、顺序阀和压力继电器等。它们的基本工作原理都是利用流体压力与弹簧力相平衡来进行工作的。

【分析与探究】

1. 溢流阀

溢流阀是液压、气动系统中必不可少的控制元件，其作用有两方面：一是保持系统或回路的压力稳定；二是防止系统过载，保护系统安全工作，故也称为安全阀。

液压溢流阀按结构原理分为直动型和先导型两种，气动溢流阀也分为直动型和先导型两种。

1）直动型溢流阀。图 12-39 所示为直动型液压溢流阀的结构图和图形符号。压力油经进油口 P 进入溢流阀，经阀芯上的径向孔 f 和阻尼孔 g 进入油腔 c，作用于阀芯下端，当下端液压力克服阀芯上端调压弹簧的弹力使阀芯上移打开溢流阀口时，系统中多余油液便经溢流阀口和回油口 T 溢回油箱，实现溢流稳压作用。调节手轮改变调压弹簧的预压缩量，即可调整系统压力。阻尼孔 g 的作用是增加阻尼以减小阀芯移动过快而引起的振动，泄漏孔 e 可将泄漏到弹簧腔的油液引到回油口，阀芯上的环形槽可使阀芯和阀体孔同心而减小摩擦力，阀芯上的轴向三角槽可减小启闭压力冲击。

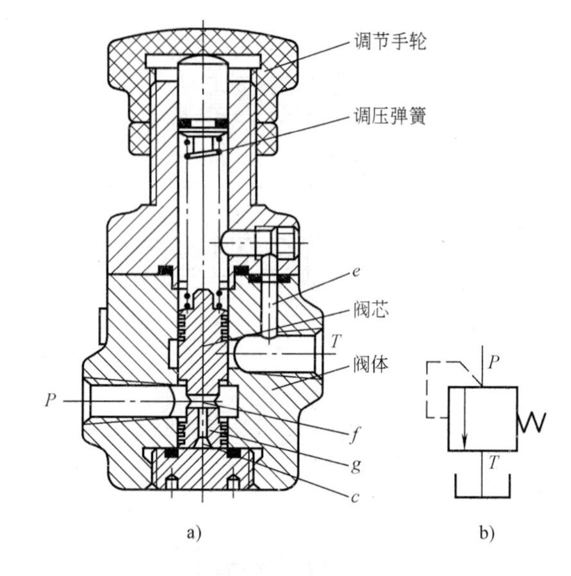

图 12-39　直动型溢流阀
a）结构示意图　b）图形符号

直动型溢流阀的特点是结构简单，制造容易，但它们是利用流体压力直接与弹簧力相平衡的，若系统流体压力较高时，要求弹簧较硬。因此，直动型溢流阀一般用于低压系统中。高压大流量场合应采用先导型溢流阀。

2）先导型溢流阀。先导型溢流阀由先导阀和主阀两部分组成，先导阀用于调节压力，主阀用于控制溢流阀口的开启和关闭从而稳定压力，因此调压轻便，适用于高压大流量液压系统。图 12-40 所示为 Y 型先导溢流阀的图形符号。

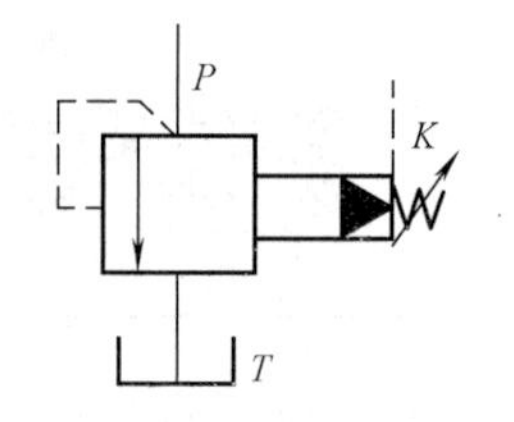

图 12-40　Y 型先导溢流阀的图形符号

3）气动溢流阀。图 12-41a、b 所示分别为直动型气动溢流阀的结构图和图形符号。气动溢流阀也是利用作用于阀芯上的空气压力和弹簧力相平衡的原理来进行工作的。

2. 减压阀

减压阀在液压和气动系统中起减压作用，它能使系统中的某一支路获得比系统压力低的稳定压力。减压阀分直动型和先导型两种。液压系统中多用先导型减压阀，气动系统中直动型减压阀和先导型减压阀都常用。

1）先导型液压减压阀。图 12-42a所示为先导型减压阀的原理图。图 12-42b 所示为先导型减压阀的图形符号。图 12-42c 所示为一般减压阀的图形符号。

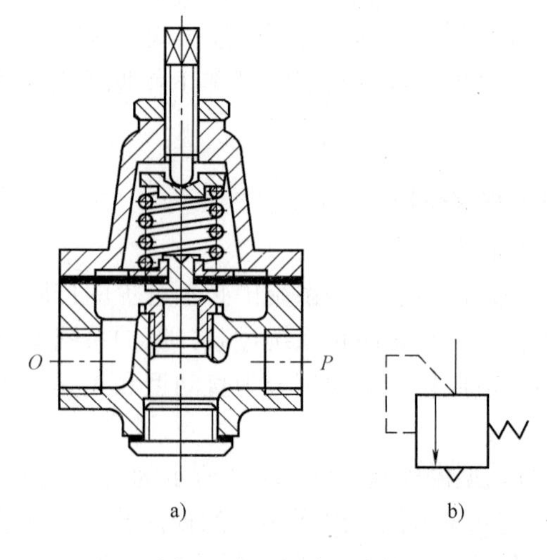

图 12-41　气动溢流阀
a）直动型气动溢流阀　b）图形符号

压力为 p_1 的高压油液从 A 口进入主阀，经减压缝隙 f 后，压力降

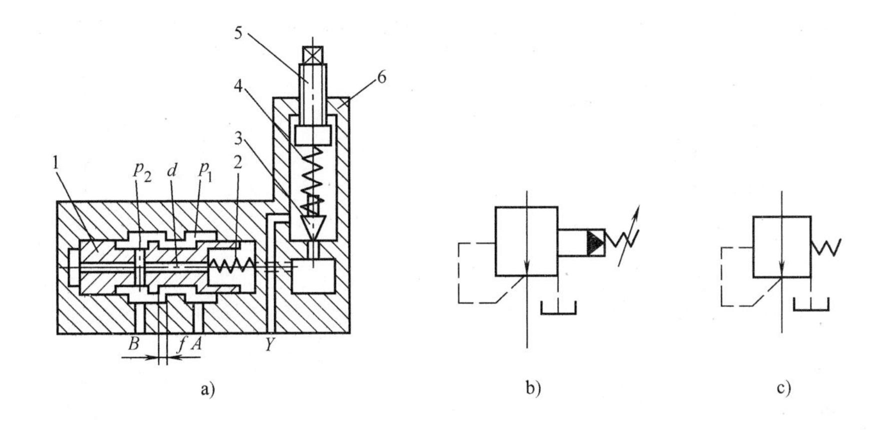

图 12-42　液压减压阀

为 p_2 的低压油液一部分由 B 口流出，进入执行元件，另一部分经主阀芯 1 内的径向孔及轴向孔流入主阀芯的左、右两腔，右腔的低压油液作用在先导阀芯 3 上与调压弹簧 4 相平衡，以此控制出口压力稳定。

当出口压力较低，未达到先导阀的调定值时，作用在先导阀芯 3 上的液压力小于调压弹簧 4 的预紧力，先导阀口关闭，阻尼孔 d 不起作用，主阀芯 1 左、右两腔的油液压力相等，主阀芯 1 被主阀弹簧 2 推至最左端，减压缝隙 f 开至最大，出口油液压力与进口油液压力基本相同，减压阀处于非工作状态。

当出口压力升高并超过先导阀的调定值时，作用在先导阀芯 3 上的液压力超过调压弹簧 4 的预紧力，先导阀芯 3 被顶开，主阀右腔的油液通过先导阀口和泄油口 Y 流回油箱。由于阻尼孔 d 的作用，使主阀芯弹簧腔内的油液压力低于主阀芯左腔（即出油口）的油液压力，在主阀芯左、右两腔产生压力差，当此压力差在主阀芯上产生的液压力大于主阀弹簧的预紧力时，主阀芯右移，减压缝隙 f 减小，油液流经减压缝隙阻力增大，使出口压力降低，直到作用在主阀芯上各力相平衡，使主阀芯处于某一平衡位置，保持出口压力为调定压力。从上述分析中可以看出，当负载压力变化时，减压阀将会自动调整阀口的开度以保持出油口压力稳定。因此，它也被称为定压式减压阀。

2）气动减压阀。气动减压阀的工作原理与液压减压阀的工作原理相同，都是利用作用于阀芯上的空气压力和弹簧力相平衡的原理来进行工作的。图 12-43a所示为直动型气动减压阀的图形符号，气动减压阀也有不向阀外排气的非溢流式减压阀，其图形符号如图 14-43b 所示。

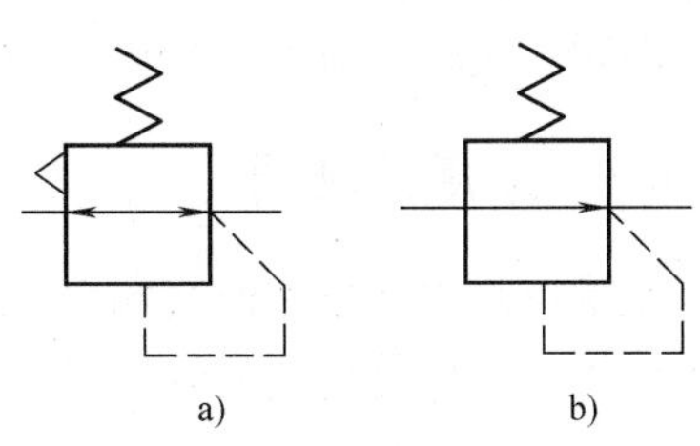

图 12-43　直动式气动减压阀

3. 顺序阀

顺序阀是利用液压或气动系统内的压力对执行元件的动作顺序进行自动控制的阀（图 12-44、图 12-45）。当进入顺序阀的压力未达到它的调定压力时，顺序阀的出口没有流体流出；当进口压力达到顺序阀的调定压力时，顺序阀将系统接通，使各执行元件按规定的顺序动作。图 12-44、图 12-45 所示分别为液压顺序阀图形符号和气动单向顺序阀图形符号。

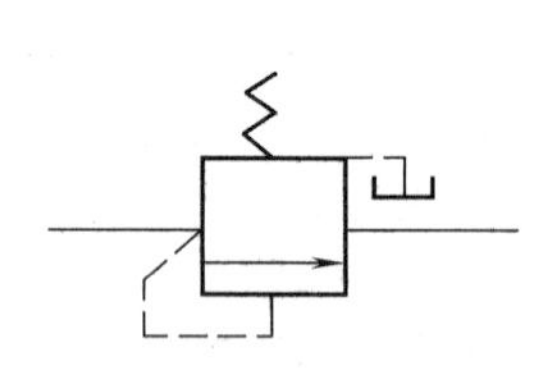

图 12-44 液压顺序阀的图形符号

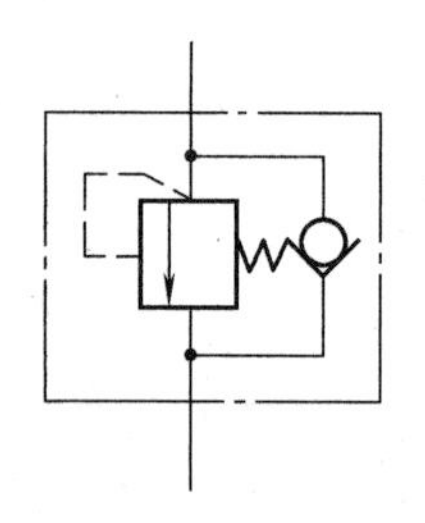

图 12-45 气动单向顺序阀的图形符号

4. 压力继电器

压力继电器是一种将液压（或气动）信号转变为电信号的转换元件。当控制流体压力达到调定值时，它能自动接通或断开有关电路，使相应的电气元件（如电磁铁、中间继电器等）动作以实现系统的预定程序及安全保护。图 12-46a 所示为液压压力继电器的结构图。

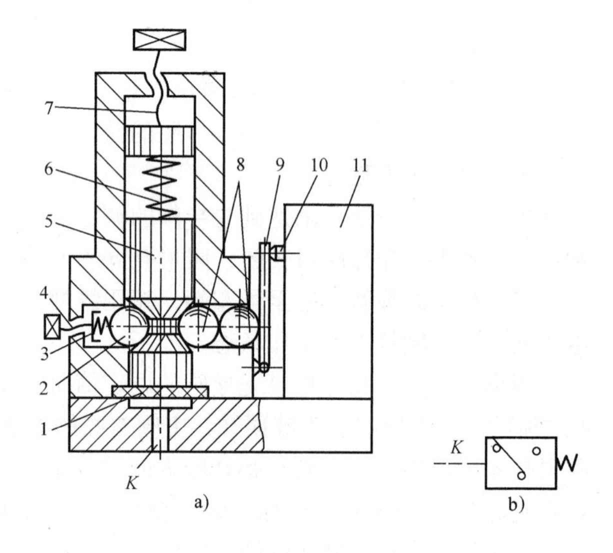

图 12-46 压力继电器
a）结构原理图 b）图形符号

压力继电器工作时，控制口 K 和系统相通，当系统压力升高到预先调定的压力时，油液使薄膜 1 上鼓，迫使柱塞 5 上移，压缩弹簧 6，同时通过柱塞锥面推动钢球 2 和 8 向左右两侧水平移动，通过杠杆 9 压下微动开关的触销 10，从而发出电信号。当控制口 K 处油液压力降至小于调定压力时，柱塞和钢球在弹簧力的作用下复位，继而微动开关的触销复位，发出回复信号并将杠杆推回。其图形符号如图 12-46b 所示。

问题：比较溢流阀、减压阀和顺序阀的区别，顺序阀能否当溢流阀使用？如何当？

12.4.3 流量控制阀

流量控制阀是依靠改变阀口的通流截面积来调节流体流经阀口的流量，以控制执行元件的运动速度、信号传递的快慢或时间的长短等的。

【实例】 常见节流口的形式

常见节流口的形式如图 12-47 所示。

节流口是利用阀芯作轴向移动或绕轴线转动来改变阀通流截面积的大小，以调节压力流体的流量的。图 12-47a 所示为针阀式节流口，图 12-47b 所示为偏心槽式节流口，图 12-47c 所示为轴向三角槽式节流口，图 12-47d 所示为周向缝隙式节流口，图 12-47e 所示为轴向缝隙式节流口。

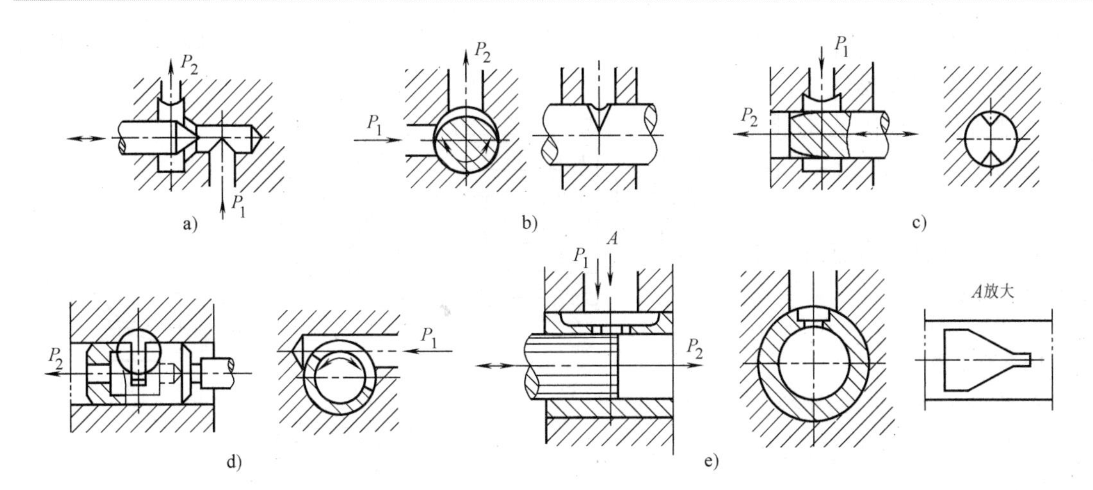

图12-47　节流口的形式

【分析与探究】

1. 液压节流阀

图12-48a所示为液压节流阀的结构图。

节流阀工作时，压力油从进油口 A 进入节流阀，通过孔道 b 和三角槽的缝隙 c 进入 a 腔，然后从出油口 B 流出，调节手柄，借助推杆和弹簧使阀芯作轴向移动。阀芯左移时，缝隙 c 减小，通流截面积减小，通过的流量也随之减小，反之流量增大。其图形符号如图12-48b所示。

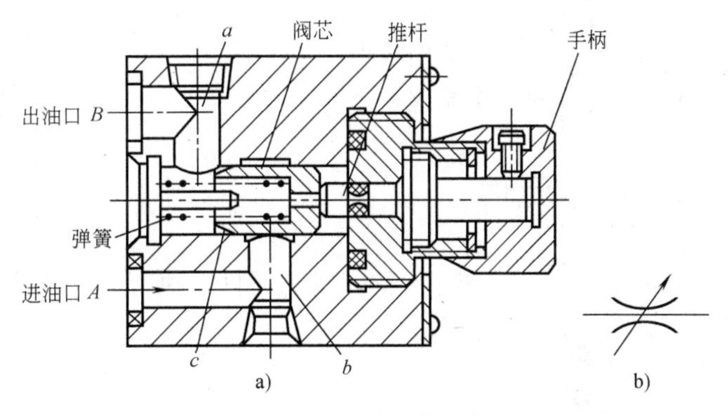

图12-48　液压节流阀
a）节流阀结构　b）图形符号

2. 气动节流阀

图12-49a所示为气动单向节流阀的结构图。气动单向节流阀是由单向阀和节流阀并联组成的流量控制阀。当气流由 A 向 B 流动时，单向阀关闭，节流阀起作用。当气流由 B 向 A 流动时，因流过单向阀时的阻力小，所以节流阀不起作用，此时属于单向阀。单向节流阀的图形符号如图12-49b所示。

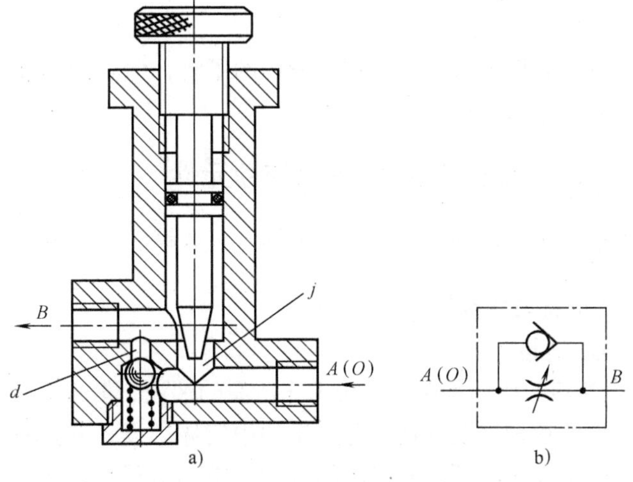

图12-49　气动单向节流阀
a）节流阀结构　b）图形符号

图12-50a所示为排气节流阀的结构图。调节手柄可以改变阀

口的通流面积，气体从 A 口进入，通过通流截面从 O 口流出，实现气体流量的调节。排气节流阀只能安装在排气口，通过调节排出系统气体的流量来改变气动执行元件的运动速度。

问题：归纳上述流量控制阀的工作原理。

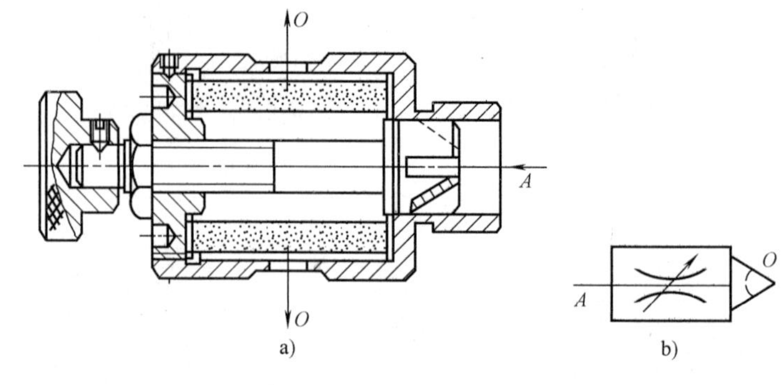

图 12-50 排气节流阀
a）消声排气阀结构 b）图形符号

【学习小结】

本部分介绍了方向控制阀、压力控制阀、流量控制阀的结构和工作原理，在本节应重点掌握以下几个方面：

1）单向阀和换向阀的作用及工作原理。

2）电磁换向阀的“位”与“通”的概念。

3）溢流阀、减压阀和顺序阀的工作原理及它们之间的区别。

4）压力继电器的应用特点。

5）节流阀的工作原理。

12.5 辅助元件

在液压与气动系统中，除了动力元件、执行元件及控制元件外，还有一些必需的辅助元件来保证系统的正常工作。

【学习目标】

了解各辅助元件的结构，掌握其作用。

【学习建议】

学习辅助元件时，可作一般性的了解，但必须明确这些辅助元件是一个完整的液压和气动系统所不可缺少的。

12.5.1 液压系统中的主要辅助元件

液压系统的辅助元件包括油箱、过滤器、压力表及管件等。

【分析与探究】

1. 油箱

油箱的作用是储存系统工作所需的油液，散发系统工作时产生的热量，沉淀污物并逸出油中气体。设计和选择油箱时，要求油箱必须具有足够的容积，结构应尽可能紧凑。油箱的图形符号如图 12-51 所示。

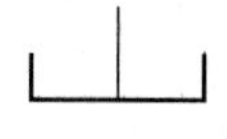

图 12-51 油箱的图形符号

2. 过滤器

液压系统使用的油液中不可避免地存在有颗粒状的固体杂质，这些杂质会划伤液压元件中的运动结合面，加剧液压元件中运动零件的磨损，卡死运动件；也可能堵塞小孔或阀口，使系统发生故障。因此，在系统工作时要用过滤器将油液中的杂质过滤掉，以保证系统的正常工作。

过滤器按其工作时所能过滤的颗粒大小分为粗过滤器、精过滤器两大类；按其滤芯的材料和过滤方式分为网式过滤器、线隙式过滤器、纸芯式过滤器和烧结式过滤器等。其图形符号如图 12-52 所示。

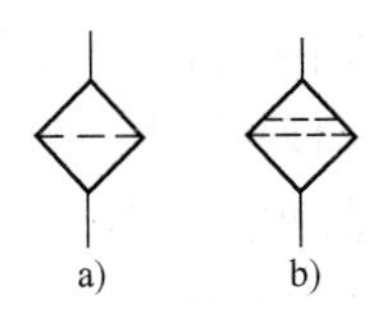

图 12-52　过滤器的图形符号
a）粗过滤器　b）精过滤器

3. 压力表

压力表是系统中用于观察压力的元件，其图形符号如图 12-53 所示。

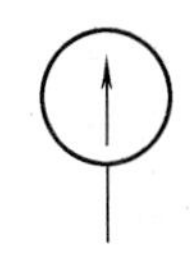

图 12-53　压力表的图形符号

4. 管件

管件的作用是连接液压元件和输送油液。常用的油管有钢管、铜管、橡胶管、尼龙管和塑料管等。油管之间或油管与其他液压元件之间靠管接头连接，其连接方式有焊接、法兰连接和螺纹连接等。

12.5.2　气动系统中的主要辅助元件

气动系统中的工作介质是压缩空气，压缩空气中的油污、水分和灰尘的处理都需要辅助装置。此外，气动元件的润滑、噪声的消除等都需要各种不同的辅助装置。气动系统的主要辅助元件是空气过滤器、油雾器、消声器、气罐、管件等。

【分析与探究】

1. 空气过滤器

过滤空气是气动系统中的重要环节，不同的场合，对空气过滤的要求不同。常用的空气过滤器有空气预过滤器（一次过滤器）和分水过滤器（二次过滤器）。图 12-54a 所示为空气预过滤器的结构。压缩空气从进口进入过滤器内，经石英（或刚玉等）材料的滤芯过滤后，除去水分等杂质，输出较为干净的压缩空气。空气预过滤器的图形符号如图 12-54b 所示。

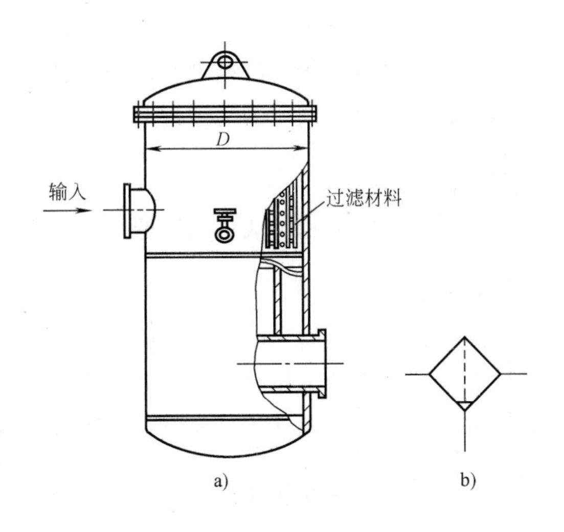

图 12-54　空气预过滤器
a）空气过滤器结构　b）图形符号

图 12-55a 所示为空气分水过滤器的结构。空气分水过滤器由旋风叶片 1、滤芯 2、存水杯 3、挡水板 4 和手动放水阀 5 组成。分水过滤器工作时，压缩空气从输入口输入，经旋风叶片 1 导向，使气流沿存水杯 3 的圆周产生强烈的旋转，空气中夹杂的较大水滴、油污等在

离心力的作用下与存水杯内壁碰撞并从空气中分离出来沉到杯底；当气流通过滤芯 2 时，气流中的灰尘及部分雾状水分被滤芯滤去，较为洁净干燥的气体从出口流出。挡水板 4 用以防止气流的旋涡卷起存水杯中的积水。这种过滤器在使用过程中，需及时打开手动放水阀放掉水杯中的污水。空气分水过滤器的图形符号如图 12-55b 所示。

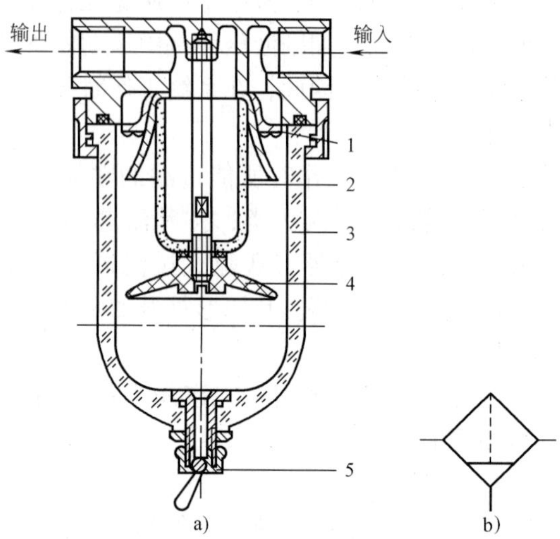

图 12-55　空气分水过滤器
a）空气分水过滤器的结构　b）图形符号

2. 油雾器和消声器

油雾器是以压缩空气为动力的注油装置，使用时串接在系统中。它使润滑油雾化以使其随气流进入需要润滑的部件并附着在滑动部件的表面上，达到润滑的目的。

气动系统中完成动力传递后的压缩空气会排入大气，由于排气速度高，排出系统后气体急剧膨胀，会产生很大的排气噪声及振动。这种噪声危害人体健康，因而气动系统中要使用消声器来降低排气噪声。油雾器和消声器的图形符号如图 12-56 所示。

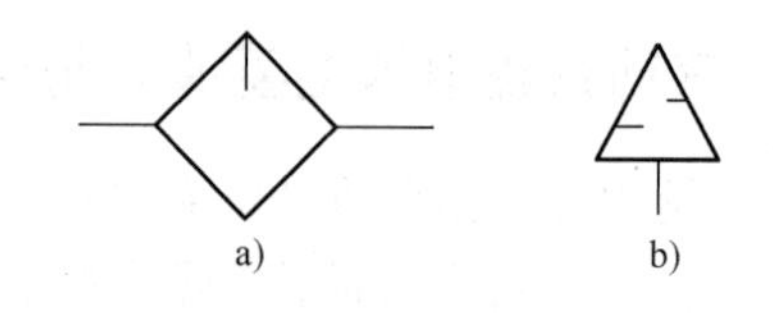

图 12-56　油雾器和消声器
a）油雾器的图形符号　b）消声器的图形符号

【学习小结】

本部分介绍了组成液压和气动系统的一些辅助元件的作用。

12.6　基本回路

液压和气动系统不论如何复杂，都是由一些基本回路组成的。所谓基本回路是指由有关元件组成的具有某一特定功能的典型回路。基本回路按功能不同分为压力控制回路、速度控制回路和方向控制回路三大类。

【学习目标】

熟悉基本回路的组成、工作原理、特点及应用。

【学习建议】

学习基本回路时，应理解任何一个完整的液压和气动系统都是由一些基本回路组成的，要想弄清楚回路的工作原理，首先应学好各元件的工作原理及结构特点，而且应掌握回路的分析方法，以执行元件为分界点，将进油路和回油路分开研究。

12.6.1　压力控制回路

压力控制回路是对系统整体或某一部分压力进行调节和控制的回路。常见的压力控制回路有调压回路、减压回路、卸荷回路等。

【分析与探究】

1. 调压回路

调压回路就是为系统提供某一稳定压力的回路。图 12-57a 所示为液压调压回路。在回路中，当液压泵的出口压力达到溢流阀 1 的调定压力时，溢流阀开始溢流，液压泵以调定压力向系统供油。图 12-57b 所示为气动调压回路。当气罐 4 内的压力达到溢流阀 1 的调定压力时，溢流阀开始溢流，空气压缩机出口压力不会再提高。

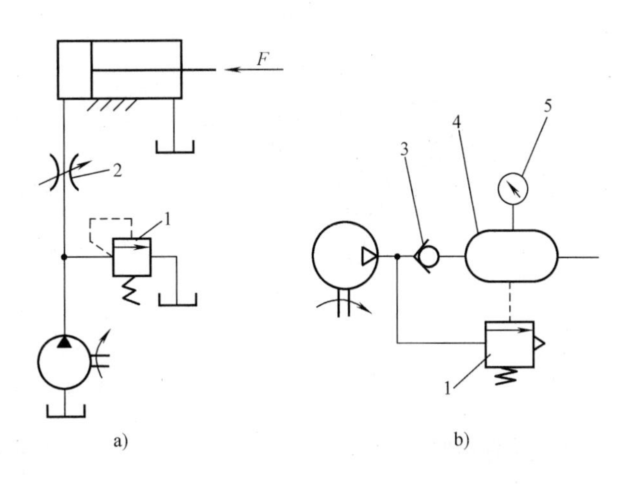

图 12-57 调压回路
a）液压调压回路 b）气压调压回路

当工作机构在各个阶段需要不同的压力时，液压、气动系统可采用如图 12-58 所示的多级调压回路。图 12-58a所示为液压多级调压回路，活塞向下运动为工作行程，系统压力较高，由溢流阀 1 调定；换向阀 3 换向；活塞向上运动时，系统压力由溢流阀 2 调定。图 12-58b所示为气动高、低压切换回路，在图示位置，进入执行元件的压力由减压阀 4 调定，当二位三通换向阀 5 上位接入系统时，进入执行元件的压力由减压阀 6 调定。

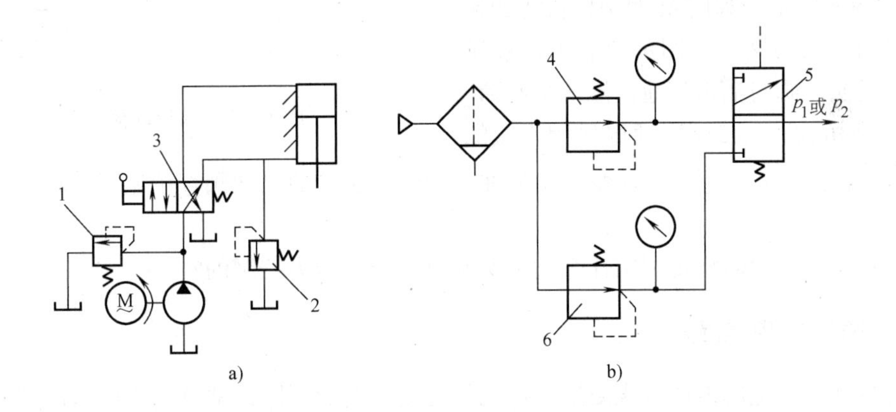

图 12-58 多级调压回路
a）液压多级调压回路 b）气动高、低压切换回路

2. 减压回路

减压回路的作用是为支路或执行元件提供低于主系统压力的稳定流体。图 12-59a 所示为液压减压回路。送往夹紧油缸和润滑系统的油液压力均低于主回路压力，它们分别由减压阀 1、2 调定，主回路压力由溢流阀 3 调定。图 12-59b 所示为气动减压回路。回路中进入油雾器 6 的气体压力由减压阀 2 调定。此外，图 12-58b 所示的气动高、低压切换回路，也是利用减压阀组成的二级减压回路。

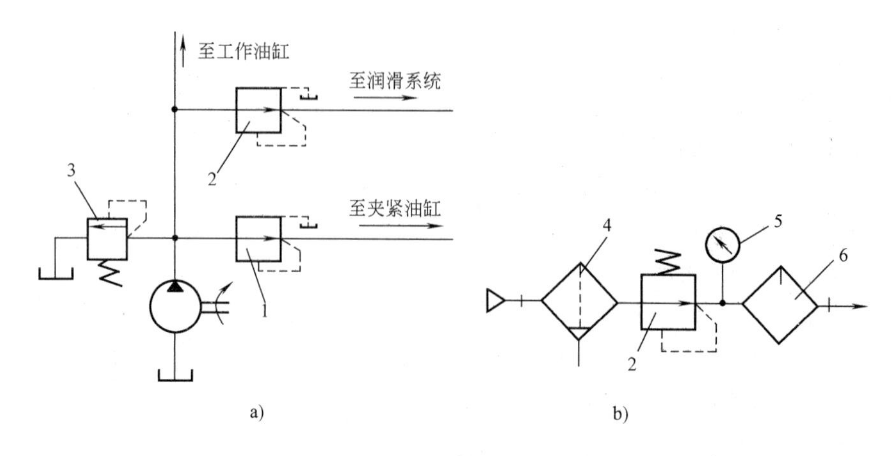

图 12-59 减压回路
a）液压减压回路 b）气动减压回路

3. 卸荷回路

卸荷回路是在不关闭电动机的情况下，使泵输出功率接近于零的一种回路。这种回路的主要特点是既可以满足执行元件频繁短时间停止工作的要求，又可以避免泵的频繁起动，延长泵的寿命，节省动力消耗，减少系统发热。

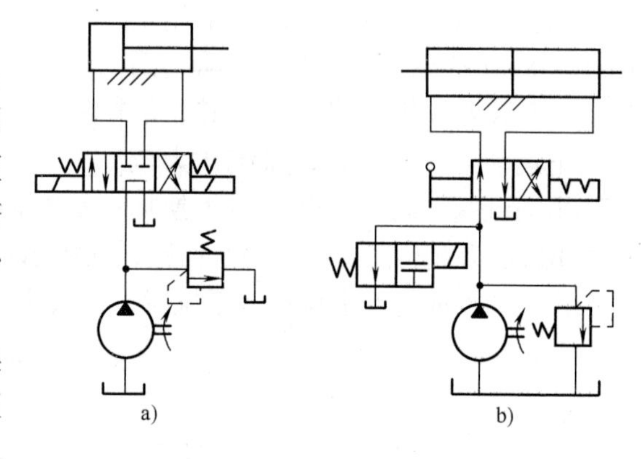

图 12-60 液压卸荷回路

图 12-60a 所示为利用 M 型中位机能的换向阀组成的卸荷回路。在图示状态下，液压泵的出口经换向阀与油箱相通，液压泵卸荷。图 12-60b 所示为利用二位二通电磁阀组成的卸荷回路。在图示状态下，液压泵输出的油液通过二位二通电磁阀直接流回油箱，实现泵的卸荷。

问题： 压力控制回路是利用什么阀来实现对系统的压力控制的？

12.6.2 速度控制回路

速度控制回路是用来调节或变换执行元件运动速度的回路，常见的有调速回路和速度换接回路。

【分析与探究】

1. 调速回路

调速回路是调节执行元件运动速度的回路。图 12-61a 所示为节流阀装在进油路上的进油节流调速回路。图 12-61b 所示为节流阀装在回油路上的回油节流调速回路。液压系统中，通常将液压缸回油腔内的压力称为背压。比较图 12-61a 和图 12-61b 所示回路可以看出，进油节流调速回路基本没有背压存在，所以活塞的运动不平稳，特别是当外载荷突然消失或突然变向时，活塞会发生前冲；回油节流调速回路中有背压存在，当外载荷突变时，活塞运动较平稳，但对执行元件的密封要求高。这两种调速方式在外负载发生变化时，活塞的运动速度都要发生变化，因此一般只适用于外负载变化不大、执行元件速度较低的场合。图 12-62a 所示为进气节流调速回路。图 12-62b 所示为排气节流调速回路，其工作特点与液压系统调速回路的工作特点完全相同。

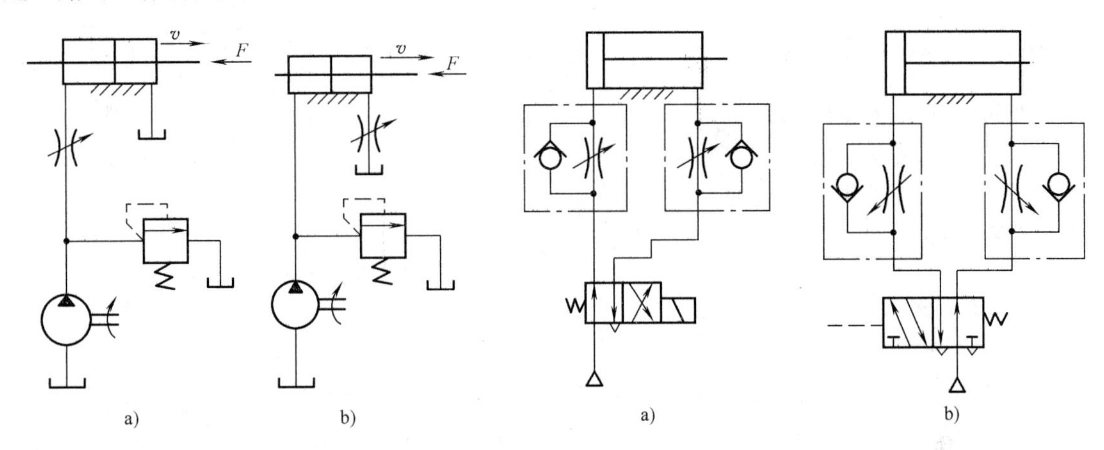

图 12-61　液压系统调速回路
a）进油节流调速回路　b）回油节流调速回路

图 12-62　气压系统调速回路
a）进气节流调速回路　b）排气节流调速回路

2．速度换接回路

速度换接回路的作用是将一种运动速度转换成另一种运动速度，以满足执行元件工作的需要。在机械加工中，为了节省时间，提高生产率，往往使工作部件快速到位，然后以一定的速度工作，工作完毕又要使工作部件快速退回。要自动完成这种连续循环工作程序，就要应用速度换接回路。

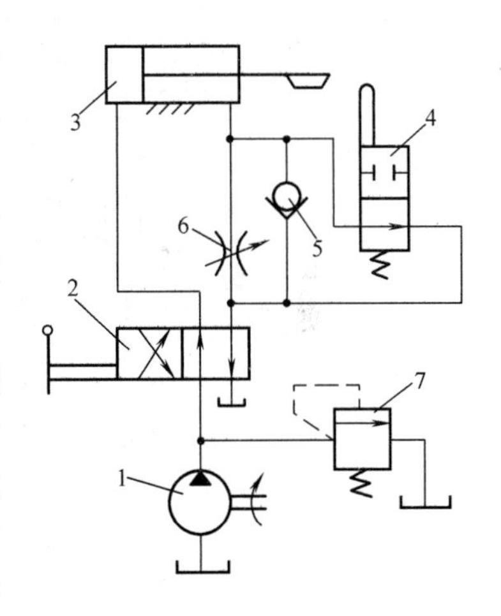

图 12-63　液压系统的速度换接回路

图 12-63 所示为液压系统利用行程阀组成的速度换接回路。图中 1 为液压泵，2 为换向阀，3 为液压缸，4 为行程阀，5 为单向阀，6 为节流阀，7 为溢流阀。在图示状态下，液压泵 1 输出的压力油经换向阀 2 进入液压缸 3 的左腔，液压缸右腔的油液经行程阀 4 和换向阀 2 流回油箱，因油路畅通，所以活塞快速右移。当与活塞杆相连的工作台上的挡块压下行程阀 4 将其通道关闭时，液压缸右腔油液必须通过节流阀 6 才能流回油箱，此时活塞由快速进给转为工作进给。当换向阀 2 左位接入系统时，压力油经单向阀 5 进入液压缸的右腔，其左腔油液经换向阀流回油箱，活塞快速向左返回，从而实现工作部件快进—工进—快退的工作循环。

图 12-64 所示为气动系统的速度换接回路。图 12-64a 所示为快慢速速度换接回路，该回路采用排气节流调速回路。图示状态下，活塞的速度由单向节流阀调定；当气控换向阀接通时，可实现快速运动。图 12-46b 所示为两种速度的换接回路，也是采用排气节流调速回路。图示状态下，活塞的速度由单向节流阀调定，活塞实现慢速运动；当气控换向阀接通时，活塞的速度由两个节流阀共同调定，活塞实现快速运动。系统反向供气时，气体通过单向阀进

入气缸右腔，气缸左腔内的气体直接排入大气，活塞实现快速退回。

问题： 速度控制回路是利用什么阀来实现调节或变换执行元件的运动速度的？

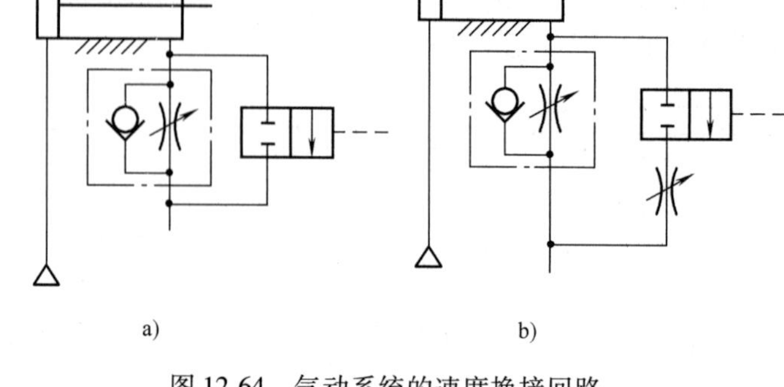

图 12-64　气动系统的速度换接回路

a）快慢速速度换接回路　b）两种速度的换接回路

12.6.3　方向控制回路

方向控制回路是控制执行元件启动、停止或改变运动方向的回路。方向控制回路包括换向回路和锁紧回路。

【分析与探究】

1. 换向回路

图 12-65a 所示为由手动换向阀控制的液压换向回路。在图示位置，液压油经换向阀进入液压缸的左腔，推动活塞右行；液压缸右腔的回油经换向阀流回油箱。当换向阀换至右位时，压力油经换向阀进入液压缸的右腔，推动活塞左行；液压缸左腔的回油经换向阀流回油箱。当换向阀换至中位时，进、出液压缸的油路被封闭，活塞停止运动。

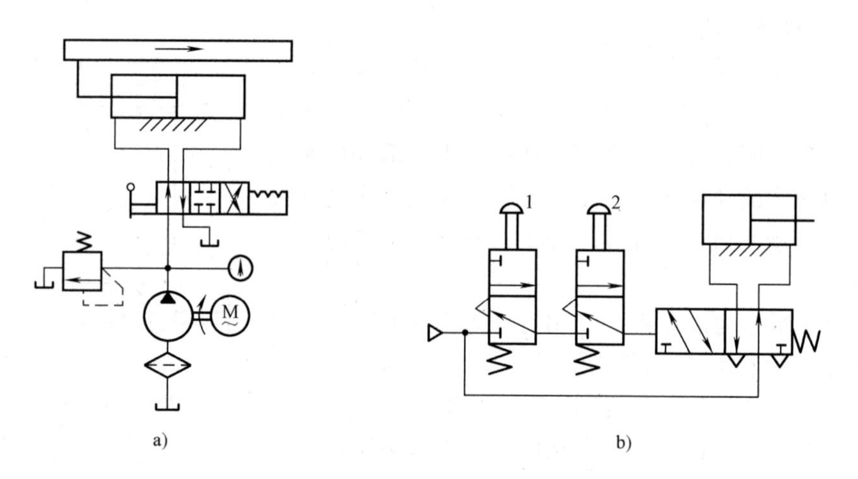

图 12-65　换向回路

图 12-65b 所示为气动换向回路，其工作原理与液压换向回路基本相同，所不同的是气动换向回路中的气体排入大气。二位五通换向阀由手动阀 1、2 同时控制，若只按下其中一个，则二位五通换向阀不能切换。

2. 锁紧回路

锁紧回路是使执行元件能在任意位置上停留，且停留后不会在外力作用下发生位移的回路。图 12-66 所示锁紧回路为利用液控单向阀组成的双向锁紧回路。在图示位置，换向阀的四个通口都通油箱，系统无压力，液控单向阀全部闭合，油缸左、右两腔中的油液不能排出，此时活塞不能动作，实现锁紧。若换向阀左侧电磁铁通电，换向阀左位接入系统，压力油经单向阀 1 进入液压缸左腔，同时将液控单向阀 2 打开，液压缸右腔的回油经单向阀 2 及

13.1　润滑的作用和润滑技术

机械润滑的关键问题是使摩擦面之间形成保护膜，避免摩擦面材料直接接触。合理选择和使用润滑剂及润滑方式，建立科学的润滑管理制度是保证机器正常运行的重要技术措施。

【学习目标】

1）了解润滑的作用。

2）了解科学润滑管理制度。

【学习建议】

1）在学习本项目内容的基础上，观察生活中常见的机械、设备（如电风扇、自行车、健身器、机动车等）哪些部位需要润滑，分别采用了哪种润滑方式，同学间进行学习交流。

2）调查新购置的家用汽车的养护时间，并结合所学内容作调查分析。

【分析与探究】

机器的摩擦表面进行润滑的主要作用是减小摩擦面的摩擦因数，减轻及控制磨损，延长零件使用寿命；减少能耗，提高机械效率；采用液体润滑时，还有散热、清洗作用，油膜具有缓冲、吸振作用；用润滑脂润滑时，有密封作用。

合理选择和使用润滑剂与润滑方式是保证机器正常运行的主要技术措施。正确选择润滑剂与润滑方式，应考虑摩擦面的工作条件（工作载荷、运动速度、工作温度、工作环境等）及润滑部位，还要考虑如何将润滑剂输送到润滑部位，并能对润滑部位的润滑情况进行监控、调节、检查与维护，确保机械设备处于良好的润滑状态。

加强润滑的日常管理、建立科学的润滑管理制度是保证机器正常运行、延长其使用寿命的另一个重要技术措施。通常应注意以下几个方面的问题：

1）明确润滑部位。运动副都是加油部位，如转动副（铰接处、轴承等）、移动副（机床导轨、齿轮副等）。一般设备的润滑卡片都有指定的润滑部位、润滑点。

2）按规定牌号加油。润滑油种类、牌号不能随意变动。不同厂家、不同牌号的润滑油不可混用。如需更换不同牌号的润滑油时，要清洗所有零件。

3）按规定油量加油。若油量过多，搅油损失大，一般用油位指示器显示油面高度；若润滑脂填充过量，摩擦发热量大。

4）定期加油与换油。应严格按照润滑卡片上规定的时间间隔对润滑部位进行加油与换油。油箱中的油液在长期使用后会氧化变质，尤其新设备跑合后更需及时更换、清洗，以防油中金属屑及杂质进入摩擦面产生磨粒磨损。

5）明确责任人。可由专人负责加油，或由操作者负责加油。

【学习小结】

1）润滑的作用主要是减小摩擦、控制磨损，提高寿命；减少能耗，提高效率；还有降温、密封等一些辅助性作用。

2）润滑技术主要指润滑剂与润滑方式的合理选择以及建立科学的润滑制度，它是确保设备正常运行的重要技术措施。

13.2 润滑剂

【学习目标】

1）了解润滑剂的分类。

2）了解各种润滑剂的特点。

3）熟悉各种润滑剂的选择原则。

【学习建议】

1）实际观察各种润滑脂、润滑油、固体润滑剂实物。

2）观察生活中各种机械设备的各个润滑点及所用润滑剂的类型，并分析采用现有润滑剂的原因。

【分析与探究】

润滑剂分为液体润滑剂（润滑油）、半固体润滑剂（润滑脂）、固体润滑剂和气体润滑剂4类。在机械中多采用润滑油和润滑脂润滑。

13.2.1 润滑剂的种类及特点

1. 液体润滑剂

液体润滑剂俗称润滑油。润滑油主要有动物油、植物油、矿物油及合成油4种。动物油和植物油润滑性能好，但容易氧化变质，常作为添加剂使用。矿物油具有品种多、防腐性能强、价格便宜等特点，应用最广。合成油具有良好的润滑性能、很高的承载能力、有良好的高、低温性能，但价格贵，常用于较重要的场合。在某些场合也可用水作润滑剂。

液体润滑剂具有流动性好、内摩擦因数小、冷却效果好、更换方便等特点，但密封装置复杂。目前，用润滑油润滑应用最广，常用于速度较高、强制润滑、需要散热、排污等场合。常用润滑油主要性能和用途见表13-1。

表13-1 常用润滑油主要性能和用途

<table>
<tr><th rowspan="2">名　称</th><th rowspan="2">粘度代号或牌号</th><th colspan="3">运动粘度/mm²·s⁻¹</th><th rowspan="2">闪点/℃</th><th rowspan="2">凝点/℃</th><th rowspan="2">主要用途</th></tr>
<tr><th>40℃</th><th>50℃</th><th>100℃</th></tr>
<tr><td rowspan="10">全损耗系统用油（旧称机械油）</td><td>AN5</td><td>4.14～5.06</td><td rowspan="10">—</td><td rowspan="10">—</td><td rowspan="2">≥110</td><td rowspan="3">≥－10</td><td rowspan="10">对润滑油无特殊要求的轴承、齿轮和其他低负荷机械</td></tr>
<tr><td>AN7</td><td>6.12～7.48</td></tr>
<tr><td>AN10</td><td>9.00～11.00</td><td>≥125</td></tr>
<tr><td>AN15</td><td>13.5～16.5</td><td>≥165</td><td rowspan="3">≥－15</td></tr>
<tr><td>AN22</td><td>19.8～24.2</td><td rowspan="2">≥170</td></tr>
<tr><td>AN32</td><td>28.8～35.2</td></tr>
<tr><td>AN46</td><td>41.4～50.6</td><td>≥180</td><td rowspan="2">≥－10</td></tr>
<tr><td>AN68</td><td>61.2～74.8</td><td>≥190</td></tr>
<tr><td>AN100</td><td>90～110</td><td>≥210</td><td rowspan="2">≥0</td></tr>
<tr><td>AN150</td><td>135～165</td><td>≥220</td></tr>
</table>

（续）

名　　称	粘度代号或牌号	运动粘度/$mm^2 \cdot s^{-1}$			闪点/℃	凝点/℃	主要用途
		40℃	50℃	100℃			
工业齿轮油	50	—	45~55	—	≥170	≥-5	工业设备齿轮
	70		65~75				
	90		80~100		≥190		
	120		110~130				
	150		140~160		≥200		
	200		180~220				
	250		230~270		≥220		
	300		280~320			≥0	
	350		330~370				
工业闭式齿轮油（旧称中荷负工业齿轮油）	N68	61.2~74.8	—	—	≥180	≥-8	适用于煤炭、水泥、冶金等工业部门的大型闭式齿轮传动
	N100	90~110					
	N150	135~165			≥200		
	N220	198~242					
	N320	288~352					
	N460	414~506			—	—	
	N680	612~748			≥220	≥-5	
普通开式齿轮油	68	—	—	65~75	≥200	—	适用于开式齿轮、链条和钢丝绳的润滑
	100			90~110			
	150			135~165			
	220			200~245	≥210		
	320			290~350			

注：1. 粘度表征润滑油流动时的内部阻力，分为运动粘度和动力粘度。润滑油采用运动粘度。粘度越大，内摩擦损耗越大。
2. 闪点是指在测定条件下，加热后油蒸气与火接触产生短时闪火达5s时的温度。闪点是润滑油的安全性能指标。
3. 凝点是指将油面倾斜成45°保持1min，油面不流动的最高温度。凝点表示油品的低温流动性能。

2. 半固体润滑剂

半固体润滑剂俗称润滑脂，是在润滑油中加入稠化剂而制成的。常用的稠化剂为金属皂类（如钠皂、钙皂、锂皂、钡皂等）。加入不同的稠化剂，可制成不同的润滑脂，如钠基润滑脂、锂基润滑脂等。

润滑脂具有流动性差、使用方便、不易泄漏、无需经常换油、加油等特点，还有密封作用，且密封装置简单；但散热差、内摩擦因数大、摩擦损失大、更换及清洗不方便。用润滑脂润滑的应用范围仅次于润滑油，常用于低速、重载、间歇或摆动及不易加油的机械中。

常用润滑脂的性能及用途见表13-2。

表 13-2 常用润滑脂的性能及用途

名称	牌号	颜色	滴点/℃	锥入度/(1/10mm)	主要用途
钙基润滑脂	1号	从淡黄色到褐色	≥80	310~340	温度低于55℃、轻载和有自动给脂的轴承，以及汽车底盘和气温较低地区的小型机械
	2号		≥85	265~295	中小型滚动轴承及冶金、运输、采矿设备中温度不高于55℃的轻载、高速机械的润滑
	3号		≥90	220~250	中型电动机的滚动轴承，发电机及其他温度在60℃以下中等载荷中等转速的机械摩擦部位
	4号		≥95	175~205	汽车、水泵轴承，重载荷自动机械的轴承，发电机、纺织机及其他60℃以下生载荷、低速的机械
钠基润滑脂	ZN—2	从深黄色到暗褐色	≥140	265~295	使用温度不高于110℃，且无水分及湿气的工、农业等机械设备
	ZN—3			220~250	
	ZN—4		≥150	175~205	使用温度不高于120℃，且无水分及湿气的工、农业等机械设备
通用锂基润滑脂	1号	从淡黄色到暗褐色	≥170	310~340	具有一定的抗水性和较好的机械安定性，用于温度为-20~120℃的机械设备的滚动和滑动摩擦部位
	2号		≥175	265~295	
	3号		≥180	220~250	
钙钠基润滑脂	ZGN—1	从黄色到深棕色	≥120	250~290	使用温度为80~100℃，铁路机车和列车，小型电动机和发电机以及其他高温轴承
	ZGN—2		≥135	200~240	

注：1. 滴点是指润滑脂受热后开始滴落时的温度。它表征润滑脂的耐热能力。一般工作温度应低于滴点15~25℃。
2. 锥入度表示润滑脂粘稠软硬的程度。锥入度值越小，润滑脂越硬。

3. 固体润滑剂

常用的固体润滑剂有二硫化钼、石墨、二硫化钨、氮化硼、高分子材料（如尼龙、聚四氯乙烯等)、软金属（如水银、锡等）等。

固体润滑剂具有化学稳定性良好、耐高温、承载能力高、润滑简单、维护方便等特点，但润滑效果较差。固体润滑剂常用在高温、高压、极低温、真空、强辐射、不允许污染及无法给润滑油的场合。

4. 气体润滑剂

气体润滑剂有空气、氦气、水蒸气、其他工业气体及液态金属蒸气等。空气比较常用，对环境无污染。

气体润滑剂的粘度很低，且随温度变化很小，但承载能力低。常用于高速场合及低温环境。

13.2.2 润滑剂的选择

通常，润滑剂选择的主要依据有以下几个方面：

1）工作载荷。当摩擦面的载荷较大时，应考虑润滑剂的承载能力。润滑油粘度越高承载能力越大，故重载应选粘度大的润滑油。当有冲击载荷、往复运动、间歇运动等受力条件时，液体润滑油膜不易形成，应考虑用润滑脂或固体润滑剂。

2）运动速度。低速时宜选用高粘度的润滑油，以利于油膜的保持；高速时宜选用低粘度的润滑油，以降低摩擦热。

3）工作温度。低温时宜采用粘度小、凝点低的润滑油；高温时宜采用粘度大、闪点高的润滑油；极低温时宜采用固体润滑剂；工作温度变化大时宜选用粘温性能好的润滑油。

4）特殊环境。多尘环境宜采用润滑脂润滑，有较好的密封作用；潮湿环境下，脂润滑时宜采用抗水的润滑脂，用油润滑时宜填加抗锈、抗乳化添加剂。

5）润滑部位。对于垂直润滑面、升降丝杠、开式齿轮、链条、钢丝绳等零件，由于润滑油容易流失，应选粘度高的润滑油，或用润滑脂润滑；对于润滑间隙小的润滑部位，为保证润滑油进入摩擦面，应选粘度低的润滑油；对于间隙大的部位，应选粘度高的润滑油，避免润滑油的流失。

【学习小结】

1）润滑剂分为润滑油、润滑脂、固体润滑剂和气体润滑剂 4 类。在机械中多采用润滑油和润滑脂润滑。润滑油润滑具有冷却效果好、更换方便等特点，但密封装置复杂；润滑脂润滑使用方便、不易泄漏兼有密封作用，且密封装置简单，但摩擦损失大；固体及气体润滑剂应用较少。

2）润滑剂的选择主要考虑摩擦面的工作条件（载荷大小、运动速度、工作温度、工作环境等)、润滑部位及润滑方式等因素。

13.3　润滑方式与润滑装置

【实例】　普通车床导轨的润滑

图 13-2 所示为普通车床导轨的润滑。普通车床由变速箱、床身、溜板箱及尾座等部分组成。车床在工作时主轴箱中的齿轮、导轨、尾座伸缩等处都需要进行不同方式的润滑，据润滑剂的种类不同，所需的润滑方式及润滑装置也不同。其中导轨处的润滑采用手工加油的润滑方式。

图 13-2　普通车床导轨的润滑

【学习目标】

1）了解常见的润滑方式与润滑装置。

2）了解常见润滑装置的工作原理。

3）熟悉几种典型零部件的润滑方式。

4）会通过查表选择几种典型零部件的润滑方式。

【学习建议】

1）观察工厂机器的各润滑部位分别属于哪种润滑方式，是采用哪种润滑装置进行润滑的。

2）观察生活中的汽车、自行车、电风扇、缝纫机等机器采用了哪种润滑方式，采用了哪种润滑装置。

【分析与探究】

为确保机械处于良好的润滑状态，在正确选择润滑剂的同时，还要选择合理的润滑方式，这是将润滑剂输送到润滑部位的重要保障。

13.3.1 润滑方式与润滑装置

采用润滑油润滑与润滑脂润滑时，所采用的润滑方式与润滑装置不同。

使用润滑油的润滑方式及润滑装置见表 13-3。

表 13-3 使用润滑油的润滑方式及润滑装置

序号	润滑方式	润滑装置	加油方法	特点及应用
1	手工加油	油壶、油枪	用油壶或油枪将油注入设备的油孔、油嘴或油杯中，使油流入润滑部位	间歇供油。最简单但不可靠。用于轻载、低速、不重要的场合
2	滴油润滑	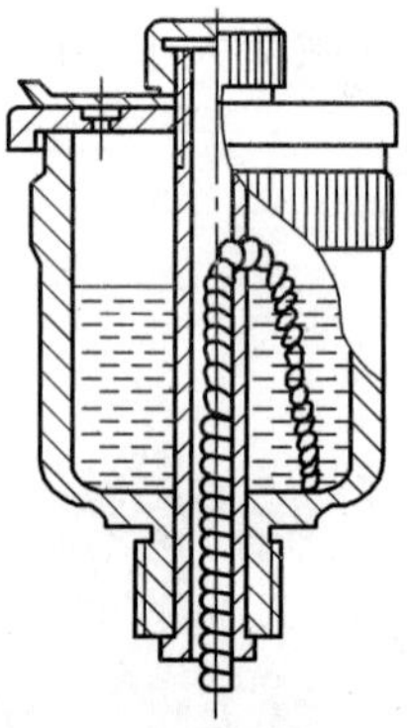	用油绳、油杯润滑，靠油绳的虹吸作用，将油滴到摩擦表面	连续供油。结构简单，油量小且无法调节。用于轻载、低速、要求供油量不大的场合
		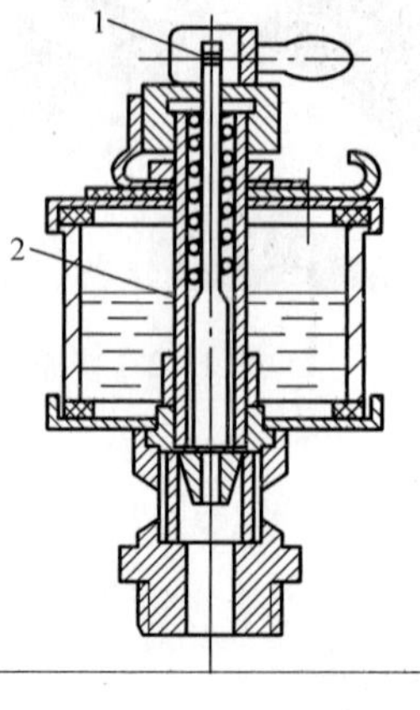 1 2	用针阀油杯润滑，靠改变手柄 1 的位置来控制油量。将手柄 1 提至垂直位置，针阀 2 上升，油孔打开可供油，手柄放至水平位置，针阀 2 下降堵住油孔，停止供油	连续供油且油量可调，用于要求供油可靠的场合。手动、机动均可

（续）

序号	润滑方式	润滑装置	加油方法	特点及应用
3	油环润滑		油环自由放在轴颈上，并部分浸入油中，随轴的转动将油带入摩擦面	结构简单，供油量较大。适用于轴转速不低于50～60r/min的场合
4	飞溅润滑	见图13-1	利用回转件直接浸入油池中，转动时将油飞溅至箱壁，沿油路进入摩擦面或用甩油环实现飞溅润滑	简单、可靠，一般不需附加装置。适用于回转圆周速度$v<12～14\mathrm{m/s}$的场合
5	压力循环润滑		利用油泵循环油路，将压力油（0.1～0.5MPa）送至润滑点。既可个别润滑，也可多点润滑	润滑可靠，还有冷却作用，但结构复杂，费用高。用于重要、高速、重载或大量润滑点的场合

图13-3所示为油润滑常见的几种润滑方式与润滑装置实物图。

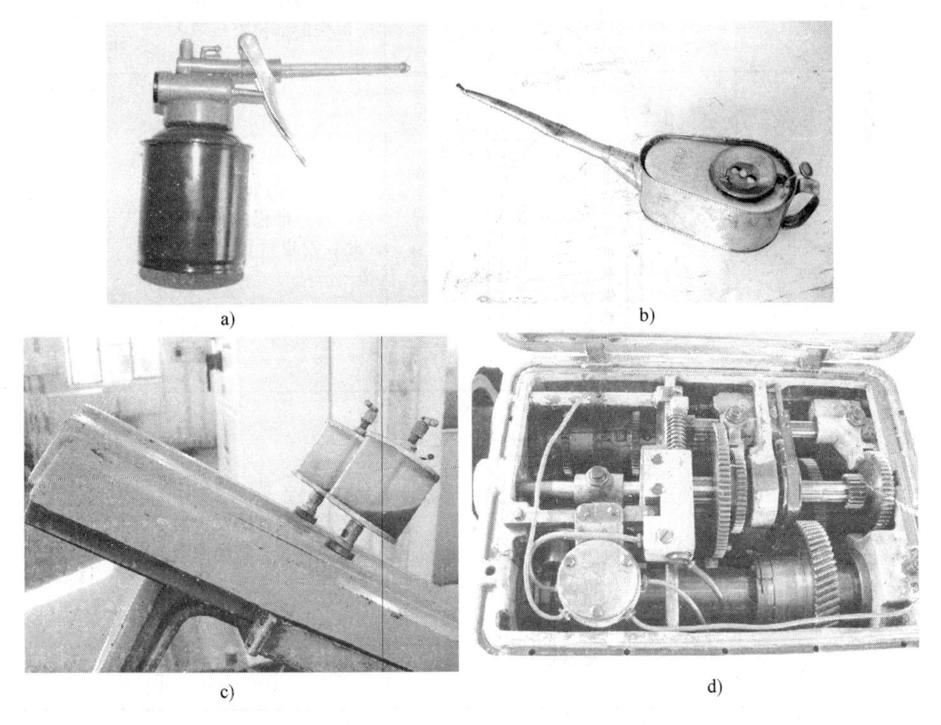

a) b) c) d)

图13-3 油润滑常见的几种润滑方式与润滑装置
a）油枪 b）油壶 c）油杯润滑 d）压力喷油润滑

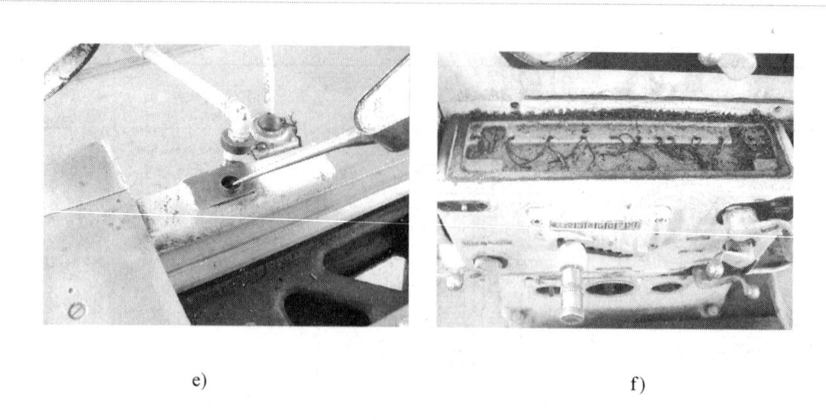

e)　　f)

图 13-3　油润滑常见的几种润滑方式与润滑装置（续）
e）油壶手工润滑　f）油绳润滑

使用润滑脂润滑的方式及润滑装置见表 13-4。

表 13-4　使用润滑脂润滑的润滑方式及润滑装置

序　号	润 滑 方 式	润 滑 装 置	加 油 方 法	特 点 及 应 用
1	手工涂抹			最简单但不可靠。用于不重要场合
2	装配填充法		装配或检修时，在不易流失的部位直接填入	用于要求不高的场合。摩擦面线速度 $v \leqslant 4.5\mathrm{m/s}$
3	润滑脂杯润滑		用压配式压注油杯润滑，通过油枪加润滑脂（此装置也可用于油润滑）	定期间歇手工加油，不均匀
			用旋盖油杯润滑，通过旋转杯盖，将润滑脂挤入	

图 13-4 所示为脂润滑常见的润滑装置。

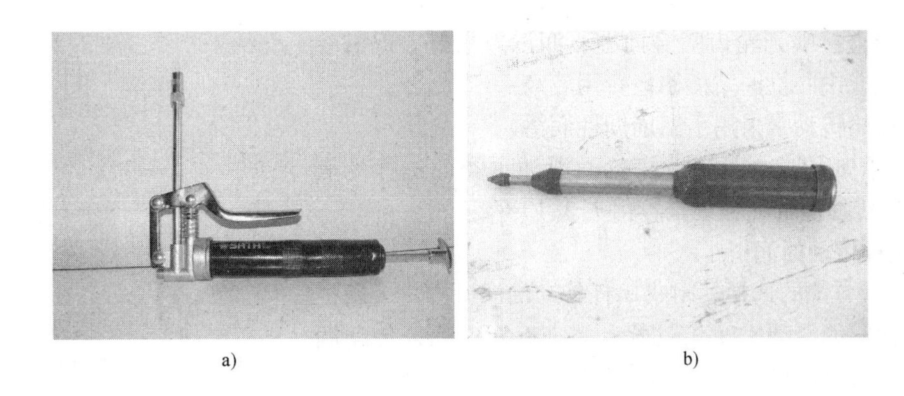
a)　　　　b)

图13-4　脂润滑常见的润滑装置

13.3.2　几种典型零部件的润滑

在机器中，常见的典型零部件有滑动轴承、滚动轴承、齿轮、蜗轮、蜗杆等，这些零部件的使用寿命直接影响到机器的使用寿命。做好典型零部件的润滑对于提高机器的寿命、降低能耗都具有极其重要的意义。

1．齿轮传动的润滑

1）润滑方式的选择。闭式齿轮传动的润滑方式根据齿轮圆周速度来确定。当齿轮圆周速度 $v \leqslant 12\mathrm{m/s}$ 时，采用浸油润滑（油浴润滑），如图13-5所示。齿轮浸入油池中，当齿轮运转时，借助润滑油的粘着力，将油带到啮合齿面而达到润滑的目的。为减少运转阻力，降低搅油损失，一般大齿轮的浸油深度不超过1～2个齿高，但不小于10mm，如图13-5a所示。对于两级圆柱齿轮减速器，为避免高速级齿轮润滑不良，应使高速级大齿轮浸油深度为1～2个齿高，如图13-5b所示。为避免箱底油污及杂质被搅起，齿顶距箱底应大于30～50mm。

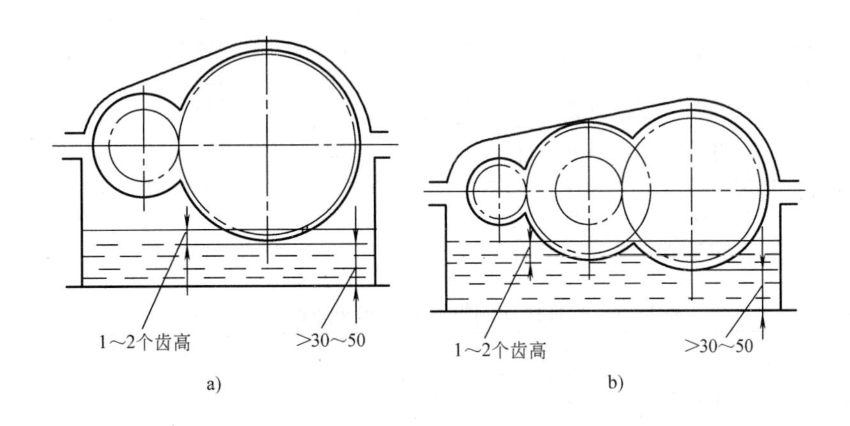

a)　　　　b)

图13-5　齿轮传动浸润润滑

当圆周速度 $v > 12\mathrm{m/s}$ 时，由于离心力的作用，附在齿面上的油将被甩掉，且搅油损失过于激烈，功率损失增大，故不宜用浸油润滑，应采用喷油润滑，如图13-6所示。喷油润滑将润滑油直接喷到轮齿啮合面上，润滑效果好，但需专门液压系统或中心供油站供油，费用较高。

开式齿轮传动常采用手工周期性润滑。

2）润滑剂的选择。工业齿轮润滑油种类的选择见表13-5。齿轮传动润滑油粘度推荐值见表13-6。

2. 蜗杆传动的润滑

1）润滑方式的选择。闭式蜗杆传动的润滑方式一般根据啮合齿面间的滑动速度和载荷大小来确定。蜗杆传动润滑方式的选择及润滑油粘度推荐值见表13-7。

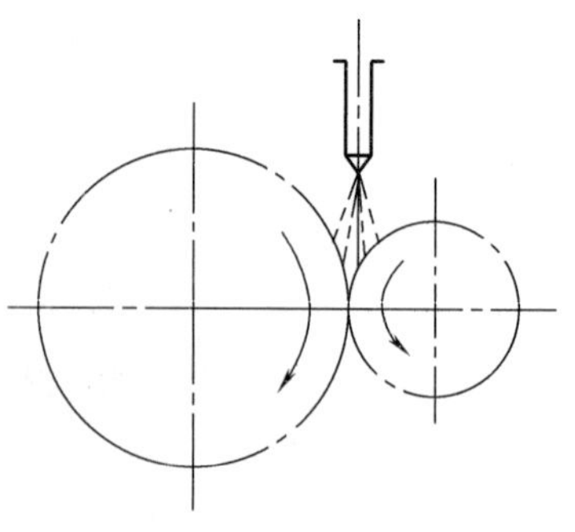

图13-6 齿轮传动喷油润滑

表13-5 工业齿轮润滑油种类的选择

齿面接触应力 σ_H/MPa		齿轮状况	使用工况	推荐使用的润滑油
<350			一般齿轮传动	抗氧防锈工业齿轮油
低负荷齿轮 350~500		调质处理，8级精度	一般齿轮传动	抗氧防锈工业齿轮油
			有冲击的齿轮传动	中负荷工业齿轮油
中负荷齿轮	>500~750	调质处理，不低于8级精度	矿井提升机、露天采掘机、水泥磨、矿山机械等齿轮传动	中负荷工业齿轮油
	>750~1100	渗碳淬火，表面淬火热处理，硬度为58~62HRC		
重负荷齿轮 >1100			冶金轧钢机等高温有冲击、含水部位的齿轮传动	重负荷工业齿轮油

表13-6 齿轮传动润滑油粘度推荐值

齿轮材料	强度极限 σ_B/MPa	圆周速度 v/（m/s）						
		<0.5	0.5~1	1~2.5	2.5~5	5~12.5	12.5~25	>25
钢	470~1000	460	320	220	150	100	68	46
	1000~1250	460	460	320	220	150	100	68
	1250~1580	1000	460	460	320	220	150	100
渗碳或表面淬火的钢	—	1000	460	460	320	220	150	100
塑料、铸铁、青铜	—	320	220	150	100	68	46	—

注：测试温度为40℃。

表13-7 蜗杆传动润滑方式和润滑油粘度推荐值

滑动速度 v_s/（m/s）	<1	<2.5	<5	5~10	10~15	15~25	>25
工作条件	重载	重载	中载	—	—	—	—
运动粘度 40℃（100℃）/（$mm^2 \cdot s^{-1}$）	1000（50）	460（32）	220（20）	100（12）	150（15）	100（12）	68（85）
润滑方式	浸油润滑			浸油或喷油润滑	喷油润滑的压力/MPa		
					0.07	0.2	0.3

当滑动速度 $v_s<10\text{m/s}$ 时，常采用浸油润滑方式。浸油润滑的蜗杆传动通常为蜗杆下置式，蜗杆浸油深度约为一个齿高至蜗杆外径的1/2，如图13-7a所示。对上置式蜗杆传动，蜗轮浸油深度为一个齿高至蜗轮外径的1/3，如图13-7b所示。当滑动速度 $v_s>10\text{m/s}$ 时，采用喷油润滑，此时仍需使蜗杆或蜗轮少量进入油中，如图13-8所示。

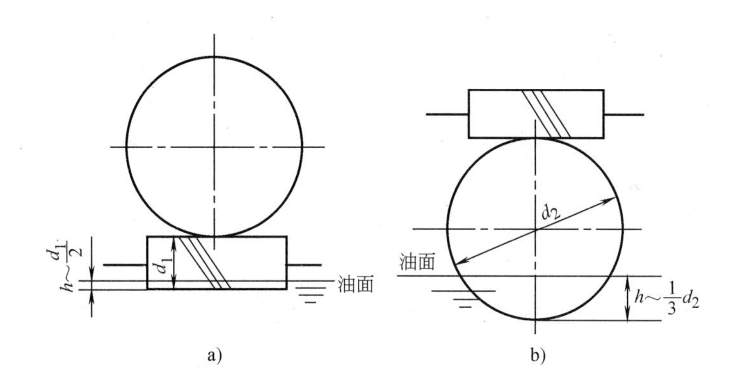

图13-7　蜗杆传动浸油润滑

开式蜗杆传动的润滑方式多采用手工周期性润滑。

2）润滑剂的选择。蜗杆传动一般都用润滑油润滑。润滑油粘度推荐值见表13-7。润滑油的牌号由粘度值通过查表13-1来确定。

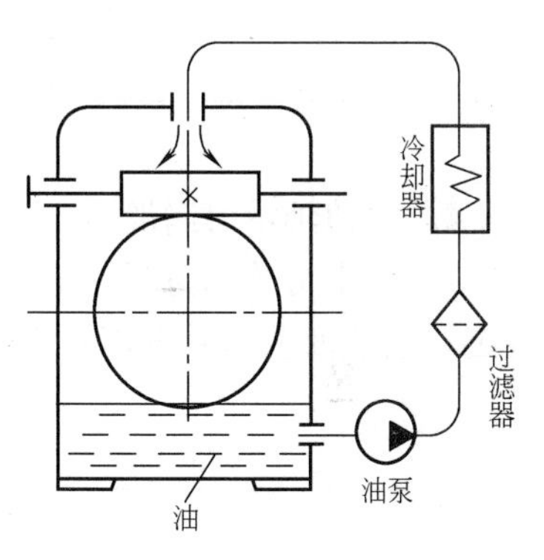

图13-8　蜗杆传动喷油润滑

3. 滑动轴承的润滑

1）润滑方式的选择。滑动轴承的润滑方式与滑动轴承的压强 p 及轴颈的圆周速度 v 有关。通常按经验公式 $K=pv^3$ 求得 K，再由 K 确定润滑方式。K 值越大，轴承载荷越大、温度越高，供油越充分。滑动轴承的润滑方式见表13-8。

表13-8　滑动轴承的润滑方式

K	≤2	2～16	16～32	>32
润滑剂	润滑脂	润滑油		
润滑方式	旋盖式油杯或压注油杯润滑	针阀油杯滴油润滑	油环、飞溅及压力循环润滑	压力循环润滑

2）润滑剂的选择。滑动轴承润滑油的选择见表13-9。润滑油的粘度值由轴颈圆周速度及压强确定。

滑动轴承润滑脂的选择（见表13-10）由轴颈圆周速度、压强及轴承工作温度确定。

表 13-9　滑动轴承润滑油的选择

轴颈圆周速度 v/（m/s）	40℃运动粘度/$mm^2 \cdot s^{-1}$		
	轻载 $p<3MPa$	中载 $p=3\sim7.5MPa$	重载 $p>7.5\sim30MPa$
<0.1	85~150	140~220	470~1000
0.1~0.3	65~125	120~170	250~600
0.3~1	45~70	100~125	90~350
1~2.5	40~70	65~90	—
2.5~5	40~55	—	—
5~9	15~45	—	—
>9	5~22	—	—

表 13-10　滑动轴承润滑脂的选择

轴颈圆周速度 v/（m/s）	压强 p/MPa	工作温度 t/℃	选用润滑脂
<1	1~6.5	<55~75	2 号钙基脂 3 号钙基脂
0.5~5	1~6.5	<110~120	2 号钠基脂 1 号钙钠基脂
0.5~5	1~6.5	-20~120	2 号锂基脂

4. 滚动轴承的润滑

1）润滑方式的选择。滚动轴承的润滑方式通常由轴承内径和转速的乘积 dn 界限值来确定。滚动轴承润滑方式的选择见表 13-11。

表 13-11　滚动轴承润滑方式的选择

轴承类型	dn/mm·r·min^{-1}				
	脂润滑	浸油润滑 飞溅润滑	滴油润滑	喷油润滑	油雾润滑
深沟球轴承、角接触球轴承、圆柱滚子轴承	$\leqslant(2\sim3)\times10^5$	2.5×10^5	4×10^5	6×10^5	$>6\times10^5$
圆锥滚子轴承		1.6×10^5	2.3×10^5	3×10^5	—
推力球轴承		0.6×10^5	1.2×10^5	1.5×10^5	—

采用浸油润滑时，为避免搅油损失过大，一般浸油深度不得超过滚动体直径的 1/3。闭式齿轮减速器中的轴承可采用飞溅润滑。高速工作条件下的轴承宜采用喷油润滑或油雾润滑。

2）润滑剂的选择。滚动轴承的润滑剂，取决于轴承类型、尺寸和运转条件。从使用角度看，润滑脂具有使用方便、不易泄漏、便于密封等特点，故目前大部分滚动轴承采用润滑脂润滑。常用润滑脂的种类、性能及适用范围见表 13-12。

表 13-12　常用润滑脂的种类、性能及适用范围

种　　类	性　　能	适 用 范 围
钙基润滑脂	不溶于水，抗水性高	温度较低（<70℃）、环境潮湿的轴承
钠基润滑脂	耐高温，易溶于水	温度较高（<120℃）、环境干燥的轴承
钙钠基润滑脂	耐热，略溶于水	温度较高（<80～100℃）、环境较潮湿的轴承
锂基润滑脂	抗水性高，耐高低温，寿命长	适于高低温（-20～120℃）及环境潮湿的轴承

用润滑脂润滑时，润滑脂由轴承工作温度及 dn 界限值来确定。滚动轴承润滑脂的选择参见表 13-13。

表 13-13　滚动轴承润滑脂的选择

轴承工作温度/℃	dn/mm·r·min^{-1}	使用环境	
		干　　燥	潮　　湿
0～40	$>8\times10^4$	2 号钙基脂、2 号钠基脂	2 号钙基脂
	$>8\times10^4$	3 号钙基脂、3 号钠基脂	3 号钙基脂
40～80	$>8\times10^4$	2 号钠基脂	3 号钠基脂、3 号锂基脂
	$>8\times10^4$	3 号钠基脂	

润滑脂的填充量应适量，通常不超过轴承间隙的 1/3～1/2。过量会增大阻力，引起轴承发热，过少则达不到润滑目的。

用润滑油润滑时，润滑油粘度由轴承工作温度及 dn 界限值确定。滚动轴承润滑油的粘度选择参见图 13-9。

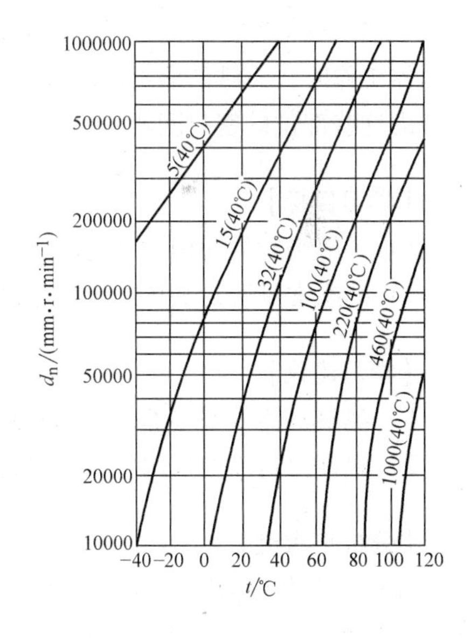

图 13-9　滚动轴承润滑油的粘度特性

【学习小结】

1）用润滑油润滑常用的润滑方式有手工加油润滑、滴油润滑、油环润滑、浸油润滑、飞溅润滑及喷油润滑等。用润滑脂润滑常用的润滑方式的有人工加脂、脂杯加脂和集中润滑系统供脂等，通常采用人工加脂，对于润滑点较多的大型设备、成套设备采用集中润滑系统供脂。

2）齿轮传动常用润滑油润滑，根据齿轮圆周速度确定润滑方式。当滑动速度较低时采用浸油润滑，滑动速度较高时用喷油润滑方式。

3）蜗杆传动一般用润滑油润滑，其润滑方式是根据齿面滑动速度及载荷大小来确定的。当滑动速度较低时采用浸油润滑，滑动速度较高时用喷油润滑。

4）滑动轴承的润滑方式是根据滑动轴承的压强及轴颈的圆周速度来确定的。

5）滚动轴承润滑方式由轴承内径和转速乘积即 dn 界限值来确定，常采用润滑脂润滑。

13.4 密封方式与密封装置

【实例】 减速器的密封（图 13-10）

图 13-10 减速器的密封

图 13-10 所示减速器为一种圆柱齿轮减速器，其齿轮副的润滑是浸油润滑。减速器的输入轴、输出轴与箱体端盖之间存在间隙，另外，减速器箱盖与箱体结合面处也存在间隙。当减速器工作时，飞溅的润滑油就会从各间隙处泄漏，造成润滑剂的流失及环境污染，所以必须考虑这些部位的密封问题。

【学习目标】

1）了解密封的功用及常见的密封方式。

2）熟悉常见密封装置的工作原理及特点。

【学习建议】

1）观察机器中哪些部位需要密封并分析其密封的必要性。

2）观察密封部位采用了哪种密封装置。

【分析与探究】

在机械设备中为防止液体、气体或润滑剂的泄漏，造成润滑剂流失及环境的污染，同时防止外界灰尘、水分进入摩擦面而造成磨粒磨损，必须有密封装置。

13.4.1 密封方式

按结合面的运动状态，密封方式可分为静密封和动密封两种方式。静密封指两个相对静止结合面之间的密封，如减速器箱盖与箱体之间的密封为静密封。动密封指两个相对运动结合面之间的密封，分为接触式密封和非接触式密封两类。接触式密封是在密封部位放毡圈、密封圈等，使其与零件直接接触而起到密封作用，常用于低速、一般回转轴的密封，如减速器输入轴、输出轴与箱体端盖之间的密封。非接触式密封动、静零件不直接接触，常用于高速场合。

13.4.2　密封装置

对于回转轴的密封装置，常见的有密封圈密封、毡圈密封、迷宫式密封及机械密封等。常见密封装置的结构、特点及应用见表 13-14。

表 13-14　常见动密封的结构、特点及应用

名称		结构	特点	应用
接触式密封	毡圈密封	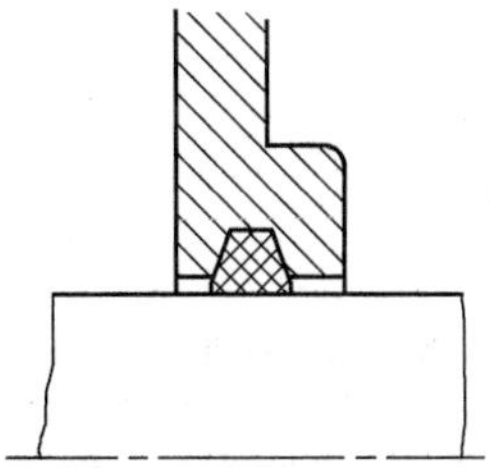	将矩形剖面毡圈嵌入梯形槽内，使之与轴压紧而密封。毡圈材料为毛毡、石棉等，毡圈能吸油，可自润滑。毡圈密封结构简单，安装方便，但易磨损，密封压紧力较小，寿命短，有防尘作用	用于低速、低压、常温场合，不宜用于密封气体。轴颈圆周速度 $v<5\text{m/s}$
	油封密封	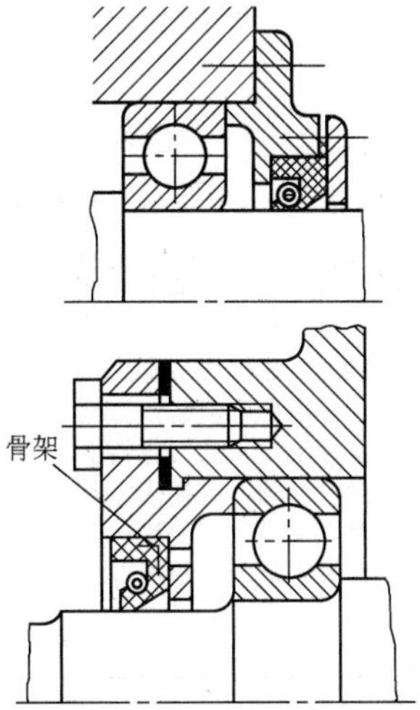	油封密封又称 J 形橡胶皮碗密封，具有唇形结构。皮碗唇口压紧在轴表面上，与轴接触面积大且常带有弹簧箍，从而增大了密封压力，密封效果好。唇部向外防止灰尘进入，唇部向内防止泄漏，分有骨架和无骨架两种。安装时如果使唇口面向密封介质，则介质压力越大，密封唇与轴贴得越紧	用于密封液体、脂、气体，还可防尘。轴颈圆周速度 $v<7\text{m/s}$，$t=-40\sim100℃$
	O 形圈密封	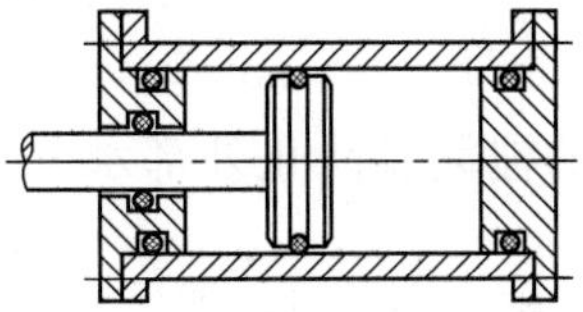	O 形圈放入槽内受压缩而压紧在密封面上。O 形密封结构简单，密封可靠，有双向密封的作用，是最常用的密封元件	用于密封液体。轴颈圆周速度 $v\leqslant7\text{m/s}$，静密封压力可达 200MPa，动密封压力可达 40MPa，$t=-20\sim100℃$
非接触式密封	间隙密封	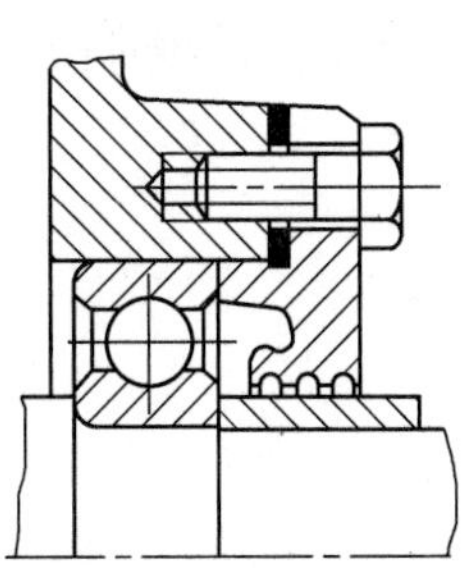	密封处留有细小环形间隙，槽内填入润滑脂，结构简单，密封效果较差	用于工作环境清洁、干燥的场合。大多数用于脂润滑条件。轴颈圆周速度 $v<5\sim6\text{m/s}$

（续）

名称	结构	特点	应用
非接触式密封 迷宫密封		密封处有曲折、狭小的缝隙，并填入润滑脂构成迷宫来实现密封，加工复杂	用于多灰尘、潮湿的场合。适于脂及油润滑条件，可用于气体密封。轴颈圆周速度 $v=5\sim30\text{m/s}$
组合密封		将两种或多种密封方式组合在一起，取它们各自的优点以弥补不足，有多种结构（左图仅为其中一例），但结构有时较复杂	综合效果好，可以有各种组合
机械密封	3 2 1	动环1固定在轴上，随轴转动。静环2固定在轴承端，在液体压力和弹簧3的压力下互相贴合，构成良好密封，故又称端面密封。对轴没有损伤，具有密封性好，使用寿命长，适用范围广等优点	用于高速、高压、高温或腐蚀介质工作条件下的回转轴的密封

【学习小结】

1）密封的功用是防止液体、气体或润滑剂的泄漏及防止外部水分、灰尘进入机器内部，确保机器的正常工作。

2）常见的密封方式有静密封和动密封两种形式。

3）常见的密封装置有密封圈（O形圈密封、J形橡胶油封密封等）、毡圈密封、迷宫密封及机械密封等，其中O形圈密封最常用。

附　　录

附表 1　常用及优先轴公差带的极限偏差　　（单位：μm）

基本尺寸 mm		常用及优先公差带（带圈者为优先公差带）												
		a	b		c			d				e		
大于	至	11	11	12	9	10	⑪	8	⑨	10	11	7	8	9
—	3	-270 -330	-140 -200	-140 -240	-60 -85	-60 -100	-60 -120	-20 -34	-20 -45	-20 -60	-20 -80	-14 -24	-14 -28	-14 -39
3	6	-270 -345	-140 -215	-140 -260	-70 -100	-70 -118	-70 -145	-30 -48	-30 -60	-30 -78	-30 -105	-20 -32	-20 -38	-20 -50
6	10	-280 -370	-150 -240	-150 -300	-80 -116	-80 -138	-80 -170	-40 -62	-40 -76	-40 -98	-40 -130	-25 -40	-25 -47	-25 -61
10	14	-290 -400	-150 -260	-150 -330	-95 -138	-95 -165	-95 -205	-50 -77	-50 -93	-50 -120	-50 -160	-32 -50	-32 -59	-32 -75
14	18													
18	24	-300 -430	-160 -290	-160 -370	-110 -162	-110 -194	-110 -240	-65 -98	-65 -117	-65 -149	-65 -195	-40 -61	-40 -73	-40 -92
24	30													
30	40	-310 -470	-170 -330	-170 -420	-120 -182	-120 -220	-120 -280	-80 -119	-80 -142	-80 -180	-80 -240	-50 -75	-50 -89	-50 -112
40	50	-320 -480	-180 -340	-180 -430	-130 -192	-130 -230	-130 -290							
50	65	-340 -530	-190 -380	-190 -490	-140 -214	-140 -260	-140 -330	-100 -146	-100 -174	-100 -220	-100 -290	-60 -90	-60 -106	-60 -134
65	80	-360 -550	-200 -390	-200 -500	-150 -224	-150 -270	-150 -340							
80	100	-380 -600	-220 -440	-220 -570	-170 -257	-170 -310	-170 -390	-120 -174	-120 -207	-120 -260	-120 -340	-72 -107	-72 -126	-72 -159
100	120	-410 -630	-240 -460	-240 -590	-180 -267	-180 -320	-180 -400							
120	140	-460 -710	-260 -510	-260 -660	-200 -300	-200 -360	-200 -450	-145 -208	-145 -245	-145 -305	-145 -395	-85 -125	-85 -148	-85 -185
140	160	-520 -770	-280 -530	-280 -680	-210 -310	-210 -370	-210 -460							
160	180	-580 -830	-310 -560	-310 -710	-230 -330	-230 -390	-230 -480							
180	200	-660 -950	-340 -630	-340 -800	-240 -355	-240 -425	-240 -530	-170 -242	-170 -285	-170 -355	-170 -460	-100 -146	-100 -172	-100 -215
200	225	-740 -1030	-380 -670	-380 -840	-260 -375	-260 -445	-260 -550							
225	250	-820 -1110	-420 -710	-420 -880	-280 -395	-280 -465	-280 -570							
250	280	-920 -1240	-480 -800	-480 -1000	-300 -430	-300 -510	300 -620	-190 -271	-190 -320	-190 -400	-190 -510	-110 -162	-110 -191	-110 -240
280	315	-1050 -1370	-540 -860	-540 -1060	-330 -460	-330 -540	-330 -650							

（续）

基本尺寸 mm		常用及优先公差带（带圈者为优先公差带）												
		a	b		c			d				e		
大于	至	11	11	12	9	10	⑪	8	⑨	10	11	7	8	9
315	355	-1200 -1560	-600 -960	-600 -1170	-360 -500	-360 -590	-360 -720	-210 -299	-210 -350	-210 -440	-210 -570	-125 -182	-125 -214	-125 -265
355	400	-1350 -1710	-680 -1040	-680 -1250	-400 -540	-400 -630	-400 -760							
400	450	-1500 -1900	-760 -1160	-760 -1390	-440 -595	-440 -690	-440 -840	-230 -327	-230 -385	-230 -480	-230 -630	-135 -198	-135 -232	-135 -290
450	500	-1650 -2050	-840 -1240	-840 -1470	-480 -635	-480 -730	-480 -880							

基本尺寸 mm		常用及优先公差带（带圈者为优先公差带）															
		f					g			h							
大于	至	5	6	⑦	8	9	5	⑥	7	5	⑥	⑦	8	⑨	10	⑪	12
—	3	-6 -10	-6 -12	-6 -16	-6 -20	-6 -31	-2 -6	-2 -8	-2 -12	0 -4	0 -6	0 -10	0 -14	0 -25	0 -40	0 -60	0 -100
3	6	-10 -15	-10 -18	-10 -22	-10 -28	-10 -40	-4 -9	-4 -12	-4 -16	0 -5	0 -8	0 -12	0 -18	0 -30	0 -48	0 -75	0 -120
6	10	-13 -19	-13 -22	-13 -28	-13 -35	-13 -49	-5 -11	-5 -14	-5 -20	0 -6	0 -9	0 -15	0 -22	0 -36	0 -58	0 -90	0 -150
10 14	14 18	-16 -24	-16 -27	-16 -34	-16 -43	-16 -59	-6 -14	-6 -17	-6 -24	0 -8	0 -11	0 -18	0 -27	0 -43	0 -70	0 -110	0 -180
18 24	24 30	-20 -29	-20 -33	-20 -41	-20 -53	-20 -72	-7 -16	-7 -20	-7 -28	0 -9	0 -13	0 -21	0 -33	0 -52	0 -84	0 -130	0 -210
30 40	40 50	-25 -36	-25 -41	-25 -50	-25 -64	-25 -87	-9 -20	-9 -25	-9 -34	0 -11	0 -16	0 -25	0 -39	0 -62	0 -100	0 -160	0 -250
50 65	65 80	-30 -43	-30 -49	-30 -60	-30 -76	-30 -104	-10 -23	-10 -29	-10 -40	0 -13	0 -19	0 -30	0 -46	0 -74	0 -120	0 -190	0 -300
80 100	100 120	-36 -51	-36 -58	-36 -71	-36 -90	-36 -123	-12 -27	-12 -34	-12 -47	0 -15	0 -22	0 -35	0 -54	0 -87	0 -140	0 -220	0 -350
120 140 160	140 160 180	-43 -61	-43 -68	-43 -83	-43 -106	-43 -143	-14 -32	-14 -39	-14 -54	0 -18	0 -25	0 -40	0 -63	0 -100	0 -160	0 -250	0 -400
180 200 225	200 225 250	-50 -70	-50 -79	-50 -96	-50 -122	-50 -165	-15 -35	-15 -44	-15 -61	0 -20	0 -29	0 -46	0 -72	0 -115	0 -185	0 -290	0 -460
250 280	280 315	-56 -79	-56 -88	-56 -108	-56 -137	-56 -186	-17 -40	-17 -49	-17 -69	0 -23	0 -32	0 -52	0 -81	0 -130	0 -210	0 -320	0 -520
315 355	355 400	-62 -87	-62 -98	-62 -119	-62 -151	-62 -202	-18 -43	-18 -54	-18 -75	0 -25	0 -36	0 -57	0 -89	0 -140	0 -230	0 -360	0 -570
400 450	450 500	-68 -95	-68 -108	-68 -131	-68 -165	-68 -223	-20 -47	-20 -60	-20 -83	0 -27	0 -40	0 -63	0 -97	0 -155	0 -250	0 -400	0 -630

（续）

基本尺寸 mm		常用及优先公差带（带圈者为优先公差带）														
		js			k			m			n			p		
大于	至	5	6	7	5	⑥	7	5	6	7	5	⑥	7	5	⑥	7
—	3	±2	±3	±5	+4 0	+6 0	+10 0	+6 +2	+8 +2	+12 +2	+8 +4	+10 +4	+14 +4	+10 +6	+12 +6	+16 +6
3	6	±2.5	±4	±6	+6 +1	+9 +1	+13 +1	+9 +4	+12 +4	+16 +4	+13 +8	+16 +8	+20 +8	+17 +12	+20 +12	+24 +12
6	10	±3	±4.5	±7	+7 +1	+10 +1	+16 +1	+12 +6	+15 +6	+21 +6	+16 +10	+19 +10	+25 +10	+21 +15	+24 +15	+30 +15
10 14	14 18	±4	±5.5	±9	+9 +1	+12 +1	+19 +1	+15 +7	+18 +7	+25 +7	+20 +12	+23 +12	+30 +12	+26 +18	+29 +18	+36 +18
18 24	24 30	±4.5	±6.5	±10	+11 +2	+15 +2	+23 +2	+17 +8	+21 +8	+29 +8	+24 +15	+28 +15	+36 +15	+31 +22	+35 +22	+43 +22
30 40	40 50	±5.5	±8	±12	+13 +2	+18 +2	+27 +2	+20 +9	+25 +9	+34 +9	+28 +17	+33 +17	+42 +17	+37 +26	+42 +26	+51 +26
50 65	65 80	±6.5	±9.5	±15	+15 +2	+21 +2	+32 +2	+24 +11	+30 +11	+41 +11	+33 +20	+39 +20	+50 +20	+45 +32	+51 +32	+62 +32
80 100	100 120	±7.5	±11	±17	+18 +3	+25 +3	+38 +3	+28 +13	+35 +13	+48 +13	+38 +23	+45 +23	+58 +23	+52 +37	+59 +37	+72 +37
120 140 160	140 160 180	±9	±12.5	±20	+21 +3	+28 +3	+43 +3	+33 +15	+40 +15	+55 +15	+45 +27	+52 +27	+67 +27	+61 +43	+68 +43	+83 +43
180 200 225	200 225 250	±10	±14.5	±23	+24 +4	+33 +4	+50 +4	+37 +17	+46 +17	+63 +17	+54 +31	+60 +31	+77 +31	+70 +50	+79 +50	+96 +50
250 280	280 315	±11.5	±16	±26	+27 +4	+36 +4	+56 +4	+43 +20	+52 +20	+72 +20	+57 +34	+66 +34	+86 +34	+79 +56	+88 +56	+108 +56
315 355	355 400	±12.5	±18	±28	+29 +4	+40 +4	+61 +4	+46 +21	+57 +21	+78 +21	+62 +37	+73 +37	+94 +37	+87 +62	+98 +62	+119 +62
400 450	450 500	±13.5	±20	±31	+32 +5	+45 +5	+68 +5	+50 +23	+63 +23	+86 +23	+67 +40	+80 +40	+103 +40	+95 +68	+108 +68	+131 +68

基本尺寸 mm		常用及优先公差带（带圈者为优先公差带）														
		r			s			t			u		v	x	y	z
大于	至	5	6	7	5	⑥	7	5	6	7	⑥	7	6	6	6	6
—	3	+14 +10	+16 +10	+20 +10	+18 +14	+20 +14	+24 +14	—	—	—	+24 +18	+28 +18	—	+26 +20	—	+32 +26
3	6	+20 +15	+23 +15	+27 +15	+24 +19	+27 +19	+31 +19	—	—	—	+31 +23	+35 +23	—	+36 +28	—	+43 +35
6	10	+25 +19	+28 +19	+34 +19	+29 +23	+32 +23	+38 +23	—	—	—	+37 +28	+43 +28	—	+43 +34	—	+51 +42
10	14	+31 +23	+34 +23	+41 +23	+36 +28	+39 +28	+46 +28	—	—	—	+44 +33	+51 +33	—	+51 +40	—	+61 +50
14	18							—	—	—			+50 +39	+56 +45	—	+71 +60

（续）

基本尺寸 mm		常用及优先公差带（带圈者为优先公差带）														
		r			s			t			u		v	x	y	z
大于	至	5	6	7	5	⑥	7	5	6	7	⑥	7	6	6	6	6
18	24	+37 +28	+41 +28	+49 +28	+44 +35	+48 +35	+56 +35	–	–	–	+54 +41	+62 +41	+60 +47	+67 +54	+76 +63	+86 +73
24	30							+50 +41	+54 +41	+62 +41	+61 +43	+69 +48	+68 +55	+77 +64	+88 +75	+101 +88
30	40	+45 +34	+50 +34	+59 +34	+54 +43	+59 +43	+68 +43	+59 +48	+64 +48	+73 +48	+76 +60	+85 +60	+84 +68	+96 +80	+110 +94	+128 +112
40	50							+65 +54	+70 +54	+79 +54	+86 +70	+95 +70	+97 +81	+113 +97	+130 +114	+152 +136
50	65	+54 +41	+60 +41	+71 +41	+66 +53	+72 +53	+83 +53	+79 +66	+85 +66	+96 +66	+106 +87	+117 +87	+121 +102	+141 +122	+163 +144	+191 +172
65	80	+56 +43	+62 +43	+73 +43	+72 +59	+78 +59	+89 +59	+88 +75	+94 +75	+105 +75	+121 +102	+132 +102	+139 +120	+165 +146	+193 +174	+229 +210
80	100	+66 +51	+73 +51	+86 +51	+86 +71	+93 +71	+106 +71	+106 +91	+113 +91	+126 +91	+146 +124	+159 +124	+168 +146	+200 +178	+236 +214	+280 +258
100	120	+69 +54	+76 +54	+89 +54	+94 +79	+101 +79	+114 +79	+110 +104	+126 +104	+139 +104	+166 +144	+179 +144	+194 +172	+232 +210	+276 +254	+332 +310
120	140	+81 +63	+88 +63	+103 +63	+110 +92	+117 +92	+132 +92	+140 +122	+147 +122	+162 +122	+195 +170	+210 +170	+227 +202	+273 +248	+325 +300	+390 +365
140	160	+83 +65	+90 +65	+105 +65	+118 +100	+125 +100	+140 +100	+152 +134	+159 +134	+174 +134	+215 +190	+230 +190	+253 +228	+305 +280	+365 +340	+440 +415
160	180	+86 +68	+93 +68	+108 +68	+126 +108	+133 +108	+148 +108	+164 +146	+171 +146	+186 +146	+235 +210	+250 +210	+277 +252	+335 +310	+405 +380	+490 +465
180	200	+97 +77	+106 +77	+123 +77	+142 +122	+151 +122	+168 +122	+186 +166	+195 +166	+212 +166	+265 +236	+282 +236	+313 +284	+379 +350	+454 +425	+549 +520
200	225	+100 +80	+109 +80	+126 +80	+150 +130	+159 +130	+176 +130	+200 +180	+209 +180	+226 +180	+287 +258	+304 +258	+339 +310	+414 +385	+499 +470	+604 +575
225	250	+104 +84	+113 +84	+130 +84	+160 +140	+169 +140	+186 +140	+216 +196	+225 +196	+242 +196	+313 +284	+330 +284	+369 +340	+454 +425	+549 +520	+669 +640
250	280	+117 +94	+126 +94	+146 +94	+181 +158	+290 +158	+210 +158	+241 +218	+250 +218	+270 +218	+347 +315	+367 +315	+417 +385	+507 +475	+612 +580	+742 +710
280	315	+121 +98	+130 +98	+150 +98	+193 +170	+202 +170	+222 +170	+263 +240	+272 +240	+292 +240	+382 +350	+402 +350	+457 +425	+557 +525	+682 +650	+822 +790
315	355	+133 +108	+144 +108	+165 +108	+215 +190	+226 +190	+247 +190	+293 +268	+304 +268	+325 +268	+426 +390	+447 +390	+511 +475	+626 +590	+766 +730	+936 +900
355	400	+139 +114	+150 +114	+171 +114	+233 +208	+244 +208	+265 +208	+319 +294	+330 +294	+351 +294	+471 +435	+492 +435	+566 +530	+696 +660	+856 +820	+1036 +1000
400	450	+153 +126	+166 +126	+189 +126	+259 +232	+272 +232	+295 +232	+357 +330	+370 +330	+393 +330	+530 +490	+553 +490	+635 +595	+780 +740	+960 +920	+1140 +1100
450	500	+159 +132	+172 +132	+195 +132	+279 +252	+292 +252	+315 +252	+387 +360	+400 +360	+423 +360	+580 +540	+603 +540	+700 +660	+860 +820	+1040 +1000	+1290 +1250

注：基本尺寸小于1mm时，各级的a和b均不采用。

附表 2　常用及优先孔公差带的极限偏差　（单位：μm）

基本尺寸 mm		常用及优先公差带（带圈者为优先公差带）													
		A	B		C	D				E		F			
大于	至	11	11	12	⑪	8	⑨	10	11	8	9	6	7	⑧	9
—	3	+330 +270	+200 +140	+240 +140	+120 +60	+34 +20	+45 +20	+60 +20	+80 +20	+28 +14	+39 +14	+12 +6	+16 +6	+20 +6	+31 +6
3	6	+345 +270	+215 +140	+260 +140	+145 +70	+48 +30	+60 +30	+78 +30	+105 +30	+38 +20	+50 +20	+18 +10	+22 +10	+28 +10	+40 +10
6	10	+370 +280	+240 +150	+300 +150	+170 +80	+62 +40	+76 +40	+98 +40	+130 +40	+47 +25	+61 +25	+22 +13	+28 +13	+35 +13	+49 +13
10	14	+400 +290	+260 +150	+330 +150	+205 +95	+77 +50	+93 +50	+120 +50	+160 +50	+59 +32	+75 +32	+27 +16	+34 +16	+43 +16	+59 +16
14	18														
18	24	+430 +300	+290 +160	+370 +160	+240 +110	+98 +65	+117 +65	+149 +65	+195 +65	+73 +40	+92 +40	+33 +20	+41 +20	+53 +20	+72 +20
24	30														
30	40	+470 +310	+330 +170	+420 +170	+280 +120	+119 +80	+142 +80	+180 +80	+240 +80	+89 +50	+112 +50	+41 +25	+50 +25	+64 +25	+87 +25
40	50	+480 +320	+340 +180	+430 +180	+290 +130										
50	65	+530 +340	+380 +190	+490 +190	+330 +140	+146 +100	+170 +100	+220 +100	+290 +100	+106 +60	+134 +60	+49 +30	+60 +30	+76 +30	+104 +30
65	80	+550 +360	+390 +200	+500 +200	+340 +150										
80	100	+600 +380	+440 +220	+570 +220	+390 +170	+174 +120	+207 +120	+260 +120	+340 +120	+126 +72	+159 +72	+58 +36	+71 +36	+90 +36	+123 +36
100	120	+630 +410	+460 +240	+590 +240	+400 +180										
120	140	+710 +460	+510 +260	+660 +260	+450 +200	+208 +145	+245 +145	+305 +145	+395 +145	+148 +85	+185 +85	+68 +43	+83 +43	+106 +43	+143 +43
140	160	+770 +520	+530 +280	+680 +280	+460 +210										
160	180	+830 +580	+560 +310	+710 +310	+480 +230										
180	200	+950 +660	+630 +340	+800 +340	+530 +240	+242 +170	+285 +170	+355 +170	+460 +170	+172 +100	+215 +100	+79 +50	+96 +50	+122 +50	+165 +50
200	225	+1030 +740	+670 +380	+840 +380	+550 +260										
225	250	+1110 +820	+710 +420	+880 +420	+570 +280										
250	280	+1240 +920	+800 +480	+1000 +480	+620 +300	+271 +190	+320 +190	+400 +190	+510 +190	+191 +110	+240 +110	+88 +56	+108 +56	+137 +56	+186 +56
280	315	+1370 +1050	+860 +540	+1060 +540	+650 +330										
315	355	+1560 +1200	+960 +600	+1170 +600	+720 +360	+299 +210	+350 +210	+440 +210	+570 +210	+214 +125	+265 +125	+98 +62	+119 +62	+151 +62	+202 +62
355	400	+1710 +1350	+1040 +680	+1250 +680	+760 +400										

（续）

基本尺寸 mm		常用及优先公差带（带圈者为优先公差带）													
		A	B		C	D				E		F			
大于	至	11	11	12	⑪	8	⑨	10	11	8	9	6	7	⑧	9
400	450	+1900 +1500	+1160 +760	+1390 +760	+840 +440	+327 +230	+385 +230	+480 +230	+630 +230	+232 +135	+290 +135	+108 +68	+131 +68	+165 +68	+223 +68
450	500	+2050 +1650	+1240 +840	+1470 +840	+880 +480										

基本尺寸 mm		常用及优先公差带（带圈者为优先公差带）																	
		G		H							Js			K			M		
大于	至	6	⑦	6	⑦	⑧	⑨	10	⑪	12	6	7	8	6	⑦	8	6	7	8
—	3	+8 +2	+12 +2	+6 0	+10 0	+14 0	+25 0	+40 0	+60 0	+100 0	±3	±5	±7	0 -6	0 -10	0 -14	-2 -8	-2 -12	-2 -16
3	6	+12 +4	+16 +4	+8 0	+12 0	+18 0	+30 0	+48 0	+75 0	+120 0	±4	±6	±9	+2 -6	+3 -9	+5 -13	-1 -9	0 -12	+2 -16
6	10	+14 +5	+20 +5	+9 0	+15 0	+22 0	+36 0	+58 0	+90 0	+150 0	±4.5	±7	±11	+2 -7	+5 -10	+6 -16	-3 -12	0 -15	+1 -21
10 14	14 18	+17 +6	+24 +6	+11 0	+18 0	+27 0	+43 0	+70 0	+110 0	+180 0	±5.5	±9	±13	+2 -9	+6 -12	+8 -19	-4 -15	0 -18	+2 -25
18 24	24 30	+20 +7	+28 +7	+13 0	+21 0	+33 0	+52 0	+84 0	+130 0	+210 0	±6.5	±10	±16	+2 -11	+6 -15	+10 -23	-4 -17	0 -21	+4 -29
30 40	40 50	+25 +9	+34 +9	+16 0	+25 0	+39 0	+62 0	+100 0	+160 0	+250 0	±8	±12	±19	+3 -13	+7 -18	+12 -27	-4 -20	0 -25	+5 -34
50 65	65 80	+29 +10	+40 +10	+19 0	+30 0	+46 0	+74 0	+120 0	+190 0	+300 0	±9.5	±15	±23	+4 -15	+9 -21	+14 -32	-5 -24	0 -30	+5 -41
80 100	100 120	+34 +12	+47 +12	+22 0	+35 0	+54 0	+87 0	+140 0	+220 0	+350 0	±11	±17	±27	+4 -18	+10 -25	+16 -38	-6 -28	0 -35	+6 -48
120 140 160	140 160 180	+39 +14	+54 +14	+25 0	+40 0	+63 0	+100 0	+160 0	+250 0	+400 0	±12.5	±20	±31	+4 -21	+12 -28	+20 -43	-8 -33	0 -40	+8 -55
180 200 225	200 225 250	+44 +15	+61 +15	+29 0	+46 0	+72 0	+115 0	+185 0	+290 0	+460 0	±14.5	±23	±36	+5 -24	+13 -33	+22 -50	-8 -37	0 -46	+9 -63
250 280	280 315	+49 +17	+69 +17	+32 0	+52 0	+81 0	+130 0	+210 0	+320 0	+520 0	±16	±26	±40	+5 -27	+16 -36	+25 -56	-9 -41	0 -52	+9 -72
315 355	355 400	+54 +18	+75 +18	+36 0	+57 0	+89 0	+140 0	+230 0	+360 0	+570 0	±18	±28	±44	+7 -29	+17 -40	+28 -61	-10 -46	0 -57	+11 -78
400 450	450 500	+60 +20	+83 +20	+40 0	+63 0	+97 0	+155 0	+250 0	+400 0	+630 0	±20	±31	±48	+8 -32	+18 -45	+29 -68	-10 -50	0 -63	+11 -86

（续）

基本尺寸 mm		常用及优先公差带（带圈者为优先公差带）											
		N			P		R		S		T		U
大于	至	6	⑦	8	6	⑦	6	7	6	⑦	6	7	⑦
—	3	-4 -10	-4 -14	-4 -18	-6 -12	-6 -16	-10 -16	-10 -20	-14 -20	-14 -24	—	—	-18 -28
3	6	-5 -13	-4 -16	-2 -20	-9 -17	-8 -20	-12 -20	-11 -23	-16 -24	-15 -27	—	—	-19 -31
6	10	-7 -16	-4 -19	-3 -25	-12 -21	-9 -24	-16 -25	-13 -28	-20 -29	-17 -32	—	—	-22 -37
10	14	-9 -20	-5 -23	-3 -30	-15 -26	-11 -29	-20 -31	-16 -34	-25 -36	-21 -39	—	—	-26 -44
14	18												
18	24	-11 -24	-7 -28	-3 -36	-18 -31	-14 -35	-24 -37	-20 -41	-31 -44	-27 -48	—	—	-33 -54
24	30										-37 -50	-33 -54	-40 -61
30	40	-12 -28	-8 -33	-3 -42	-21 -37	-17 -42	-29 -45	-25 -50	-38 -54	-34 -59	-43 -59	-39 -64	-51 -76
40	50										-49 -65	-45 -70	-61 -86
50	65	-14 -33	-9 -39	-4 -50	-26 -45	-21 -51	-35 -54	-30 -60	-47 -66	-42 -72	-60 -79	-55 -85	-76 -106
65	80						-37 -56	-32 -62	-53 -72	-48 -78	-69 -88	-64 -94	-91 -121
80	100	-16 -38	-10 -45	-4 -58	-30 -52	-24 -59	-44 -66	-38 -73	-64 -86	-58 -93	-84 -106	-78 -113	-111 -146
100	120						-47 -69	-41 -76	-72 -94	-66 -101	-97 -119	-91 -126	-131 -166
120	140	-20 -45	-12 -52	-4 -67	-36 -61	-28 -68	-56 -81	-48 -88	-85 -110	-77 -117	-115 -140	-107 -147	-155 -195
140	160						-58 -83	-50 -90	-93 -118	-85 -125	-127 -152	-119 -159	-175 -215
160	180						-61 -86	-53 -93	-101 -126	-93 -133	-139 -164	-131 -171	-195 -235
180	200	-22 -51	-14 -60	-5 -77	-41 -70	-33 -79	-68 -97	-60 -106	-113 -142	-105 -151	-157 -186	-149 -195	-219 -265
200	225						-71 -100	-63 -109	-121 -150	-113 -159	-171 -200	-163 -209	-241 -287
225	250						-75 -104	-67 -113	-131 -160	-123 -169	-187 -216	-179 -225	-267 -313
250	280	-25 -57	-14 -66	-5 -86	-47 -79	-36 -88	-85 -117	-74 -126	-149 -181	-138 -190	-209 -241	-198 -250	-295 -347
280	315						-89 -121	-78 -130	-161 -193	-150 -202	-231 -263	-220 -272	-330 -382
315	355	-26 -62	-16 -73	-5 -94	-51 -87	-41 -98	-97 -133	-87 -144	-179 -215	-169 -226	-257 -293	-247 -304	-369 -426
355	400						-103 -139	-93 -150	-197 -233	-187 -244	-283 -319	-273 -330	-414 -471

（续）

<table>
<tr><td colspan="2" rowspan="2">基本尺寸
mm</td><td colspan="12">常用及优先公差带（带圈者为优先公差带）</td></tr>
<tr><td colspan="3">N</td><td colspan="2">P</td><td colspan="2">R</td><td colspan="2">S</td><td colspan="2">T</td><td>U</td></tr>
<tr><td>大于</td><td>至</td><td>6</td><td>⑦</td><td>8</td><td>6</td><td>⑦</td><td>6</td><td>7</td><td>6</td><td>⑦</td><td>6</td><td>7</td><td>⑦</td></tr>
<tr><td>400</td><td>450</td><td rowspan="2">-27
-67</td><td rowspan="2">-17
-80</td><td rowspan="2">-6
-103</td><td rowspan="2">-55
-95</td><td rowspan="2">-45
-108</td><td>-113
-153</td><td>-103
-166</td><td>-219
-259</td><td>-209
-272</td><td>-317
-357</td><td>-307
-370</td><td>-467
-530</td></tr>
<tr><td>450</td><td>500</td><td>-119
-159</td><td>-109
-172</td><td>-239
-279</td><td>-229
-292</td><td>-347
-387</td><td>-337
-400</td><td>-517
-580</td></tr>
</table>

注：基本尺寸小于1mm时，各级的A和B均不采用。

参考文献

[1] 隋明阳. 机械设计基础 [M]. 北京：机械工业出版社，2002.
[2] 束德林. 工程材料力学性能 [M]. 2 版. 北京：机械工业出版社，2007.
[3] 何永熹. 机械精度设计与检测 [M]. 北京：国防工业出版社，2006.
[4] 黄森彬. 机械设计基础 [M]. 北京：高等教育出版社，2001.
[5] 栾学刚. 机械设计基础 [M]. 北京：高等教育出版社，2001.
[6] 赵祥. 机械基础 [M]. 北京：高等教育出版社，2001.
[7] 罗会昌，王俊山. 金属工艺学 [M]. 北京：高等教育出版社，2001.
[8] 尹传华. 金属工艺学 [M]. 北京：高等教育出版社，2001.
[9] 韩向东. 机械工程力学 [M]. 北京：机械工业出版社，2002.
[10] 费鸿学，刘凤明. 机械设计基础 [M]. 徐州：中国矿业大学出版社，1992.
[11] 李荣华. 机件原理 [M]. 台北：龙腾文化视野公司，2001.
[12] 刘庶民. 实用机械维修技术 [M]. 北京：机械工业出版社，1999.
[13] 袁承训. 液压与气压传动 [M]. 2 版. 北京：机械工业出版社，2007.
[14] 兰建设. 液压与气压传动 [M]. 北京：高等教育出版社，2002.
[15] 成大先. 机械设计手册 [M]. 3 版. 北京：化学工业出版社，1997.
[16] 杨光顺. 机械制造概论 [M]. 成都：电子科技大学出版社，1994.
[17] 陆茂盛. 机械基础 [M]. 修订版. 南京：江苏科学技术出版社，1998.
[18] 杨祖孝. 机械维护修理与安装 [M]. 北京：冶金工业出版社，1997.
[19] 胡荆生. 公差配合与技术测量基础 [M]. 2 版. 北京：中国劳动社会保障出版社，2000.
[20] 濮良贵. 机械设计 [M]. 5 版. 北京：高等教育出版社，1994.
[21] 孙桓，陈作模. 机械原理 [M]. 北京：高等教育出版社，1996.